네트워크모델과 다목적 GA

머리말

인터넷시대의 정보 네트워크 시스템을 시작으로, GPS를 베이스로 하는 자동차의 네비게이션에 의한 도로 정보 시스템, 소프트웨어 개발 등의 프로젝트의 진척 관리를 행하는 프로젝트 관리 시스템 등은 모든 네트워크 모델로서 정식화된다. 일반적으로 네트워크 모델은 컴퓨터 과학, OR, 경영학, 공학 등 모든 분야에서 활용되고 있으며 기본적으로는 노드, 아크(혹은 링크), 흐름에서 네트워크 문제로서 정식화되고, 취급하는 네트워크 문제의 최적 설계를 하는 것이 과제이다.

최근에 정보 통신 기술의 급속한 발전과 인터넷 기술의 급속한 진전의 보급에 의해 오늘날의 산업 정보도 글로벌화가 진행되어 정보 통신 업계는 물론 제조 업계나 물류 업계도 크게 변혁되고 있다. 예를 들면, 대규모 네트워크 시스템에 있어서 최적 통신 경로 선택, 이른바 인터넷의 OSPF(Open Shortest Path First) 경로 선택 문제, 신속한 정보 교환 능력이 부가된 패키지 소프트 ERP(Enterprise Resource Package)를 베이스로 한 생산 정보 시스템에 있어서의 생산물류 스케줄링 문제, 웹 환경의 물류·시스템에 있어서의 고객과 공급자의 글로벌화에 수반하는 다단계 SCM(Supply Chain Management) 네트워크 문제 등의 최적화 문제는, 복잡한 구조로 수많은 제약 조건을 수반하고, 더욱이 다목적 최적화 모델이 되면, 이것들은 NP(Nondeterministic Polynomial time) hard 조합 최적화 문제로서 정식화된다. 특히, 각 기업의 생산·물류 과정에 대해서 신속하고, 그리고 정확한 정보의 활용과 합리적인 의사결정이 요구되고 있어 구체적으로는 수주·설계·생산 공정과 밀착된 시기와 적절한 다목적 배송 계획, 이른바 SCM 시스템에 의한 전체 최적화에 대한 대응이 요청되고 있다.

일반적으로 대규모 편성 최적화 문제는, 종래의 해법으로는 실용 시간 내에 풀 수 없는 문제점이 있는 것부터, 메타 휴리스틱 수법 중에서도 가장 많이 그리고 넓게 활용되고 있는 유전 알고리즘(Genetic Algorithm : GA)이 주목 받고 있다. 이 GA는 진화 기술의 하나로, 산업계에서도 실용적인 수법으로서 많이 활용되고 있다.

예를 들면 SAP, i2, IBM 등 ERP 패키지 소프트웨어에도 GA 베이스의 최적화 툴이 표준장비로 되고 있는 현상을 봐도 명백하다. 최근에 GA는 수학 모델 정식화가 어려운 문제나 구조화가 복잡한 최적화 문제 등에 가장 많이 활용되고 있어 이것은 SCI급 국제 저널 등에서도 GA 베이스의 연구 논문수가 압도적으로 많은 것으로부터도 그 위력은 많은 연구자가 인정하고 있는 수법이다.

본서는 물류의 배송 계획 문제, 인터넷의 OSPF 경로 선택 문제, 다단계 SCM 네트워크 문제, 네트워크 시스템의 총 비용의 최소화와 총 흐름의 최대화를 실시하는 2목적 네트워크 문제 등이 같은 네트워크 모델에 의해서 정식화되는 NP hard 조합 최적화 문제에 관해서, 진화 기술법의 하나인 GA를 활용하기 위해서 여러가지 염색체에 의해서 네트워크 설계 문제의 해결법을 소개하고, 더욱이 수치 실험을 보여 줌으로서 문제 해법의 효과를 수치 예제 등을 통해 상세하게 GA 응용 예를 소개한 것이다. 게다가 기본적인 네트워크 모델로부터 통신 네트워크, 물류, APS(Advanced Production System) 등 다른 다목적 네트워크 모델에 대한 효율적인 GA 수법의 활용을 해설하는 것으로서, 다음과 같이 5장으로 구성된다.

제1장 유전적 알고리즘에서는 그 배경과 기초로서 유전자 표현·평가함수·유전적 조작을 설명하고, 조합 최적화 문제의 전형적인 모델로서 워드 매칭 문제와 배낭 문제에 관해서, 기초 GA를 어떻게 활용할 것인가를 계산 과정을 이해하고, 퍼지 논리와 GA를 조합한 하이브리드형 유전 알고리즘을 소개하고 있다.

제2장 네트워크 기본에서는 네트워크 모델화의 기본이 되는 최단 경로 모델, 최대 흐름 모델, 최소 비용 흐름 모델, 최소 신장·트리 모델을 소개하고 있다.

제3장 물류·네트워크에서는 물류 모델, 2단계 물류 모델, 차량배송 모델, 더욱이 사례 연구의 하나인 공장 DC 간의 물류 모델을 소개하고 있다.

제4장 다목적 GA에서는 다목적 최적화 모델의 개요를 설명한 후에 다목적 GA의 개요, 다목적 GA의 접근, 파레토 최적해의 평가, 더욱이 다목적 GA의 수치 실험을 소개하고 있다.

제5장 다목적 네트워크 모델에서는 그 분야로부터 최근의 응용 연구 예로서 최대 흐름/최소 비용의 네트워크, 다목적 Supply Chain의 네트워크, 생산물류시스템의 네트워크, 그리고 통신 시스템의 신뢰성 네트워크를 소개하고 있다.

또한 본서는 실용면을 중시하는 관점에서, 보통 교재가 갖는 이론적 난해하지 않도록 고등학교 졸업 혹은 대학 저학년의 수학 기초지식으로 충분히 이해할 수 있도록 수학 모델과 해법의 계산 과정을 trace 테이블로 쉽게 해설하고 있다. 게다가 적당한 수치 예에 들어 프로그램의 실행으로부터 GA 해법의 이해를 보다 확실한 것으로 할 수 있도록 하였다.

마지막으로, 본서의 기획은 1995년경부터 지금까지 국내외의 많은 분들로부터 수많은 지도 토론을 받았다. 특히, 와세다 대학・대학원 박사 과정 출신의 岡本東박사 (岩手県立大学), 椋田實박사(日本工業大学), 방문 연구자 Fulya Altiparmak 박사(Gazi University), 그리고 소프트 컴퓨팅 연구실의 박사 후기 과정 대학원생의 여러분, 특히 岡田幾太郎씨, 安高真一郎씨에게 깊이 감사한다. 또, 共立出版(주)의 小山透씨, 松永智仁씨, 國井和郎씨에게 출판되기까지 여러 가지 신세를 져서 깊이 감사 드린다.

2008年 2月

玄光男・林 林

Contents

Chapter 01 유전 알고리즘

Chapter 02 네트워크의 기본

Chapter 04 다목적 GA

Chapter 05 다목적 네트워크 모델

부 록 프로그램 GAoptima 사용 방법

Genetic Algorithm

01

유전 알고리즘

1.1 유전 알고리즘의 기초
1.2 조합 최적화 문제에서 적용 예
1.3 하이브리드 유전 알고리즘

CHAPTER

01 유전 알고리즘

유전 알고리즘(GA : Genetic Algorithms)이란 1960년대에 생물학의 유전 메커니즘, 즉 생물 진화(자연도태, 교배, 돌연변이)현상을 컴퓨터 시뮬레이션으로 모방한 확률적 탐색, 최적화 학습의 하나의 수법이다[1]-[4]. 이른바 GA는 자연도태와 유전 현상의 메카니즘을 단순화한 메타 휴리스틱(meta heuristics)의 하나이며, 개체라 불리는 염색체(즉, 대상 문제의 후보해)의 집합이 외부환경(대상문제에서는 평가함수)에 적응하듯이 다음에 나타내는 규칙(1), (2)에 근거하는 집단의 구성을 세대마다 생성시키는 것이다.

(1) 적합성이 높은 개체일수록 생존 확률이 높다(자연도태)

(2) 이전세대의 개체를 이용하여 유전 조작으로 다음 세대의 새로운 개체를 생성시킨다(유전 현상)

GA를 조합한 최적화 문제의 한가지 해법으로 규칙(1)을 확률적 탐색법, 또 규칙(2)을 경험적 탐색법이라고 볼 수 있으며 GA는 두개의 측면을 갖는 메타 휴리스틱법의 하나이다.

1.1 유전 알고리즘의 기초

1.1.1 유전 알고리즘의 개요

생물은 자연도태, 교배, 돌연변이를 반복하면서 환경에 적응할 수 있도록 진화해 왔다. 이 진화과정을 단순화하여 공학적으로 모델화한 확률적 메타 휴리스틱(meta heuristics)의 하나가 유전 알고리즘이며 이 메커니즘을 탐색 최적화 문제의 해법으로서 이용하고 있다. 즉 GA는 생물에 있어서 "환경에서의 적응"을 NP-hard 조합 문제나 수학 모델로의 정식화가 어려운 최적화 문제에 대한 “최선해의 도출”을 위해 적용할 수 있는 기법이다.

GA에서는 취급하는 문제의 제약을 만족하는 부모해(이것을 초기 집단이라 부른다)를 무작위로 생성하여, 이것들에의 교배와 돌연변이를 반복하여 최적해, 또는 준최적해(생물에서는 환경에의 적응)를 도출한다. 이에 대한 기본 처리 흐름을 아래의 그림 1.3에 나타낸다.

a. 대상문제 해의 유전자 표현

실제 생물에 있어서, 유전 정보를 전하는 역할을 하는 것은 염색체(chromosome), 또는 개체(individual)이다. GA에서는 대상문제의 후보해를 염색체로 취급하고, 1차원 또는 2차원 비트 때에 따라서는 문자 및 수치 데이터 열로서 표현한다. 이것을 대상문제의 유전자 표현(representation) 혹은 코드화(Encode, 부호화)라 한다. 또한 이와 같이 코드화된 해를 유전자형(geno type), 실제 해를 표현형(pheno type)이라 부른다.

예를 들면 그림 1.1에 나타나는 키타큐슈(九州)내의 주요 9개의 도시를 모두 중복하지 않고 방문하는 순회 세일즈맨 문제(TSP : Travelling Salesman Problem)를 고려하면 그림 1.2에 나타내는 염색체를 하나의 후보해로서 표현할 수 있다. 여기서 유전자 번호는 각 도시를 방문하는 순서를 나타내고 염색체 값은 각 도시의 번호를 나타내고 있다.

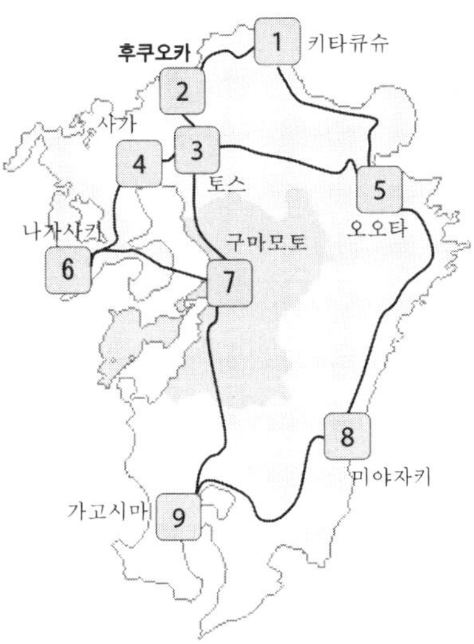

[그림 1.1] 순회 세일즈맨 문제의 예

유전자번호 :	1	2	3	4	5	6	7	8	9
염색체 :	1	5	8	9	7	6	4	3	2

[그림 1.2] 염색체의 예

b. 초기 염색체 집단의 생성

초기해로서 결정된 수(즉, 집단크기)만큼의 염색체를 문제의 제약조건으로 무작위로 생성해서 초기의 염색체 집단을 작성한다. 이 처리 순서를 인코딩 프로시저(encoding procedure)이라고 부른다. 또 염색체로부터 대상문제의 후보해를 생성하는 순서를 디코딩(복호화 : 코드해석) 프로시저(decoding procedure)이라고 부른다.

c. 각 염색체 적합도을 표시하는 평가함수

초기집단의 각 염색체에 대해서 문제의 목적함수를 기초로 정의한 평가함수(fitness function)에 의한 외부환경, 즉 대상문제의 적합도를 구한다. 이때 적응도가 높은 염색체일수록 다음 세대에 살아남을 가능성이 높아진다.

d. 유전적 조작

다음 세대의 후보해를 생성하기 위해서 생물의 유전 현상을 모델화한 유전적 조작(genetic operation)을 행한다. 유전적 조작에는 다음에 열거하는 3종류가 있다.

- **교배(crossover)** : 교배는 부모(parents)염색체 사이에, 각각의 부분해를 교환하는 조작이다. 즉, 한쪽 부모의 일부분의 해와 다른 쪽 부모의 일부분 해를 조합함으로써 새로운 염색체(이른바, 자식 염색체(offspring))를 생성하는 조작이다.
- **돌연변이(mutation)** : 돌연변이는 부모 세대 염색체 내의 유전자의 일부를 바꾸는 것으로 새로운 자식 세대의 염색체를 생성하여 염색체 집단의 다양성을 유지하기 위한 조작이다.
- **선택(selection)** : 각 염색체의 평가함수에 근거하여 적합도의 높음에 따라 부모와 자식 염색체를 선택해서 다음 세대의 염색체 집단을 구성하기 위한 조작이다.

e. GA에 있어서 각 파라미터 값의 설정

- **집단크기(population size** : *popSize*) : 집단에 포함되는 염색체 수
- **최대세대수(maximum generation** : *maxGen*) : 진화과정의 반복회수

- **교배확률**(crossover probability : p_C) : 교배조작을 발생시키는 확률
- **돌연변이확률**(mutation probability : p_M) : 돌연변이 조작을 발생시키는 확률

각 파라미터의 값을 초기에 설정한다. 이들 값은, GA의 해 탐색 효율이랑 최종적으로 얻으지는 해의 품질에 크게 영향을 줌으로서 예비 실험 등에 의해 대상의 문제에 대하여 각 파라미터 값을 경험적으로 결정할 필요가 있다.

이들에 대한 처리 흐름을 흐름도로 나타내면, 기본 GA(basic Genetic Algorithm)는 그림 1.3과 같이 된다.

다음 절부터는 각 처리과정에 대해서 보다 상세히 소개한다.

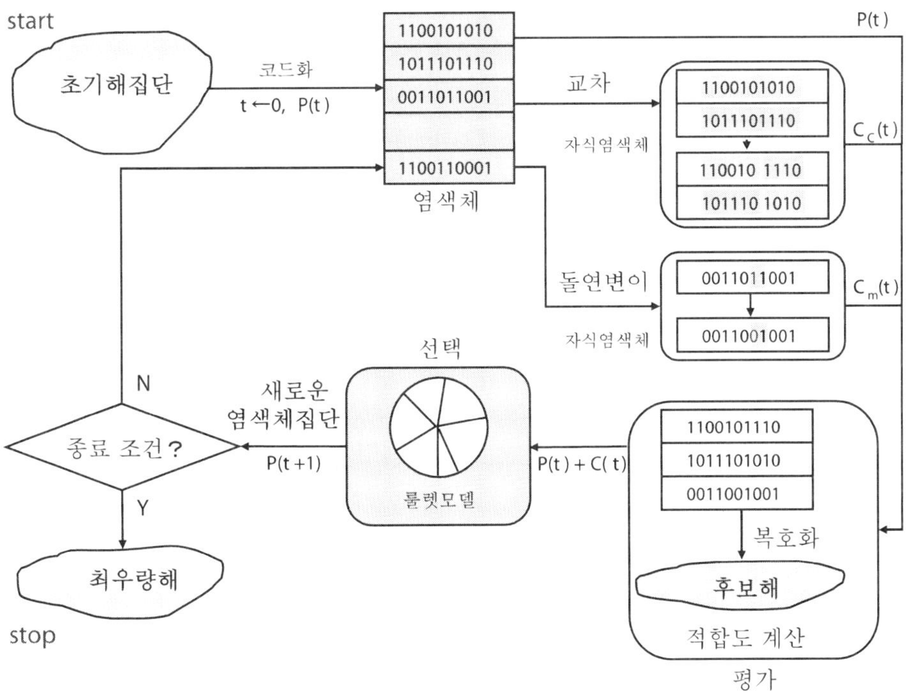

[그림 1.3] 기본 GA처리 흐름도

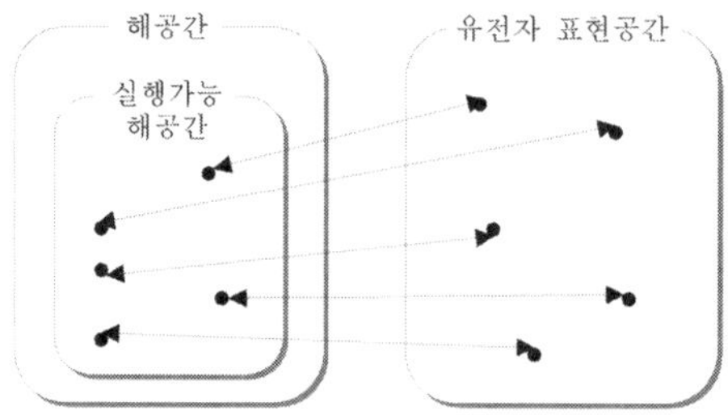

(a) 모든 염색체가 실행 가능한 경우

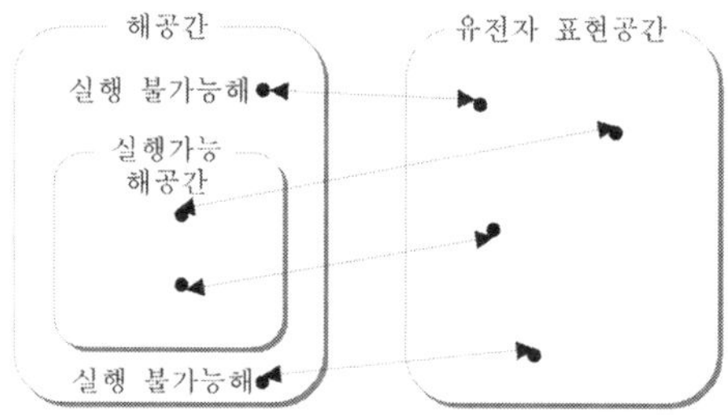

(b) 일부의 염색체가 실행 가능한 경우

[그림 1.4] 해공간과 유전자 표현 공간과의 관계

1.1.2 유전자 표현

GA를 현실의 문제에 적용하는데 있어서 가장 중요한 것은 유전자 표현과 평가함수를 어떻게 설정하느냐 하는 것이다. 유전자 표현은, 풀어야 할 문제의 해공간을 어떻게 유전자 표현 공간, 즉 탐색 공간에 대응시키느냐를 결정하는 것이며, 이것은 탐색 과정의 성공여부에 크게 영향을 미친다. 유전자 표현은, 대상 문제에 의해서 1 차원 또는 2 차원의 수치열, 비트열, 혹은 문자를 이용하는 경우도 존재하지만, 그림 1.4(a)에서와 같이, 해공간내의 실행 가능해 공간(feasible solution space)의 모든 점이 일대일로 유전자 표현 공간의 모든 점에 대응이 되면, 기본 GA를 그대로 혹은 매우 적은 변경으로 적용할 수 있다. 그러나 그림 1.4(b)에 나타내듯이 유전자 표현 공간내의 일부의 점이 실행 불가능해 공간(infeasible solution space)에 대응되는 경우에는 어떠한 변경 및 개선을 GA에 세우지 않으면 안 된다. 따라서 대상으로 하는 문제의 구조나 성질을 충분히 파악한 다음 유전자 표현의 설계 방법을 연구하는 것이 중요하다.

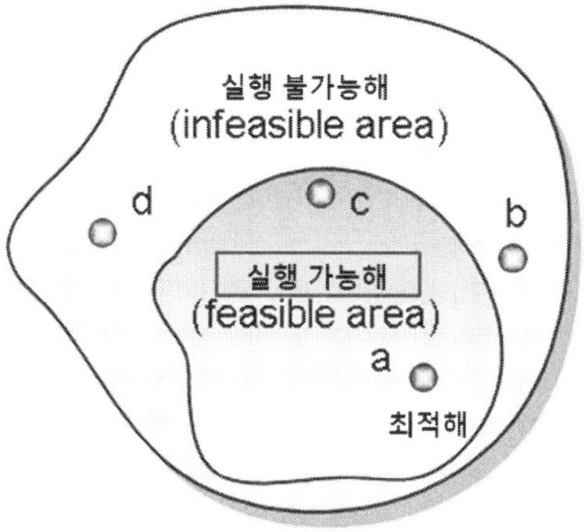

[그림 1.5] 해공간

1.1.3 평가 함수

평가함수는 탐색 방향을 주는 것이며, 최종적으로 얻어지는 해의 좋고 나쁨에 대한 품질 여부와 탐색 효율에 직접 관계가 있다. 공학 문제에 적용한다면, 비용이나 시간 등 평가 척도가 될 수 있는 물리량(예를 들면, 스케줄링 문제에 있어서의 최대 완료 시간)이 이용된다. 수학 모델로서 정식화되는 문제에서는, 그 목적함수가 평가함수로 이용되는 것이 많다. 다만, 다목적 최적화 문제의 경우에는 단일 목적으로 변환하는 등의 연구가 필요하다. 평가 함수도 유전자 표현과 같이, 대상으로 하는 문제의 구조나 성질을 충분히 파악한 다음 결정할 필요가 있다.

패널티 함수(penalty function) 법은, 제약 최적화 문제를 푸는 경우에 발생하는 실행 불가능해(infeasible solution) 생성의 문제점을 해결하기 위해서 생각할 수 있는 기술이다. 이것은 실행 불가능한 해에 패널티를 부과하는 것에 의해서 다음 세대의 생존률을 낮게 하여 진행하는 방법이다. 그러나, GA에서는 실행 불가능해를 완전하게 부정하는 것은 하지 않고, 각 세대에 소수의 해 후보를 생존시킨다. 이것은 실행 불가능해안에도 최적해에 가까운 해가 포함될 가능성이 있기 때문이다. 그림 1.5에서는 실행 가능해 영역(feasible area)에 a와 c, 실행 불가능해 영역(infeasible area)에 b와 d가 존재하고 있지만, 이 경우, 실행 가능한 해 c와 실행 불가능한 해 b에서는 분명하게 해 b가 최적해 a에 가까운 것을 알 수 있다. 그러나 일반적으로 최적화 문제를 생각할 때, 이러한 해공간의 그림이 분명하게 나타나지 않기 때문에, 어떤 해가 보다 더 우수할까를 판단하는 것은 어렵다.

현재, 패널티 함수를 유효하게 설정하는 일반적인 방법은 확립되지 않고, 대상 문제 마다 패널티 함수의 유효한 설정을 생각할 필요가 있다.

1.1.4 유전적 조작

유전적 조작에 대해서는, 지금까지 대상으로 하는 문제에 대해서 많은 제안이 있었지만, 여기에서는 일반적인 유전적 조작 중에서 많이 이용되는 기본적인 기법을 소개한다.

a. 교차(crossover)

교차는 유전자 표현에 있어서 가장 큰 영향을 받는 유전적 조작이다. 기본적인 조작으로는 단순(또는 일점) 교차(simple crossover), 다점 교차(multipoint crossover), 균등 교차(uniform crossover)등이 있다. 많은 공학 문제에서는 이들 교차에 의해서 생성되는 자식 염색체는 실행 불가능 해인 경우가 많다. 따라서 대부분 GA의 적용에 있어서는 적절한 새로운 교차 방법을 생각하든지, 자식 염색체를 실행 가능하도록 보수(repairing)하는 등의 절차를 취한다. 특히, 기본적인 스케줄링 문제인 순회 세일즈맨 문제와 같이 염색체의 중복을 허용하지 않는 문제에 적합한 방법으로는 PMX(partial-mapped crossover)법, OX(order crossover)법, CX (cycle crossover)법, PBX(position-based crossover)법 등이 제안되고 있다. 이들의 상세한 방법에 대해서는 문헌 [3, 4]을 참조하면 된다. 간단한 예로서 단순 교차의 방법을 설명하면, 단순 교차는 교차하는 위치 하나를 결정해 한쪽의 부모 염색체의 앞 부분과 다른 하나의 부모 염색체의 뒤의 부분에서 하나의 자식 염색체를 만드는 방법으로 일점 교차라고도 불린다. 그림 1.6에 단순 교차의 예를 나타낸다.

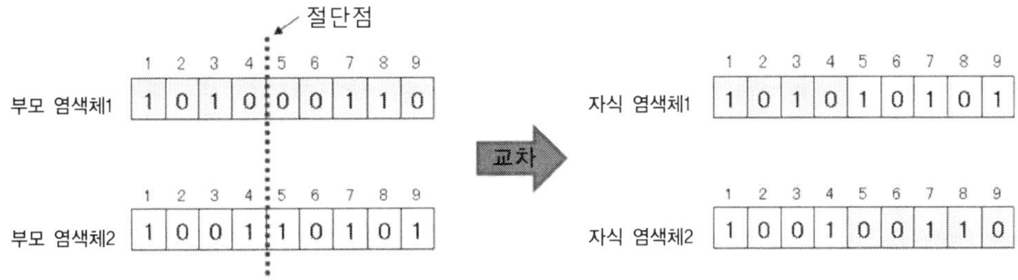

[그림 1.6] 단순 교차의 예

b. 돌연변이(mutation)

돌연변이는 어떻게 유전자 표현을 할 것인가에 의해서 그 방법이 결정된다. 예를 들면, 유전자 표현에 1차원의 비트열을 이용하는 경우에는 그림 1.7과 같이 임의의 위치의 유전자 비트를 반전시키거나 수치나 문자를 이용했을 경우에는, 임의의 위치의 유전자를 전후의 유전자나 다른 임의의 위치의 유전자와 바꿔 넣는 등의 방법이 취해진다. 그러나 이것도 역시 염색체의 실행 가능성에 크게 관련되므로, 보통은 문제에 맞추어 그 방법이 연구된다. 예로서 순회 세일즈맨 문제처럼 노드의 중복을 허락하지 않는 문제에 적용되는 돌연변이 방법으로서는 역치(inversion), 삽입(insertion), 편위(displacement), 중복(duplication) 등이 있다[3].

[그림 1.7] 비트열 염색체의 반전 돌연변이

c. 선택(selection)

선택의 방법에는 적합도 비례법(fitness propotional selection), 기대값 선택법(expected value selection), 랭킹 선택법(ranking selection), 그리고 엘리트 보존법(elite selection) 등이 있다[3]. 적합도 비례법은 룰렛 모델 또는 몬테카를로 모델이라고 불리며, 각 염색체의 적합도에 비례하는 확률로써 자손의 염색체를 선택하는 방법이다. 기대값 선택법은 염색체 집단중에서 남기는 자손의 기대값를 계산해서 어떤 염색체가 선택되었을 경우에 그 기대값으로부터 0.5를 뺀다. 이 방법에 의하면, 최악의 경우에도 기대값 0.5의 편차로 자손의 염색체를 남기는 것이 가능해진다. 랭킹 선택법은, 먼저 적합도에 의해서 각 염색체를 순위를 매김해 두어, 미리 각 순위에 대해 정해 놓은 확률로 자손의 염색체를 남기는 방법이다. 엘리트 보존법은 염색체 집단 중에서 적합도가 가장 높은 것부터 차례로 다음 세대에 남기는 방법이다. 이 방법을 계속해 사용하면 엘리트 염색체가 집단중에 급속히 퍼질 가능성이 높기 때문에 지역 최적해에 빠지는 일도 있을 수 있으므로 일반적으로는 다른 선택 조작과 조합해 사용하는 것이 바람직하다.

기본 GA 처리의 알고리즘을 Pascal 언어와 유사한 코드로 나타내면, 그림 1.8과 같다. 네트워크 설계 문제에 적용하는 경우는, 취급하는 문제에 따라 부분 변경이나 부가적인 루틴이 요구되지만 기본적으로는 그림 1.8의 절차에 따르게 된다.

```
procedure: basic GA
input: problem data, GA parameters
output: the best solution
begin
   t ← 0;                                        // t: 세대수
   initialize P(t) by encoding routine;          // P(t):제 t세대에 있어서 부모염
   fitness eval(P) by decoding routine;
   while (not termination condition) do
      crossover P(t) to yield C(t);              // C(t):제 t세대에 있어서 자손염
      mutation P(t) to yield C(t);
      fitness eval(C) by decoding routine;
      select P(t+1) from P(t) and C(t);
      t ← t+1
  end
  output the best solution;
end
```

[그림 1.8] 기본GA(유전 알고리즘)

1.1.5 비선형 최적화 문제에서의 응용

예 1.1 : 다봉성 비선형 최적화 문제의 예

여러 개의 지역 최적해를 갖는 다봉성 비선형 최적화 문제의 예로써 다음에 나타내는 2변수 비선형 최적화(Nonlinear Optimization)문제의 최대값을 구하는 것을 생각하자. 이 문제는 그림 1.9에 보이는 것처럼 여러 개의 지역 최적해를 갖는 다봉성 함수의 최적화 문제로써 종래의 해석적 수법으로서는, 최적해는 초기해에 의존함으로 최적해를 구하는 것이 매우 어렵다.

$$\max \quad f(x_1, x_2) = 21.5 + x_1 \cdot \sin(4\pi x_1) = x_2 \cdot \sin(20\pi x_2) \quad (1.1)$$

$$\text{s. t.} \quad -3.0 \le x_1 \le 12.1 \quad (1.2)$$

$$4.1 \le x_2 \le 5.8 \quad (1.3)$$

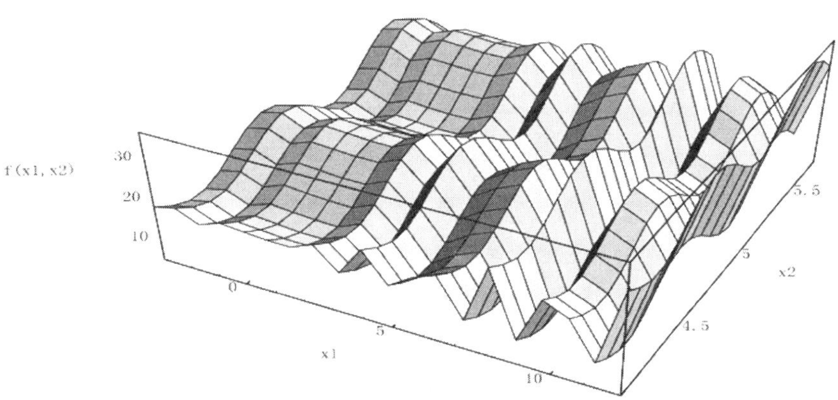

[그림 1.9] Mathematica에 의한 다봉성 비선형 최적화 문제 예의 해

여기서는 각 결정 변수 x_1, x_2의 범위가 주어져 있는 경우 비선형 최적화 문제에 유전 알고리즘을 적용해서 해를 구하는 기법을 소개한다.

a. 유전적 표현

인코딩 : 여기서는 변수 x_1, x_2를 비트 코드로 표현한다. 구간 $[a_j, b_j]$는 유효 자릿수를 5자리로 한다. 이때 변수 x_j는 구간을 적어도 $(b_j - a_j)10^5$ 개로 나눈 점에 어떻게든 위치한다. 따라서 변수를 2진수로 표현하기 위한 필요한 비트 수 m_j는

$$2^{m_j - 1} < (b_j - a_j) \times 10^5 < 2^{m_j} - 1 \tag{1.4}$$

를 만족할 필요가 있다. 게다가 변수 x_j를 2진수에서 실수로 변환하기 위해서는, 구간을 $2^{m_j} - 1$개로 나눈 범위의 어디에 위치하는지를 명확하게 하면 좋다. 변수 x_j는 다음의 식과 같이 나타내진다.

$$x_j = a_j + \text{decimal}(substring_j) \times \frac{b_j - a_j}{2^{m_j} - 1} \tag{1.5}$$

여기서 decimal(substringj)은 2진수로 표현되어 있는 염색체를 10진수로 표시한 것을 나타내고 있다.

위의 예에서, 변수 x_1, x_2의 변환에 필요한 비트 수 m_1, m_2 및 총 비트 수 m를 계산하면, 다음과 같이 된다. 단, 유효 자릿수는 5자리이다.

$$
\begin{aligned}
&(12.1 - (-3.0)) \cdot 10000 = 151000 \\
&2^{18-1} < 151000 < 2^{18} - 1 \qquad \therefore m_1 = 18 \\
&(5.8 - 4.1) \cdot 10000 = 17000 \\
&2^{15-1} < 17000 < 2^{15} - 1 \qquad \therefore m_2 = 15 \\
&m = 18 + 15 = 33
\end{aligned}
$$

33비트로 초기 염색체 $v_k(\cdot)(k = 1, 2, \cdots, popSize)$에 대한 예을 작성하면, 그 표현은 아래와 같이 된다.

33 bits

$v_k(\cdot)$: 000001010100101001 101111011111110

18 bits — x_1 15 bits — x_2

비선형 최적화 문제의 인코딩 기법 중 하나로서 여기에서는 그림 1.10에 표현한 것처럼 binary-string encoding를 사용한다. 이 프로시저(procedure)에서 random[0,1]은 랜덤하게 0이나 1을 생성하게 한다.

```
procedure: binary-string encoding
input: no. of required bits m
output: chromosome v_k(·)
begin
   for i=1 to m
   v_k(i)←random[0,1];
   output chromosome v_k(·);
end
```

[그림 1.10] 2진수 인코딩 알고리즘

디코딩 : 염색체 $v_k(\cdot)$를 $x_1, x_2, \ldots, x_j$로 변환할 때에는 먼저 $v_k(\cdot)$를 왼쪽에서 m_1 비트, m_2 비트로 나누어서 이것들을 2진 표현에서 10진 표현으로 변환한 값(x'_1, x'_2로 한다)을 식 (1.5)에 적용한다. 위의 예에서는 다음과 같이 된다.

$$x_1 = -3.0 + (12.1-(-3.0)) \;/\; (2^{18}-1) \cdot x'_1$$

$$x_2 = 4.1 + (5.8-4.1) \;/\; (2^{15}-1) \cdot x'_2$$

비선형 최적화 문제의 디코딩 기법으로서 여기서는 식(1.5)를 기본으로 한 binary-string decoding를 사용하고 있으며 그림 1.11에 이 알고리즘을 나타낸다.

```
procedure: binary-string decoding
input: no. of variables n,
       no. of bits m_j (j =1,2,...,n)
       range [a_j,b_j] of variable x_j (j=1,2,…,n)
       chromosome v_k(·)
output: real number x_j(j=12,...,n)
begin
  s ←0, t←0;
  for j=1 to n
    s ←t+1;
    t ←t+m_j;
```

$$x_j = a_j + \frac{b_j - a_j}{2^{m_j} - 1}\sum_{i=s}^{t}\left(2^{m_j - i} \cdot v_k(i)\right);$$

```
  end
  output real number x_j(j=1,2,...,n);
end
```

[그림 1.11] 2진수 디코딩 알고리즘

b. 유전적 조작

교차 : 단순(일점) 교차

비선형 최적화 문제에서의 교차는 두개의 염색체를 랜덤하게 선택한 비트 위치에서 절단하여 아래의 비트 열과 교환하는 단순 교차(simple crossover), 또는 1점 교차(one-cut point crossover)를 사용하여 그림 1.12에 그 알고리즘을 나타낸다.

```
procedure: one-cut point crossover
input: p_C, parent P_k,k=1,2,...,popSize
output: offspring C(·)
begin
  for k =1 to ⌈popSize /2⌉                 // popSize: 집단크기
      if p_C ≥random [0, 1] then             // p_C: 교차 확률
          i← 0;
          j← 0;
          repeat
              i← random[1,popSize];          // 실수 난수
              i← random[1,popSize];          // 실수 난수
          until  (i ≠j )
        p← random[1,l-1];                    // p:절단점, l:염색체 길이
        C_i← P_i[1:p-1]//P_j[p:l];
        C_j← P_j[1:p-1]//P_i[p:l];
        end
   end
   output offspring  C(·);
end
```

[그림 1.12] 단순(일점) 교차 알고리즘

돌연변이 : 반전 돌연변이

비선형 최적화 문제에서의 돌연변이는 총비트수 × 집단크기의 모든 비트를 대상으로 실행한다. 여기서 랜덤하게 선택된 유전자의 0과 1을 바꿔 넣는 반전 돌연변이를 그림 1.13에 나타낸다.

```
procedure: mutation
input: pM, parent Pk, k=1,2,...,popSize
output: offspring C(·)
begin
   for k=1 to popSize do          //popSize: 집단크기
      for j=1 to l                //l: 염색체 크기
         r←random[0,1];           //실수 난수
         if r pM≤ then            //pM: 돌연변이 확률

            Ck← Pk[1:j-1]         //Pk[j]//Pk[j+1:l];
         end
      end
   end
   output offspring C(·);
end
```

[그림 1.13] 반전 돌연변이 알고리즘

선택 : 룰렛 모델

각 염색체의 적합도에 비례하는 확률로서 자식 염색체를 선택하는 방법이다. 그림 1.14와 같이 적합도에 비례하는 영역을 갖는 룰렛을 돌려서 룰렛 구슬이 들어간 영역의 개체를 골라내는 것이다.

다음 식으로부터 확률변수 p_k 및 누적확률 $q_k(k = 1, 2,\cdots, popSize)$ 를 계산한다.

여기서, 다음의 기호를 정의한다.

인덱스

l : 염색체 번호

파라미터

F : 적합도의 합계

v_k : k번째 염색체

p_k : k번째 염색체의 선택확률

q_k : k번째 염색체의 누적확률

$$F = \sum_{k=1}^{popSize} eval(v_k)$$

$$p_k = eval(v_k) / F$$

$$q_k = \sum_{j=1}^{k} p_j$$

[0,1]의 난수표 r_k을 만들어서 $r_k < q_1$의 경우는 v_k를 선택하고, $q_{i-1} < r_k \leq q_i$의 경우는 v_i을 선택하여 다음 세대의 염색체 v_k'로 한다.

procedure: roulette wheel selection
input: chromosome P_k, k=1, 2, ..., *popSize+offSize*
output: chromosome $P_{k'}$ in next generation
begin
  calculate the fitness value $eval(P_k)$;
  calculate the total fitness $F = \sum_{k=1}^{popSize+offSzie} eval(P_k)$;
  calculate selection probability
    $p_k = eval(P_k)/F \ \ (k = 1, 2, ..., popSize + offSize)$;
  calculate cumulative probability
    $q_k = \sum_{i=1}^{k} p_i \ \ (k = 1, 2, ..., popSize + offSize)$;
  for k = 1 **to** *popSize*
    $r \leftarrow$ random [0, 1];
    if $r \leq q_1$ **then**
      $P_{k'} \leftarrow P_1$;
    else
      $P_{k'} \leftarrow P_k, \ \ q_{k-1} < r \leq q_k$;
  end
  output chromosome $P_{k'}$ k=1, 2, ..., *popSize*;
end

[그림 1.14] 적합도 비례 선택법 알고리즘

c. 알고리즘

GA를 이용한 비선형 최적화 문제에 있어서 전체의 계산 알고리즘을 아래와 같이 나타낸다. 프로시저중의 주석의 Step 번호는, 다음 절의 수치 실험에 있어서 각 Step 번호와 대응하고 있다.

```
procedure: basic GA for nonlinear Optimization problem
input: n,problem data, GA parameters
output: the best solution
begin
  t←0;
  initialize P(t) by binary string encoding;                       //STEP1
  evaluate eval(P) by binary string decoding;                      //STEP2
  while (not terminating condition) do
    create C(t) from P(t)  by one-cut point crossover;             //STEP3(1)
    create C(t) from P(t)by mutation routine;                      //STEP3(2)
    evaluate eval(C) by binary string decoding;                    //STEP3(3)
    select P(t+1) from P(t) and C(t) by roulette wheel selection;//STEP3(3)
    t ←t+1;
  end
  output the best solution;
end
```

[그림 1.15] 비선형 최적화 문제의 전체 알고리즘

d. 수치 실험

이 비선형 최적화 문제에 GA를 적용할 때의 알고리즘을 실제 데이터를 이용하여 아래와 같이 나타낸다.

$$\max \quad f(x_1, x_2) = 21.5 + x_1 \cdot \sin(4\pi x_1) = x_2 \cdot \sin(20\pi x_2) \quad (1.6)$$

$$\text{s. t.} \quad -3.0 \le x_1 \le 12.1 \quad (1.7)$$

$$4.1 \le x_2 \le 5.8 \quad (1.8)$$

Step 0 : 초기값으로써 각 파라미터를 입력한다.

집단 크기(*popSize*)	*10*	돌연변이 확률(p_M)	*0.01*
교차 확률(p_C)	*0.25*	최대 세대수(*maxGen*)	*1000*

Step 1 : 최우량 평가 함수값 *maxEval* = 0로 해서 초기의 염색체(v_k)를 랜덤하게 생성한다.

v_1 = [000001010100101001101111011111110], $f(-2.087969,\ 5.3616539)$

v_2 = [0011101011100110000000010101001000], $f(0.474101,\ 4.170144)$

v_3 = [100011100000100001010100100011001], $f(5.3777141,\ 4.6458449)$

v_4 = [011011010010110100000000110111001], $f(3.4396898,\ 4.1228797)$

v_5 = [001011110110001000111000111101000], $f(-0.2051438,\ 5.6128636)$

v_6 = [111010101101100000000010110011001], $f(10.8521647,\ 4.1743461)$

v_7 = [010001001111100010001110011101101], $f(1.0682093,\ 4.4841823)$

v_8 = [101101010000110001010110011001100], $f(7.6790351,\ 4.6949767)$

v_9 = [111000101110110001111001000111101], $f(10.3849536,\ 5.6172735)$

v_{10} = [110100111010110100001010101101010], $f(9.4856113,\ 4.3844142)$

반복 0 [세대수 gen = 0]

Step 2 : 평가 함수값 eval(v_k) 합계 F를 계산한다.

$eval(v_1) = f(-2.087969,\ 5.3616539) = 19.805119$

$eval(v_2) = f(0.474101,\ 4.170144) = 17.370896$

$eval(v_3) = f(5.3777141,\ 4.6458449) = 17.3245835$

$eval(v_4) = f(3.4396898,\ 4.1228797) = 23.2219615$

$eval(v_5) = f(-0.2051438,\ 5.6128636) = 25.6681190$

$eval(v_6) = f(10.8521647,\ 4.1743461) = 6.9207621$

$eval(v_7) = f(1.0682093,\ 4.4841823) = 18.5491830$

$eval(v_8) = f(7.6790351,\ 4.6949767) = 26.0183363$

$eval(v_9) = f(10.3849536,\ 5.6172735) = 16.1644032$

$eval(v_{10}) = f(9.4856113,\ 4.3844142) = 16.1547032$

현재의 최우량 평가 함수값 *maxEval*으로 부터 좋은 염색체가 해집단내에 존재하는 경우에는, *maxEval*의 값을 갱신한다.

$maxEval < \max\{eval(v_k)\}$ 이므로

$maxEval = eval(v_8) = 26.0183363$로 갱신해서,

$v^* = v_8 =$ [101101010000110001010110011001100] 으로 한다.

Step 3 : 유전적 조작을 실행한다.

(1) 교차(단순 교차)

세대 t에서 교차에 의해 생성하는 염색체 수를 $cCnt$으로 표기하면, 초기의 $cCnt = 0$이다. [0, 1]의 난수표 $r_k(k = 1, 2, \cdots, 10)$를 만든다.

$r_1 = 0.4833216$ $r_3 = 0.1873836$ $r_5 = 0.4008301$ $r_7 = 0.7915586$ $r_9 = 0.8691061$
$r_2 = 0.4279305$ $r_4 = 0.4261605$ $r_6 = 0.0627155$ $r_8 = 0.9253212$ $r_{10} = 0.4124577$

$r_k < p_C = 0.25$를 만족하는 r_3과 r_6를 선택한다.

$cCnt = 2$로 한다. 랜덤하게 교차를 행하는 비트 위치 $s = 5$를 선택해서 교차를 실행하고, 새롭게 생성한 염색체를 각각 v_1', v_2'으로 한다.

$v_1' = [100010101101100000000010110011001]$
$v_2' = [111011100000100001010100100011001]$

(2) 돌연변이(반전 돌연변이)

세대t에서 돌연변이에 의해 생성된 염색체의 수를 $mCnt$으로 표기하면, 초기의 $cCnt = 0$이다. [0,1]의 난수표 $r_k(k = 0, 1, \cdots, 329)$ 를 만든다.

$r_k < p_M = 0.01$를 만족하는 $r_{85} = 0.0013458$과 $r_{123} = 0.0018251$과 $r_{147} = 0.0016754$과 $r_{158} = 0.0018097$과 $r_{228} = 0.0011200$과 $r_{246} = 0.0056764$과 $r_{278} = 0.0019806$과 $r_{292} = 0.0013306$과 $r_{299} = 0.0014923$를 선택한다.

이것은

염색체 $v_3(k = [85 / 33] + 1)$ 중에서 $20(l = 85 \mod 33 + 1)$ 번째 요소
염색체 $v_4(k = [123 / 33] + 1)$ 중에서 $25(l = 123 \mod 33 + 1)$ 번째 요소
염색체 $v_5(k = [147 / 33] + 1)$ 중에서 $16(l = 147 \mod 33 + 1)$ 번째 요소
염색체 $v_5(k = [158 / 33] + 1)$ 중에서 $27(l = 158 \mod 33 + 1)$ 번째 요소
염색체 $v_7(k = [228 / 33] + 1)$ 중에서 $31(l = 228 \mod 33 + 1)$ 번째 요소

염색체 $v_8(k = [246 / 33] + 1)$ 중에서 $16(l = 246 \ mod \ 33 + 1)$ 번째 요소
염색체 $v_9(k = [278 / 33] + 1)$ 중에서 $15(l = 278 \ mod \ 33 + 1)$ 번째 요소
염색체 $v_9(k = [292 / 33] + 1)$ 중에서 $29(l = 292 \ mod \ 33 + 1)$ 번째 요소
염색체 $v_{10}(k = [299 / 33] + 1)$ 중에서 $3(l = 299 \ mod \ 33 + 1)$ 번째 요소
를 나타내고 있다.

$mCnt = 7$으로 해서 이것들의 염색체 0과 1을 바꿔 넣은 것을 각각 $v_i'(i = 3, 4, \cdots, 9)$로 하면,

$v_3' = [100011100000100001000100100011001]$
$v_4' = [011011010010110100000000010111001]$
$v_5' = [001011110110001100111000110101000]$
$v_6' = [010001001111100010001110011101001]$
$v_7' = [101101010000110101010110011001100]$
$v_8' = [111000101110111001111001000101101]$
$v_9' = [111100111010110100001010101101010]$

(3) 선택(룰렛 모델)

새롭게 생성된 염색체의 평가함수(적합도) $eval(v_t')$, t = 1, 2, 3, 4,⋯ 9를 계산한다.

$$eval(v_1') = 18.1323591 \ (f(4.8477743, 4.6458449))$$
$$eval(v_2') = 24.0896657 \ (f(8.2089749, 4.6949767))$$
$$eval(v_3') = 20.2023279 \ (f(5.3777141, 4.2208319))$$
$$eval(v_4') = 21.4664509 \ (f(3.4396898, 4.1095981))$$
$$eval(v_5') = 24.7755809 \ (f(-0.2049133, 5.6095431))$$
$$eval(v_6') = 18.5177856 \ (f(1.0682093, 4.4839747))$$
$$eval(v_7') = 26.0045265 \ (f(7.6792655, 4.6949767))$$
$$eval(v_8') = 16.0275024 \ (f(10.3854144, 5.6164434))$$
$$eval(v_9') = 6.4905633 \ (f(11.3731185, 4.3844142))$$

부모 염색체 $v_t(t = 1, 2, \cdots, 10)$ 와 새롭게 생성된 염색체 $v'_t(t = 1, 2, 3, \cdots, 9)$ 중에서 다음 세대에 생존시킬 염색체를 각 염색체의 적합도에 비례해서 부모 세대의 크기(*popSize* : 10)만큼 즉, 10개만 선택한다. 아래에 각 염색체에 대한 선택확률 p_k 및 누적 확률 $q_k(k = 1, 2, \cdots, 19)$를 계산한다.

$$F = \sum_{k=1}^{k} eval(v_k) = 362.9048291$$

$$p_k = eval(v_k)/F$$

p_1 = 0.054574 p_5 = 0.070730 p_9 = 0.044542 p_{13} = 0.055668 p_{17} = 0.071657
p_2 = 0.047866 p_6 = 0.019070 p_{10} = 0.044515 p_{14} = 0.059152 p_{18} = 0.044164
p_3 = 0.047739 p_7 = 0.051113 p_{11} = 0.049965 p_{15} = 0.068270 p_{19} = 0.017885
p_4 = 0.063989 p_8 = 0.071695 p_{12} = 0.066380 p_{16} = 0.051027

$$q_k = \sum_{j=1}^{J} p_j$$

q_1 = 0.054574 q_5 = 0.284898 q_9 = 0.471317 q_{13} = 0.687845 q_{17} = 0.937950
q_2 = 0.102440 q_6 = 0.303968 q_{10} = 0.515832 q_{14} = 0.746997 q_{18} = 0.982115
q_3 = 0.150179 q_7 = 0.355081 q_{11} = 0.565797 q_{15} = 0.815267 q_{19} = 1.000000
q_4 = 0.214168 q_8 = 0.426776 q_{12} = 0.632177 q_{16} = 0.866294

[0,1]의 난수표 $r_k'(k = 1, 2, \cdots, 10)$를 만들고,

r_1' = 0.6577960 r_3' = 0.7487106 r_5' = 0.0528581 r_7' = 0.3924680 r_9' = 0.1904965
r_2' = 0.7329325 r_4' = 0.9563890 r_6' = 0.0359508 r_8' = 0.1176183 r_{10}' = 0.2996307

아래와 같이 염색체를 선택한다.

$v_1' = v_{13}$ $v_3' = v_{15}$ $v_5' = v_1$ $v_7' = v_8$ $v_9' = v_4$
$v_2' = v_{14}$ $v_4' = v_{18}$ $v_6' = v_1$ $v_8' = v_3$ $v_{10}' = v_6$

새로운 세대는 아래와 같이 된다.

v_1' = [100011100000100001000100100011001] v_6' = [000001010100101001101111011111110]
v_2' = [011011010010110100000000010111001] v_7' = [101101010000110001010110011001100]
v_3' = [001011110110001100111000110101000] v_8' = [100011100000100001010100100011001]
v_4' = [111000101110111001111001000101101] v_9' = [011011010010110100000000110111001]
v_5' = [000001010100101001101111011111110] v_{10}' = [111010101101100000000010110011001]

Step 4 : 최우량해를 보존한다.

$maxEval = \max\{eval(v_k)\}$이므로

$v^* = \text{argmax}\{eval(v_k)\}$

$= [10110101000011000101011001100 1100];$

$maxEval = \max\{eval(v_k)\} = 26.0183363$

가 된다.

Step 5 : 새롭게 만든 염색체 v_k'를 다음 세대의 염색체 v_k로 한다. 종료 조건 $gen \geq maxGen$을 만족하는 경우 탐색을 종료한다. 그 이외에는 Step 2로 되돌아간다.

반복 1 [세대수 gen = 1]

...

반복 1000 [세대수 gen = 1000]

Step 2 : · · ·

Step 3 : 유전적 조작을 실행한다.

Step 4 : 최우량해를 보존한다.

Step 5 : $v^* = \text{argmax}\{eval(v_k)\}$

$= [101101000000110001010000110101100];$

$maxEval = \max\{eval(v_k)\}$

$= 29.8960534$

Step 6 : $gen = maxGen$이므로, 최대 평가값을 표현할 수 있는 염색체 v^*에 근거하여 최적인 x_1과 x_2의 조합시킨 x_1^*과 x_2^* 및 최대 평가값 $maxEval$을 출력하고 종료한다.

$v^* = \text{argmax}\{eval(v_k)\}$

$= [111110000000111000111101001010110];$

$x_1^* = 11.631407$, $x_2^* = 5.724824$

$maxEval = \max\{eval(v_k)\}$

$= 38.818208$

실제로 위의 절차로 프로그램을 작성해서 얻은 결과는 아래와 같이 나타난다. 이 비선형 최적화 문제에 GA를 적용할 때 최적해는 그림 1.16처럼 수렴한다.

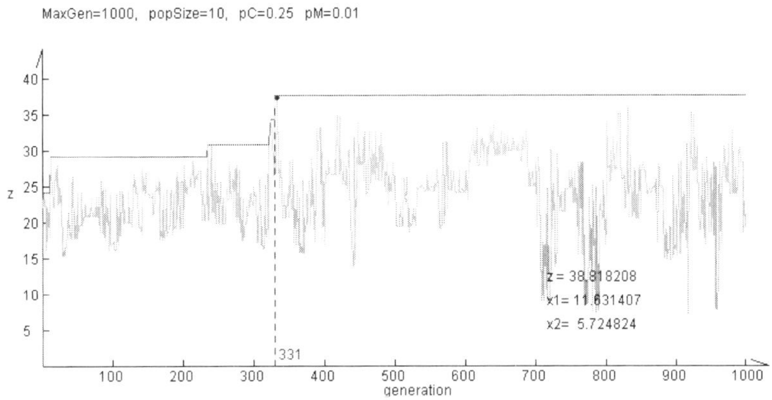

[그림 1.16] 기본GA에 의한 해의 수렴 과정

1.2 조합 최적화 문제에서의 적용 예

조합 최적화 문제란, 주어진 조건을 만족하는 조합이나 순서를 선택할 때, 선택 가능한 조합 중에서 제일 좋은 것을 찾아내는 문제이다. 수학적으로 표현한다면, 어떤 집합 E 의 부분집합 F에서, 주어진 조건을 만족하면서 동시에 함수값을 최대, 혹은 최소로 하는 것을 찾는 것이다.

공학 분야에 있어서 많은 문제가 조합 최적화 문제로서 모델화가 가능하다. 그러나 취급하는 문제 중에서 문제의 규모가 큰 경우는 계산의 복잡성과 이로 인한 과도한 계산시간의 문제로 최적해를 구하는 것이 어렵다. 이와 같은 문제에 현실적으로 대처하기 위한 하나의 방법으로서 최적성의 보장은 없지만, 양질의 해를 가능한 한 빠른 속도로 구하는 근사해법이 있으며 다양한 알고리즘이 제안되고 있다. 최근에는 컴퓨터의 발전과 더불어 종래의 근사해법을 보다 고도로 조합하려는 방법으로 다소 시간이 걸리더라도, 보다 양질의 해를 구하려는 유전 알고리즘 연구가 활발하다. [2]-[5].

1.2.1 워드 매칭 문제

워드 매칭 문제란, 어떤 문자열이 주어졌을 때 이 문자열과 같은 모양의 것을 생성하는 것을 목적으로 하는 문제이다. 이 문제는, Freeman[37]에 의해 소개되었으며 GA 성능을 검증하는데 매우 적합한 문제이다.

주어진 문자열과 같은 문자열을 생성하는 것이 목적이므로 목적함수는 주어진 문자열과 일치하는 문자의 개수를 최대화하는 것으로서 설정된다.

예 2.1 : 단순한 워드 매칭 문제의 예

구체적인 예로서 문자열 “to be or not to be”를 생성하는 문제에 대하여 생각해 보자. 이 문자열 “tobeornottobe”을 랜덤하게 생성하려고 하는 경우, 문자의 종류를 소문자 알파벳 26 글자에 한정하더라도 대상이 되는 문자열과 13글자 전부 동일한 문자열이 얻어질 확률은,

$$\left(\frac{1}{26}\right)^{13} = 4.03038 \times 10^{-19}$$

으로 매우 작은 값이라는 것을 알 수 있다.

여기서 랜덤하게 생성된 문자열 리스트를 GA로 보다 진화시키는 것으로 대상이 되는 문자열 “tobeornottobe”을 생성하는 것을 시도한다.

GA에 의한 워드 매칭 문제의 하나의 해법

A. 유전적 표현

인코딩 : 문자열을 염색체로 표현하기 위하여 코드화를 실행한다.

코드화에는 표1.1에 표현한 것과 같이 ASCII 코드의 소문자를 표현하는 구간[97, 122]을 사용하고 소문자 알파벳 26 글자를 10진수로 표현한다. 또 대상이 되는 문자열의 길이 n은 n = 13이므로, 문자열을 표현하기 위한 염색체는 13개의 유전자로 구성할 필요가 있다.

[표 1.1] : ASCII 코드표

문자	a	b	c	d	e	f	g	h	i	j	k	l	m
코드	97	98	99	100	101	102	103	104	105	106	107	108	109

문자	n	o	p	q	r	s	t	u	v	w	x	y	z
코드	110	111	112	113	114	115	116	117	118	119	120	121	122

예로서 대상이 되는 문자열 "tobeornottobe"을 코드화 한 기호열 *key*를 그림 1.17에 나타낸다.

문자열 [t o b e o r n o t t o b e]

	1	2	3	4	5	6	7	8	9	10	11	12	13
key	116	111	98	101	111	114	110	111	116	116	111	98	101

[그림 1.17] ASCII 코드를 이용한 코드화

프로시저 1 : 워드 매칭 문제의 인코딩(그림 1.18)

입력 데이터 : 문자열의 길이 n

출력 데이터 : 염색체 v_k

Step 0 : i = 1에서 n까지 Step 1을 반복한다.

Step 1 : $v_k(i) \leftarrow$ random [97,122]

Step 2 : 10진 표현의 염색체 v_k을 출력한다.

```
procedure: encoding for word matching problem (WMP)
Input: length of character string n
output: chromosome v_k(·)
begin
   for i=1 to n
       v_k(i)← random [97,122];
   end
   output chromosome v_k(·);
end
```

[그림 1.18] 인코딩 알고리즘

디코딩 : 염색체를 문자열로 변환하는 것은 표 1.1를 사용해서 변환을 실행한다.

프로시저 2 : 워드 매칭 문제의 디코딩(그림 1.19)

입력 데이터 : 염색체 v_k, ASCII 코드표

출력 데이터 : 일치하는 개수 z, 문자열

Step 0 : z를 0으로 한다.

Step 1 : i = 1에서 n까지 Step 2, 3을 반복한다. 그렇지 않으면 Step 4로 간다.

Step 2 : $key(i) = v_k(i)$ 이면 z에 1를 더한다.

Step 3 : $v_k(i)$에 대응하는 문자를 코드표에 대응시켜서 출력하고 Step 1로 돌아간다.

Step 4 : z와 문자열을 출력한다.

```
procedure: decoding for word matching problem (WMP)
input: WMP data set, chromosome v_k(·)
output: value z, character string
begin
  z←0;
  for i=1 to n
    if key(i)=v_k(i) then
      z←z+1;
      transform v_k(i) to a correspanding character using table 1.1
  end
  output value z, character string
end
```

[그림 1.19] 디코딩 알고리즘

B. 유전적 조작

돌연변이

유전적 조작으로써 단순 교차나 2점 교차 등을 적용할 수 있지만, 워드 매칭 문제는 비교적 간단한 문제이기 때문에 돌연변이만 사용한다.

프로시저 3 : 돌연변이(그림 1.20)

입력 데이터 : 변이율 p_M, 염색체 P_k

출력 데이터 : 자식 염색체 C_k

Step 0 : 집단내의 모든 유전자(문자열의 길이 n × 집단 크기 *popSize*) 중에서 돌연변이를 실행하는 유전자 *bitPos*를 랜덤하게 선택한다.

Step 1 : 선택된 *bitPos*의 유전자를 구간[97, 122]로 랜덤하게 변이시켜 돌연변이의 대상이 된 유전자를 포함한 염색체를 자식 염색체 C_k로 한다.

```
procedure: random mutation
input: p_M, parent P_k, k=1, 2, .., popSize
output: offspring C_k
begin
   for k = 1 to popSize
      for j = 1 to n
         if p_M ≥ random [0, 1] then
           q ← random [97,122]
           C_k ← P_k [1: j-1] // q // P_k[ j+1: l ];
      end
   end
  output offspring C_k;
end
```

[그림 1.20] 돌연변이 알고리즘

평가

이 문제에서는 대상이 되는 문자열과 같은 문자열을 생성하는 것이 목적이기 때문에 기호열 *key*와 염색체 v_k(k = 1, 2, …, *popSize*)을 비교해서, 기호열 *key*의 유전자와 그것에 대응하는 염색체 v_k의 유전자와 동일한 것이 존재하는 경우, 그 동일한 유전자의 개수가 적합도가 된다.

이것보다 평가함수 $eval(v_k)$는 아래와 같이 나타낼 수 있다.

$$eval(v_k) = \sum_{i=1}^{n} x_k(i) \qquad k = 1, 2, \ldots, popSize$$

$$\text{단, } x_k = \begin{cases} 1 & (key(i) = v_k(i)) \\ 0 & (otherwise) \end{cases}$$

또, 평가함수 $eval(v_k)$의 값이 가장 큰 염색체 v^*는 아래의 식으로 나타낸다.

$$v^* = \arg\max \{eval(v_k)\}$$

예로서 그림 1.21의 염색체 v_k의 적응도를 계산한다.

	1	2	3	4	5	6	7	8	9	10	11	12	13
key	116	111	98	101	111	114	110	111	116	116	111	98	101
문자열	[t	o	b	e	o	r	n	o	t	t	o]	b	e

	1	2	3	4	5	6	7	8	9	10	11	12	13
v_k	114	122	102	101	100	104	117	106	97	114	100	98	101
문자열	[r	z	f	e	d	h	u	j	a	r	d]	b	e

	1	2	3	4	5	6	7	8	9	10	11	12	13
x_k	0	0	0	1	0	0	0	0	0	0	0	1	1

[그림 1.21 염색체의 평가]

$$eval(v_k) = \sum_{i=1}^{13} x_k(i) = 3 \qquad k = 1,\ 2, \ldots,\ popSize$$

선택

워드 매칭 문제의 선택 기법으로서 여기서는 룰렛 모델을 사용한다.

아래의 식으로 선택확률 p_k 및 누적확률 $q_k(k = 1,\ 2, \ldots,\ popSize)$을 계산한다.

$$F = \sum_{k=1}^{popsize} eval(v_k)$$

$$P_k = eval(v_k) / F$$

$$q_k = \sum_{j=1}^{k} P_j$$

[0,1]의 난수표 r_k를 만들고, $r_k < q_1$의 경우는 v_k를 선택하고, $q_{i-1} < r_k \le q_i$의 경우는 v_i를 선택하여 다음 세대의 염색체를 v_k' 으로 한다.

표 1.2와 같이 선택확률 $p_k(k = 1, 2, \ldots, popSize)$를 계산하고, 그 확률로 랜덤하게 염색체를 선택한다.

[표 1.2] 평가함수와 선택확률

염색체	$eval(v_i)$	p_i
v_1	6	0.181818
v_2	7	0.212121
v_3	11	0.333333
v_4	9	0.272727
합계	33	1.000000

C. 알고리즘

GA를 이용한 워드 매칭 문제에 있어서 전체 계산 절차를 아래에 나타낸다.

Step 0 : 집단 크기 $popSize$, 돌연변이가 일어날 확률 p_M, 최대 세대수 $maxGen$, 초기의 평가함수값 $maxEval$를 설정한다.

Step 1 : 프로시저 1에 의해 염색체를 생성한다.

Step 2 : 프로시저 2에 의해 평가함수 $eval(v_k)$를 구한다.

$$eval(v_k) = \sum_{i=1}^{13} x_k(i) \qquad k = 1, 2, \ldots \; popSize$$

Step 3 : $gen = gen + 1$로 하고, 아래와 같이 돌연변이와 선택 등을 실행한다.

(1) 돌연변이

위에서 설명한 프로시저 3을 이용하여 돌연변이를 실행한다. 그리고 돌연변이는 아래와 같이 행하고 있다.

돌연변이에 의해 생성된 염색체 수를 $mCnt = 0$으로 한다. [0, 1]의 난수표 $r_\alpha(\alpha = 1, 2, \ldots, n \cdot popsize)$를 만든다.

$r_\alpha < p_M$으로 되는 요소를 선택하여, [1, n]의 난수 τ 를 만들고, k = [α/13] + 1 에 대한 염색체 v_k가운데 τ 를 (αmod13) + 1번째 요소와 교환한다. 그리고 $mCnt = mCnt + 1$으로 하여 새롭게 생성된 염색체를 v'_{mCnt}이라고 한다.

(2) 선택(룰렛 모델)

프로시저 2에 의해 평가하고, 위에서 설명한 선택법(룰렛 모델)의 프로시저 5를 이용해서 선택을 실행한다.

새롭게 생성된 염색체의 평가함수 $eval(v_t)$, t = 1, 2,..., $mCnt$을 계산한다. 부모 염색체 v_t (t = 1, 2,..., $popSize$)과 새롭게 생성된 염색체 v_t(t = 1, 2,…, $mCnt$) 중에서 적합도가 높은 순서로 $popSize$의 수만 선택해서, 다음 세대의 염색체 v_k으로 한다.

Step 4 :

$maxEval < \max\{eval(v_k)\}$이라면,

$v^* = \text{argmax}\{eval(v_k)\}$

$maxEval = \max\{eval(v_k)\}$

이 된다.

Step 5 :

$gen < maxGen$이라면, Step 3으로 되돌아 간다.

$gen = maxGen$이라면 종료 조건을 만족하기 위하여 염색체 v^*에 근거하여, 평가값 $maxEval$을 출력하고 종료한다.

전체의 계산 절차는 그림 1.22에 나타낸다.

```
procedure: GA for word M atching Problem(WMP)
input: WMP data set, GA parameters
output: the best character srting
begin
   t ← 0;
   initialize P(t) by encoding for WMP;                                 // step 1
   calculate eval(P) by decoding for  WMP;                              // step 2, 4
   while (not terminating condition) do
      create P(t) to yield C(t);  by random mutation;                   // step 3
      calculate eval(C) by decoding for WMP;                            // step 2, 4
      select P(t+1) from P(t) and C(t) by roulette wheel selection;     // step 5
      t ← t+1
  end
  output  the best character srting;
end
```

[그림 1.22] 워드 매칭 문제의 전체 알고리즘

D. 수치실험

실제의 데이터를 이용한 처리의 흐름을 Step 0 ~ 6으로 나누어 아래와 같이 나타낸다.

대상이 되는 문자열 : [tobeornottobe]

종료 조건 : $gen \geq maxGen$ 으로 되는 경우

혹은 $maxEval = n$ 으로 되면 종료한다.

Step 0 :

- 초기값으로 아래의 각 파라미터를 입력한다.

집단 크기 :	$popSize = 10$	최대 세대수 :	$maxGen = 1000$
돌연변이 확률 :	$p_M = 0.02$	문자열의 길이 :	$n = 13$

Step 1 :

- 표 1.1의 ASCII코드에 근거하여 대상이 되는 문자열 [tobeornottobe]을 코드화한다.
- 세대수 $gen = 0$으로 한다.
- 최우량 평가 함수값 $maxEval = 0$으로 한다.
- 초기의 염색체 $v_k(\cdot)$을 구간 [97,122]에서 랜덤하게 생성한다.

v_1 = [114, 122, 102, 113, 100, 104, 117, 106, 97, 114, 100, 98, 101]

v_2 = [110, 105, 101, 100, 119, 118, 121, 118, 106, 97, 104, 102, 106]

v_3 = [115, 99, 121, 117, 101, 105, 115, 111, 115, 113, 118, 99, 98]

v_4 = [102, 98, 102, 118, 114, 97, 109, 116, 101, 107, 117, 118, 115]

v_5 = [107, 98, 117, 113, 114, 116, 106, 116, 106, 101, 110, 115, 98]

v_6 = [102, 119, 121, 113, 121, 107, 107, 116, 122, 121, 111, 106, 104]

v_7 = [116, 98, 120, 98, 108, 115, 111, 105, 122, 103, 103, 119, 109]

v_8 = [101, 111, 111, 117, 114, 104, 100, 120, 98, 118, 116, 120, 97]

v_9 = [100, 116, 114, 105, 117, 111, 115, 114, 103, 107, 109, 98, 103]

v_{10} = [106, 118, 112, 98, 103, 101, 109, 116, 112, 106, 97, 108, 113]

반복 0 [세대수 *gen* = 0]

Step 2 :

평가함수 $eval(v_k)$를 구한다.

[rzfqdhujardbe] : $eval(v_1) = 2$

[niedwvyvjahfj] : $eval(v_2) = 0$

[scyueisosqvcb] : $eval(v_3) = 1$

[fbfvramtekuvs] : $eval(v_4) = 0$

[kbuqrtjtjensb] : $eval(v_5) = 0$

[fwyqykktzyojh] : $eval(v_6) = 1$

[tbxblsoizggwm] : $eval(v_7) = 1$

[eoourhdxbvtxa] : $eval(v_8) = 1$

[dtriuosrgkmbg] : $eval(v_9) = 1$

[jvpbgemtpjalp] : $eval(v_{10}) = 0$

최우량값 *maxEval*보다 좋은 염색체가 집단내에 존재하는 경우, *maxEval* 값과 염색체 v^*를 갱신한다.

$maxEval < \max\ \{eval(v_k)\}$이므로

$maxEval = eval(v_1) = 2$

$v^* = v_1$ = [114, 122, 102, 113, 100, 104, 117, 106, 97, 114, 100, 98, 101]

Step 3 :

(1) 돌연변이

$mCnt$ = 0, [0, 1] 의 난수표 $r_k(k = 0, 1, \cdots, 129)$를 만든다..

그 중에서 $r_k < p_M$으로 되는 $r_{61} = 0.0155034$와 $r_{76} = 0.0195318$와 $r_{102} = 0.0066530$를 선택 한다. 이것은,

염색체 $v_5(k = [\ 61 /13] + 1)$ 중에서 $10(l = 61 \bmod 13 + 1)$ 번째의 요소

염색체 $v_6(k = [76 /13] + 1)$ 중에서 $12(l = 76 \bmod 13 + 1)$ 번째의 요소

염색체 $v_8(k = [102 /13] + 1)$ 중에서 $12(l = 102 \bmod 13 + 1)$ 번째 요소

를 나타내고 있다.

$mCnt$ = 3으로 하면, [97,122] 난수를 만들어 117, 101, 108으로 한다. 이것들에 대해서,

염색체 v_5 중에서 10번째를 117으로 교환한다.

염색체 v_6 중에서 12 번째를 101으로 교환한다.

염색체 v_8 중에서 12 번째를 108으로 교환한다.

이것 등을 $v_i'(i = 1, 2, 3)$으로 하면,

$$v_1' = [107, 98, 117, 113, 114, 116, 106, 116, 106, 117, 110, 115, 98]$$

$$v_2' = [102, 119, 121, 113, 121, 107, 107, 116, 122, 121, 111, 101, 104]$$

$$v_3' = [101, 111, 111, 117, 114, 104, 100, 120, 98, 118, 116, 108, 97]$$

(2) 선택(룰렛 모델)

새롭게 생성된 염색체의 평가함수 $eval(v_t')$, $t = 1, 2, 3$를 계산한다.

$eval(v_1') = 0$ (kbuqrtjtjunsb)

$eval(v_2') = 1$ (fwyqykktzyoeh)

$eval(v_3') = 1$ (eoourhdxbvtla)

부모 염색체 $v_t(t = 1, 2, \cdots, 10)$ 와 새롭게 생성된 염색체 $v_t'(t = 1, 2, 3)$ 중에서 새로운 세대에 생존시킬 염색체의 적합도가 높은 것에 비례해서 부모 세대의 $popSize$ 만큼 10개 선택한다. 각 염색체에 있어서 선택확률 p_k 및 누적 확률 $q_k(k = 1, 2, \cdots, 13)$ 를 아래에 나타낸다.

$$F = \sum_{k=1}^{13} eval(v_k) = 9$$

$$P_k = (eval(v_k))/F$$

p_1 = 0.222222 p_4 = 0.000000 p_7 = 0.111111 p_{10} = 0.000000 p_{13} = 0.111111

p_2 = 0.000000 p_5 = 0.000000 p_8 = 0.111111 p_{11} = 0.000000

p_3 = 0.111111 p_6 = 0.111111 p_9 = 0.111111 p_{12} = 0.111111

$$q_k = \sum_{j=1}^{k} p_j$$

q_1 = 0.222222 q_4 = 0.333333 q_7 = 0.555556 q_{10} = 0.777778 q_{13} = 1.000000

q_2 = 0.222222 q_5 = 0.333333 q_8 = 0.666667 q_{11} = 0.777778

q_3 = 0.333333 q_6 = 0.444444 q_9 = 0.777778 q_{12} = 0.888889

[0,1]의 난수표 $r_k'(k' = 1,2, \cdots,10)$ 를 만들고,

r_1' = 0.3388165 r_3' = 0.3947264 r_5' = 0.1727653 r_7' = 0.6403088 r_9' = 0.1784417

r_2' = 0.1152379 r_4' = 0.0432447 r_6' = 0.4923551 r_8' = 0.8388012 r_{10}' = 0.9525437

다음과 같은 염색체를 선택한다.

$v_1' = v_6$ $v_3' = v_6$ $v_5' = v_1$ $v_7' = v_8$ $v_9' = v_1$

$v_2' = v_1$ $v_4' = v_1$ $v_6' = v_7$ $v_8' = v_{12}$ $v_{10}' = v_{13}$

새로운 세대는 다음과 같다.

v_1' = [102, 119, 121, 113, 121, 107, 107, 116, 122, 121, 111, 106, 104]

v_2' = [114, 122, 102, 113, 100, 104, 117, 106, 97, 114, 100, 98, 101]

v_3' = [102, 119, 121, 113, 121, 107, 107, 116, 122, 121, 111, 106, 104]

v_4' = [114, 122, 102, 113, 100, 104, 117, 106, 97, 114, 100, 98, 101]

v_5' = [114, 122, 102, 113, 100, 104, 117, 106, 97, 114, 100, 98, 101]

v_6' = [116, 98, 120, 98, 108, 115, 111, 105, 122, 103, 103, 119, 109]

v_7' = [101, 111, 111, 117, 114, 104, 100, 120, 98, 118, 116, 120, 97]

$v_8{}'$ = [102, 119, 121, 113, 121, 107, 107, 116, 122, 121, 111, 101, 104]

$v_9{}'$ = [114, 122, 102, 113, 100, 104, 117, 106, 97, 114, 100, 98, 101]

$v_{10}{}'$ = [101, 111, 111, 117, 114, 104, 100, 120, 98, 118, 116, 108, 97]

Step 4 :

$maxEval = \max\{eval(v_k)\}$이므로,

$v^* = \mathrm{argmax}\{eval(v_k)\}$

$= [114, 122, 102, 113, 100, 104, 117, 106, 97, 114, 100, 98, 101]$;

$maxEval = \max\{eval(v_k)\}$

$= 2$

가 된다.

Step 5 :

- 새롭게 만들어진 $v_k{}'$를 다음 세대의 염색체 v_k으로 한다.
- 종료 조건 gen 〉 maxGen을 만족하는 경우, 탐색을 종료한다. 그것 이외는 Step 2로 되돌아 간다.

반복 1 [세대수 gen = 1]

Step 2 :

평가함수 $eval(v_k)$를 구한다.

[fwyqykktzyojh] : $eval(v_1) = 1$

[rzfqdhujardbe] : $eval(v_2) = 2$

[fwyqykktzyojh] : $eval(v_3) = 1$

[rzfqdhujardbe] : $eval(v_4) = 2$

[rzfqdhujardbe] : $eval(v_5) = 2$

[tbxblsoizggwm] : $eval(v_6) = 1$

[eoourhdxbvtxa] : $eval(v_7) = 1$

[fwyqykktzyoeh] : $eval(v_8) = 1$

[rzfqdhujardbe] : $eval(v_9) = 2$

[eoourhdxbvtla] : $eval(v_{10}) = 1$

Step 3 :

(1) 돌연변이

$mCnt$ = 0, [0, 1]의 난수표 $r_k(k = 0, 1, \cdots, 129)$ 를 만든다.

$r_k < p_M$으로 되는 $r_{21} = 0.0026551$과 $r_{45} = 0.0155644$를 선택한다. 이것은,

염색체 $v_2(k = 21 / 13 + 1)$ 중에서 $9(l = 21 \bmod 13 + 1)$ 번째의 요소

염색체 $v_4(k = 45 / 13 + 1)$ 중에서 $7(l = 45 \bmod 13 + 1)$ 번째의 요소

를 나타내고 있다.

$mCnt$ = 2로 해서 [97, 122]의 난수를 만들고, 119, 110으로 한다. 이것에 대해서,

염색체 v_2 중에서 9번째를 119와 교환한다.

염색체 v_4 중에서 7번째를 110와 교환한다.

이것 등을 $v_i'(i = 1, 2)$으로 하면,

v_1' = [114, 122, 102, 113, 100, 104, 117, 106, 119, 114, 100, 98, 101]

v_2' = [114, 122, 102, 113, 100, 104, 110, 106, 97, 114, 100, 98, 101]

(2) 선택(룰렛 모델)

새롭게 생성한 염색체의 평가함수 eval(v_t'), t = 1, 2를 계산한다.

$$eval(v_1') = 2 \ \text{(rzfqdhujwrdbe)}$$

$$eval(v_2') = 3 \ \text{(rzfqdhnjardbe)}$$

부모의 염색체 $v_t(t = 1, 2, \cdots, 10)$ 와 새롭게 생성된 염색체 $v_t'(t = 1, 2)$ 중에서 다음 세대에 생존시킬 염색체를 각 염색체의 적합도가 높은 순서에 비례해서 10개만 선택한다. 각 염색체에 있어서 선택확률 p_k 및 누적확률 $q_k(k = 1, 2, \cdots, 12)$를 아래에 나타낸다.

$$F = \sum_{K=1}^{12} eval(v_k) = 19$$

$$p_k = eval(v_k) / F$$

p_1 = 0.052632　p_4 = 0.105263　p_7 = 0.052632　p_{10} = 0.052632

p_2 = 0.105263　p_5 = 0.105263　p_8 = 0.052632　p_{11} = 0.105263

p_3 = 0.052632　p_6 = 0.052632　p_9 = 0.105263　p_{12} = 0.157895

$$q_k = \sum_{j=1}^{k} p_j$$

q_1 = 0.052632　q_4 = 0.315789　q_7 = 0.526316　q_{10} = 0.736842

q_2 = 0.157895　q_5 = 0.421053　q_8 = 0.578947　q_{11} = 0.842105

q_3 = 0.210526　q_6 = 0.473684　q_9 = 0.684211　q_{12} = 1.000000

[0, 1]의 난수표 $r_k'(k' = 1, 2, \cdots, 10)$ 를 만들고,

r_1' = 0.4852443　r_4' = 0.0410169　r_7' = 0.4369945　r_{10}' = 0.3013703

r_2' = 0.2158879　r_5' = 0.0890530　r_8' = 0.7687613

r_3' = 0.9160436　r_6' = 0.2979522　r_9' = 0.7087924

아래와 같이 염색체를 선택한다.

$v_1' = v_7$　$v_3' = v_{12}$　$v_5' = v_2$　$v_7' = v_6$　$v_9' = v_{10}$

$v_2' = v_4$　$v_4' = v_1$　$v_6' = v_4$　$v_8' = v_{11}$　$v_{10}' = v_4$

새로운 세대는 아래와 같이 된다.

v_1' = [101, 111, 111, 117, 114, 104, 100, 120, 98, 118, 116, 120, 97]
v_2' = [114, 122, 102, 113, 100, 104, 117, 106, 97, 114, 100, 98, 101]
v_3' = [114, 122, 102, 113, 100, 104, 110, 106, 97, 114, 100, 98, 101]
v_4' = [102, 119, 121, 113, 121, 107, 107, 116, 122, 121, 111, 106, 104]
v_5' = [114, 122, 102, 113, 100, 104, 117, 106, 97, 114, 100, 98, 101]
v_6' = [114, 122, 102, 113, 100, 104, 117, 106, 97, 114, 100, 98, 101]
v_7' = [116, 98, 120, 98, 108, 115, 111, 105, 122, 103, 103, 119, 109]
v_8' = [114, 122, 102, 113, 100, 104, 117, 106, 119, 114, 100, 98, 101]
v_9' = [101, 111, 111, 117, 114, 104, 100, 120, 98, 118, 116, 108, 97]
v_{10}' = [114, 122, 102, 113, 100, 104, 117, 106, 97, 114, 100, 98, 101]

Step 4 :

$maxEval < \max\{eval(v_k)\}$이므로

$v^* = \text{argmax}\{eval(v_k)\}$

$= [114, 122, 102, 113, 100, 104, 110, 106, 97, 114, 100, 98, 101];$

$maxEval = \max\{eval(v_k)\}$

$= 3$

으로 된다.

Step 5 :

- 새롭게 만들어진 염색체 v_k'를 다음 세대의 염색체 v_k로 한다.
- 종료 조건 $gen \geq maxGen$를 만족하는 경우, 탐색을 종료한다. 그 이외는 Step 2로 되돌아 간다.

이와 같은 방법으로 반복하여 세대수가 1000이 되면, 아래의 같은 결과가 얻어진다.

반복 1000 [세대수 gen = 1000]

Step 4 : · · ·

Step 5 :

$v^* = \text{argmax}\{eval(v_k)\}$

$= [114, 122, 102, 113, 100, 104, 110, 106, 97, 114, 100, 98, 101];$

$maxEval = \max\{eval(v_k)\}$

$= 3$

Step 6 :

$gen = maxGen$이므로, 최대의 평가값을 갖는 염색체 v^*에 근거하여, 그 문자열 및 최대의 평가값 $maxEval$을 출력하고 종료한다.

$v^* = \text{argmax}\{eval(v_k)\}$

$= [116, 111, 98, 101, 111, 114, 110, 111, 116, 116, 111, 98, 101]$;

v^*에 대응하는 문자열 = [tobeornottobe]

$maxEval = \max\{eval(v_k)\}$

$= 13$

위에서 기술한 절차로 프로그램을 작성하여 얻어진 결과를 아래와 같이 나타낸다. 여기서 GA의 유효성을 확인하기 위하여 랜덤 탐색의 결과와 비교한다.

초기 설정 :

집단 크기	$popSize = 10$	문자열의 길이	$n = 13$
돌연변이 확률	$p_m = 0.02$	최대 세대수	$maxGen = 1000$

계산 결과 :

GA를 이용하여 얻어진 실험 결과는 아래와 같다.

최적해	13	최적해 생성의세대	$gen = 546$
최적 문자열의 조합	[tobeornottobe]	얻어진 문자열	[tobeornottobe]
대상이 되는 문자열과 일치한 문자 개수		$maxEval = 13$	

따라서 GA에 의해 얻어진 염색체 v^*는 위와 같은 문자열로 나타낼 수 있어서 이 문자열은 대상이 되는 문자열과 동일한 것을 확인할 수 있다.

제시한 예제에 대해서 선택이나 돌연변이 등의 유전적 조작은 생각하지 않고 단순히 개체를 생성하여 평가하는 랜덤 프로시저에서는 아래와 같은 실험 결과를 얻었다.

최우량해 생성의 세대	$gen = 57$
얻어진 문자열	[thhejohdqvoie]
대상이 되는 문자열과 일치하는 문자 개수	$maxEval = 4$

이 결과로부터 GA는 교차를 실행하지 않았음에도 불구하고 빠른 단계에서 대상이 되는 문자열을 생성할 수가 있으므로, 단순히 랜덤하게 문자열을 생성하는 것에 비해서 분명하게 그 성능의 우수함을 증명할 수 있다.

이 워드 매칭 문제에 있어서 10진수 기반의 GA를 적용할 때 최우량해에 그림 1.23처럼 수렴했다.

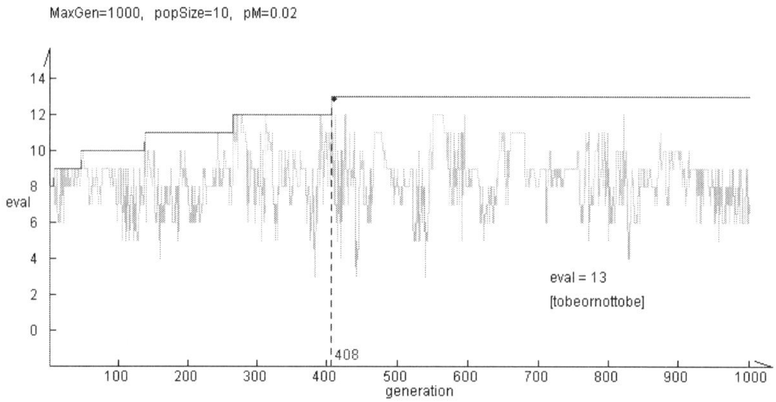

[그림 1.23] 10진수 기반의 GA에 의한 최우량해의 수렴 과정

1.2.2 배낭 문제

배낭 문제(knapsack problem)란 무게 w_j 와 이익 c_j를 갖는 n개의 품목이 주어지는 경우에, 무게의 제약 W 내에서 몇 개의 품목(item)을 선택하여 전체 이익이 최대가 되도록 배낭을 채우는 문제를 말한다.

a. 배낭 문제의 모델과 정식화

(1) 단순한 배낭 문제

배낭문제는, 논리적으로는 NP-hard 문제의 하나로써, 최적해를 다항식 시간으로 구하는 알고리즘은 알려져 있지 않지만, 많은 경우 GA에 의해 비교적 양호한 해를 단시간으로 구하는 것이 가능하다. 지금 결정 변수 x_j를 품목 j가 선택되는 경우는 1, 그렇지 않는 경우는 0로 정의한다면 한 종류의 제약조건을 갖는 배낭문제의 계획 모델은 아래와 같이 나타낼 수 있다.

인덱스

j : 품목 번호 $j = 1, 2, \ldots, n$

파라미터

n : 품목 개수

W : 배낭의 허용 무게

w_j : j번째 품목의 무게

c_j : j 번째 품목의 이익

결정 변수

x_j : j번째 품목의 결정 변수, 품목 j가 배낭에 넣는 경우는 1이 되며, 그렇지 않으면 0이 된다.

수학 모델

$$\max \quad f(x) = \sum_{j=1}^{n} c_j x_j \tag{1.9}$$

$$\text{s. t.} \quad g(x) = \sum_{j=1}^{n} w_j x_j \le W \tag{1.10}$$

$$x_j = 0 \text{ or } 1 \, (j = 1, 2, \ldots, n) \tag{1.11}$$

(2) 다항 선택형 배낭 문제

이 문제는 다양한 class에서 종류가 다른 품목에 있어서 선택 제약 조건을 갖는 전체 이익의 최대화를 목적으로 하는 배낭문제이며 다음과 같이 정식화 된다.

인덱스

i : class 번호($i = 1, 2, \ldots, m$)

j : 품목 번호($j = 1, 2, \ldots, n_i$)

파라미터

m : class의 개수

n_i : i class의 품목의 개수

W : 배낭의 허용 무게

w_{ij} : i번째 class의 j번째 품목의 무게

c_{ij} : i번째 class의 j번째 품목의 이익

● **결정 변수**

x_{ij} : class i의 j번째 품목의 결정 변수로, class i의 품목 j가 배낭에 넣는 경우는 1이 되며, 그렇지 않으면 0이 된다.

● **수학 모델**

$$\max \quad f(x) = \sum_{i=1}^{m}\sum_{j=1}^{n_i} c_{ij}x_{ij} \tag{1.12}$$

$$\text{s. t.} \quad g_W(x) = \sum_{i=1}^{m}\sum_{j=1}^{n_i} w_{ij}x_{ij} \leq W \tag{1.13}$$

$$g_i(x) = \sum_{j=1}^{n_i} x_{ij} = 1,\ \forall i \tag{1.14}$$

$$x_{ij} = 0 \text{ or } 1,\ \forall i, j \tag{1.15}$$

(3) 복수 제약 조건을 갖는 배낭 문제

이 문제는 여러 개의 class에서 품목을 선택하여 이것들을 여러 개의 배낭에 넣는 경우에, 전체 이익의 최대화를 목적으로 하는 배낭 문제이며 다음과 같이 정식화 된다.

● **인덱스**

i : class 번호 $i = 1, 2, \ldots, m$

j : 품목 번호 $j = 1, 2, \ldots, n_i$

● **파라미터**

m : class의 개수

n_i : i class의 품목의 개수

W_i : 배낭의 허용 무게

w_{ij} : i번째 class의 j번째 품목의 무게

c_{ij} : i번째 class의 j번째 품목의 이익

결정 변수

x_{ij} : class i의 j번째 품목의 결정 변수로, class i의 품목 j가 배낭에 넣는 경우는 1이 되며, 그렇지 않으면 0이 된다.

수학 모델

$$\max \quad f(x) = \sum_{i=1}^{m} \sum_{j=1}^{n_i} c_{ij} x_{ij} \tag{1.16}$$

$$\text{s. t.} \quad \sum_{j=1}^{n_i} w_{ij} x_{ij} \le W_i, \; i = 1, 2, \ldots, m \tag{1.17}$$

$$x_{ij} = 0 \text{ or } 1, \; \forall \, i, j \tag{1.18}$$

b. 2진수 기반 GA에 의한 배낭 문제의 하나의 해법

예 2.1 : 단순한 배낭 문제의 예

표 1.3의 수치 예를 이용하여 배낭 문제에 GA를 적용하는 절차를 설명한다. 여기서 초기값으로 품목 수 n은 20개, 무게 제약 W에는 40이 주어지는 것으로 한다.

[표 1.3] 20변수의 배낭 문제의 수치 예

품목 번호(j)	1	2	3	4	5	6	7	8	9	10	11	12	13	14	15	16	17	18	19	20
품목 무게(w_j)	2	5	18	3	2	5	10	4	8	12	5	10	7	15	11	2	8	10	5	9
품목 이익(c_j)	5	10	12	4	3	11	13	10	7	15	8	19	1	17	12	9	15	20	2	6

a. 유전적 표현

배낭 문제의 후보해를 유전자 표현으로 나타내면, 품목 j를 선택하는 경우(즉, $x_j = 1$)와 선택하지 않는 경우(즉, $x_j = 0$)로 품목의 개수에 해당하는 비트열을 이용하면 좋다. 이른바 후보해를 나타내는 1차원의 비트열은, 한 개의 개체(염색체)로써 표현된다.

- **인코딩** : 배낭 문제의 인코딩 기법으로서 여기서는 2진수 인코딩(Binary string Encoding)을 사용한다.

프로시저1 : 배낭 문제에 있어서 2진수 인코딩

입력 데이터 : 품목 수 n

출력 데이터 : 염색체 v_k

Step 0 : $i = 1$에서 n까지 Step 1를 반복한다.

Step 1 : $v_k(i) \leftarrow$ random [0,1]

Step 2 : 2진 표현의 염색체 v_k를 출력한다.

```
procedure: binary string-encoding
input: number of item n
output: chromosome v_k(·)
begin
   for i=1 to n
      v_k(i)← random [0,1];
   output chromosome v_k(·);
end
```

[그림 1.24] 2진수 인코딩 알고리즘

예를 들면, 품목 수가 20개인 경우에 3, 7, 12, 16번째의 품목이 선택되는 상황을 표현하는 하나의 염색체는 다음과 같이 나타낼 수 있다.

	1	2	3	4	5	6	7	8	9	10	11	12	13	14	15	16	17	18	19	20
$v_k(\cdot)$:	0	0	1	0	0	0	1	0	0	0	0	1	0	0	0	1	0	0	0	0

[그림 1.25] 20변수 배낭 문제의 염색체 예

- **디코딩 :** 유전자 표현를 후보해로서 표현하려면 $x_j = 1$이 되는 j를 선택하는 것이다. 그림 1.25에 의하면 j = 3, 7, 12, 16의 경우 1이 되어 있으므로 이것들을 선택하는 것이 해가 된다. 배낭 문제의 디코딩 기법으로서 여기서는 2진수 디코딩(Binary string Decoding)를 사용한다(그림 1.26).

프로시저2 : 배낭 문제에 있어서 2진수 인코딩

입력 데이터 : 염색체 v_k, 배낭 문제의 데이터

출력 데이터 : 이익의 합 $f(v_k)$, 선택된 품목의 집합 S_k

Step 0 : $f(v_k)$와 $g(v_k)$를 0으로 한다. S_k를 공집합으로 한다.

Step 1 : i = 1에서 n까지 Step 2, 3를 반복한다.

Step 2 : x_i = 1이면, Step 3으로 간다.

그렇지 않으면 Step 1로 되돌아간다.

Step 3 : $f(v_k)$에 c_i를 $g(v_k)$에 w_i를, 집합 S_k에 선택된 품목 번호 i을 추가한다.

단, $g(v_k)+w_i > W$ 경우 종료한다.

Step 4 : 이익의 합 $f(v_k)$와 선택된 품목의 집합 S_k를 출력한다.

```
procedure: binary string-decoding
input: KP data set, chromosome v_k(·)
output: profit f(v_k), items in knapsack S_k
begin
  g(v_k)←0;
  f(v_k)←0;
  S_k← φ ;
  for i=1 to n
    if v_k(i)=1 then
      if g(v_k)+w_i≤W then
        g(v_k)←g(v_k)+w_i;
        f(v_k)←f(v_k)+c_i;
        S_k←S_k+{ i };
      else
        break;
  end
  output profit f(v_k) , items in knapsack S_k;
end
```

[그림1.26] 2진수 디코딩 알고리즘

GA를 배낭 문제에 적용하는 경우, 초기의 개체 집단 $\{v_1, v_2, \cdots, v_{popSize}\}$ 은, 제약 조건 1.10을 만족하는 후보해를 준비한다. 이것은 완전한 해집단이라도 좋지만, 제약 조건을 만족하는 초기 집단을 생성하는 편이 탐색을 보다 효율적으로 행할 수 있기 때문이다.

초기 집단의 생성 방법은, 염색체의 이익은 생각하지 않고 무게 $\{W_j\}$ 를 오름차순으로 정렬 하여, 이 순서대로 몇 개의 염색체 무게의 합이 식 1.10을 만족하는 염색체를 필요한 개수만큼 생성하는 것이다.

b. 유전적 조작

교차 : 2점 교차

교차는 두 개의 염색체 사이에 문자열의 부분적인 교환을 확률적으로 실시하는 조작이다. 두 개의 염색체간에 매우 다른 비트열끼리 교차이면 광역 탐색, 또 유사한 비트열끼리의 교차이면 지역 탐색이 될 가능성이 크다. 이 배낭 문제에서는 교차 기법으로서 문자열을 랜덤하게 2곳을 절단해서 가운데를 교환하는 2점 교차를 사용하고 있다. 아래에 두 개의 염색체로 2점 교차의 예를 나타낸다(그림 1.27, 그림 1.28).

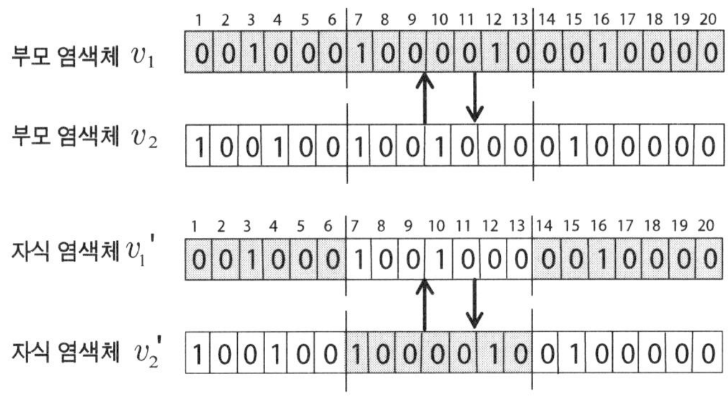

[그림 1.27] 2점 교차의 예

프로시저3 : 2점 교차

입력 데이터 : 염색체의 길이 l, 교차율 p_C, 염색체 $P_k(k = 1, 2, \ldots, popSize)$

출력 데이터 : 자식 염색체 C_k

Step 0 : k = 1에서 $\left\lfloor \frac{popsize}{2} \right\rfloor$까지 Step 1, 2, 3, 4를 반복한다.

Step 1 : 구간 [0,1]에서 랜덤하게 실수 r을 생성한다.

Step 2 : r이 p_C보다도 작으면 교차의 대상이 되는 염색체로서 랜덤하게 염색체 i, j를 선택한다.

Step 3 : 절단 점(절단하는 위치)으로서 구간 [1, l-1]에서 p를, 구간 [p, l]에서 q를 선택한다.

Step 4 : 두 개의 염색체를 절단 점 p, q에서 절단하고, 3개로 분리된 부분의 가운데 부분을 바꾼다.

Step 5 : 새로운 염색체 C_k를 출력한다.

```
procedure: two-cut point crossover
input: p_c, parent P_k(·), k=1, 2, .., popSize.
output: offspring C_k(·)
begin
   for k = 1 to ⌊popSize/2⌋ do
      if p_c ≥ random [0, 1] then
         repeat
            i ← random [1, popSize];
            j ← random [1, popSize];
         until (i = j ) ;
         p ← random [1, l -1];
         q ← random [p, l];
         C_i ← P_i [1: p-1]      // P_j [p: q-1] // P_i [q: l];
         C_j ← P_j [1: p-1]      // P_i [p: q-1] // P_j [q: l];
      end
   end
   output  offspring C_k(·)
end
```

[그림 1.28] 2점 교차 알고리즘

돌연변이 : 반전 돌연변이

지금까지의 예와 같이 비트열의 한 곳을 랜덤하게 선택하여, 그 비트를 반전시키는 반전 돌연변이를 사용한다.

프로시저 4 : 반전 돌연변이

입력 데이터 : 염색체의 길이 l, 교차율 p_M, 부모 염색체 $P_k(k = 1, 2, \ldots, popSize)$

출력 데이터 : 자식 염색체 C_k

Step 0 : $j = 1$에서 l까지 **Step 1, 2**을 반복한다.

Step 1 : 구간 [0, 1]에서 난수를 발생하고 p_M보다 작으면 **Step 2**로 간다.

Step 2 : P_k의 j번째 유전자의 0과 1을 바꾼 것을 C_k로 한다.

Step 3 : 새로운 염색체 C_k를 출력한다. $k = 1$부터 $popSize$ 될 때까지 반복하기 위하여 **Step 0**에 되돌아간다. $popSize$만큼 반복하고 나서 종료한다.

```
procedure: random mutation
input: p_M, parent P_k(·), k=1,2,..,popSize
output: offspring C_k(·)
begin
  for k=1 to popSize
    for j=1 to l
      if p_M ≥random [0,1] then
        C_k←P_k[1:j-1]//1-P_k[j]  //P_k[j+1:l];
  output offspring C_k(·);
end
```

[그림 1.29] 반전 돌연변이 알고리즘

적합도 평가

배낭 문제에 있어서의 각 염색체 $v_k = \{v_k(j) \mid j = 1, 2, \cdots, n\}$의 적합도 평가는, 어떤 후보해에 대해 선택한 품목의 전체 이익을 그대로 정의하면 좋다. 여기서 어떤 염색체 v_k에 있어서 선택하는 품목 j의 집합을

$$S_k = \{j \mid v_k(j) = 1, j = 1, 2, \ldots, n\}$$
$$k = 1, 2, \ldots, popSize$$

라고 할 때, 염색체 v_k의 적합도를 나타내는 평가함수는 아래와 같이 나타내진다.

$$eval(v_k) = \begin{cases} \sum_{j \in S_k} c_j, & \sum_{j \in S_k} w_j \le W \\ -M \sum_{j \in S_k} c_j, & \sum_{j \in S_k} w_j > W \end{cases}$$

여기서 계수 M은 big M이며, 여기서 big M은 아주 큰 값을 의미한다. 염색체 v_k를 선택할 때의 무게의 합이 상한 값을 초과할 경우에 주어지는 벌점(penalty)이 있다. 따라서 이 평가함수값 $eval(v_k)$이 높은 염색체 일수록 적합도가 높은 것이 되며, 각 세대에서 적합도 최대의 염색체 v^*는 아래의 식으로 나타내 진다.

$$v^* = \text{argmax}\{eval(v_k)\}$$

실제로 표 1.3의 데이터를 사용하여 염색체 v_k를 평가한다.

	1	2	3	4	5	6	7	8	9	10	11	12	13	14	15	16	17	18	19	20
$v_k(\cdot)$:	0	0	1	0	0	0	1	0	0	0	0	1	0	0	0	1	0	0	0	0

$$S_k = \{3, 7, 12, 16\}$$

$$\sum_{j \in S_k} w_j = 18 + 10 + 10 + 2 = 40 \le W$$

$$\begin{aligned} eval(v_k) &= \sum_{j \in S_k} c_j = 12 + 13 + 19 + 9 \\ &= 53 \end{aligned}$$

프로시저 5 : 선택

여기서는 선택 조작으로서 평가함수의 값에 비례해서 확률적으로 염색체를 선택하는 룰렛 모델을 사용하고 있다.

표 1.4처럼 선택확률 $p_k(k = 1,\ 2, \cdots,\ popSize)$를 계산하고, 그 확률로 랜덤하게 염색체를 선택한다. 이 선택 조작은 어디까지나 확률적으로 이루어지기 때문에 적합도가 낮아도 생존할 가능성을 남기고 있다.

[표 1.4] 평가함수와 선택확률

염색체	$eval(v_i)$	p_i
v_1	53	0.339744
v_2	49	0.314103
v_3	37	0.237179
v_4	17	0.108974
합계	156	1.000000

c. 알고리즘

Step 0 : 집단 크기 *popSize*, 교차 확률 p_C, 돌연변이 확률 p_M, 최대 세대수 *maxGen*, 초기 평가함수값 *maxEval*를 설정한다.

Step 1 : 프로시저1을 사용하여 2진 표현 기반의 염색체를 생성한다.

Step 2 : 프로시저2을 사용하여 평가함수 $eval(v_k)$을 구한다.

$$eval(v_k)=\begin{cases}\sum_{j\in S_k} c_j, & \sum_{j\in S_k} w_j \le W \\ -M\sum_{j\in S_k} c_j, & \sum_{j\in S_k} w_j > W\end{cases}$$

Step 3 : $gen = gen + 1$하고, 아래와 같은 조작을 실행한다.

(1) 교차

위에서 설명한 교차(2점 교차)의 프로시저3을 이용하여 교차를 실행한다. 그리고 그 절차는 아래와 같다.

교차에 의해 생성된 염색체의 수 *cCnt*를 0으로 한다. 구간 [0, 1]의 난수표 $r_k(k = 1, 2, \ldots, popSize)$를 만든다.

$r_k < p_C$ 이 되는 v_k를 선택한다. 선택된 v_k를 짝으로 해서, $cCnt = cCnt+2$으로 한다. 교차를 행하는 비트 위치와 교차를 실행하는 구간 범위를 랜덤하게 결정해서 교차를 실행하여 새롭게 생성된 염색체를 각각 v'_{cCnt-1}, v'_{cCnt}로 한다.

(2) 돌연변이

위에서 설명한 돌연변이 프로시저4을 이용하여 돌연변이를 실시한다. 더불어서 돌연변이는 다음과 같이 실행된다.

돌연변이에 의해 생성된 염색체 수 *mCnt*를 0으로 한다.

구간 $[0,1]$의 난수표 $r_k(k = 1, 2, ..., m \cdot popSize)$를 만든다.

$r_k < p_M$이 되는 요소를 선택하여 염색체 v_k중에 v_k의 l mod 20 + 1번째 요소의 0과 1을 교환한다. 그 후 $mCnt = mCnt+1$로 하고 새롭게 생성된 염색체를 $v'_{cCnt+mCnt}$으로 한다.

(3) 선택 (룰렛 모델)

프로시저2에 의해 평가함수 $eval(v_k)$을 구하고, 위에서 설명한 선택법(룰렛 모델)의 프로시저5을 이용하여 선택을 실행한다. 처리 절차는 아래와 같다.

새롭게 생성된 염색체의 평가함수값 $eval(v_t)$, $t = 1, 2, ..., cCnt+mCnt$를 계산한다. 부모 염색체 $v_t(t = 1, 2, ..., popSize)$와 새롭게 생성된 염색체 $v_t(t = 1, 2, ..., cCnt+mCnt)$ 중에서 적합도가 높는 순서로 *popSize*의 수 만큼 선택해서 다음 세대의 v_k로 한다.

Step 4 :

$maxEval < \max\{eval(v_k)\}$ 이라면,

$v^* = \text{argmax}\{eval(v_k)\}$

$maxEval = \max\{eval(v_k)\}$

으로 된다.

Step 5 :

$gen < maxGen$ 이라면, Step 3으로 되돌아 간다.

$gen = maxGen$ 이라면, 종료 조건을 만족하고 있기 때문에 염색체 v^*에 근거해서 이익의 합 *maxEval*를 출력하고 종료한다.

GA를 이용한 배낭 문제에 있어서 전체 계산 절차를 아래와 같이 나타낸다. 프로시저중에서 Step 번호는 지금까지 설명한 각 Step에 대응하고 있다.

```
procedure: GA for Knapsack Problem(KP)
input: KP data set, GA parameters
output: the best item set
begin
   t ← 0;
   initialize P(t) by binary string encording;          // step 1
   calculate eval(P) by binary string decording;        // step 2
   while (not terminating condition) do
      create C(t) from P(t) by two-cut point crossover;                // step 3
      create C(t) from P(t) by random mutation;                        // step 4
      calculate eval(C) by binary string decoding;                     // step 2
      select P(t+1) from P(t) and C(t) by roulette wheel selection;   // step 5
      t ← t+1
  end
  output the best item set;
end
```

[그림 1.30] 배낭 문제의 알고리즘

d. 수치실험

Step 0 :

집단 크기	$popSize = 10$	허용 무게	$W = 40$
교차 확률	$p_C = 0.25$	품목 수	$n = 20$
돌연변이율	$p_M = 0.02$	벌점	$M = 5$
최대 세대수	$maxGen = 1000$		

Step 1 :

세대수 $gen = 0$, 초기의 평가함수값 $maxEval = 0$으로 한다. 2진 표현 기반으로 해서, 20개 요소의 초기 염색체 $v_k(k = 1, 2, \cdots, 10)$을 생성한다.

v_1 = [10000000001100100010] v_6 = [11000000101100000000]
v_2 = [00010000110000010001] v_7 = [00100010000000100000]
v_3 = [00000110001001000000] v_8 = [10100100001000000001]
v_4 = [10010101000000100010] v_9 = [00001000011001000010]
v_5 = [00010010000100000001] v_{10} = [00110000000000001001]

Step 2 : 평가함수 $eval(v_k)$을 구한다.

$eval(v_1)$ = 41 ($g(x)$ = 34≤ W) $eval(v_6)$ = 49 ($g(x)$ = 30≤ W)

$eval(v_2)$ = 41 ($g(x)$ = 34≤ W) $eval(v_7)$ = 37 ($g(x)$ = 39≤ W)

$eval(v_3)$ = 49 ($g(x)$ = 35≤ W) $eval(v_8)$ = 42 ($g(x)$ = 39≤ W)

$eval(v_4)$ = 44 ($g(x)$ = 30≤ W) $eval(v_9)$ = 45 ($g(x)$ = 39≤ W)

$eval(v_5)$ = 42 ($g(x)$ = 32≤ W) $eval(v_{10})$ = 37 ($g(x)$ = 38≤ W)

반복 0 [세대수 gen = 0]

Step 3 :

(1) 교차

$cCnt$ = 0, [0, 1] 의 난수표 $r_k(k = 1, 2, \cdots, 10)$을 만든다.

r_1 = 0.1803339 r_3 = 0.5479904 r_5 = 0.6513871 r_7 = 0.2678610 r_9 = 0.1770074

r_2 = 0.3032014 r_4 = 0.3605457 r_6 = 0.6276742 r_8 = 0.4477065 r_{10} = 0.5544298

$r_k < p_C$ 이 되는 r_1과 r_9를 선택한다.

$cCnt$ = 2로 한다. 랜덤하게 교차를 실행하는 비트 위치 s = 10, t = 13을 선택하고 구간 [10, 13]에서 교차를 행하여 새롭게 생성된 염색체를 각각 v_1', v_2'으로 한다.

v_1' = [10000000011000100010] v_2' = [00001000001101000010]

(2) 돌연변이

$mCnt$ = 0, 구간 [0, 1]의 난수표 $r_k(k = 0, 1, \cdots, 199)$를 만든다.

$r_k < p_M$이 되는 r_{28} = 0.0170293과 r_{178} = 0.0029298를 선택한다. 이것은

염색체 $v_2(k = [28 /20] + 1)$중에서 9(l = 28 mod 20 + 1)번째의 요소

염색체 $v_9(k = [178 /20] + 1)$중에서 19(l = 178 mod 20 + 1번째의 요소를 나타내고 있다.

$mCnt$ = 2로 하고, 이것들의 요소 1과 0을 바꾼다.

v_3' = [00010000010000010001] v_4' = [00001000011001000000]

(3) 선택(룰렛 모델)

새롭게 생성된 염색체의 평가함수 $eval(v_t')$, t = 1, 2, 3, 4를 계산한다.

$eval(v_1') = 42 \ (g(x) = 35 \ \leq \ W)$

$eval(v_2') = 49 \ (g(x) = 35 \ \leq \ W)$

$eval(v_3') = 41 \ (g(x) = 34 \ \leq \ W)$

$eval(v_4') = 43 \ (g(x) = 34 \ \leq \ W)$

부모의 염색체 $v_t(t = 1, 2, \cdots, 10)$와 새롭게 생성된 염색체 $v_t'(t = 1, 2, 3, 4)$중에서 새로운 세대에 생존시키는 염색체를 각 염색체의 적합도 높음에 비례해서 10개만 선택한다. 각 염색체에 있어서 선택확률 p_k 및 누적확률 $q_k(k = 1, 2, \cdots, 14)$를 아래에 나타낸다.

$$F = \sum_{k=1}^{14} eval(v_k) = 612$$

$$p_k = (eval(v_k))/F$$

$p_1 = 0.066993$ $p_4 = 0.071895$ $p_7 = 0.060458$ $p_{10} = 0.060458$ $p_{13} = 0.083333$

$p_2 = 0.066993$ $p_5 = 0.068627$ $p_8 = 0.068627$ $p_{11} = 0.068627$ $p_{14} = 0.070261$

$p_3 = 0.080065$ $p_6 = 0.080065$ $p_9 = 0.073529$ $p_{12} = 0.080065$

$$q_k = \sum_{j=1}^{k} p_j$$

$q_1 = 0.066993$ $q_4 = 0.285948$ $q_7 = 0.495098$ $q_{10} = 0.697712$ $q_{13} = 0.929739$

$q_2 = 0.133987$ $q_5 = 0.354575$ $q_8 = 0.563725$ $q_{11} = 0.766340$ $q_{14} = 1.00000000$

$q_3 = 0.214052$ $q_6 = 0.434641$ $q_9 = 0.637255$ $q_{12} = 0.846405$

구간 [0, 1]의 난수표 $r_k'(k = 1, 2, \cdots, 10)$를 만들고

$r_1' = 0.1957457$ $r_3' = 0.9666738$ $r_5' = 0.7356182$ $r_7' = 0.8809168$ $r_9' = 0.7100131$

$r_2' = 0.1963866$ $r_4' = 0.4578997$ $r_6' = 0.1866512$ $r_8' = 0.0996429$ $r_{10}' = 0.1936094$

아래와 같이 염색체를 선택한다.

$v_1' = v_3$ $v_3' = v_{14}$ $v_5' = v_{11}$ $v_7' = v_{13}$ $v_9' = v_{11}$

$v_2' = v_3$ $v_4' = v_7$ $v_6' = v_3$ $v_8' = v_2$ $v_{10}' = v_3$

새로운 세대는 아래와 같이 된다.

v_1' = [000001100010010000000]　　v_6' = [000001100010010000000]
v_2' = [000001100010010000000]　　v_7' = [000100011100000010001]
v_3' = [000010000110010000000]　　v_8' = [000100001100000010001]
v_4' = [001000100000001000000]　　v_9' = [100000000110001000010]
v_5' = [100000000110001000010]　　v_{10}' = [000001100010010000000]

Step 4 :

$maxeval < \max\{eval(v_k)\}$이므로,

$v^* = \mathrm{argmax}\{eval(v_k)\}$

= [000100011100000010001];

$maxeval = \max\{eval(v_k)\}$

= 51

이 된다.

Step 5 :

$gen < maxGen$ 이므로 Step 3으로 되돌아 간다.

반복 1 [세대수 gen = 1]

Step 3 :

(1) 교차

$cCnt$ = 0, [0,1]의 난수표 $r_k(k = 1, 2, \cdots, 10)$를 만든다.

r_1 = 0.1322977　r_3 = 0.4373608　r_5 = 0.5806452　r_7 = 0.0991546　r_9 = 0.3832514

r_2 = 0.8322092　r_4 = 0.3734550　r_6 = 0.4089785　r_8 = 0.5139317　r_{10} = 0.8604083

$r_k < p_C$ 이 되는 r_1 와 r_7를 선택해서, $cCnt$ = 2로 한다.

랜덤하게 교차를 실행하는 비트 위치 s = 2, t = 7을 선택해서, 구간 [2, 7]에서 교차를 이행하고, 새롭게 생성된 염색체를 각 각 v_1', v_2'라 한다.

v_1' = [000100100010010000000]　　v_2' = [000001011100000010001]

(2) 돌연변이

$mCnt$ = 0, 구간 [0, 1] 의 난수표 $r_k(k = 0, 1, \cdots, 199)$를 만든다.

$r_k < p_M$이 되는 r_{97} = 0.0130619를 선택한다. 혹은

염색체 $v_5(k = 97 /20 + 1)$중에서 8 (l = 97 mod 20 + 1)번째의 요소를 선택한다.

$mCnt$ = 1로 해서, 이들 요소의 1과 0을 바꾼다.

v_3' = [10000001011000100010]

(3) 선택(룰렛 모델)

새롭게 생성된 염색체의 평가함수 $eval(v_t')$, t = 1, 2, 3를 계산한다.

$$eval(v_1') = 42 \ (g(x) = 33 \le W)$$
$$eval(v_2') = 58 \ (g(x) = 40 \le W)$$
$$eval(v_3') = 52 \ (g(x) = 39 \le W)$$

부모 염색체 $v_t(t = 1, 2, \cdots, 10)$와 새롭게 생성된 염색체 $v_t'(t = 1, 2, 3)$중에서 새로운 세대에 생존시키는 염색체를, 각 염색체의 적합도의 높음에 비례해서 10개만 선택한다. 각 염색체에 있어서 p_k 및 누적확률 $q_k(k = 1, 2, \cdots, 13)$를 아래에 나타낸다.

$$F = \sum_{k=1}^{14} eval(v_k) = 612$$
$$p_k = (eval(v_k))/F$$

p_1 = 0.079288 p_4 = 0.059871 p_7 = 0.082524 p_{10} = 0.079288 p_{13} = 0.084142
p_2 = 0.079288 p_5 = 0.079288 p_8 = 0.066343 p_{11} = 0.067961
p_3 = 0.069579 p_6 = 0.079288 p_9 = 0.079288 p_{12} = 0.093851

$$q_k = \sum_{j=1}^{k} p_j$$

q_1 = 0.079288 q_4 = 0.288026 q_7 = 0.529126 q_{10} = 0.754045 q_{13} = 1.000000
q_2 = 0.158576 q_5 = 0.367314 q_8 = 0.595469 q_{11} = 0.822006
q_3 = 0.228155 q_6 = 0.446602 q_9 = 0.674757 q_{12} = 0.915858

구간 [0, 1]의 난수표 $r_k'(k = 1, 2, \cdots, 10)$를 만들고,

$r_1' = 0.9016694$　$r_3' = 0.2613910$　$r_5' = 0.0930509$　$r_7' = 0.5188452$　$r_9' = 0.8885769$
$r_2' = 0.3096103$　$r_4' = 0.0433058$　$r_6' = 0.2840052$　$r_8' = 0.7652821$　$r_{10}' = 0.8210089$

아래와 같이 염색체를 선택한다.

$v_1' = v_{12}$　$v_3' = v_4$　$v_5' = v_2$　$v_7' = v_7$　$v_9' = v_{12}$
$v_2' = v_5$　$v_4' = v_1$　$v_6' = v_4$　$v_8' = v_{11}$　$v_{10}' = v_{11}$

새로운 세대는 아래와 같다.

$v_1' = [000001011100000010001]$　$v_6' = [001000100000000100000]$
$v_2' = [100000000110001000010]$　$v_7' = [000100011100000010001]$
$v_3' = [001000100000000100000]$　$v_8' = [000100100010010000000]$
$v_4' = [000001100010010000000]$　$v_9' = [000001011100000010001]$
$v_5' = [000001100010010000000]$　$v_{10}' = [000100100010010000000]$

Step 4 :

$maxeval < \max\{eval(v_k)\}$이므로

$v^* = \text{argmax}\{eval(v_k)\}$

$= [000001011100000010001]$;

$maxeval = \max\{eval(v_k)\}$

$= 58$

이 된다.

Step 5 :

$gen < maxGen$ 이므로 Step 3으로 되돌아 간다.

반복 1000 [세대수 gen = 1000]

Step 3 : · · ·

Step 4 :

$v^* = \text{argmax}\{eval(v_k)\}$

$= [000001011100000010001]$;

$maxeval = \max\{eval(v_k)\}$

$= 58$

Step 5 :

$gen = maxGen$이므로, 최대 이익을 표현할 수 있는 염색체 v^*에 기반으로 해서 최우량 조합 S_k^* 및 최대 이익 $maxeval$을 출력하고 종료한다.

$$v^* = \text{argmax}\{eval(v_k)\}$$
$$= [00000101110000010001];$$
$$S_k^* = \{6, 8, 9, 10, 16, 20\}$$
$$maxeval = \max\{eval(v_k)\}$$
$$= 58$$

위에서 기술한 절차로 프로그램을 작성해서 얻어진 실행 결과를 아래에 나타낸다.

초기설정 :

집단 크기	$popSize = 20$
교차 확률	$p_C = 0.25$
돌연변이 확률	$p_M = 0.02$
최대 세대수	$maxGen = 1000$

계산결과 :

최적해	$maxeval = 87$
최적 조합	$S_k^* = \{1,2,5,6,8,12,16,18\}$
최적해 생성 세대	$gen = 757$

이 배낭 문제에 있어서 GA를 적용했을 때의 최우량해는 그림 1.31처럼 수렴하였다.

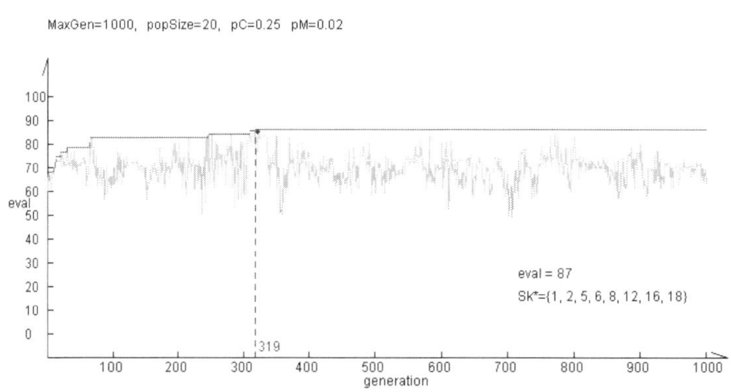

[그림 1.31] 2진수 기반의 GA에 의한 해의 수렴 과정

1.3 하이브리드 유전 알고리즘

유전 알고리즘(Genetic Algorithm: GA)은 조합 최적화 문제를 풀기 위한 효과적인 메타 휴리스틱법의 하나이다. 이 GA는 종래의 최적화 방법과 비교하여 다음의 4가지 특징을 갖고 있다 : 1) 설계 변수를 직접 조작하지 않고 코드화 한 상태로 취급한다. 2) 단순 (일점) 탐색이 아니라 다점 탐색이다. 3) 샘플링에 의한 탐색으로 blind 탐색이다. 4) 결정논적 규칙이 아니고 확률적 연산자를 이용한 탐색이다. 따라서 GA에는 다음의 3가지 문제점이 있다 :

1) **높은 계산 부하 :** GA에서는 평가하기 위하여 모집단의 크기만큼 목적함수를 계산하지 않으면 안된다. 평가는 매 세대마다 실행하기 위해 평가 계산 회수의 합계는 *popSize* × *maxGen*이 된다. 또 모집단중에는 같은 염색체를 갖는 개체가 여러 개 존재하는 경우도 있어 그것에 따르는 불필요한 평가 계산도 증가하며, 단순 탐색의 최적화 방법과 비교해서 계산에 걸리는 부하가 커진다.
2) **지역 최적해로 빠른 수렴 :** 다른 염색체에 비해 매우 높은 적합도값을 갖는 염색체가 존재 하는 경우, 그 염색체의 유전자는 급속히 모집단내로 퍼진다. 이것에 의해 모집단의 다양성이 감소되어 지역 최적해에 수렴하는 가능성이 높아진다.
3) **파라미터 설정의 복잡함 :** GA에는 개체 수나 교차율, 돌연변이율등 설정해야 할 파라미터가 많고, 또 이들 파라미터는 해 탐색력에 매우 큰 영향을 미친다. 더욱이 대상이 되는 문제에 따라 파라미터의 최적값이 다르다. 따라서 최적인 파라미터 값을 얻기 위해서는 많은 예비 실험을 실행할 필요가 있다.

하이브리드 유전 알고리즘(Hybrid Genetic Algorithm: hGA)이란, 이들 GA의 문제점에 대하여 효과적으로 성능을 향상시키기 위하여 여러가지 하이브리드 알고리즘을 조합시킨 GA인 것이다.

1.3.1 ls-hGA

지역 탐색법에 의한 하이브리드 유전 알고리즘(local search-based hybrid GA : ls-hGA)은 전역적 탐색법을 GA로 실행하고, 지역 탐색을 휴리스틱 기법에 의해 실행하는 것이다.

즉, GA에 의한 고속으로 최적해 주변에 접근해서, GA의 단점인 지역 탐색을 휴리스틱 기법으로 이행시키는 것이다. 이것에 의해 ls-hGA는, 우수한 해보다 고속으로 탐색할 수 있다. ls-hGA 처리 흐름을 아래의 그림 1.32에 나타낸다.

```
procedure: ls-hGA
input: problem data, GA parameters
output: the best solution
begin
    t ← 0;
    initialize P(t) by encoding routine;
    calculate eval(P) by decoding routine;
    while (not terminating condition) do
        create C(t) from P(t) to yield by cross routine;
        create C(t) from P(t) to yield by mutation routine;
        search C(t) by applying a local search technique
        calculate eval(C) by decoding routine;
        select P(t+1) from P(t) and C(t);
        t ← t+1;
    end
    output the best solution;
end
```

[그림 1.32] ls-hGA(지역 탐색법에 의한 하이브리드 유전 알고리즘)

a. 등반법(Hill-Climbing: HC)

등반법이란, 해로써 가능성이 있는 탐색점 중에서 가장 유망한 것을 택해서 탐색해 가는 기법이다. 즉, 현재의 상태로부터 더욱 평가가 좋아질 방향으로 값을 변화시킨다. 단 어느 방향으로 이동하더라도 평가가 좋아지지 않으면 그 지점을 최우량해로 한다. 같은 종류의 기법으로서 어닐링(Annealing, 설담금, 풀림)법이나 타부(Tabu) 탐색이 유명하다. 그러나 탐색의 초기점에 따라서는, 평가의 좋은 지점에 가까스로 도착해도 다른 장소에 더 좋은 평가 지점이 있는 현상이 일어나 버린다. 즉 "발밑만 보면서 산 정상까지 올라갔는데, 더 높은 산이 근처에 있었다."라는 것과 같은 상태가 일어난다. 이와 같은 상태를 지역 안정, 또는 지역 최적이라고 한다.

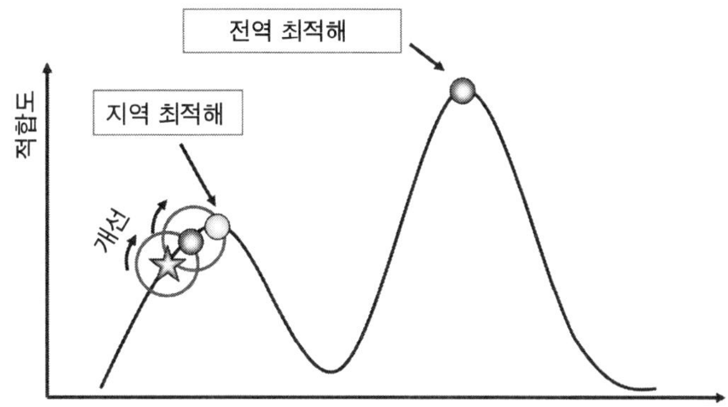

[그림 1.33] 등반법에 의한 해의 수렴

b. GA에 지역 탐색법 적용

GA는 초기집단으로부터 돌연변이와 교차의 조합으로서 병렬 다점 탐색을 이행한다. 그러나 일반적으로 최적해 주변에는 빠르게 접근하지만 지역 탐색 능력이 떨어진다는 문제점이 지적되고 있다. 따라서, GA에 의한 다점 탐색을 실행하여, GA의 골칫거리인 지역 탐색을 등반법으로 실행하게 하면 우수한 해를, 보다 빠르게 탐색할 수 있게 된다.

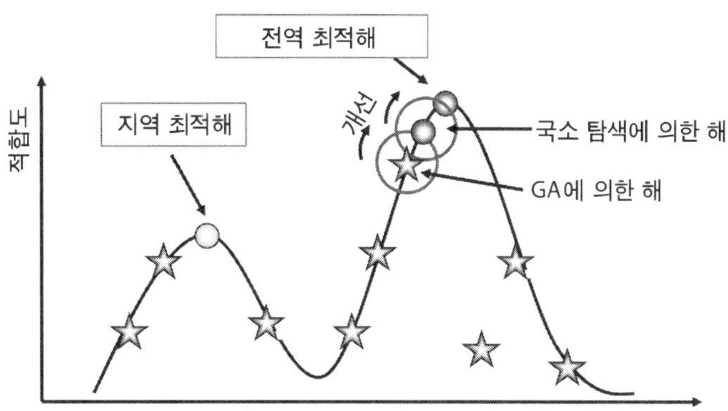

[그림 1.34] 하이브리드 유전 알고리즘에 의한 해의 수렴

1.3.2 flc-hGA

퍼지 논리 제어에 의한 유전 알고리즘(fuzzy logic control-based hGA: flc-hGA)이란, 휴리스틱 기법(퍼지 논리 제어 등)을 이용해 파라미터를 세대마다 자동 조절하고, 최적해 탐

색에 보다 적절한 조건을 지정함으로서 GA의 탐색 능력을 높이는 기법이다. GA에서는 보통 유전적 전략 파라미터를 고정하여, 그 값에 근거한 진화 과정을 추구하는 형태가 된다. 그러나 이 방법에는 항상 같은 확률로 교차나 돌연변이가 일어남으로써 진화 과정에 있어야 할 다양성이 사라져 버린다. 즉, 세대마다 적절한 확률이라는 것이 있을 것이며, 그 확률을 각 세대에 적용하는 것이 가능하다면, 보다 좋은 품질의 해를 얻을 수 있으며 동시에 수렴 시간도 단축될 것이다. flc-hGA 처리 흐름을 그림 1.35 및 그림 1.36에 나타낸다.

```
procedure: flc-hGA
input: problem data, GA parameters
output: the best solution
begin
   t ← 0;
   initialize P(t) by encoding routine;
   evaluate eval(P) by decoding routine;
   while (not terminating condition) do
      create P(t) from C(t) by crossover routine;
      create P(t) from C(t) by mutation routine;
      evaluate eval(C) by decoding routine;
      select P(t+1) from P(t) and C(t);
      adjust GA parameters by fuzzy logic controller
      t ← t+1;
   end
   output the best solution;
end
```

[그림 1.35] flc-hGA (퍼지 논리 제어에 의한 유전 알고리즘)

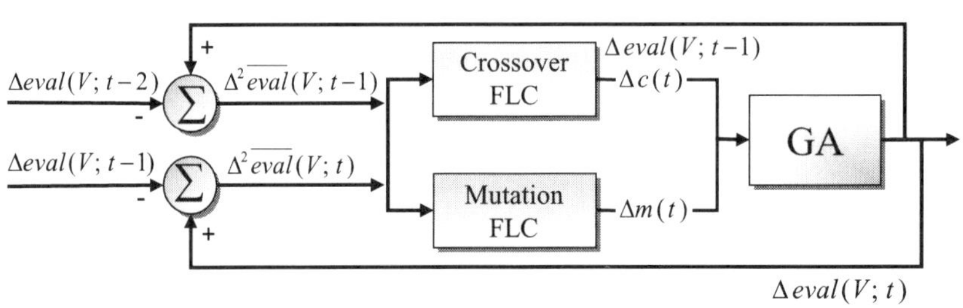

[그림 1.36] 퍼지 논리에 의한 GA 파라미터의 조정

a. 퍼지 논리 제어 규칙

유전 알고리즘의 진화 과정이 진행되는 동안, 현재 세대와 바로 앞 세대 집단의 평균 평가값의 변화량을 고려해서 다음 세대의 교차와 돌연변이 확률을 조정(Tuning)하는 방법을 도입 한다.

평균 평가값의 변화량 : $\left(\overline{eval}^{\,2}(v;t) = \overline{eval}(v;t) - \overline{eval}(v;t-1)\right)$

- 만약 $0 < \overline{eval}^{\,2}(v;t) \le \varepsilon$이 되는 경우, 다음 세대의 교차 확률값과 돌연변이 확률 값은 증가시킨다.
- 만약 $-\varepsilon < \overline{eval}^{\,2}(v;t) < 0$이 되는 경우, 다음 세대의 교차 확률값과 돌연변이 확률 값은 감소시킨다.
- 만약 평균 평가값의 변화가 작은 경우는 다음 세대의 교차 확률값과 돌연변이 확률값을 크게 증가시킨다.

여기서, ε은 매우 작은 양의 실수값이다.

b. 퍼지 논리 제어 알고리즘

Step 1 : 아래의 식을 이용해서 바로 앞 세대의 평균 평가값 $\overline{eval}(v;t-1)$과 현세대의 평균 평가값 $\overline{eval}(v;t)$을 계산한다.

$$\overline{eval}(v;t) = \frac{\sum_{k=1}^{popSize} eval(v_k;t)}{popSize} - \frac{\sum_{k=popSize+1}^{popSize+offSize} eval(v_k;t)}{offSize}$$

Step 2 : 표 1.5의 퍼지 결정표를 이용하여 바로 앞 세대의 평균 평가값 $\overline{eval}(v;t-1)$과 현세대의 평균 평가값 $\overline{eval}(v;t)$에 대응하는 교차 확률과 돌연변이 확률의 변화량 $\Delta c(t)$은 $\Delta m(t)$의 제어 동작을 결정한다.

Step 3 : 표 1.6의 예측(Look-up)표에서 제어 동작을 정규화한 값을 추출하여 아래의 식을 이용하여 교차 확률과 돌연변이 확률의 변화량을 계산한다.

$\Delta c(t) = r_1 \cdot z(i,j)$, $\Delta m(t) = r_2 \cdot z(i,j)$

여기서, $z(i, j)$는 교차 확률과 돌연변이 확률의 제어 동작을 정규화한 값을 나타내는 예측표의 요소이며, r_1과 r_2는 적응 계수이다.

Step 4 : 아래의 식을 이용하여 교차 확률과 돌연변이 확률을 수정한다.

$p_c(t+1) = p_c(t) + \Delta_c(t), p_M(t+1) = p_M(t) + \Delta m(t)$

여기서, $p_C(t)$와 $p_M(t)$는 세대 t에서의 교차 확률과 돌연변이 확률이다.

Step 5 : 유전 알고리즘으로 되돌아 간다.

[표1.5] 퍼지 결정표(fuzzy Decision Table)

$\Delta c(t)$		$\Delta\overline{eval}(t-1)$								
		NR	NL	NM	NS	ZE	PS	PM	PL	PR
$\Delta\overline{eval}(t)$	NR	NR	NL	NL	NM	NM	NS	NS	ZE	ZE
	NL	NL	NL	NM	NM	NS	NS	ZE	ZE	PS
	NM	NL	NM	NM	NS	NS	ZE	ZE	PS	PS
	NS	NM	NM	NS	NS	ZE	ZE	PS	PS	PM
	ZE	NM	NS	NS	ZE	PM	PS	PS	PM	PM
	PS	NS	NS	ZE	ZE	PS	PS	PM	PM	PL
	PM	NS	ZE	ZE	PS	PS	PM	PM	PL	PL
	PL	ZE	ZE	PS	PS	PM	PM	PL	PL	PR
	PR	ZE	PS	PS	PM	PM	PL	PL	PR	PR

NR (Negative Larger); PS (Positive Small);
NL (Negative Large); PM (Positive Medium);
NM (Negative Medium); PL (Positive Large);
NS (Negative Small); PR (Positive Larger);
ZE (Zero)

[표 1.6] 예측표(Look-up Table)

$z(i,j)$		i								
		-4	-3	-2	-1	0	1	2	3	4
j	-4	-4	-3	-3	-2	-2	-1	-1	0	0
	-3	-3	-3	-2	-2	-1	-1	0	0	1
	-2	-3	-2	-2	-1	-1	0	0	1	1
	-1	-2	-2	-1	-1	0	0	1	1	2
	0	-2	-1	-1	0	2	1	1	2	2
	1	-1	-1	0	0	1	1	2	2	3
	2	-1	0	0	1	1	2	2	3	3
	3	0	0	1	1	2	2	3	3	4
	4	0	1	1	2	2	3	3	4	4

c. 수치 실험

앞 절(예1.1)에 기본GA로 실행된 비선형 최적화 문제를 사용하여, flc-hGA을 적용한 알고리즘을 아래에 나타낸다.

$$\max \quad f(x_1, x_2) = 21.5 + x_1 \cdot \sin(4\pi x_1) = x_2 \cdot \sin(20\pi x_2) \tag{1.19}$$

$$\text{s. t.} \quad -3.0 \le x_1 \le 12.1 \tag{1.20}$$

$$4.1 \le x_2 \le 5.8 \tag{1.21}$$

초기값으로서 각 파라미터의 값을 입력한다.

집단 크기(*popSize*)	10
교차 확률(p_C)	0.25
돌연변이 확률(p_M)	0.01
최대 세대수(*maxGen*)	1000

수치 실험에 의해, 아래의 그림처럼 결과를 얻었다.

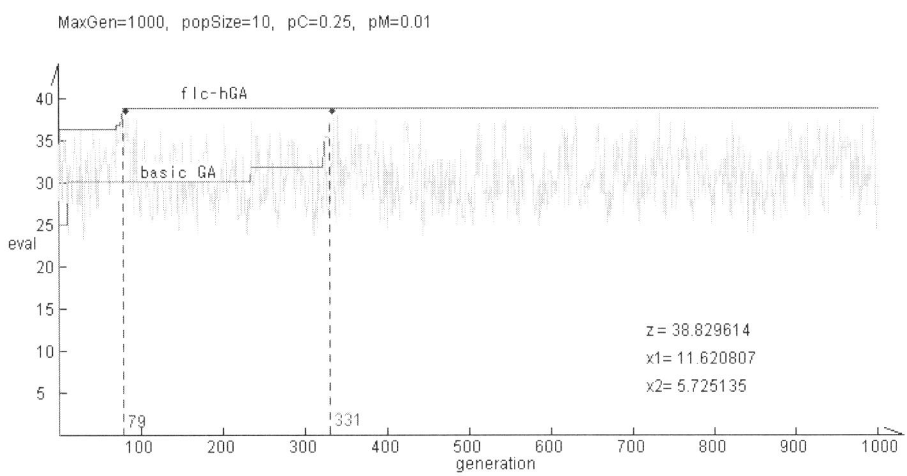

[그림 1.37] flc-hGA와 기본 GA에 의한 해의 수렴 과정의 비교

참고 문헌

[1] Holland, J. : Adaptation in Natural and Artificial Systems, The Univ. of Michigan, 1975; The MIT Press, 1992(再刊).

[2] Michalewicz, z : Genetic Algorithm + Data Structures = Evolution Programs. New York : Springer-Verlag, 1994.

[3] Gen, M. and R. Cheng : Genetic Algorithms and Engineering Design. New York : John Wiley & Sons, 1997.

[4] Gen, M and R. Cheng : Genetic Algorithms and Engineering Optimization. New York : John Wiley & Sons, 2000.

[5] 玄光男, 辻村泰寛 : 遺伝的アルゴリズムの工學問題への応用, REAJ誌, vol. 18, no. 2, pp.78-87, 1996.

[6] 柳浦睦憲, 茨木俊秀 : 組合せ最適化問題に對する實用的かつ効率的メタ戰略アルゴリズムの開發と性能解析, 電氣通信普及財団研究調査報告書, 第17号, no. 00—01052, pp.608-613, 2004.

[7] 北野宏明編 : 『遺伝的アルゴリズム』, 産業図書, 1993.

[8] 安居院猛, 長尾智晴 : 『ジェネティックアルゴリズム』, 昭晃堂, 1993.

[9] 米澤保雄 : 『遺伝的アルゴリズム』, 森北出版, 1993.

[10] 和田健之介 : 遺伝的アルゴリズムと機械の進化, 數理科學, No. 328, pp. 47-51, 1990.

[11] THEMSKY : 7bits—鳶もいつかは鷹を生むか?—, bit, Vol. 23, No5, pp. 818-825, 1991.

[12 星野力 : 遺伝的アルゴリズムによる生物進化のシミュレーション, bit, Vol. 23, No. 8, pp. 1121-1132, 1991.

[13] 和田健之介 : システム進化論 遺伝的アルゴリズムの基礎(1) ~(7), Computer Today, No. 47-54, 1992. 1 - 1993. 3.

[14] 星野力 : 遺伝的アルゴリズム1, 2, bit, Vol. 24, No. 10, 11, 1992.

[15] 小長谷明彦 : 遺伝的アルゴリズムを用いた遺伝子情報處理(遺伝子情報處理への挑戰⑨), bit, Vol. 25, No. 9, pp. 87-97, 1993.

[16] 波多野壽昭 : 遺伝的アルゴリズム, 人工知能學會誌, Vol. 8, No. 3, pp. 312-319, 1993.

[17] 小林重信他 : 遺伝的アルゴリズムの基礎と応用 I-IV, オペレーションズ・リサーチ, Vol. 38, No. 5-8, 1993.

[18] 玄光男, 田口雄章 : パソコン GA-opt パッケージ1, 2 : 遺伝的アルゴリズムによる最適化技法パッケージと使用法, パソコンリテラシ, Vol. 18, No. 11-12, 1993.

[19] 計測自動制御學會 : 計測と制御, Vol. 32, No. 1, pp. 1-81, 1993.

[20] 日本OR學會 : オペレーションズ・リサーチ, Vol. 38, No. 7, pp. 328-351, 1993.

[21] 玄光男, 横田孝雄 : GAの國内外文獻集, Tech. Report, TR93-5, 足利工大・情報科學センター, 1993.10.

[22] Freeman, J. : Simulating Neural Networks with Mathematics, Addison-Wesley, pp. 260-266, 1994.

Genetic Algorithm

02

네트워크의 기본

CHAPTER 02 네트워크의 기본

오늘날 산업 경제에 있어서 인터넷 기술의 급속한 보급과, 글로벌화로 생산 및 물류 업계에도 대변혁을 하고 있다. 그리고 각 기업의 제조 및 유통 과정에 있어서는 신속하고 동시에 정확하고 확실한 정보의 활용과 합리적인 의사결정이 요구되고 있다. 예를 들면 물류의 배송 계획 문제, SCM(Supply Chain Management)네트워크 문제, 인터넷의 OSPF(Open Shortest Path First) 경로 문제 등은, 이 절에서 소개하는 네트워크 모델의 기본인 최단 경로 문제, 최대 흐름 문제, 최소 비용 흐름 문제, 또 최소 신장 트리 문제가 기초가 되고 있다.

여기서, 네트워크 설계 문제 중에서 기본적인 문제인 최단 경로 문제(Shortest Path Problem : SPP), 최대 흐름 문제(Maximum Flow Problem: MXF)와 최소 비용 흐름 문제(Minimum Cost Flow Problem : MCF) 및 최소 신장 트리(Minimum Spanning Tree : MST)에 대해서 유전 알고리즘 기법을 소개한다.

2.1 최단 경로 모델

최단 경로 문제란, 주어진 거리와 시간, 혹은 비용 등의 값이 붙어있는 네트워크의 두 개의 노드(node : 또는 절점) 사이를 연결하는 아크(arc) 중에서, 최소값을 갖는 경로를 찾는 문제이다.

네트워크 설계 문제는 실제의 문제를 모델화 함으로서 통신 네트워크, 생산, 유통 시스템 등 많은 다른 분야의 시스템으로 널리 사용되고 있다[21]. 또 설비 교체 문제나 투자 문제 중에서는 네트워크 설계로서 정식화할 수 있는 것도 있다[1]-[3] [10]. 최단 경로 문제의 좋은 응용 예[4]는 수송 계획, 외판원 경로, 투자 계획, 통신 네트워크에 있어서 메세지 경로 문제 등 많이 있다. 최단 경로 문제를 풀기 위한 대표적인 알고리즘으로서 에드가 다익스트라에 의해 고안된 Dijkstra법[5]이 있고, 그 외 Bellman-Ford법[6], Warshall-Floyd법[4] 등이 있다.

이 절에서는, 이 네트워크 계획 문제 중에서도 대표적인 문제의 하나인 최단 경로 문제를 유전 알고리즘으로 푸는 방법을 소개한다.

예 2.1: 최단 경로 문제의 예

예를 들면, 그림 2.1과 같이 s지점에서 t지점으로 가는 경우, 가장 효율적으로 가기 위해서 어떤 경로를 선택하면 좋을까 하는 고민을 자주 한다. 이때 선택의 척도로써 거리나 시간 혹은 비용 등이 고려된다. 여기에서는 거리가 최소가 되는 경로를 선택하는 최단 경로 문제를 생각한다.

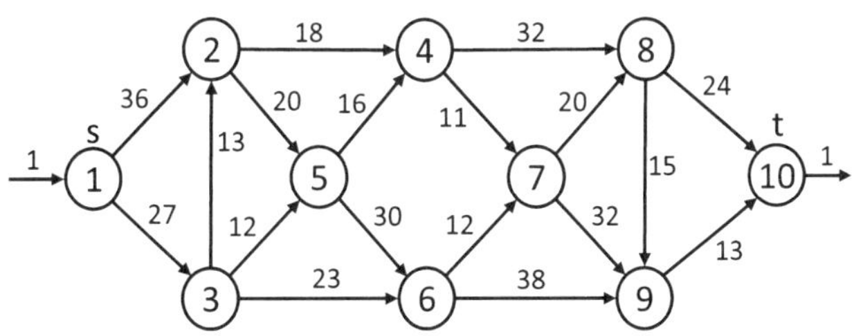

[그림 2.1] 최단 경로 문제의 네트워크 예

[표 2.1] 최단 경로 문제예의 네트워크 데이터

i	1	1	2	2	3	3	3	4	4	5	5	6	6	7	7	8	8	9
j	2	3	4	5	2	5	6	7	8	4	6	7	9	8	9	9	10	10
c_{ij}	36	27	18	20	13	12	23	11	32	16	30	12	38	20	32	15	24	13

2.1.1 최단 경로 모델과 정식화

그림 2.2 중에서 원안에 표시된 숫자는 노드(node)라 부르고, 이들 노드를 연결하고 있는 선은 아크(arc)라 부르며, 각 아크에 거리나 시간 혹은 비용 c_{ij} 등의 값이 주어진다. m

개의 노드 집합과 n 개의 아크 집합으로 이루어진 네트워크를 생각하자(표 2.1).

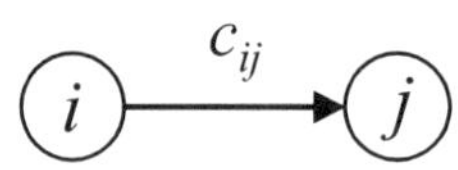

[그림 2.2] 아크의 비용

최단 경로 문제의 목적으로서는 s 지점인 노드 1에서 t 지점인 노드 10에 가기까지 통과하는 네트워크의 총거리, 즉 아크 길이의 합이 최소가 되는 경로를 선택하는 것이 된다. 따라서 노드 i 에서 노드 j 에 향하도록 연결된 아크를 (i, j) 라 할 때, 그 아크 (i, j) 를 통과 할 때는 1, 통과하지 않을 때는 0 이 되는 변수 x_{ij}를 정의하면, 그림 2.1 의 최단 경로 문제는 아래와 같은 목적함수 z를 최소로 하는 경로를 찾는 것이 된다.

$$\begin{aligned}\min \quad z = {} & 36x_{12}+27x_{13}+18x_{24}+20x_{25}+13x_{32}+12x_{35}+23x_{36}+11x_{47}+32x_{48}+16x_{54} \\ & +30x_{56}+12x_{67}+38x_{69}+20x_{78}+32x_{79}+15x_{89}+24x_{8,10}+13x_{9,10} \qquad (2.1)\end{aligned}$$

각 노드에서는 그 노드에 들어오는 아크와 그 노드에서 나가는 아크가 있어서, 이들 계수를 각각 음 (즉, −1) 과 양 (즉, +1)으로 표시하면, 이들의 합은 반드시 0이 된다. 단, 시작점 s 및 종점 t 의 노드에 대해서는, 이들의 합이 각각 1 및 −1이 된다. 따라서 10개의 노드 각 각에 대한 조건은 아래와 같이 된다.

s. t.	$x_{12} + x_{13} = 1$	: 노드1	(2.2)
	$x_{24} + x_{25} - x_{12} - x_{32} = 0$	: 노드2	(2.3)
	$x_{32} + x_{35} + x_{36} - x_{13} = 0$	: 노드3	(2.4)
	$x_{47} + x_{48} - x_{24} - x_{54} = 0$	: 노드4	(2.5)
	$x_{54} + x_{56} - x_{25} - x_{35} = 0$	: 노드5	(2.6)
	$x_{67} + x_{69} - x_{36} - x_{56} = 0$	: 노드6	(2.7)
	$x_{78} + x_{79} - x_{47} - x_{67} = 0$	: 노드 7	(2.8)
	$x_{89} + x_{8,10} - x_{48} - x_{78} = 0$	: 노드 8	(2.9)
	$x_{9,10} - x_{69} - x_{79} - x_{89} = 0$	: 노드 9	(2.10)
	$-x_{8,10} - x_{9,10} = -1$	: 노드 10	(2.11)
	$x_{ij} = 0$ or $1 \quad (\forall i, j)$		(2.12)

이 문제의 하나의 실행 가능해를

$$x = [\ x_{12}\ \ x_{13}\ \ x_{24}\ \ x_{25}\ \ x_{32}\ \ x_{35}\ \ x_{36}\ \ x_{47}\ \ x_{48}\ \ x_{54}\ \ x_{56}\ \ x_{67}\ \ x_{69}\ \ x_{78}\ \ x_{79}\ \ x_{89}\ \ x_{8,10}\ \ x_{9,10}\ ]^T$$
$$= [\ 0\ \ 1\ \ 0\ \ 0\ \ 0\ \ 0\ \ 1\ \ 0\ \ 0\ \ 0\ \ 0\ \ 1\ \ 0\ \ 1\ \ 0\ \ 0\ \ 1\ \ 0\ ]$$

으로 하면, 경로 P 는 아래와 같이 되며, 목적함수값인 경로의 총거리는 $z = 106$ 이 된다.

$$P = \{x_{13},\ x_{36},\ x_{67},\ x_{78},\ x_{8,10}\}$$

이것으로, m개의 노드 집합 V와 n개의 아크 집합 A로부터 생성되는 그래프 $G = (V, A)$와 G의 각 아크 (i, j)에 관한 거리 c_{ij}가 주어질 때, 최단 경로 문제는 일반적으로 0-1 정수계획(0-1 integer programming : 0-1IP)문제로서 아래와 같이 정식화할 수 있다 :

인덱스 :

i, j, k : 노드 번호 $(i, j, k = 1, 2, \cdots, m)$

파라미터 :

m : 노드의 개수

c_{ij} : 노드 i에서 노드 j까지의 거리

결정 변수 :

x_{ij} : 아크 (i, j)의 결정 변수

$$x_{ij} = \begin{cases} 1, & \text{아크 } (i, j) \text{ 가 경로에 포함되는 경우} \\ 0, & \text{아크 } (i, j) \text{ 가 경로에 포함되지 않는 경우} \end{cases}$$

정식화되는 최단 경로 모델 :

$$\min z = \sum_{i=1}^{m} \sum_{j=1}^{m} c_{ij} x_{ij} \tag{2.13}$$

$$\text{s. t.} \quad \sum_{j=1}^{m} x_{ij} - \sum_{k=1}^{m} x_{ki} = \begin{Bmatrix} 1 & (i=1) \\ 0 & (i=2,3,\cdots,m-1) \\ -1 & (i=m) \end{Bmatrix} \tag{2.14}$$

$$x_{ij} = 0 \text{ or } 1 \ (i, j = 1, 2, \ldots, m) \tag{2.15}$$

2.1.2 우선순위 기반 경로 GA에 의한 해법

최단 경로 문제에 있어서는, 모두 유전 알고리즘을 이용한 기법이 제안되고 있다. 여기서는 Gen & Lin(2005) 에 의해 제안된 우선순위에 기반하여 인코딩(부호화, 암호화)법을 소개한다[7].

A. 유전적 표현

[인코딩]

찾는 경로는, 지정되는 노드 s = 1에서부터 노드 t = m까지 순서대로 선택된 노드를 경로에 추가해 감으로서 생성된다. 각 Step에 대하여 이용 가능한 몇 개의 노드가 있다. 각각의 노드에 랜덤하게 우선순위가 주어지고, 가장 높은 우선순위를 갖는 노드를 경로에 추가한다.

제안한 우선순위에 기반한 인코딩법에 있어서, 각 노드 ID, j = 1, 2, ⋯, m를 염색체의 유전자 번호로서 이용하고, 그 값은 후보 노드의 우선순위 $v(k)$ 로 표시한다. 경로는 이 디코딩에 의해 결정된다.

우선순위 기반 인코딩 알고리즘은 그림 2.4와 같이 나타난다. 여기서 기호 ⌈ ⌉ 의미는 ⌈ ⌉ 내의 계산된 값보다 크면서 가장 가까운 정수를 나타낸다. 또 염색체의 생성 예로서 그림 2.1의 네트워크에 대해서 그림 2.3 과 같이 랜덤하게 생성된 예를 나타낸다.

node ID: j	1	2	3	4	5	6	7	8	9	10
priority: $v(k)$	**7**	**3**	**4**	**6**	**2**	**5**	**8**	**10**	**1**	**9**

[그림 2.3] 각 노드의 우선 순위를 나타내는 염색체

```
procedure 1: Priority-based Encoding
input: number of nodes m
output: chromosome v_k(·)
begin
   for j=1 to m
      v_k(j)← j;
   for i=1 to ⌈m/2⌉
      repeat
         j←random[1, m];
         l←random[1, m];
      until l≠j
      swap (v_k(j), v_k(l));
   output the chromosome v_k(·);
end
```

[그림 2.4] 우선순위 기반 인코딩 알고리즘

[인코딩 생성 예]

여기서, 실제의 데이터를 넣어서 초기 염색체 v_k를 생성한다.

입력 데이터 : 노드의 수 m = 10
출력 데이터 : 염색체 $v(\cdot)$
Step 0 : j = 1부터 10까지 $v(j) \leftarrow j$를 반복한다(1부터 10까지의 수를 차례로 염색체에 넣는다).

node ID: j	1	2	3	4	5	6	7	8	9	10
priority: $v(j)$	**1**	**2**	**3**	**4**	**5**	**6**	**7**	**8**	**9**	**10**

Step 1 : i = 1부터 5까지, 아래의 Step을 반복한다.

[반복 0]

Step 1.1 : $i = 1 \leq 5$ 이므로, Step 1.2에서 1.3까지 반복한다.

Step 1.2 : $j \leftarrow$ random[1,10] = 3, $l \leftarrow$ random[1,10] = 7

Step 1.3 : $l \neq j$ 이므로, $v(3) = 7$, $v(7) = 3$ 이 된다.

node ID: j	1	2	3	4	5	6	7	8	9	10
priority: $v(j)$	1	2	7	4	5	6	3	8	9	10

[반복 1]

Step 1.1 : $i = 2 \leq 5$ 이므로, Step 1.2에서 1.3까지 반복한다.

Step 1.2 : $j \leftarrow$ random[1,10] = 5, $l \leftarrow$ random[1,10] = 4

Step 1.3 : $l \neq j$ 이므로, $v(5)$ = 4, $v(4)$ = 5 이 된다.

node ID: j	1	2	3	4	5	6	7	8	9	10
priority: $v(j)$	1	2	7	5	4	6	3	8	9	10

…

[반복 6]

Step 1.1 : $i = 6 > 5$ (종료 조건을 만족한다)이므로 Step 2로 간다.

Step 2 : 그림 2.3과 같은 우선순위 기반의 염색체 $v(\cdot)$를 출력한다.

[집합 S_i의 생성] 노드 $i\,(1, 2, \cdots, m-1)$ 와 연속하고 있는 노드 집합 S_i을 생성한다.

$$S_i = \{j | (i, j) \in A\}$$
$$= \{j_1, j_2, \cdots, j_{ni}\}$$
$$i = 1, 2, \cdots, m-1,\ j = 2, 3, \cdots, m$$

여기서, 표 2.1 과 같은 네트워크 데이터에 의하여 노드 i 와 인접하고 있는 노드의 집합 S_i :

$S_1 = \{2, 3\}$ $S_2 = \{4, 5\}$ $S_3 = \{2, 5, 6\}$ $S_4 = \{7, 8\}$ $S_5 = \{4, 6\}$

$S_6 = \{7, 9\}$ $S_7 = \{8, 9\}$ $S_8 = \{9, 10\}$ $S_9 = \{10\}$

[디코딩]

그림 2.1의 네트워크 예와 그림 2.3의 염색체를 근거해서 경로의 생성 순서를 설명한다. 그림 2.1에 의한 노드 1부터 노드 10까지의 경로를 탐색한다. 처음으로 노드 1과 연결되는 노드 집합 S_1(즉, 노드 2, 3)를 찾는다. 이때 염색체에 주어진 우선순위 $v(2)$와 $v(3)$은 각 각 3, 4이다. 결국 노드 3은 가장 높은 우선순위를 갖고, 경로 P에 들어간다.

노드 3에서 의 연결 가능한 노드 집합 S_3는 노드 2와 5 및 6이다. 노드 6의 우선순위가 높기 때문에 노드 6을 경로 P에 넣는다. 노드 6에서의 연결 가능한 노드 집합 S_6은 노드 7과 9이다. 노드 7의 우선순위가 높기 때문에 노드 7을 경로 P에 넣는다. 노드 7에서 연결 가능한 노드 집합 S_7 은 노드 8과 9이다.

노드 8의 우선순위가 높기 때문에 노드 8을 경로 P에 넣는다. 노드 8에서 연결 가능한 노드 집합 S_8 은 노드 9와 10이다. 노드 10의 우선순위가 높기 때문에 노드 10을 경로 P에 넣는다. 이와 같은 방법으로, s부터 t까지 연결한 하나의 경로 $P = \{(1, 3), (3, 6), (6, 7), (7, 8), (8, 10)\}$를 얻을 때까지 같은 방법으로 Step을 반복한다.

이 디코딩에 의해 모든 순열에 대해서 경로가 얻어진다. 우선순위 기반 디코딩 알고리즘은 그림 2.5에 나타낸다.

$$P = \{x_{13},\ x_{36},\ x_{67},\ x_{78},\ x_{8,10}\}$$

```
procedure 2: One Path Growth
input: no. of nodes m, chromosome v(·),
       the set of nodes S_i with all nodes adjacent to node i.
output: path P_k(·)
begin
   initial source node i←1, P_k ←φ, x_ij←0, ∀(i, j);          // Step 0
   while l≠10 do
      select l from S_i with the highest priority;            // Step 1
      if v_k(l)≠0 then
         v_k(l)=0;
         P_k ← P_k∪{x_il};
         S_i ← S_i \{l};
         i←l;
      else S_i ← S_i \ {l};
   end
   output the complete path P(·);                             // Step 2
end
```

[그림 2.5] 경로 작성 디코딩 알고리즘

[디코딩의 경로 작성 예]

입력 데이터 : $m=10$, 염색체 $v(\cdot)$, 노드 i의 집합 S_i, $\forall_i$

출력 데이터 : 경로 $P(\cdot)$

Step 0 : 시작 노드 $i \leftarrow 1$, $P(\cdot) \leftarrow \phi$, 초기 경로 $x_{ij} \leftarrow 0$, $\forall\ (i, j)$.

Step 1 : l = 10까지 아래의 Step을 반복한다.

[반복 0] 높은 우선순위를 갖는 노드의 선택

$l \leftarrow \text{argmax}\{v(2),\ v(3)\} = 3;$

$P(.) \leftarrow \{x_{13}\};$

$S_1 \leftarrow S_1 \setminus \{3\};$

[반복 1] 높은 우선순위를 갖는 노드의 선택

$l \leftarrow \text{argmax}\{v(2),\ v(5),\ v(6)\} = 6$

$P(.) \leftarrow P(.) \cup \{x_{36}\}$

$S_3 \leftarrow S_3 \setminus \{6\};$

[반복 2] 높은 우선순위를 갖는 노드의 선택

$l \leftarrow \text{argmax}\{v(7),\ v(9)\} = 7$

$P(.) \leftarrow P\ (.) \cup \{x_{67}\}$

$S_6 \leftarrow S_6 \setminus \{7\};$

[반복 3] 높은 우선순위를 갖는 노드의 선택

$l \leftarrow \text{argmax}\{v(8),\ v(9)\} = 8$

$P(.) \leftarrow P(.) \cup \{x_{78}\}$

$S_7 \leftarrow S_7 \setminus \{8\};$

[반복 4] 높은 우선순위를 갖는 노드의 선택

$l \leftarrow \text{argmax}\{v(9),\ v(10)\} = 10$

$P(.) \leftarrow P(.) \cup \{x_{8,10}\}$

$S_8 \leftarrow S_8 \setminus \{10\};$

Step 2 : 노드 10은 반복 종료 조건을 만족함으로 처리를 종료하고 최종 경로가 얻어진다.

$P(.) = \{x_{13},\ x_{36},\ x_{67},\ x_{78},\ x_{8,10}\}$

B. 평가

평가함수는 SPP 의 목적함수를 그대로 사용한다. 즉,

$$eval(P_k)=\sum_{i=1}^{m}\sum_{j=1}^{m} c_{ij}x_{ij}$$

그림 2.3에서 생성된 염색체에 의한 $P_k = \{x_{13}, x_{36}, x_{67}, x_{78}, x_{8,10}\}$의 평가함수는 아래처럼 된다.

$$\begin{aligned} eval(P_k) &= \sum_{i=1}^{m}\sum_{j=1}^{m} c_{ij}x_{ij} \\ &= c_{13}x_{13} + c_{36}x_{36} + c_{67}x_{67} + c_{78}x_{78} + c_{8,10}x_{8,10} \\ &= 27 + 23 + 12 + 20 + 24 \\ &= 106 \end{aligned}$$

C. 유전적 조작

교차 : 여기서의 교차는 2개의 염색체를 랜덤하게 선택하여, PMX법(partially matched crossover : 부분 일치 교차)[8]을 사용하여 그림 2.6처럼 교환한다.

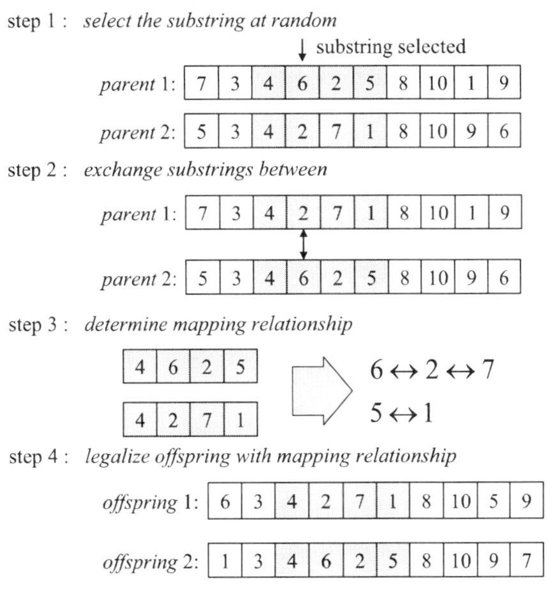

[그림 2.6] PMX법의 사용 예

돌연변이 : 여기서의 돌연변이는 부모 염색체를 랜덤하게 선택하여 그림 2.7처럼, 두개의 비트 위치를 교환하는 교환 돌연변이를 사용한다.

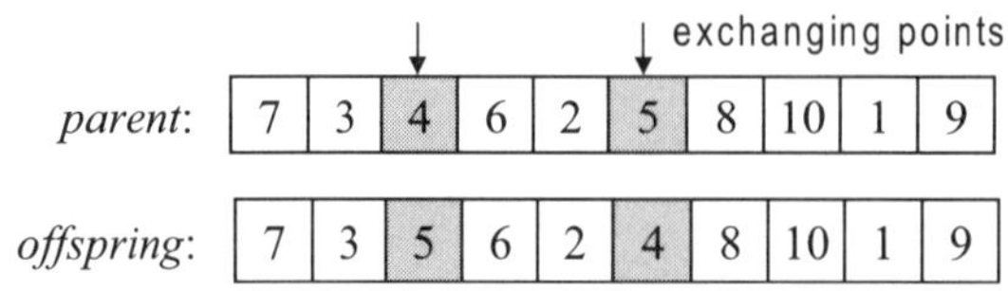

[그림 2.7] 돌연변이의 사용 예

선택 : 여기서의 선택은 평가함수에 반비례해서 확률적으로 염색체를 선택하는 룰렛 선택법 (roulette wheel approach)을 이용하고 있다[8]. 이것은 동시에 $eval(P_k)$은 작은 편 이 선택될 가능성이 높다는 것을 의미하고 있다.

D. 우선순위 기반 GA 프로시저(procedure)

```
procedure: Priority-based GA for Shortest Path Problem
input: network data (V, A, C), GA parameters
output: the best shortest path
begin
    t ← 0;
    initialize P(t) by priority-based encoding;                          // Step 1
    evaluate eval(P) by priority-based decoding;                         // Step 2, 3
    while (not terminating condition) do
        create C(t) from P(t) by partially matched crossover;           // Step 4.1
        create C(t) from P(t) by swap mutation;                          // Step 4.2
        evaluate eval(C) by priority-based decoding;                     // Step 4.3
        select P(t+1) from P(t) and C(t) by roulette wheel selection;    // Step 4.4
        t ← t + 1;
    end
    output the best shortest path;                                       // Step 6
end
```

[그림 2.8] 최단 경로 문제에 있어서 우선순위 기반 GA 프로시저

2.1.3 수치 실험

지금까지 나타낸 알고리즘을 기초로 추적(Trace) 실험을 수행한다.

Step 0 : GA파라미터의 설정은 아래와 같다.

집단 크기	$popSize = 10$
교차 확률	$p_C = 0.25$
돌연변이 확률	$p_M = 0.20$
최대 세대수	$maxGen = 1000$

Step 1 :

세대수 $gen = 0$, 초기의 평가함수값 $mineval = M$으로 한다. 여기서 M은 양의 매우 큰 수로 한다. 네트워크 데이터에 근거하여 우선순위 기반 10개의 초기 염색체 $v_k(\cdot)$ ($k = 1,2, \cdots,10$)를 생성한다.

v_1 = [3 9 4 10 2 7 5 6 8 1]
v_2 = [10 2 8 6 7 5 1 9 4 3]
v_3 = [2 8 3 6 5 4 7 9 1 10]
v_4 = [4 8 6 5 1 3 9 10 7 2]
v_5 = [3 1 7 9 2 6 4 8 10 5]
v_6 = [4 9 5 8 6 2 3 10 1 7]
v_7 = [1 9 10 8 2 7 6 5 4 3]
v_8 = [5 10 1 9 4 7 3 8 2 6]
v_9 = [2 5 4 9 3 6 10 8 7 1]
v_{10} = [9 2 4 7 1 6 10 5 3 8]

Step 2 : 각 노드의 집합 S_i을 이용하여 경로 $P_k(\cdot)$ (k = 1, 2, ⋯, 10)을 생성한다.

$P_1 = \{x_{12}, x_{24}, x_{48}, x_{89}, x_{9,10}\}$
$P_2 = \{x_{13}, x_{35}, x_{54}, x_{48}, x_{89}, x_{9,10}\}$
$P_3 = \{x_{12}, x_{24}, x_{48}, x_{8,10}\}$
$P_4 = \{x_{12}, x_{24}, x_{48}, x_{89}, x_{9,10}\}$
$P_5 = \{x_{13}, x_{36}, x_{69}, x_{9,10}\}$
$P_6 = \{x_{12}, x_{24}, x_{48}, x_{8,10}\}$
$P_7 = \{x_{13}, x_{32}, x_{24}, x_{47}, x_{78}, x_{89}, x_{9,10}\}$
$P_8 = \{x_{12}, x_{24}, x_{48}, x_{8,10}\}$
$P_9 = \{x_{12}, x_{24}, x_{47}, x_{78}, x_{89}, x_{9,10}\}$
$P_{10} = \{x_{13}, x_{36}, x_{67}, x_{78}, x_{8,10}\}$

Step 3 : gen = 1로 하여 평가함수 $eval(P_k)$를 구한다.

$eval(P_1)$ = 114[1 – 2 – 4 – 8 – 9 – 10]
$eval(P_2)$ = 115[1 – 3 – 5 – 4 – 8 – 9 – 10]
$eval(P_3)$ = 110[1 – 2 – 4 – 8 – 10]
$eval(P_4)$ = 114[1 – 2 – 4 – 8 – 9 – 10]
$eval(P_5)$ = 101[1 – 3 – 6 – 9 – 10]
$eval(P_6)$ = 110[1 – 2 – 4 – 8 – 10]
$eval(P_7)$ = 117[1 – 3 – 2 – 4 – 7 – 8 – 9 – 10]
$eval(P_8)$ = 110[1 – 2 – 4 – 8 – 10]
$eval(P_9)$ = 113[1 – 2 – 4 – 7 – 8 – 9 – 10]
$eval(P_{10})$ = 106[1 – 3 – 6 – 7 – 8 – 10]

반복 0 [세대수 gen = 1]

Step 4 :

(1) 교차

$cCnt$ = 0, [0, 1] 의 난수표 $r_k(k = 1, 2, \cdots , 10)$를 만든다.

r_1 = 0.219345	r_3 = 0.289723	r_5 = 0.150437	r_7 = 0.789570	r_9 = 0.643807
r_2 = 0.565990	r_4 = 0.736228	r_6 = 0.367146	r_8 = 0.972316	r_{10} = 0.394059

$r_k < p_C$가 되는 r_1과 r_5를 선택해서, $cCnt = 2$으로 한다. PMX법으로 교차를 행하고, 새롭게 생성된 염색체를 각 각 v_1', v_2'으로 한다.

v_1' = [3 10 7 9 2 6 5 8 4 1] v_2' = [3 1 4 7 10 2 6 8 9 5]

(2) 돌연변이

$mCnt$ = 0, [0, 1]의 난수표 $r_k(k = 1, \cdots, 10)$를 만든다. $r_k < p_M$가 되는 r_4 = 0.003369와 r_5 = 0.007305에 대응하는 염색체 v_4와 v_5를 선택한다. $mCnt = 2$로 한다. 그리고, [1, 10]의 난수 $r_{41} = 4$, $r_{42} = 6$를 만들고, 염색체 v_4중에서 4번째와 6번째의 요소를 교환한다.

[1, 10]의 난수 $r_{51} = 2$, $r_{52} = 7$를 만들고, 염색체 v_5 중에서 2번째와 7번째의 요소를 교환한다.

이 결과로 얻어진 염색체를 v_3', v_4'으로 하면,

v_3' = [4 8 6 5 3 1 9 10 7 2] v_4' = [3 4 7 9 2 6 1 8 10 5]

(3) 자식 염색체의 평가

새롭게 생성된 염색체의 평가함수 $eval(P_t')$, t = 1, 2, 3, 4를 계산한다.

$eval(P_1')$ = 113 [1 - 2 - 4 - 7 - 8 - 9 - 10]

$eval(P_2')$ = 115 [1 - 3 - 5 - 4 - 8 - 9 - 10]

$eval(P_3')$ = 114 [1 - 2 - 4 - 8 - 9 - 10]

$eval(P_4')$ = 101 [1 - 3 - 6 - 9 - 10]

(4) 선택 (룰렛 선택법)

부모 염색체 $v_t(t = 1, 2, \cdots, 10)$로 새롭게 생성된 염색체 $v_t'(t = 1, 2, 3, 4)$중에서 새로운 세대에 생존시킬 염색체를 각 염색체의 적합도 높이에 비례해서 10개만 선택한다. 아래와 같이 각 염색체에 있어서 선택확률 p_k 및 누적확률 q_k $(k = 1, 2, \cdots, 14)$를 계산한다.

$$F = \sum_{k=1}^{14} \frac{1}{eval(P_k)} = 0.12646188$$

$$p_k = (1 \;/\; eval(P_k)) \;/\; F$$

p_1 = 0.06936422	p_5 = 0.07829228	p_9 = 0.06997806	p_{13} = 0.06936422
p_2 = 0.06876105	p_6 = 0.07188655	p_{10} = 0.07459926	p_{14} = 0.07829228
p_3 = 0.07188655	p_7 = 0.06758565	p_{11} = 0.06997805	
p_4 = 0.06936422	p_8 = 0.07188655	p_{12} = 0.06876105	

$$q_k = \sum_{j=1}^{k} p_j$$

q_1 = 0.06936422	q_5 = 0.35766832	q_9 = 0.63900513	q_{13} = 0.92170772
q_2 = 0.13812527	q_6 = 0.42955487	q_{10} = 0.71360439	q_{14} = 1.00000000
q_3 = 0.21001182	q_7 = 0.49714052	q_{11} = 0.78358245	
q_4 = 0.27937604	q_8 = 0.56902707	q_{12} = 0.85234350	

[0, 1]의 난수표 $r_k'(k = 1, 2, \cdots, 10)$를 만들고,

r_1 = 0.43867653	r_4 = 0.34896666	r_7 = 0.28978684	r_{10} = 0.06506607
r_2 = 0.50144262	r_5 = 0.97778400	r_8 = 0.08650119	
r_3 = 0.86445124	r_6 = 0.76653340	r_9 = 0.75042767	

아래와 같이 염색체를 선택한다.

$v_1' = v_7$	$v_3' = v_{13}$	$v_5' = v_{14}$	$v_7' = v_5$	$v_9' = v_{11}$
$v_2' = v_8$	$v_4' = v_5$	$v_6' = v_{11}$	$v_8' = v_2$	$v_{10}' = v_1$

새로운 자식 세대는 아래와 같이 된다.

v_1 = [1 9 10 8 2 7 6 5 4 3]
v_2 = [5 10 1 9 4 7 3 8 2 6]
v_3 = [4 8 6 5 3 1 9 10 7 2]
v_4 = [3 1 7 9 2 6 4 8 10 5]
v_5 = [3 4 7 9 2 6 1 8 10 5]
v_6 = [3 10 7 9 2 6 5 8 4 1]
v_7 = [3 1 7 9 2 6 4 8 10 5]
v_8 = [10 2 8 6 7 5 1 9 4 3]
v_9 = [3 10 7 9 2 6 5 8 4 1]
v_{10} = [3 9 4 10 2 7 5 6 8 1]

Step 5 :

$minEval > \min\{eval(v_k)\}$이므로,

$v^* = \text{argmin}\{eval(P_k)\}$

$= [\ 3\ 1\ 7\ 9\ 2\ 6\ 4\ 8\ 10\ 5\ ]$;

$minEval = \min\{eval(P_k)\} = 101$

Step 6 :

$gen < maxGen$ 이므로, Step 4로 되돌아 간다.

반복 1 [세대수 gen = 2]

. . .

위에서 기술한 흐름을 반복해서, 반복 횟수 1000회에서는 아래와 같은 결과가 얻어진다.

반복 999 [세대수 gen = 1000]

Step 5 :

$v^* = \text{argmin}\{eval(P_k)\}$

$= [\ 3\ 1\ 7\ 9\ 2\ 6\ 4\ 8\ 10\ 5\ ]$;

$minEval = \min\{eval(P_k)\} = 101$

Step 6 :

$gen = maxGen$ 이므로, 최단 경로를 표현하는 염색체 v^*에 근거하여 네트워크의 최단 경로 P^* 및 경로의 총거리 $minEval$를 출력하고 종료한다.

$$v^* = \text{argmin}\{eval(P_k)\}$$
$$= [\ 3\ 1\ 7\ 9\ 2\ 6\ 4\ 8\ 10\ 5\ ];$$

$$P^* = \{x_{13},\ x_{36},\ x_{69},\ x_{9,\ 10}\}$$
$$minEval = \min\{eval(P_k)\}$$
$$= 101$$

실제로 위의 방법으로 프로그램을 작성하여 얻어진 실행 계산 과정 및 최적 경로를 아래와 같이 나타낸다.

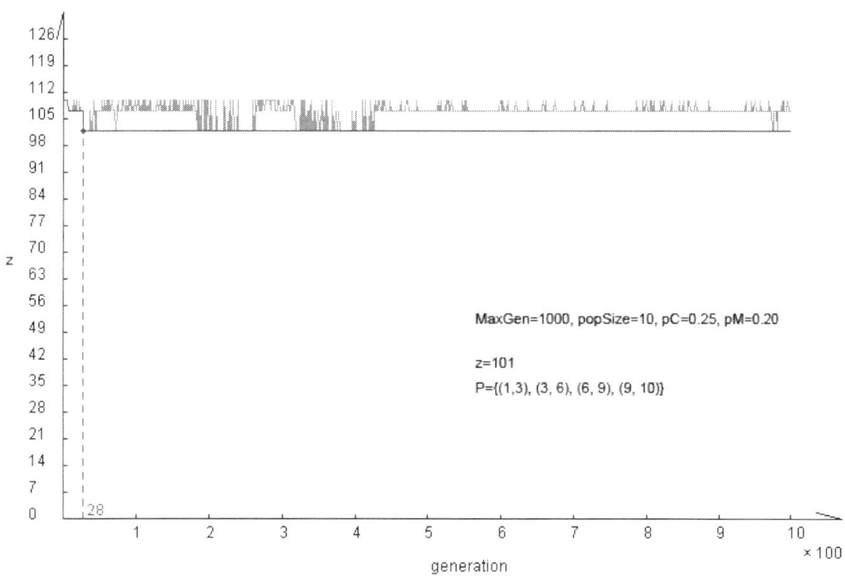

[그림 2.9] 우선순위 기반 GA에 의한 최단 경로 문제에 대한 해의 수렴 과정

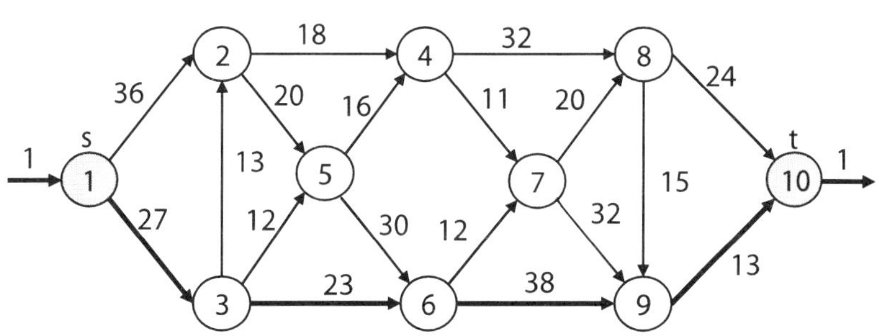

[그림 2.10] 네트워크의 최적 경로

2.2 최대 흐름 모델

이 절에서는 네트워크 문제의 하나인 최대 흐름 문제(maximum flow problem: MXF)를 취급 한다. 최대 흐름 문제란, 네트워크에 있어서 같은 종류의 물건(화물뿐만 아니라, 자동차와 사람 등을 포함하는)을 최대한으로 배송하는 문제이다. 즉, 네트워크의 각 아크에 용량이 주어진다고 가정하면, 출발지에서 목적지까지 배송할 수 있는 양(총 흐름 양)의 최대값을 구하는 문제이다.

최대 흐름 문제에 자주 등장하는 응용 예제[4][11]는, 병렬 기계의 스케줄링, 병렬 컴퓨팅과 탱크 스케줄링 문제 등을 열거할 수 있다. 최대 흐름 문제를 풀기 위한 대표적인 알고리즘으로서 Ford-Fulkerson법과 Maximum Flow법 등이 있다[4].

예 2.2: 최대 흐름 문제의 예

예를 들면, *s*지점에서 *t*지점까지 같은 종류의 흐름을 어떻게 하면 최대한으로 운반할 수 있는지의 문제를 생각해 보자. 예를 들면, 그림 2.11과 같이 모델화 할 수 있는 네트워크에 대해서 표 2.2의 데이터와 같은 정보가 주어진다면, 노드 1의 *s* 지점에서 노드 11의 *t*지점까지 각 아크로 운반할 수 있는 용량이 그림 2.11과 같이 주어질 때, 이 문제는 최대 흐름으로 배송 경로를 찾는 것이 된다.

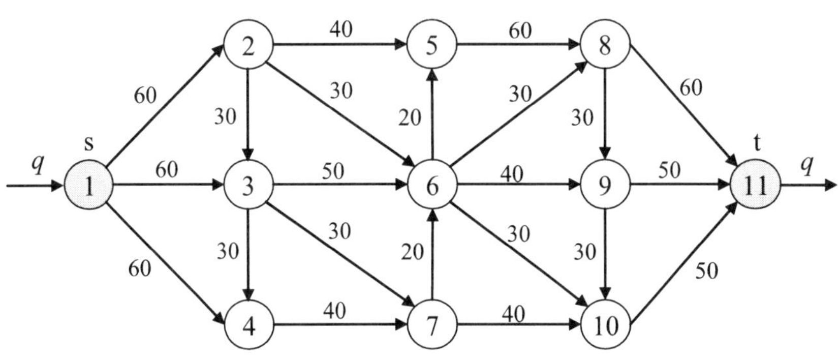

[그림 2.11] 최대 흐름 문제의 네트워크 예

[표 2.2] 최대 흐름 문제 예의 네트워크 데이터

i	1	1	1	2	2	2	3	3	3	4	5	6	6	6	6	7	7	8	8	9	9	10
j	2	3	4	3	5	6	4	6	7	7	8	5	8	9	10	6	10	9	11	10	11	11
u_{ij}	60	60	60	30	40	30	30	50	30	40	60	20	30	40	30	20	40	30	60	30	50	50

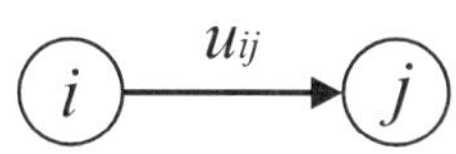

[그림 2.12] 아크의 용량

2.2.1 최대 흐름 문제의 모델화와 정식화

그림 2.12는, 두 지점간의 아크 용량 u_{ij} 및 연결 가능한 방향 (화살 방향)을 표시하고 있다. 노드 i에서 노드 j를 향해 연결된 아크를 $(i,\ j)$, 이 아크 $(i,\ j)$를 통하는 흐름량을 변수 x_{ij}으로서 정의할 때, s지점에 있는 노드 1에서 t지점에 있는 노드 11에 「물건」을 최대한으로 운반하는 것이 목적이다. 즉, 목적함수 z는 아크를 통과하는 총흐름 f을 최대로 하는 것이 되며 이 문제의 목적함수로서

$$\max \quad z = f \tag{2.16}$$

가 된다.

또 앞절의 최대 경로 문제와 같이 각 노드에는 그 노드에 들어가는 아크와 그 노드에서 나가는 아크가 있으며, 시작점 및 종점 노드에 대해서는, 네트워크 총 흐름량을 f로 하면 이들의 합은 각각 f 및 $-f$가 된다. 따라서 예를 들면 11개의 노드 각각에 대한 조건은 다음과 같이 된다.

s. t.

$$x_{12} + x_{13} + x_{14} = f \quad \text{: 노드1} \quad (2.17)$$

$$x_{23} + x_{25} + x_{26} - x_{12} = 0 \quad \text{: 노드2} \quad (2.18)$$

$$x_{34} + x_{36} + x_{37} - x_{13} - x_{23} = 0 \quad \text{: 노드3} \quad (2.19)$$

$$x_{47} - x_{14} - x_{34} = 0 \quad \text{: 노드4} \quad (2.20)$$

$$x_{58} - x_{25} - x_{65} = 0 \quad \text{: 노드5} \quad (2.21)$$

$$x_{65} + x_{68} + x_{69} + x_{6,10} - x_{26} - x_{36} - x_{76} = 0 \quad \text{: 노드6} \quad (2.22)$$

$$x_{76} + x_{7,10} - x_{37} - x_{47} = 0 \quad \text{: 노드7} \quad (2.23)$$

$$x_{89} + x_{8,11} - x_{58} - x_{68} = 0 \quad \text{: 노드 8} \quad (2.24)$$

$$x_{9,10} + x_{9,11} - x_{69} - x_{89} = 0 \quad \text{: 노드 9} \quad (2.25)$$

$$x_{10,11} - x_{6,10} - x_{7,10} - x_{9,10} = 0 \quad \text{: 노드10} \quad (2.26)$$

$$x_{8,11} + x_{9,11} + x_{10,11} = f \quad \text{: 노드11} \quad (2.27)$$

$$0 \leq x_{12} \leq 60, \quad 0 \leq x_{13} \leq 60, \quad 0 \leq x_{14} \leq 60$$

$$0 \leq x_{23} \leq 30, \quad 0 \leq x_{25} \leq 40, \quad 0 \leq x_{26} \leq 30$$

$$0 \leq x_{34} \leq 30, \quad 0 \leq x_{36} \leq 50, \quad 0 \leq x_{37} \leq 30$$

$$0 \leq x_{47} \leq 40, \quad 0 \leq x_{58} \leq 60, \quad 0 \leq x_{65} \leq 20$$

$$0 \leq x_{68} \leq 30, \quad 0 \leq x_{69} \leq 40, \quad 0 \leq x_{6,10} \leq 30$$

$$0 \leq x_{76} \leq 20, \quad 0 \leq x_{7,10} \leq 40, \quad 0 \leq x_{89} \leq 30$$

$$0 \leq x_{8,11} \leq 60, \quad 0 \leq x_{9,10} \leq 30, \quad 0 \leq x_{9,11} \leq 50$$

$$0 \leq x_{10,11} \leq 50$$

따라서 그림 2.11의 최대 흐름 문제는 구체적으로 위에서 기술한 제약조건하에서 목적함수 z 가 최대가 되는 흐름을 찾는 것이 된다. 이 문제에 대한 하나의 실행 가능해

$$\begin{aligned} x &= [x_{12}\ x_{13}\ x_{14}\ x_{23}\ x_{25}\ x_{26}\ x_{34}\ x_{36}\ x_{37}\ x_{47}\ x_{58}\ x_{65}\ x_{68}\ x_{69}\ x_{6,10}\ x_{76}\ x_{7,10}\ x_{89}\ x_{8,11}\ x_{9,10}\ x_{9,11}\ x_{10,11}]^T \\ &= [60\ 40\ 0\ 30\ 0\ 30\ 20\ 50\ 0\ 20\ 0\ 0\ 30\ 40\ 30\ 20\ 0\ 30\ 0\ 20\ 50\ 50]^T \end{aligned}$$

을 생각하면, 이 네트워크에 있어서 총 흐름량 $z = f = 100$이 된다.

이것으로, m개의 노드 집합 V와 n개의 아크 집합 A를 갖는 그래프 $G = (V, A)$와 G의 각 아크 (i, j)에 대한 용량 u_{ij}가 주어질 때, 최대 흐름 문제는 아래와 같이 정식화할 수 있다.

인덱스

i, j, k : 노드 번호($i, j, k = 1, 2, \cdots, m$)

파라미터

m : 노드 개수

u_{ij} : 아크 (i,j)의 용량 상한값

결정 변수

f : 총 흐름량

x_{ij} : 노드 i에서 노드 j까지의 흐름량

최대 흐름 모델 :

$$\max \quad z = f \tag{2.28}$$

$$\text{s. t.} \quad \sum_{j \in \text{Suc}(i)} x_{ij} - \sum_{k \in \text{Pre}(i)} x_{ki} = \begin{cases} f & (i = 1) \\ 0 & (i = 2, 3, \ldots, m-1) \\ -f & (i = m) \end{cases} \tag{2.29}$$

$$0 \le x_{ij} \le u_{ij}, \quad (i, j = 1, 2, \ldots, m) \tag{2.30}$$

$$f \ge 0 \tag{2.31}$$

여기서, $\sum_{k \in Pre(i)} x_{ki}$는 노드 i에의 총 흐름량을, $\sum_{j \in Suc(i)} x_{ij}$은 노드 i이후의 총 흐름량을 나타낸다.

앞에서 기술한 최대 흐름 모델은 유입구와 유출구가 각각 하나인 문제이지만, 이 문제는 유입구와 유출구가 각각 여러 개이며, 보다 일반적인 최대 흐름 문제로 쉽게 확장할 수 있다. 지금 유입구의 집합을 V_s, 유출구의 집합을 V_t, 유입구 $i \in V_s$의 유입량을 q_i^s, 유출구 $i \in V_t$의 유출량을 q_i^t으로 한다.

단,

$$V_s \cap V_t = \phi$$

$$\sum_{i \in V_S} q_i^s = \sum_{i \in V_t} q_i^t$$

이다. 이때 복수 유출의 최대 흐름 문제는 아래의 식으로 나타내어진다(그림 2.13).

$$\max \ z = \sum_{i \in V_s} q_i^s \tag{2.32}$$

$$\text{s. t.} \quad \sum_{j=1}^{m} x_{ij} - \sum_{k=1}^{m} x_{ki} = \begin{cases} q_i^s \ (i \in V_s) & (2.33) \\ 0 \ \ (i \in V - V_s - V_t) & (2.34) \\ -q_i^t \ (i \in V_t) & (2.35) \end{cases}$$

$$0 \le x_{ij} \le u_{ij}, \qquad (i, j = 1, 2, \cdots, m) \tag{2.36}$$

$$q_i^s, q_i^t \ge 0, \qquad (i \in V_s, V_t) \tag{2.37}$$

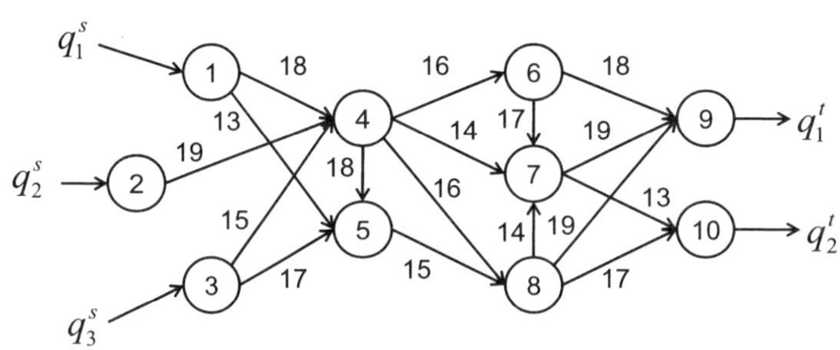

[그림 2.13] 다입력, 다출력을 가진 네트워크 예

2.2.2 우선순위 기반 GA에 의한 해법

최대 흐름 문제의 경우, 해는 복수의 경로로부터 생성되는 경우가 대부분이다. 이 때문에 최단 경로 문제에 있어서 GA를 이용한 염색체 표현을 그대로 사용하는 것은 불가능하며, 프로그램 작성을 어렵게 한다.

따라서 여기에서는, 최단 경로 문제에서 사용한 염색체 표현에서 흐름이 여러 개의 경로를 생성하는 기법을 소개한다. 염색체에서 흐름 경로의 생성을 아래와 같이 설명한다.

A. 유전적 표현

[인코딩]

프로시저 1 : 최대 흐름 문제의 인코딩 기법으로서 앞절의 우선순위 기반의 인코딩을 사용한다. 염색체 생성 예로, 그림 2.11의 네트워크에 대해서 그림 2.14과 같이 랜덤하게 생성된 예를 나타낸다.

node ID: j	1	2	3	4	5	6	7	8	9	10	11
priority: $v_{(j)}$	**4**	**11**	**7**	**5**	**1**	**6**	**3**	**9**	**8**	**10**	**2**

[그림 2.14] 우선순위 기반의 염색체

[집합 S_i 생성] 노드 i (1, 2, ⋯, m - 1)와 연속하고 있는 노드 집합 S_i을 생성한다.

$$S_i = \{j|(i,\ j) \in A\}$$
$$= \{j_1,\ j_2,\ \cdots,\ j_{mi}\}$$
$$i = 1,\ 2,\ \cdots,\ m - 1,\ j = 2,\ 3,\ \cdots,\ m$$

여기서, 표 2.2에 표시한 네트워크 데이터에 의하여 노드 i와 인접하고 있는 노드 집합 S_i :

$S_1 = \{2,\ 3,\ 4\}$ $S_2 = \{3,\ 5,\ 6\}$ $S_3 = \{4,\ 6,\ 7\}$ $S_4 = \{7\}$ $S_5 = \{8\}$

$S_6 = \{5,\ 8,\ 9,\ 10\}$ $S_7 = \{6,\ 10\}$ $S_8 = \{9,\ 11\}$ $S_9 = \{10,\ 11\}$ $S_{10} = \{11\}$

[디코딩]

프로시저 2 : 앞절 2.1.2에서 설명한 경로 작성 프로시저에 의하여 생성된 그림 2.14의 우선순위 기반의 염색체 $v(\cdot)$에 근거해서 하나의 경로 $P_1(\cdot)$ 을 생성 (디코딩 처리)한다.

프로시저 3 : 염색체 $v(\cdot)$에 근거하여 제약조건을 만족할 때까지 경로를 생성한다.

입력 데이터 : 염색체 $v(\cdot)$, 네트워크 데이터 (N, A, U), 노드 i 와 인접하고 있는 노드 집합 S_i, 종료 조건 $S_1 = \phi$

출력 데이터 : 경로 P_i, 총 흐름량 f

Step 0 : 경로의 수 $l \leftarrow 0$, 초기 경로 $x_{ij} \leftarrow 0$, $\forall (i, j) \in A$, 생성된 경로의 총 흐름량 $f \leftarrow 0$.

Step 1 : $S_1 \neq \phi$이라면, $l \leftarrow l+1$으로 하고, Step 6까지 반복하며, 그렇지 않는 경우는, Step 7로 간다.

Step 2 : 염색체 $v(\cdot)$와 집합 S_i를 이용해서, 어떤 하나의 경로 P_l을 프로시저 2에 의해 생성하고, 경로 P_l의 종료 노드 a를 구한다.

Step 3 : 종료 노드 $a = m$이라면, Step 4로 가고, 그렇지 않는 경우는 x_{ia}에 의해 아래와 같이 S_i을 갱신하고, Step 1로 되돌아 간다.

$$S_i \leftarrow S_i - \{a\}, \ \forall i$$

Step 4 : 생성된 경로 $P_l(\cdot)$의 비용 z_l과 흐름량 f_l을 계산하고, 총 흐름량 f_k을 갱신한다.

$$f_1 \leftarrow \min\{u_{ij} \mid (i, j) \in P_l\}$$
$$f \leftarrow f + f_l$$

Step 5 : 아래의 식에 의해, 각 경로 P_l내의 아크 용량 u_{ij}와 x_{ij}를 갱신한다.

$$\tilde{u}_{ij} \leftarrow u_{ij} - f_l \qquad \forall (i, j) \in P_l$$
$$x_{ij} \leftarrow x_{ij} + f_l \qquad \forall (i, j) \in P_l$$

Step 6 : 각 아크에 있어서 다음 조건을 만족하고 있는지를 검사한다.

$$\tilde{u}_{ij} = 0, \qquad \forall (i, j) \in P_l$$

조건을 만족하는 노드 j가 있는 경우, 노드 j을 통과하는 새로운 경로는 생성할 수 없다. 그래서, 아래와 같이 S_i를 갱신한다.

$$S_i \leftarrow S_i - \{j\}, \qquad \forall (i, j) \in P_l \ \ \& \ \tilde{u}_{ij} = 0$$

Step 7 : 염색체 $v(\cdot)$ 에 근거하여 총 흐름량 f를 출력한다.

[프로시저 3의 추적]

다음에는 표 2.2처럼 네트워크 데이터에 근거하여, 그림 2.14와 같은 염색체 $v(\cdot)$를 이용해서 아래와 같이 디코딩을 한다.

입력 데이터 : 염색체 $v(\cdot)$, 노드 수 11, 노드 i와 인접하고 있는 노드 집합 S_i

출력 데이터 : 경로 P_i, 총 흐름량 f

Step 0 : $l \leftarrow 0$, 초기 경로 $x_{ij} \leftarrow 0, \ \forall (i,j) \in A$

[반복 0]

Step 1 : 노드의 집합 $S_1 \neq \phi$이므로 $l \leftarrow 1$, 다음 Step으로 간다.

Step 2 : 염색체 $v(\cdot)$과 집합 S_i을 이용해서, **프로시저 2**에 의해 경로 $P_1(\cdot)$을 생성한다.

$$P_1 = \{ x_{12}, x_{23}, x_{36}, x_{6,10}, x_{10,11} \}$$

Step 3 : 경로 $P_1(\cdot)$의 최종 노드 $a = m$이므로, Step 4로 간다.

Step 4 : 생성된 경로 P_1의 흐름량 f_1을 계산한다.

$$\begin{aligned} f_1 &= \min\{u_{ij} \mid (i,j) \in P_1 \} \\ &= \min\{ u_{12}, u_{23}, u_{36}, u_{6,10}, u_{10,11} \} \\ &= \min\{ 60, 30, 50, 30, 50 \} \\ &= 30 \end{aligned}$$

Step 5 : 표 2.3과 같이 각 경로 $P_1(\cdot)$내의 용량 u_{ij}과 x_{ij}를 갱신한다.

$$\begin{aligned} \tilde{u}_{ij} &= u_{ij} - \min\{u_{ij} \mid (i,j) \in P_1 \} \\ &= \{ u_{12}-30, u_{23}-30, u_{36}-30, u_{6,10}-30, u_{10,11}-30 \} \\ &= \{ 30, 0, 20, 0, 20 \} \end{aligned}$$

[표 2.3] 변경된 아크상의 데이터

i	1	1	1	2	2	2	3	3	3	4	5	6	6	6	6	7	7	8	8	9	9	10
j	2	3	4	3	5	6	4	6	7	7	8	5	8	9	10	6	10	9	11	10	11	11
u_{ij}	60	60	60	30	40	30	30	50	30	40	60	20	30	40	30	20	40	30	60	30	50	50
$\widetilde{u_{ij}}$	30	60	60	0	40	30	30	20	30	40	60	20	30	40	0	20	40	30	60	30	50	20
x_{ij}	30	0	0	30	0	0	0	30	0	0	0	0	0	0	30	0	0	0	0	0	0	30

Step 6 : 각 아크에 있어서 조건을 검사하고, Step 1로 되돌아 간다.

$$u_{23}=0, \quad i_1=2, \quad j_1=3$$
$$u_{6,10}=0, \quad i_2=6, \quad j_2=10$$

조건을 만족하는 노드 j = 3, 10에 의해, 아래와 같이 S_2와 S_6을 갱신한다.

$S_2=S_2-\{3\}=\{5,6\}$ $\qquad S_6=S_6-\{10\}=\{5,8,9\}$

따라서 노드의 집합 S_i는 아래와 같다.

S_1 = {2, 3, 4} $\quad S_2$ = {5, 6} $\quad S_3$ = {4, 6, 7} $\quad S_4$ = {7} $\quad S_5$ = {8}

S_6 = {5, 8, 9} $\quad S_7$ = {6, 10} $\quad S_8$ = {9, 11} $\quad S_9$ = {10, 11} $\quad S_{10}$ = {11}

[반복 1]

Step 1 : 노드의 집합 $S_1\neq\phi$이므로 $l\leftarrow 2$, Step 6까지 반복한다.

Step 2 : 염색체 $v(\cdot)$와 노드 집합 S_i를 이용해서 하나의 경로 $P_2(\cdot)$를 생성한다.

$$P_2=\{x_{12},x_{26},x_{68},x_{89},x_{9,10},x_{10,11}\}$$

Step 3 : 경로 P_2의 최종 노드 a = m이므로 Step 4로 간다.

Step 4 : 생성된 경로 $P_2(\cdot)$의 흐름량 f_2를 계산한다.

$$\begin{aligned}f_2&=f_1+\min\{u_{ij}\mid(i,j)\in P_2\}\\&=30+\min\{u_{12},u_{26},u_{68},u_{89},u_{9,10},u_{10,11}\}\\&=30+\min\{30,30,30,30,30,20\}\\&=30+20\\&=50\end{aligned}$$

Step 5 : 표 2.4와 같이 $P_2(\cdot)$내의 아크 용량 u_{ij}와 x_{ij}를 갱신한다.

$$\begin{aligned}\tilde{u}_{ij}&=u_{ij}-\min\{u_{ij}\mid(i,j)\in P_2\}\\&=\{u_{12}-20,u_{26}-20,u_{68}-20,u_{89}-20,u_{9,10}-20,u_{10,11}-20\}\\&=\{10,10,10,10,10,0\}\end{aligned}$$

[표 2.4] 변경된 아크상의 데이터

i	1	1	1	2	2	2	3	3	3	4	5	6	6	6	6	7	7	8	8	9	9	10
j	2	3	4	3	5	6	4	6	7	7	8	5	8	9	10	6	10	9	11	10	11	11
u_{ij}	60	60	60	30	40	30	30	50	30	40	60	20	30	40	30	20	40	30	60	30	50	50
$\widetilde{u}_{ij}$	10	60	60	0	40	10	30	20	30	40	60	20	10	40	0	20	40	10	60	10	50	0
x_{ij}	50	0	0	30	0	20	0	30	0	0	0	0	20	0	30	0	0	20	0	20	0	50

Step 6 : 각 아크에 있어서 조건을 검사한다.

$$u_{10,11} = 0, \quad i_1 = 10, \quad j_1 = 11$$

조건을 만족하는 노드 j = 11, 아래와 같이 S_{10}를 갱신한다.

$$S_{10} = S_{10} - \{11\} = \phi$$

노드 집합 S_i를 갱신한다.

$S_1 = \{2, 3, 4\}$　$S_2 = \{5, 6\}$　$S_3 = \{4, 6, 7\}$　$S_4 = \{7\}$　$S_5 = \{8\}$

$S_6 = \{5, 8, 9\}$　$S_7 = \{6, 10\}$　$S_8 = \{9, 11\}$　$S_9 = \{10, 11\}$　$S_{10} = \phi$

이후 같은 방법으로 처리를 반복하여, 반복 횟수 12번째에서 아래와 같은 결과가 얻어진다.

[반복 12]

Step 1 : 노드의 집합 $S_1 \neq \phi$이며 종료 조건을 만족함으로 **Step 7**로 간다.

Step 7 : 각 각의 경로 $P_i(\cdot)$, 총 흐름량 f_{13}를 출력하고 처리를 종료한다.

f_{13} = 90

$P_1 = \{x_{12}, x_{23}, x_{36}, x_{6,10}, x_{10,11}\}$　　$P_2 = \{x_{12}, x_{26}, x_{68}, x_{89}, x_{9,10}, x_{10,11}\}$

$P_3 = \{x_{13}, x_{36}, x_{69}, x_{9,10}, x_{10,11}\}$　　$P_4 = \{x_{13}, x_{34}, x_{47}, x_{76}, x_{69}, x_{9,11}\}$

B. 평가함수

평가함수는 MXF문제의 목적함수를 그대로 사용한다. 그림 2.14에서 생성된 염색체에 의한 평가함수는 아래와 같이 된다.

$$eval(v_k) = f^k$$
$$=30+20+20+20$$
$$=90$$

C. 유전적 조작

교차 : 앞절의 최단 경로 문제와 같은 모양으로, 그림 2.6처럼 PMX법(partially matched crossover : 부분 일치 교차)을 사용한다[8, pp.119 -125].

돌연변이 : 같은 방법으로, 그림 2.7처럼 두개의 비트 위치를 교환한다.

선택 : 적합도가 높은 순서로 염색체를 선택하는 룰렛 선택법(roulette wheel approach)을 이용한다[5]. 이 기법에서 v_k는 $eval(v_k)$의 높은 쪽이 선택될 가능성이 높다는 것이다.

D. 우선순위 기반 GA 프로시저

```
procedure 4: Priority-based GA for Maximum Flow Problem
input: network data (V, A, CU), GA parameters
output: the best maximum flow
begin
    t←0;
    initialize P(t) by priority-based encoding;                        //Step 1
    evaluate eval(P) by priority-based decoding;                       //Step 2,3
    while (not terminating condition) do
        create C(t) from P(t) by partial mapped crossover;             //Step 4.1
        create C(t) from P(t) by swap mutation;                        //Step 4.2
        evaluate eval(C) by priority-based decoding;                   //Step 4.3
        select P(t+1) from P(t) and C(t) by roulette wheel selection;  //Step 4.4
        t←t + 1;
    end
    output the best maximum flow;                                      //Step 6
end
```

[그림 2.15] 최대 흐름 문제에 있어서 우선순위 기반 GA 프로시저

2.2.3 수치 실험

지금까지 설명한 알고리즘을 근거로 추적 실험을 수행한다.

Step 0 : GA파라미터의 설정은 아래와 같다.

집단 크기 $popSize = 10$

교차 확률 p_C = 0.25
돌연변이 확률 p_M = 0.20
최대 세대수 $maxGen$ = 1000

Step 1 : 세대수 gen = 0으로 하고, 네트워크 데이터에 의하여 우선순위 기반으로, 11개 요소의 초기 염색체 $v_k(k = 1, 2, \cdots, 10)$를 생성한다.

v_1 = [3 9 4 2 10 7 5 11 6 8 1] v_6 = [1 5 4 7 2 6 10 8 9 11 3]
v_2 = [1 3 7 4 8 6 9 5 2 10 11] v_7 = [6 8 3 7 5 1 4 2 9 10 11]
v_3 = [1 7 3 4 5 9 2 8 10 6 11] v_8 = [1 11 2 9 5 6 4 8 3 10 7]
v_4 = [6 5 4 10 2 7 11 8 3 9 1] v_9 = [3 6 11 4 5 1 7 8 10 9 2]
v_5 = [4 11 2 1 5 6 3 7 9 10 8] v_{10} = [6 4 10 7 5 3 1 8 9 11 2]

Step 2 : 각 노드의 집합 S_i를 이용해서, 경로 $P_j^k(j = 1, 2, ..., l)$를 생성한다.

Step 3 : 평가함수 $eval(v_k)$를 구한다.

$eval(v_1)$ = 130 $eval(v_3)$ = 150 $eval(v_5)$ = 130 $eval(v_7)$ = 140 $eval(v_9)$ = 120
$eval(v_2)$ = 140 $eval(v_4)$ = 120 $eval(v_6)$ = 140 $eval(v_8)$ = 140 $eval(v_{10})$ = 130

반복 0 [세대수 gen = 1]

Step 4 :

(1) 교차 :

$cCnt$ = 0, [0, 1]의 난수표 $r_k(k = 1, 2, \cdots, 10)$를 만든다.

r_1 = 0.29501919 r_4 = 0.05834820 r_7 = 0.35700298 r_{10} = 0.70160342
r_2 = 0.25838644 r_5 = 0.01069366 r_8 = 0.78085350
r_3 = 0.31243989 r_6 = 0.51240881 r_9 = 0.92950205

$r_k < p_C$ 가 되는 r_4와 r_5를 선택하여, $cCnt$ = 2 로 한다. PMX법으로 v_4와 v_5에서 교차를 행한다. 새롭게 생성된 염색체를 각각 v_1', v_2'라 한다.

v_1' = [7 4 2 1 5 6 11 8 3 9 10] v_2' = [5 11 4 10 2 7 3 6 9 1 8]

(2) 돌연변이:

$mCnt$ = 0, [0,1]의 난수표 $r_k(k = 1, \cdots, 10)$를 만든다. $r_k < p_M$가 되는 r_1 = 0.015286와 r_1 = 0.008125에 대응하는 염색체 v_2와 v_7를 선택한다. $mCnt$ = 2로 하고, 그리고 [1,10]의 난수 r_1 = 1, r_2 = 3를 만들고, 염색체 v_2중에 1번째와 3번째 요소를 교환하고, [1,10]의 난수 r_1 = 5, r_2 = 9를 만들고, 염색체 v_7중에 5번째와 9번째 요소와를 교환한다.

이 결과로 얻어진 염색체를 v_3', v_4'으로 하면,

$$v_3' = [7\ 3\ 1\ 4\ 8\ 6\ 9\ 5\ 2\ 10\ 11] \qquad v_4' = [6\ 8\ 3\ 7\ 9\ 1\ 4\ 2\ 5\ 10\ 11]$$

(3) 자식 염색체의 평가

새롭게 생성된 염색체의 평가함수 $eval(v_t')$ $(t = 1,2,3,4)$를 계산한다.

$$eval(v_1') = 150 \quad eval(v_2') = 140 \quad eval(v_3') = 130 \quad eval(v_4') = 150$$

(4) 선택 룰렛 선택법)

부모 염색체 $v_t(t = 1, 2, \cdots, 10)$와 새롭게 생성된 염색체 $v_t'(t = 1, 2, 3, 4)$중에서 새로운 세대에 생존시킬 염색체를 각 염색체의 적합도 높이에 비례해서 10개만 선택한다. 이하에 각 염색체에 있어서 선택확률 p_k 및 누적확률 $q_k(k = 1, 2, \cdots, 14)$을 계산한다.

$$F = \sum_{k=1}^{14} eval(v_k) = 1910.0$$

$$p_k = eval(v_k)/F$$

p_1 = 0.068062827 p_5 = 0.062827225 p_9 = 0.073298429 p_{13} = 0.068062827
p_2 = 0.078534031 p_6 = 0.073298429 p_{10} = 0.068062827 p_{14} = 0.078534031
p_3 = 0.068062827 p_7 = 0.062827225 p_{11} = 0.078534031
p_4 = 0.073298429 p_8 = 0.073298429 p_{12} = 0.073298429

$$q_k = \sum_{j=1}^{k} p_j$$

q_1 = 0.068062827 q_5 = 0.35078534 q_9 = 0.633507853 q_{13} = 0.921465969
q_2 = 0.146596859 q_6 = 0.42408377 q_{10} = 0.701570681 q_{14} = 1.00000000

$q_3 = 0.214659686 \quad q_7 = 0.486910995 \quad q_{11} = 0.780104712$

$q_4 = 0.287958115 \quad q_8 = 0.560209424 \quad q_{12} = 0.853403141$

[0,1]의 난수표 $r_k{}'(k' = 1, 2, \cdots, 10)$를 만들고,

$r_1 = 0.43867653 \quad r_4 = 0.34896666 \quad r_7 = 0.28978684 \quad r_{10} = 0.06506607$

$r_2 = 0.50144262 \quad r_5 = 0.97778400 \quad r_8 = 0.08650119$

$r_3 = 0.86445124 \quad r_6 = 0.76653340 \quad r_9 = 0.75042767$

아래처럼 염색체를 선택한다.

$v_1{}' = v_7 \quad v_3{}' = v_{13} \quad v_5{}' = v_{14} \quad v_7{}' = v_5 \quad v_9{}' = v_{11}$

$v_2{}' = v_8 \quad v_4{}' = v_5 \quad v_6{}' = v_{11} \quad v_8{}' = v_2 \quad v_{10}{}' = v_1$

새로운 세대는 아래와 같이 된다.

$v_1 = [6\ 8\ 3\ 7\ 5\ 1\ 4\ 2\ 9\ 10\ 11] \quad v_6 = [6\ 3\ 4\ 7\ 5\ 1\ 9\ 8\ 2\ 10\ 11]$

$v_2 = [1\ 11\ 2\ 9\ 5\ 6\ 4\ 8\ 3\ 10\ 7] \quad v_7 = [4\ 11\ 2\ 1\ 5\ 6\ 3\ 7\ 9\ 10\ 8]$

$v_3 = [7\ 3\ 1\ 4\ 8\ 6\ 9\ 5\ 2\ 10\ 11] \quad v_8 = [1\ 3\ 7\ 4\ 8\ 6\ 9\ 5\ 2\ 10\ 11]$

$v_4 = [4\ 11\ 2\ 1\ 5\ 6\ 3\ 7\ 9\ 10\ 8] \quad v_9 = [6\ 3\ 4\ 7\ 5\ 1\ 9\ 8\ 2\ 10\ 11]$

$v_5 = [6\ 8\ 3\ 7\ 9\ 1\ 4\ 2\ 5\ 10\ 11] \quad v_{10} = [3\ 9\ 4\ 2\ 10\ 7\ 5\ 11\ 6\ 8\ 1]$

Step 5 :

$maxEval = \max\{eval(v_k)\}$이므로

$v^* = \text{argmax}\{eval(v_k)\}$

$= [4\ 9\ 5\ 6\ 7\ 11\ 2\ 3\ 10\ 1\ 8];$

$maxEval = \max\{eval(v_k)\} = 150$

Step 6 :

$gen < maxGen$ 이므로 Step 4로 되돌아 간다.

반복 1 [세대수 gen = 2]

. . .

위에서 기술한 흐름을 반복하여, 반복 횟수 1000회째에서 아래에 기술한 결과가 얻어진다.

반복 999 [세대수 gen = 1000]

Step 5 :

$v^* = argmax\{eval(v_k)\}$

$= [\ 2\ 1\ 6\ 4\ 11\ 9\ 8\ 10\ 5\ 3\ 7\ ];$

$maxEval = \max\{eval(v_k)\} = 160$

Step 6 :

$gen = maxGen$이므로 염색체 v^*에 근거하여 총 흐름량 $maxEval$을 출력하고, 종료한다.

$v^* = \text{argmax}\{eval(v_k)\}$

$= [\ 2\ 1\ 6\ 4\ 11\ 9\ 8\ 10\ 5\ 3\ 7\ ];$

$maxEval = \max\{eval(v_k)\} = 160$

$P_1^* = \{x_{13},\ x_{36},\ x_{65},\ x_{58},\ x_{8,11}\}$

$P_2^* = \{x_{13},\ x_{36},\ x_{68},\ x_{8,11}\}$

$P_3^* = \{x_{13},\ x_{37},\ x_{76},\ x_{69},\ x_{9,11}\}$

$P_4^* = \{x_{14},\ x_{47},\ x_{76},\ x_{69},\ x_{9,11}\}$

$P_5^* = \{x_{14},\ x_{47},\ x_{7,10},\ x_{10,11}\}$

$P_6^* = \{x_{12},\ x_{25},\ x_{58},\ x_{8,11}\}$

$P_7^* = \{x_{12},\ x_{25},\ x_{58},\ x_{89},\ x_{9,11}\}$

$P_8^* = \{x_{12},\ x_{26},\ x_{69},\ x_{9,10},\ x_{10,11}\}$

실제로 위에서 기술한 순서로 프로그램을 작성해서 얻어진 실행 계산 과정 및 최적 경로를 아래에 나타낸다.

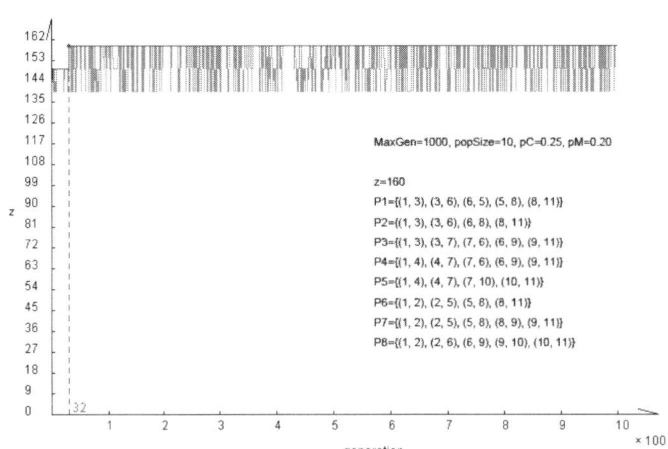

[그림 2.16] 우선순위 기반 GA에 의한 최대 흐름 문제에 대한 해의 수렴 과정

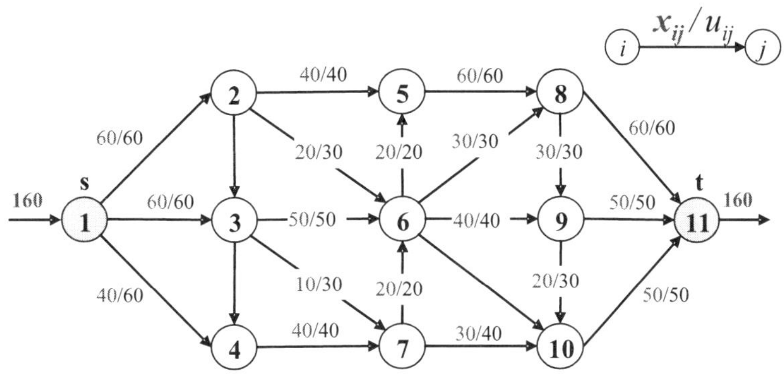

[그림 2.17] 최대 흐름 네트워크 문제의 최적해

2.3 최소 비용 흐름 모델

네트워크상에서 많은 「물건」을 배송할 때에 생기는 문제로서, 최소 비용 흐름(minimum cost flow : MCF)문제가 있다. 일반적으로 각 아크에는 「물건」을 운반하기 위한 비용이 주어진다. 특히 많은 「물건」 을 배송할 때에는, 비용 외에 그 네트워크 아크의 용량이, 제약이 되는 것도 있다. 이 경우, 용량은 그 아크에 흐르는 량의 상한 용량(capacity)값을 표시한다. 최소 비용 흐름 문제는, 각 노드에 수요량과 공급량이 주어질 때, 그들의 조건을 만족하는 최소 비용을 구하는 문제이며 대표적인 네트워크 문제의 하나이다. 최소 비용 흐름 문제의 친근한 응용 예에는 수송 문제, 생산 계획과 통신 네트워크에 있어서 경로 문제 등 수많이 열거할 수 있다[4]. 최소 비용 흐름 문제를 풀기 위한 대표적인 알고리즘으로서 순차 최단 경로법(Successive Shortest Path Algorithm), Primal-dual법과 Out-of-Kilter법 등을 열거할 수 있다.

예 2.3: 최소 비용 흐름 문제의 예

예를 들면, s지점에서 t지점에 일정량의 「물건」을 배송할 때, 어떤 경로를 선택하면 최소 비용으로 운반할 수 있을까 하는 문제이다[3]. 지금 그림 2.18에 있어서 노드 1의 s지점에서 노드 11의 t지점까지 각 도로에 운반할 용량과 그 도로를 통과하는데 드는 비용이 주어질 때, 최소 비용으로 운반하는 경로(흐름)를 찾는 것을 고려한다(표 2.5). 각 아크를,

그들 지점을 연결하는 도로로 한다. 그들 아크에 쓰여 있는 숫자와 화살표는 그들의 아크를 경유한 두지 점간의 비용 단가 c_{ij}와 용량 u_{ij} 및 연결 가능한 방향을 나타내고 있다(그림 2.19).

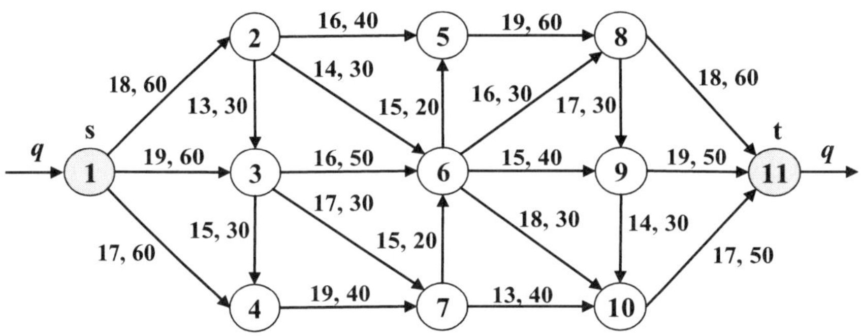

[그림 2.18] 최소 비용 흐름 네트워크

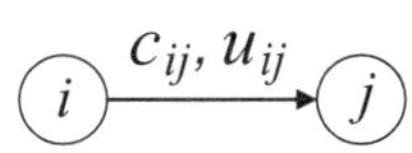

[그림 2.19] 아크 용량과 비용

표 2.5 최소 비용 흐름 문제 예의 네트워크 데이터

i	1	1	1	2	2	2	3	3	3	4	5	6	6	6	6	7	7	8	8	9	9	10
j	2	3	4	3	5	6	4	6	7	7	8	5	8	9	10	6	10	9	11	10	11	11
c_{ij}	18	19	17	13	16	14	15	16	17	19	19	15	16	15	18	15	13	17	18	14	19	17
u_{ij}	60	60	60	30	40	30	30	50	30	40	60	20	30	40	30	20	40	30	60	30	50	50

2.3.1 최소 비용 흐름 모델과 정식화

이 문제의 목적은, s지점인 노드 1에서 t지점인 노드 11로 「물건」 을 운반하는데 필요한 비용, 즉 아크를 통과하는데 드는 비용의 합이 최소가 되는 흐름을 찾는 것이다. 따라서 노드 i에서 노드 j에 향해 연결된 아크를 (i, j)로 하고, 그 아크 (i, j)를 통하는 흐름량을 변수 x_{ij}로서 정의하면, 아래와 같은 목적함수 z를 최소로 하는 것이 된다.

$$\begin{aligned} \min\ z \;=\; & 18x_{12}+19x_{13}+17x_{14}+13x_{23}+16x_{25}+14x_{26}+15x_{34}+16x_{36}+17x_{37}+19x_{47} \\ & +19x_{58}+15x_{65}+16x_{68}+15x_{69}+18x_{6,10}+15x_{7,6}+13x_{7,10}+17x_{89}+18x_{8,11} \\ & +14x_{9,10}+19x_{9,11}+17x_{10,11} \end{aligned} \tag{2.38}$$

또 앞절의 최대 흐름 문제와 같이, 각 노드에는 그 노드에 들어가는 아크와 그 노드에서 나와서 가는 아크가 있다. 그리고 시작점 및 종점 노드에 대해서, 네트워크의 총 흐름량을 q 라 하면, 그들 입출력의 합은 각 각 q 및 $-q$ 가 된다. 예를 들면 제약조건으로서 흐름량이 $q = 60$ 인 경우, 11개의 노드 각각에 대한 제약조건은 아래와 같이 된다.

s. t.

$$x_{12} + x_{13} + x_{14} = 60 \quad : \text{노드 } 1 \tag{2.39}$$

$$x_{23} + x_{25} + x_{26} - x_{12} = 0 \quad : \text{노드 } 2 \tag{2.40}$$

$$x_{34} + x_{36} + x_{37} - x_{13} - x_{23} = 0 \quad : \text{노드 } 3 \tag{2.41}$$

$$x_{47} - x_{14} - x_{34} = 0 \quad : \text{노드 } 4 \tag{2.42}$$

$$x_{58} - x_{25} - x_{65} = 0 \quad : \text{노드 } 5 \tag{2.43}$$

$$x_{65} + x_{68} + x_{69} + x_{6,10} - x_{26} - x_{36} - x_{76} = 0 \quad : \text{노드 } 6 \tag{2.44}$$

$$x_{76} + x_{7,10} - x_{37} - x_{47} = 0 \quad : \text{노드 } 7 \tag{2.45}$$

$$x_{89} + x_{8,11} - x_{58} - x_{68} = 0 \quad : \text{노드 } 8 \tag{2.46}$$

$$x_{9,10} + x_{9,11} - x_{69} - x_{89} = 0 \quad : \text{노드 } 9 \tag{2.47}$$

$$x_{10,11} - x_{6,10} - x_{7,10} - x_{9,10} = 0 \quad : \text{노드 } 10 \tag{2.48}$$

$$x_{8,11} + x_{9,11} + x_{10,11} = 60 \quad : \text{노드 } 11 \tag{2.49}$$

$$\begin{array}{lll} 0 \le x_{12} \le 60, & 0 \le x_{13} \le 60, & 0 \le x_{14} \le 60 \\ 0 \le x_{23} \le 30, & 0 \le x_{25} \le 40, & 0 \le x_{26} \le 30 \\ 0 \le x_{34} \le 30, & 0 \le x_{36} \le 50, & 0 \le x_{37} \le 30 \\ 0 \le x_{47} \le 40, & 0 \le x_{58} \le 60, & 0 \le x_{65} \le 20 \\ 0 \le x_{68} \le 30, & 0 \le x_{69} \le 40, & 0 \le x_{6,10} \le 30 \\ 0 \le x_{76} \le 20, & 0 \le x_{7,10} \le 40, & 0 \le x_{89} \le 30 \\ 0 \le x_{8,11} \le 60, & 0 \le x_{9,10} \le 30, & 0 \le x_{9,10} \le 50 \\ 0 \le x_{10,11} \le 50 & & \end{array}$$

따라서 그림 2.18과 같은 최소 비용 흐름 문제는, 구체적으로는 위에서 기술한 제약조건에서 목적함수 z가 최소가 되는 흐름을 찾는 것이다. 이 문제에 대한 하나의 실행 가능 해를

$$\begin{aligned} x &= [x_{12}\ x_{13}\ x_{14}\ x_{23}\ x_{25}\ x_{26}\ x_{34}\ x_{36}\ x_{37}\ x_{47}\ x_{58}\ x_{65}\ x_{68}\ x_{69}\ x_{6,10}\ x_{76}\ x_{7,10}\ x_{89}\ x_{8,11}\ x_{9,10}\ x_{9,11}\ x_{10,11}]^T \\ &= [\,0\ \ 60\ \ 0\ \ 0\ \ 0\ \ 0\ \ 0\ \ 50\ \ 10\ \ 0\ \ 20\ \ 20\ \ 30\ \ 10\ \ 0\ \ 10\ \ 0\ \ 0\ \ 50\ \ 0\ \ 10\ \ 0\,]^T \end{aligned}$$

로 한다면 비용은 아래와 같이 된다.

$$\begin{aligned} z &= 60\times19+50\times16+10\times17+20\times19+20\times15 \\ &\quad +30\times16+10\times15+10\times15+50\times18+10\times19 \\ &= 4660 \end{aligned}$$

최소 비용 흐름 문제란, 보통 각 노드에 비용이 주어져 있는 네트워크에 있어서, 지정된 노드로부터 다른 몇 개의 노드까지의 총 비용이 최소가 되는 흐름(flow)과 그 때의 최소 비용을 구하는 문제를 말한다.

즉, m개의 노드 $i, j \in V$와 n개의 아크 $(i, j) \in V$를 갖는 그래프 $G = (V, A)$와 G의 각 아크에 대해서 비용 c_{ij}가 주어져 있을 때, 최소 비용 흐름 문제는 일반적으로 아래와 같이 정식화 된다.

인덱스

i, j, k : 노드 번호($i, j, k = 1, 2, \cdots, m$)

파라미터

m : 노드의 개수

q : 네트워크의 총 흐름량

c_{ij} : 아크 (i, j)의 비용

u_{ij} : 아크 (i, j)의 최대 용량

결정 변수

x_{ij} : 노드 i에서 노드 j까지의 흐름량

최소 비용 흐름 모델

$$\min \quad z = \sum_{i=1}^{m}\sum_{j=1}^{m} c_{ij} x_{ij} \tag{2.50}$$

$$\text{s. t.} \quad \sum_{j \in Suc} x_{ij} - \sum_{k \in Pre} x_{ki} = \begin{cases} q(i=1) \\ 0(i=2, 3, \ldots, m-1) \\ -q(i=m) \end{cases} \tag{2.51}$$

$$0 \le x_{ij} \le u_{ij} \qquad (i, j = 1, 2, \ldots, m) \tag{2.52}$$

2.3.2 우선순위 기반 GA에 의한 해법

최소 비용 흐름 문제의 경우, 해는 여러 개의 경로가 되는 경우도 있다. 즉 하나의 염색체에 의해 복수의 경로를 표현할 수 있다. 결국 최단 경로 문제에 있어서 GA를 이용한 염색체 표현을 그대로 사용하는 것은 안된다. 단순하게 복수의 경로를 조합한 염색체 표현의 경우, 프로그램 작성이 어렵게 된다. 여기서 최단 경로 문제에서 이용한 염색체 표현에서 총 흐름량 q가 흐르는 복수의 경로를 생성하는 기법을 제안한다.

A. 유전적 표현

[인코딩]

프로시저 1 : 2.1.2항의 우선순위 기반 염색체를 생성한다.

[집합 S_i 생성] 노드 i (1, 2, ⋯, m − 1)와 연결되어 있는 노드 집합 S_i를 생성한다.

$$S_i = \{j|(i,\ j)\in A\}$$
$$= \{j_1,\ j_2,\ \cdots,\ j_{ni}\}$$
$$i = 1,\ 2,\ \cdots,\ m-1,\ j = 2,\ 3,\ \cdots,\ m$$

여기서, 표 2.5와 같은 네트워크 데이터를 근거로 노드 i과 인접하고 있는 노드의 집합 S_i :

S_1 = {2, 3, 4} S_2 = {3, 5, 6} S_3 = {4, 6, 7} S_4 = {7} S_5 = {8}
S_6 = {5, 8, 9, 10} S_7 = {6, 10} S_8 = {9, 11} S_9 = {10, 11} S_{10} = {11}
이 된다.

[디코딩]

프로시저 2 : 프로시저 1에 의해 생성된 그림 2.14의 우선순위 기반의 염색체 v_k에 근거로, 2.1.2항에서 설명한 경로 작성 프로시저에 의해 하나의 경로 P_1를 생성(디코딩 처리)한다.

프로시저 3 : 염색체 v_k에 근거하여 총 흐름량 q를 만족할 때까지 경로를 생성한다.

입력 데이터 : 염색체 v_k, 네트워크 데이터(N, A, U), 노드 i의 집합 S_i, 제약조건 q

출력 데이터 : 비용 z_k

Step 0 : 경로의 수 $l \leftarrow 0$, 초기경로 x_{ij}, $\leftarrow 0$, $\forall\,(i, j) \in A$, 생성한 경로의 총 흐름량 $q_k \leftarrow 0$.

Step 1 : $q_k < q$이라면, $l \leftarrow l+1$로 해서, Step 7까지 반복하고, 그렇지 않는 경우는 Step 8로 간다.

Step 2 : 집합 $S_1 \neq \phi$이라면, Step 3으로 가고, 그렇지 않는 경우는 값이 없다고 간주하고 프로시저를 종료한다.

Step 3 : 염색체 v_k와 노드 집합 S_i를 이용해서, 어떤 하나의 경로 P_l^k를 프로시저2에 의해 생성하고, 경로 P_l^k의 종점 노드 a를 구한다.

Step 4 : 종점 노드 $a = m$이라면 Step 5로 가고, 그렇지 않는 경우는 x_{ia}가 네트워크의 도중에 일어나므로 아래와 같이 노드 집합 S_i를 갱신하고, Step 2로 되돌아 간다.

$$S_i \leftarrow S_i - \{a\}, \quad \forall i$$

Step 5 : 생성된 경로 P_l^k의 비용 z_l^k와 흐름량 q_l^k를 계산하고, 총 흐름량 q_k를 갱신한다.

$$q_l^k \leftarrow \min\{u_{ij} \mid (i, j) \in P_l^k\}$$

$$q_k \leftarrow q_k + q_l^k$$

$$z_l^k \leftarrow \sum_i \sum_j c_{ij}, \quad \forall (i,j) \in P_l^k$$

Step 6 : 아래의 식에 의해 각 경로 P_l^k내의 아크 용량 u_{ij}와 x_{ij}를 갱신한다.

$$\tilde{u}_{ij} \leftarrow u_{ij} - q_l^k \qquad \forall (i, j) \in P_l^k$$

$$x_{ij} \leftarrow x_{ij} + q_l^k \qquad \forall (i,j) \in P_l^k$$

Step 7 : 각 아크에 있어서 다음 조건을 만족 하는지를 검사한다.

$$\tilde{u}_{ij} = 0, \qquad \forall (i, j) \in P_l^k$$

조건을 만족하는 노드 j가 있는 경우, 노드 j를 통과하는 새로운 경로는 생성할 수 없다. 거기서 다음과 같이 S_i를 갱신한다.

$$S_i \leftarrow S_i - \{j\}, \qquad \forall (i, j) \in P_l^k \quad \tilde{u}_{ij} = 0$$

Step 8 : 염색체 v_k에 근거하여 총 흐름량 q일 때 비용 z_k를 계산하고 출력한다.

$$z_k = \sum_{i=1}^{l} q_i^k z_i^k - (q_k - q) z_l^k$$

B. 평가함수

평가함수는 MCF문제의 목적함수를 그대로 사용한다. 즉,

$$eval(v_k) = z_k, \quad k = 1, 2, \ldots, popSize$$

C. 유전적 조작

교차 : 앞절의 최대 흐름문제와 같이 여기서 교차는 PMX법(partially matched crossover: 부분 일치 교차)을 사용하여 그림 2.6과 같이 교환 한다[8, pp.119-125].

돌연변이: 같은 모양으로 그림 2.7처럼 두개의 비트 위치를 교환한다.

선택 : 적합도가 높은 순서로 염색체를 선택하는 룰렛 선택법(roulette wheel approach) 을 이용한다[5]. 이 기법에서 v_k는 $eval(v_k)$의 작은 쪽이 선택될 가능성이 높다는 것이다.

D. 우선순위 기반 GA 프로시저

```
procedure 5: Priority-based GA for solving MCF Problem
input: network data (V, A, C, U), GA parameters
output: the best minimum cost
begin
   t ← 0;
   initialize P(t) by priority-based encoding;                      // Step 1
   evaluate eval(P) by priority-based encoding;                     // Step 2, 3
   while (not terminating condition) do
      create C(t) from P(t) by partially mapped crossover;          // Step 4.1
      create C(t) from P(t) by swap mutation;                       // Step 4.2
      evaluate eval(C) by priority-based encoding;                  // Step 4.3
      select P(t+1) from P(t) and C(t) by roulette wheel selection; // Step 4.4
      t ← t + 1;
   end
   output the best minimum cost;                                    // Step 6
end
```

[그림 2.20] MCF문제의 수치 예를 우선순위 기반 인코딩 알고리즘

2.3.3 수치 실험

여기서는 그림 2.21에 표현한 MCF문제의 수치예를 우선순위 기반 인코딩법으로 푸는 것을 고려한다.

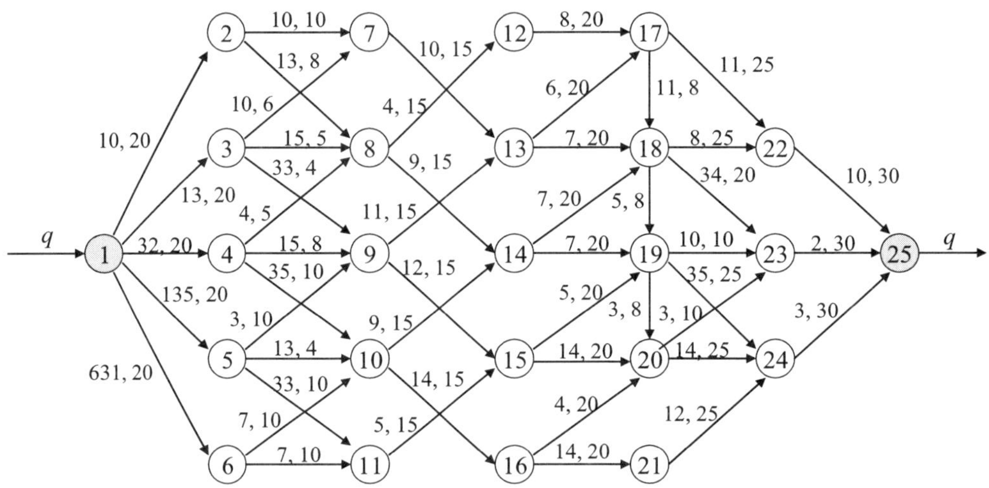

[그림 2.21] MCF문제의 네트워크 수치 실험 예

Step 0 : GA파라미터 설정은 아래와 같이 된다.

집단 크기	*popSize* = 10
교차확률	p_C = 0.25
돌연변이 확률	p_M = 0.20
최대 세대수	*maxGen* = 1000
제약조건	q = 70

Step 1 :

세대수 ***gen* = 0**, 네트워크 데이터에 근거하여 우선순위 기반, 25개 요소의 초기 염색체 v_k(1, 2, ⋯, 10)를 생성한다.

v_1 = [7 2 3 23 11 12 1 8 9 10 24 14 22 5 15 16 17 4 19 20 13 21 18 25 6]

v_2 = [1 22 3 4 5 16 7 8 25 10 11 12 20 13 18 9 17 21 19 6 14 2 23 24 15]

. . .

v_{10} = [1 6 7 4 14 11 15 22 9 20 8 12 13 5 3 16 17 10 19 24 2 18 23 21 25]

Step 2 : 각 노드의 집합 S_i를 이용해서 복수 경로 $P_j^k(j = 1, 2, ..., l)$를 생성한다.

Step 3 : 평가함수 $eval(v_k)$를 구한다.

$eval(v_1)$ = 19511.0 $eval(v_2)$ = 19954.0 $eval(v_3)$ = 17077.0

$eval(v_4)$ = 19275.0 $eval(v_5)$ = 17283.0 $eval(v_6)$ = 19878.0

$eval(v_7)$ = 19385.0 $eval(v_8)$ = 17163.0 $eval(v_9)$ = 18760.0

$eval(v_{10})$ = 18633.0

반복 0 [세대수 gen = 0]

Step 4 :

(1) 교차 :

cCnt = 0, [0,1]의 난수표 $r_k(k = 1, 2, \cdots, 10)$를 만든다. $r_k < p_C$ 이 되는 r_2와 r_7를 선택한다. PMX법으로 교차를 실행한다. 새롭게 생성된 염색체를 각각 v_1', v_2'로 한다.

v_1' = [22 2 9 19 18 15 12 8 21 10 11 6 13 14 20 5 17 16 4 7 3 1 23 24 25]

v_2' = [1 2 3 22 5 6 15 11 9 23 16 12 25 8 14 10 17 18 19 20 21 4 13 24 7]

(2) 돌연변이:

mCnt = 0, [0,1]의 난수표 $r_k(k = 1, \cdots, 10)$를 만든다. $r_k < p_M$이 되는 요소 $r_2 = 0.008532$와 $r_{10} = 0.012505$에 대응하는 염색체 v_2와 v_{10}를 선택한다. *mCnt* = 2로 해서, 그리고

[1,25]의 난수 $r_1 = 2$, $r_2 = 10$을 만들고, 염색체 v_2중에 2번째와 10번째 요소를 교환하고,

[1,25]의 난수 $r_1 = 1$, $r_2 = 9$를 만들고, 염색체 v_{10}중에 1번째와 9번째 요소를 교환한다.

이 결과로 얻어지는 염색체를 v_3', v_4'로 하면,

v_3' = [7 10 3 23 11 12 1 8 9 2 24 14 22 5 15 16 17 4 19 20 13 21 18 25 6]

v_4' = [9 6 7 4 14 11 15 22 1 20 8 12 13 5 3 16 17 10 19 24 2 18 23 21 25]

(3) 자식 염색체의 평가

새롭게 생성된 염색체의 평가함수 $eval(v_t')$ (t = 1, 2, 3, 4)를 계산한다(데이터 생략).

(4) 선택 (룰렛 선택법)

부모 염색체 v_t(t = 1, 2, ⋯, 10)와 새롭게 생성된 염색체 v_t' (t = 1, 2, 3, 4)중에서 새로운 세대에 생존시킬 염색체를 각 염색체의 적합도 높이에 비례해서 10개만 선택 한다. 아래에 각 염색체에 있어서 선택확률 p_k 및 누적확률 q_k (k = 1, 2, ⋯, 14)를 계산 한다(데이터 생략).

Step 5 :

$minEval = \min\{eval(v_k)\}$ 이므로,

$v^* = \text{argmin}\{eval(v_k)\}$

$= [9\ 20\ 3\ 4\ 5\ 21\ 25\ 8\ 18\ 10\ 11\ 19\ 24\ 13\ 16\ 15\ 7\ 6\ 14\ 2\ 1\ 22\ 23\ 12\ 17]$

$minEval = \min\{eval(v_k)\}$

$= 17077$

Step 6 :

$gen < maxGen$이므로, Step 4로 되돌아 간다.

반복 1 [세대수 gen = 2]

. . .

위에서 기술한 과정을 반복해서, 반복 횟수 1000회 째에서 아래에 기술한 것과 같은 결과를 얻을 수 있었다.

반복 999 [세대수 gen = 1000]

Step 5 :

$v^* = \text{argmin}\{eval(v_k)\}$

$= [1\ 16\ 11\ 9\ 6\ 5\ 7\ 8\ 15\ 10\ 3\ 12\ 13\ 21\ 4\ 22\ 14\ 18\ 20\ 24\ 17\ 25\ 23\ 2\ 19]$;

$maxEval = \min\{eval(v_k)\} = 6969$

Step 6 :

gen = $maxGen$이므로, 염색체 v^*에 근거하여 총 비용 $maxEval(minCost)$을 출력하고 종료 한다.

$$v^* = \text{argmin}\{eval(v_k)\}$$

$$= [1\ 16\ 11\ 9\ 6\ 5\ 7\ 8\ 15\ 10\ 3\ 12\ 13\ 21\ 4\ 22\ 14\ 18\ 20\ 24\ 17\ 25\ 23\ 2\ 19];$$

$$minEval = \min\{eval(v_k)\} = 6969$$

실제로 위에서 기술한 방법으로 프로그램을 작성하여 얻은 실행 계산 과정 및 최적 경로를 아래와 같이 나타낸다.

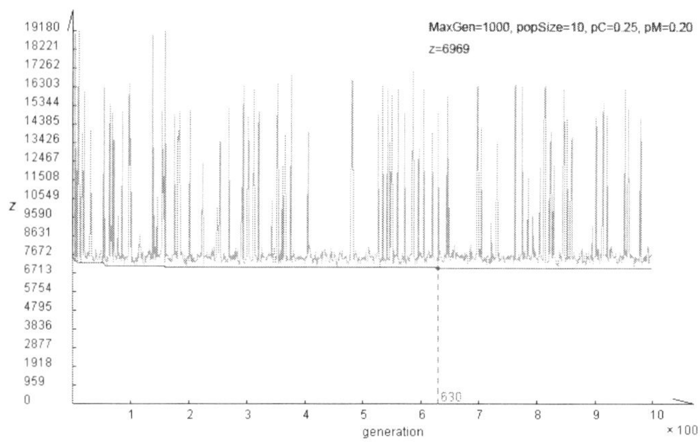

[그림 2.22] 우선순위 기반 GA에 근거한 MCF문제에 대한 해의 수렴 과정

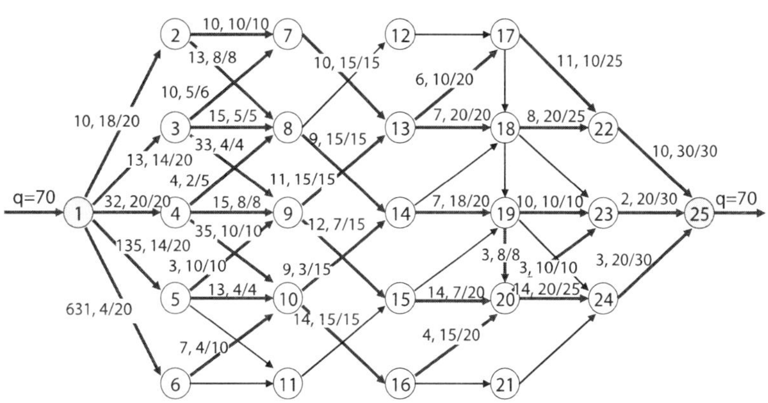

[그림 2.23] MCF문제의 최적해

2.4 최소 신장 트리 모델

최소 신장 트리(Minmum Spanning Tree: MST) 문제란 n개의 노드와 m개의 아크로 이루어지는 네트워크가 주어져 있을 때, 각 노드를 전부 연결하면서 사이클을 형성하지 않는 네트워크가 신장 트리가 되며, 여러가지 신장 트리내의 모든 아크 비용의 합이 최소가 되는 트리를 찾는 문제이며, 대표적인 네트워크 기본 모델의 하나이며 최소 트리라고도 말한다. MST문제의 친근한 응용 예에는 시스템 설계, 데이터 저장, 클러스터(Cluster) 분석 등에 관한 조합 최적화 문제가 있다[4] [12]. MST 문제를 풀기 위한 가장 대표적인 알고리즘으로서는, Kruskal법[19]이나 Prim법[20] 등이 있다. 최근 SPP, MXF, MCF, 더욱이 MST같은 네트워크 모델에서 정식화된 조합 최적화 문제에 대해서, 유전 알고리즘을 근거로 한 복수의 염색체 설계에 의한 문제 해결법이 제안되고 있다[21]. 이절에서는 이 MST문제에 대한 유전 알고리즘에 의한 해법을 수치 예와 실행 예를 합쳐서 소개한다.

예 2.4: 최소 신장 트리 문제의 예

그림 2.24는 신장 트리 구조를 갖는 통신 네트워크의 하나의 예이며, 이와 같은 네트워크는 노드와 아크를 사용하여 그림 2.25와 같은 모델로 표현할 수 있다. 이 통신 네트워크 예는 표 2.6의 데이터를 갖고 있는 것으로 한다.

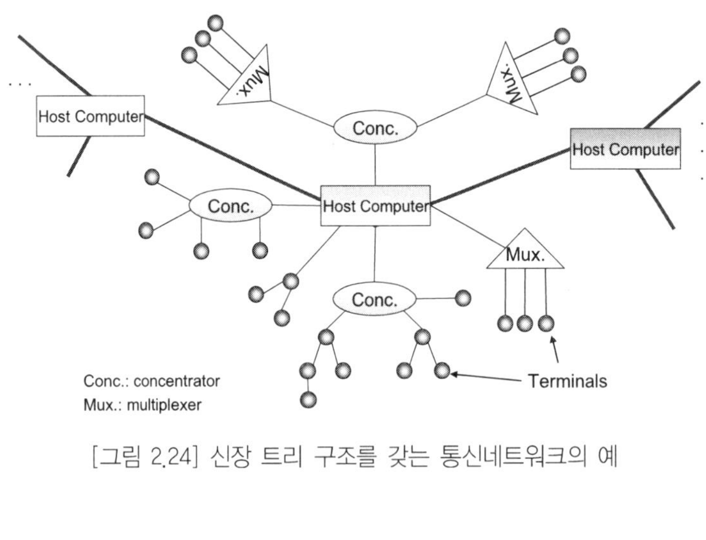

[그림 2.24] 신장 트리 구조를 갖는 통신네트워크의 예

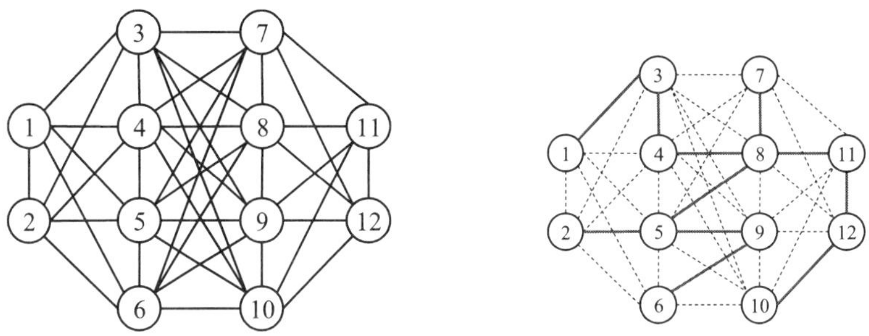

(a) MST네트워크 예 (b) 신장 트리의 한가지 예

[그림 2.25] 신장 트리 모델의 예

[표 2.6] 최소 신장 트리 모델의 네트워크 데이터

k	edge (i, j)	weight w_{ij}	k	edge (i, j)	weight w_{ij}	k	edge (i, j)	weight w_{ij}	k	edge (i, j)	weight w_{ij}
1	(1, 2)	35	11	(3, 7)	51	21	(5, 7)	26	31	(7, 12)	41
2	(1, 3)	23	12	(3, 8)	23	22	(5, 8)	35	32	(8, 9)	62
3	(1, 4)	26	13	(3, 9)	64	23	(5, 9)	63	33	(8, 11)	26
4	(1, 5)	29	14	(3, 10)	28	24	(5, 10)	23	34	(8, 12)	30
5	(1, 6)	52	15	(4, 5)	54	25	(6, 7)	27	35	(9, 10)	47
6	(2, 3)	34	16	(4, 7)	24	26	(6, 8)	29	36	(9, 11)	68
7	(2, 4)	23	17	(4, 8)	47	27	(6, 9)	65	37	(9, 12)	33
8	(2, 5)	68	18	(4, 9)	53	28	(6, 10)	24	38	(10, 11)	42
9	(2, 6)	42	19	(4, 10)	24	29	(7, 8)	38	39	(10, 12)	26
10	(3, 4)	23	20	(5, 6)	56	30	(7, 11)	52	40	(11, 12)	51

2.4.1 최소 신장 트리 모델의 정식화

지금, m개 노드와 두개의 노드를 연결하는 무방향 아크(undirected arc) (또는 간단히 아크)로 이루어지는 네트워크를 고려한다. 아크(i, j)는 노드 i와 노드 j간의 사상으로서 생각할 수 있다. 그림 2.25(a)과 같은 복수의 노드에서 구성된 무방향 그래프의 네트워크에 있어서 그림 2.25(b)와 같은 사이클을 만들지 않고 모든 노드를 연결하는 아크를 선택한 부분 트리를 신장 트리라 부르며, 최소 신장 트리 문제란, 신장 트리를 구성하는 아크의 총비용이 최소가 되는 부분 트리를 발견하는 문제이다.

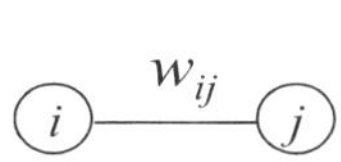

[그림 2.26] 아크의 비용(무게)

지금 그림 2.26와 같이 모델화할 수 있는 표 2.6의 데이터가 주어져 있는 경우, 사이클을 만들지 않고 모든 노드를 연결하는 아크를 선택하는 경로(신장 트리)를 찾는 것을 생각한다. 그림 2.25에서 원내의 숫자는 노드(node: 또는 절점), 이들 지점을 연결하고 있는 선분은 아크 (arc)라 부르고, 이들 아크상에 쓰여있는 숫자는 이들 두 지점간의 거리 하중)를 표현한다.

그러면, 목적으로서는 노드 1에서 노드 12까지의 노드에 대해서 사이클을 만들지 않으면서 모든 노드를 연결하는 아크를 선택하는 신장 트리를 찾아내, 복수개 존재하는 신장 트리를 구성하는 아크의 총비용, 즉 아크의 하중의 합이 최소가 되는 신장 트리를 선택하게 된다. 따라서, 노드 i와 노드 j사이를 잇는 아크를 $(i,\ j)$로 할 때, 그 아크 $(i,\ j)$를 선택할 때 1, 선택하지 않을 때는 0가 되는 변수 x_{ij}를 정의하면, 이 문제에서 목적은 다음과 같은 목적 함수 z를 최소로 하는 것이 된다.

$$\begin{aligned}\min\ \ z = & 35x_{12}+23x_{13}+26x_{14}+29_{15}+52x_{16}+34x_{23}+23x_{24}+68x_{25}+42x_{26}+23x_{34}\\ & +51x_{37}+23x_{38}+64x_{39}+28x_{3,10}+54x_{45}+24x_{47}+47x_{48}+53x_{49}+24x_{4,10}+56x_{56}\\ & +26x_{57}+35x_{58}+63x_{59}+23x_{5,10}+27x_{67}+29x_{68}+65x_{69}+24x_{6,10}+38x_{78}+52x_{7,11}\\ & +41x_{7,12}+62x_{89}+26x_{8,11}+30x_{8,12}+47x_{9,10}+68x_{9,11}+33x_{9,12}+42x_{10,11}+26x_{10,12}+51x_{11,12}\end{aligned} \tag{2.53}$$

또 신장 트리는 사이클을 만들지 않고 모든 노드를 잇는 아크를 선택할 필요가 있기 때문에, 조건은 다음과 같게 된다.

$$\begin{aligned}\text{s. t.}\ \ & x_{12}+x_{13}+x_{14}+x_{15}+x_{16}+x_{23}+x_{24}+x_{25}+x_{26}+x_{34}\\ & +x_{37}+x_{38}+x_{39}+x_{3,10}+x_{45}+x_{47}+x_{48}+x_{49}+x_{4,10}+x_{56}\\ & +x_{57}+x_{58}+x_{59}+x_{5,10}+x_{67}+x_{68}+x_{69}+x_{6,10}+x_{78}+x_{7,11}\\ & +x_{7,12}+x_{89}+x_{8,11}+x_{8,12}+x_{9,10}+x_{9,11}+x_{9,12}+x_{10,11}+x_{10,12}+x_{11,12}=11\end{aligned} \tag{2.54}$$

$$x_{12}+x_{13}+\cdots+x_{11,12} \le |S|-1 \ \text{ for any set S of nodes} \tag{2.55}$$

따라서 그림 2.25의 MST문제는 구체적으로 위에서 설명한 것 같은 제약조건 하에서 목적함수 z가 최소가 되는 신장 트리를 찾는 것이 된다. 이 문제의 하나의 실행 가능해를

$$x = \begin{matrix} [\,x_{12} & x_{13} & x_{14} & x_{15} & x_{16} & x_{23} & x_{24} & x_{25} & x_{26} & x_{34} \\ x_{37} & x_{38} & x_{39} & x_{3,10} & x_{45} & x_{47} & x_{48} & x_{49} & x_{4,10} & x_{56} \\ x_{57} & x_{58} & x_{59} & x_{5,10} & x_{67} & x_{68} & x_{69} & x_{6,10} & x_{78} & x_{7,11} \\ x_{7,12} & x_{89} & x_{8,11} & x_{8,12} & x_{9,10} & x_{9,11} & x_{9,12} & x_{10,11} & x_{10,12} & x_{11,12}\,]^T \\ [0 & 1 & 0 & 0 & 0 & 0 & 0 & 1 & 0 & 1 \\ 0 & 0 & 0 & 0 & 0 & 0 & 1 & 0 & 0 & 0 \\ 0 & 1 & 1 & 0 & 0 & 0 & 1 & 0 & 1 & 0 \\ 0 & 0 & 1 & 0 & 0 & 0 & 0 & 0 & 1 & 1]^T \end{matrix}$$

로 한다면 목적함수값인 신장 트리의 총비용은 $z = 465$가 된다.

이것으로 m개 노드와 n개 아크를 갖는 그래프 $G = (V, A)$와 G의 각 아크 i, j)에 대해서 거리 w_{ij}가 주어져 있을 때, MST문제는 일반적으로 0-1정수 계획(0-1 integer programming : 0-1IP) 문제로서 아래와 같이 모델화할 수있다.

인덱스

i, j : 노드 번호 $i, j = 1, 2, \cdots, m$

파라미터

m : 노드의 개수

n : 아크의 개수

w_{ij} : 노드 i에서 노드 j까지의 비용 (하중)

결정 변수

x_{ij} : 아크 (i, j)의 결정 변수

$$x_{ij} = \begin{cases} 1, & \text{아크}\,(i, j)\,\text{가 경로에 포함되는 경우} \\ 0, & \text{그 이외의 경우} \end{cases}$$

MST 모델의 정식화 :

$$\min \quad \sum_{i=1}^{m}\sum_{j=1}^{m} w_{ij}x_{ij} \tag{2.56}$$

$$\text{s. t.} \quad \sum_{i=1}^{m}\sum_{j=1}^{m} x_{ij} = n-1 \tag{2.57}$$

$$\sum_{i=1}^{m}\sum_{j=1}^{m} x_{ij} \le |S|-1 \quad \text{for any set } S \text{ of nodes} \tag{2.58}$$

$$x_{ij} \in \{0,\ 1\} \tag{2.59}$$

실제의 최소 트리 문제에는 각각의 제약조건이 있는 경우가 많다[9]. 예를 들면 2차 목적 함수의 제약을 동반한 MST 모델[14], 다목적함수에 제약을 동반한 MST 모델 [15][18], 노드 차수(node degree)의 제약을 동반한 MST 모델[16][17], 및 단말 노드수의 제약을 동반한 MST 모델[13] 등이 있다. 각 각의 제약에 동반한 최소 트리 문제는, 노드 수가 많을수록 계산 시간이 기하급수적으로 증가해버리는 NP-hard 문제이다. 즉 기존의 최적화 기법의 적용은 곤란하다. 따라서 최근 고도 정보화 사회에 있어서는, 취급하는 시스템이 굉장히 대규모화, 복잡화되어 왔으며, 기존의 방법으로는 풀기가 곤란한 경우에는, 위에서 설명한 제약을 동반한 최소 트리 문제를 해결하기 위한 유효한 해법을 검토할 필요가 있다. 여기서는, 2차 목적함수를 동반한 최소 트리 문제, 다목적함수를 동반한 최소 트리 함수 문제, 노드 차수의 제약을 동반한 최소 트리 문제 및 단말 노드 수의 제약을 동반한 최소 트리 문제를 소개한다.

A. 2차 목적함수의 제약을 동반한 최소 트리 문제

이 문제는, 어떤 두개의 아크가 선택된다면, 각 아크의 비용 $c_{ij}(i, j = 1, 2, \cdots, m)$, $w_{ijkl}(i,\ j,\ k,\ l = 1, 2, \cdots, m)$외에 아크 $(i,\ j)$와 $(k,\ l)$이 서로 관계하는 비용 w_{ijkl} 을 동시에 고려해서, 그 총비용를 최소로 하는 최소 트리의 결정 변수 $\boldsymbol{x} = [x_{ij}]$를 구하는 것으로, 아래와 같이 모델화 된다.

$$\min \quad z(x) = \sum_{i=1}^{m}\sum_{j=1}^{m} c_{ij}x_{ij} + \sum_{i=1}^{m}\sum_{j=1}^{m} w_{ij}x_{ij} \tag{2.60}$$

$$\text{s.t.} \quad \boldsymbol{x} \in T \tag{2.61}$$

여기서, T 는 $\boldsymbol{x}$의 실행 가능 영역이다. 또,

$$x_{ij} = \begin{cases} 1, & \text{아크}(i,j)\text{가 경로가 선택되는 경우} \\ 0, & \text{그 이외의 경우} \end{cases} \tag{2.62}$$

B. 다목적함수를 동반한 최소 트리 문제

이 문제는 p개 목적함수를 동시에 고려하여 그 총 비용을 최소로 하는 최소 트리의 결정 변수 $\boldsymbol{x} = [x_{ij}]$를 구하는 것으로서 아래와 같이 정식화 된다.

$$\min \quad z_1(x) = \sum_{i=1}^{m}\sum_{j=1}^{m} w_{ij}^{1} x_{ij} \tag{2.63}$$

$$\cdots$$

$$\min \quad z_p(x) = \sum_{i=1}^{m}\sum_{j=1}^{m} w_{ij}^{p} x_{ij} \tag{2.64}$$

$$\text{s.t.} \quad \boldsymbol{x} \in T \tag{2.65}$$

C. 노드 차수의 제약를 동반한 최소 트리 문제

이 문제는 어떤 노드에 연결된 아크 수를 동시에 고려해서 그 총비용을 최소로 하는 최소 트리의 결정 변수 $x = [x_{ij}]$를 구하는 것으로 아래와 같이 정식화 된다.

$$\min \quad z(x) = \sum_{i=1}^{m}\sum_{j=1}^{m} w_{ij} x_{ij} \tag{2.66}$$

$$\text{s.t.} \quad d_j \le b_j, \quad j \in V \tag{2.67}$$

$$\boldsymbol{x} \in T \tag{2.68}$$

여기서, d_j 는 노드 j에 연결된 아크의 수, b_j는 노드 j에 연결된 아크의 제한 수이다.

D. 단말 노드 수의 제약을 동반한 최소 트리 문제

이 문제는 모든 단말 노드 수 $u_j(j = 1, 2,\cdots, m)$를 동시에 고려해서, 그 총비용을 최소로 하는 최소 트리의 결정 변수 x를 구하는 것으로 아래와 같이 정식화 된다.

$$\min \quad z(x) = \sum_{i=1}^{m}\sum_{j=1}^{m} w_{ij}x_{ij} \tag{2.69}$$

$$\text{s. t.} \quad \boldsymbol{x} \in T \tag{2.70}$$

$$1 - u_i \le \sum_{j=1}^{m} x_{ij} \le R(1-u_i), \quad i = 1, 2, \cdots, m : \textbf{degree constriant} \tag{2.71}$$

$$u_j = 0 \text{ or } 1, \quad (j = 1, 2, ..., m) \tag{2.72}$$

2.4.2 PrimPred 기반 GA에 의한 해법

MST문제에 있어서는, 이미 유전 알고리즘을 이용한 기법이 제안되어 있다. 여기서는 Lin, Gen에 의해 제안된 PrimPred에 근거하여 인코딩법[22]을 소개한다.

[표 2.7] 최소 신장 트리 모델의 네트워크 데이터

k	edge (i, j)	weight w_{ij}	k	edge (i, j)	weight w_{ij}	k	edge (i, j)	weight w_{ij}	k	edge (i, j)	weight w_{ij}
1	(1, 2)	35	11	(3, 7)	51	21	(5, 7)	26	31	(7, 12)	41
2	(1, 3)	23	12	(3, 8)	23	22	(5, 8)	35	32	(8, 9)	62
3	(1, 4)	26	13	(3, 9)	64	23	(5, 9)	63	33	(8, 11)	26
4	(1, 5)	29	14	(3, 10)	28	24	(5, 10)	23	34	(8, 12)	30
5	(1, 6)	52	15	(4, 5)	54	25	(6, 7)	27	35	(9, 10)	47
6	(2, 3)	34	16	(4, 7)	24	26	(6, 8)	29	36	(9, 11)	68
7	(2, 4)	23	17	(4, 8)	47	27	(6, 9)	65	37	(9, 12)	33
8	(2, 5)	68	18	(4, 9)	53	28	(6, 10)	24	38	(10, 11)	42
9	(2, 6)	42	19	(4, 10)	24	29	(7, 8)	38	39	(10, 12)	26
10	(3, 4)	23	20	(5, 6)	56	30	(7, 11)	52	40	(11, 12)	51

A. 유전적 표현

[집합 S_i의 생성] 노드 i (1, 2, ⋯, m - 1)와 연결되어 있는 노드 집합을 생성한다.

$$S_i = \{j | (i, j) \in A\}$$
$$= \{j_1, j_2, \cdots, j_{ni}\}$$
$$i = 1, 2, \cdots, m-1, \; j = 2, 3, \cdots, m$$

여기서, 표 2.7의 네트워크 데이터에 근거하여, 노드 i와 인접하고 있는 노드 집합 S_i :

$S_1 = \{2, 3, 4, 5, 6\}$ $S_2 = \{3, 4, 5, 6\}$ $S_3 = \{4, 7, 8, 9, 10\}$

$S_4 = \{5, 7, 8, 9, 10\}$ $S_5 = \{6, 7, 8, 9, 10\}$ $S_6 = \{7, 8, 9, 10\}$

$S_7 = \{8, 11, 12\}$ $S_8 = \{9, 11, 12\}$ $S_9 = \{10, 11, 12\}$

$S_{10} = \{11, 12\}$ $S_{11} = \{12\}$

[인코딩]

그림 2.27에서 그림 2.25의 생성된 염색체의 예를 나타낸다. 제안하는 PrimPred에 근거하는 인코딩법에 대해서는 각 노드 ID, $k = 2, \cdots, n$을 염색체의 유전자 번호를 나타낸다. 경로는 이 인코딩에 의해 결정된다(그림 2.28).

node id i:	2	3	4	5	6	7	8	9	10	11	12
chromosome $v(i)$:	5	1	3	8	9	8	4	5	12	8	11

[그림 2.27] PrimPred에 근거한 인코딩의 예

procedure 3 : PrimPred-based Encoding
input:number of nodes n,
    node set S_i with all nodes adjacent to node i
output: chromosome v
begin
  node $i \leftarrow 1$;
  assigned node set $C \leftarrow \{i\}$;
  $t \leftarrow 1$;
  eligible edge set $E \leftarrow \{(i, j) \mid j \in S_i\}$
  while $(t < n)$
    choose edge $(i, j) \in E$ at random;
    $v(j) \leftarrow i$;
    $C \leftarrow C \cup \{j\}$;
    $i \leftarrow j$;
    $E \leftarrow E \cup \{(i, j) \mid j \in S_i\}$;
    $E \leftarrow E \setminus \{(i, j) \mid i \in C \,\&\, j \in C\}$;
    $t \leftarrow t + 1$;
  end
  output chromosome v;
end

[그림 2.28] PrimPred에 근거한 인코딩

[인코딩의 생성 예]

여기서, 실제로의 데이터를 넣어서 염색체 $v(\cdot)$를 생성한다.

입력 데이터 : 노드 수 $m = 12$, 노드 집합 S_i, $\forall i$

출력 데이터 : 염색체 $v(\cdot)$

Step 0 : 노드 $i = 1$, 노드 집합 C $\leftarrow \{1\}$.

Step 1 : $E \leftarrow \{(1, 2), (1, 3), (1, 4), (1, 5), (1, 6) \mid j \in S_1\}$;

Step 2 : $t \leftarrow 1$, $t < n$까지 아래의 Step을 반복한다.

[반복 0]

Step 2.1 : arc $a \leftarrow$ random E

$= (1, 3)$;

Step 2.2 : $v(3) = 1$

Step 2.3 : $C \leftarrow C \cup \{3\} = \{1, 3\}$; $i \leftarrow 3$.

Step 2.4 : $E \leftarrow E \cup \{(3, 4), (3, 7), (3, 8), (3, 9), (3, 10)\}$

Step 2.5 : $E \leftarrow E \setminus \{(1,3)\}$, $t \leftarrow 2$.

node id i:	2	3	4	5	6	7	8	9	10	11	12
chromosome $v(i)$:		1									

[반복 1]

Step 2.1 : arc $a \leftarrow$ random E

$= (3, 4)$;

Step 2.2 : $v(4) = 3$

Step 2.3 : $C \leftarrow C \cup \{4\} = \{1, 3, 4\}$; $i \leftarrow 4$.

Step 2.4 : $E \leftarrow E \cup \{(4, 5), (4, 7), (4, 8), (4, 9), (4, 10)\}$

Step 2.5 : $E \leftarrow E \setminus \{(3,4), (1,4)\}$, $t \leftarrow 3$.

node id i:	2	3	4	5	6	7	8	9	10	11	12
chromosome $v(i)$:		1	3								

…

[반복 11]

Step 2 : $t \le 12$ (종료 조건을 만족)이므로, Step 3으로 간다.

Step 3 : 그림 2.27과 같이 염색체 $v(\cdot)$를 출력한다.

[디코딩]

그림 2.25의 네트워크 예와 그림 2.27의 염색체를 근거로, 신장 트리 T의 생성 절차는 노드 ID i = 2에서 12까지 $T \leftarrow T \cup (i,\ v(i))$를 반복한다. 즉, $T \leftarrow$ {(2, 5), (3, 1), (4, 3), (5, 8), (6, 9), (7, 8), (8, 4), (9, 5), (10, 12), (11, 8), (12, 11)}

node id k:	2	3	4	5	6	7	8	9	10	11	12
chromosome $v(k)$:	5	1	3	8	9	8	4	5	12	8	11

T = {(1, 3), (2, 5), (3, 4), (4, 8), (5, 8), (5, 9), (6, 9), (7, 8), (8, 11), (10, 12), (11, 12)}

B. 평가

평가함수는 MST의 목적함수를 그대로 사용한다. 즉,

$$eval(v_k) = \sum_{i=1}^{m}\sum_{j=1}^{m} w_{ij}x_{ij}$$

그림 2.27에서 생성된 염색체에 의한 T = {(1, 3), (2, 5), (3, 4), (4, 8), (5, 8), (5, 9), (6, 9), (7, 8), (8, 11), (10, 12), (11, 12)}의 평가함수는 아래와 같이 된다.

$$\begin{aligned} eval(v_k) &= \sum_{i=1}^{m}\sum_{j=1}^{m} w_{ij}x_{ij} \\ &= 23+68+23+47+35+63+65+38+26+26+51 \\ &= 465 \end{aligned}$$

C. 유전적 조작

교차 : 여기서의 교차는 PrimPred 기반 교차[21]를 사용한다. 먼저 부모 염색체 1과 2의 구조를 중첩시켜 새로운 네트워크를 생성한다. 다음으로 생성된 네트워크을 근거로 PrimPred 기반 인코딩을 사용하여, 그림 2.29와 같은 새로운 자식 염색체를 생성한다.

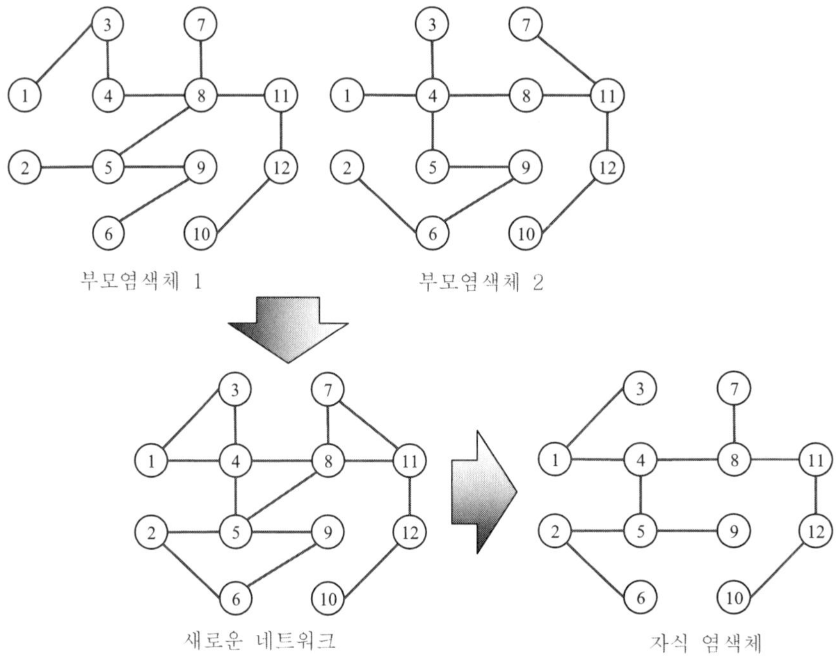

[그림 2.29] PrimPred 기반 교차의 사용 예

돌연변이 : 여기서 돌연변이는 LowestCost기반 돌연변이를 사용한다. 먼저 부모 염색체에서 랜덤하게 하나의 아크를 삭제하고 그룹 C_1과 C_2로 나눈다. 다음으로 그룹 C_1과 C_2의 노드에서 연결되어 있는 아크중에서 가장 적은 비용을 갖는 아크를 사용하여 그림 2.28과 같이 그룹 C_1과 C_2를 새로운 염색체를 생성한다.

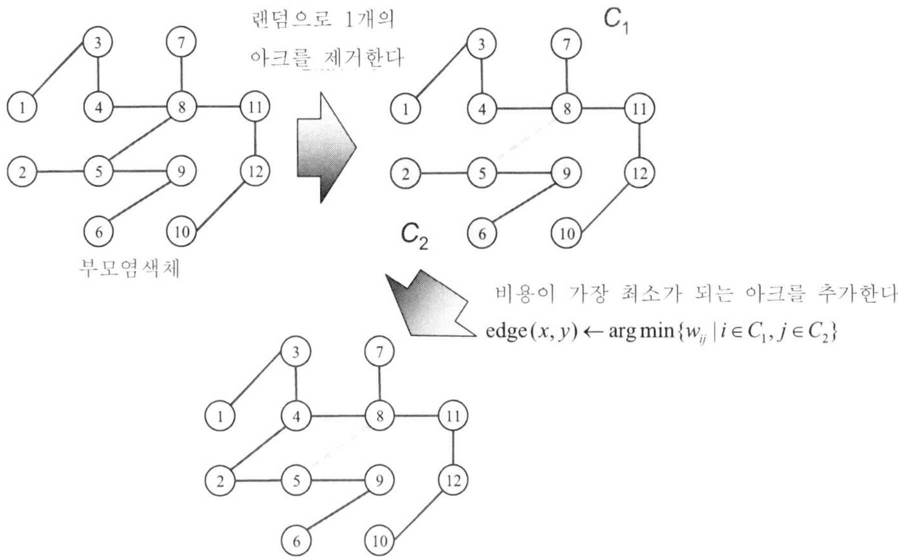

[그림 2.30] LowestCost 기반 돌연변이의 사용 예

선택 : 여기서 선택은 평가함수에 비례해서 확률적으로 염색체를 선택하는 룰렛 선택법 (roulette wheel approach)[8]를 사용하고 있다. 이것과 동시에 *eval*(P_k)은 작은쪽이 선택될 가능성이 높은 것을 의미한다.

D. PrimPred 기반 GA 프로시저

```
procedure : PrimPred-based GA for MST
input: network data (V, E, C), GA parameters
output: the best spanning tree T
  begin
    t ← 0;
    initialize P(t) by priority-based Encoding;                          //Step 1
    evaluate eval(P) by PrimPred-based Decoding;                         //Step 2,3
    while (not terminating condition) do
      create C(t) from P(t) by PrimPred-based Crossover;                 //Step 4.1
      create C(t) from P(t) by LowestCost-based Mutation;                //Step 4.2
      evaluate eval(C) by PrimPred-based Decoding;                       //Step 4.3
      select P(t+1) from P(t) and C(t) by roulette wheel selection;      //Step 4.4
      t ← t + 1;
    end
    output the best spanning tree T ←eval(P);                            //Step 6
  end
```

[그림 2.31] MST 문제에 있어서 PrimPred 기반 GA 프로시저

2.4.3 수치 실험

여기서는, 그림 2.25(a)에 나타낸 MST문제의 수치 예를 PrimPred 기반 인코딩 기법으로 풀기로 한다.

Step 0 : GA의 파라미터 설정은 아래와 같이 한다.

집단 크기 *popSize* = 10

교차 확률 p_C = 0.25

돌연변이 p_M = 0.20

최대 세대수 *maxGen* = 1000

Step 1 :

세대수 gen=0, 네트워크 데이터에 근거하여, PrimPred 기반 인코딩 기법으로 12개 요소의 초기 염색체 $v_k(k = 1, 2, \ldots, 10)$를 생성한다.

v_1 = [1 1 3 6 1 4 4 3 3 7 8] v_2 = [3 1 1 8 1 4 4 4 9 9 8]

v_3 = [4 8 5 1 8 8 4 8 12 9 8] v_4 = [1 2 1 10 2 3 11 10 4 7 8]

v_5 = [1 2 1 6 1 8 3 3 3 10 8] v_6 = [5 8 7 1 5 5 4 5 4 10 7]

v_7 = [1 4 1 2 2 4 4 4 4 9 7] v_8 = [1 1 1 8 1 6 3 3 6 8 11]

v_9 = [5 2 2 1 1 8 5 8 12 10 8] v_{10} = [1 1 1 6 1 5 5 6 6 7 7]

Step 2 : 각 노드의 집합 S_i를 이용해서, 복수 경로 $P_j^k(j = 1, 2,..., l)$를 생성한다.

Step 3 : 평가함수 $eval(v_k)$를 구한다.

$eval(v_1)$ = 434.0 $eval(v_2)$ = 439.0 $eval(v_3)$ = 429.0 $eval(v_4)$ = 390.0 $eval(v_5)$ = 428.0

$eval(v_6)$ = 443.0 $eval(v_7)$ = 451.0 $eval(v_8)$ = 386.0 $eval(v_9)$ = 439.0 $eval(v_{10})$ = 435.0

반복 0 [세대수 gen = 0]

Step 4 :

(1) 교차 :

cCnt = 0, [0, 1] 의 난수표 r_k (k = 1, 2,⋯ , 10)를 만든다. $r_k < p_C$ 이 되는 r_5와 r_{10}를 선택한다.

PrimPred 기반 교차법으로 교차를 실행하고, 새롭게 생성된 염색체를 각각 v_1', v_2'로 한다.

(2) 돌연변이 :

$mCnt$ = 0, [0, 1]의 난수표 r_k (k = 1, ⋯, 10)를 만든다. $r_k < p_M$이 되는 요소 r_4 = 0.008532과 r_5 = 0.012505에 대응하는 염색체 v_4와 v_5를 선택한다. LowestCost 기반 돌연변이로 새롭게 생성된 염색체를 각각 v_2', v_3'로 한다.

(3) 자식 염색체의 평가

새롭게 생성된 염색체의 평가함수 $eval(v_t')$, t = 1,2,3를 계산한다 (데이터 생략).

(4) 선택 (룰렛 선택법)

부모 염색체 v_t(t = 1, 2, ⋯, 10)와 새롭게 생성된 염색체 v_t'(t = 1, 2, 3)중에서 새로운 세대에 생존시킬 염색체를 각 염색체의 적합도에 비례해서 10개만 선택한다. 아래에 각 염색체에 있어서 선택확률 p_k 및 누적확률 q_k (k = 1, 2, ⋯, 13)를 계산한다(데이터 생략).

Step 5 :

$minEval = \min\{eval(v_k)\}$ 이므로,

$$v^* = \text{argmin}\{eval(v_k)\}$$
$$= [1\ 1\ 1\ 8\ 1\ 6\ 3\ 3\ 6\ 8\ 11];$$
$$minEval = \min\{\ eval(v_k)\}$$
$$= 386$$

Step 6 :

$gen < maxGen$ 이므로, Step 4로 되돌아 간다.

반복 1 [세대수 gen = 2]

. . .

위에서 기술한 흐름을 반복해서, 반복 횟수 1000회째에서 아래와 같은 결과가 얻어진다.

반복 999 [세대수 gen = 1000]

Step 5 :

$v^* = \text{argmin}\{eval(v_k)\}$

$=[4\ 4\ 1\ 10\ 2\ 6\ 6\ 12\ 4\ 8\ 11];$

$minEval = \min\ \{eval(v_k)\} = 327$

Step 6 :

$gen = maxGen$ 이므로, 염색체 v^*에 근거하여 총 흐름량 $maxEval$를 출력하고 종료한다.

$v^* = \text{argmin}\{eval(v_k)\}$

$= [4\ 4\ 1\ 10\ 2\ 6\ 6\ 12\ 4\ 8\ 11];$

$minEval = \min\{eval(v_k)\} = 327$

실제에 위에서 기술한 방법으로 프로그램을 작성해서 얻어진 실행 계산 과정을 아래와 같이 나타낸다.

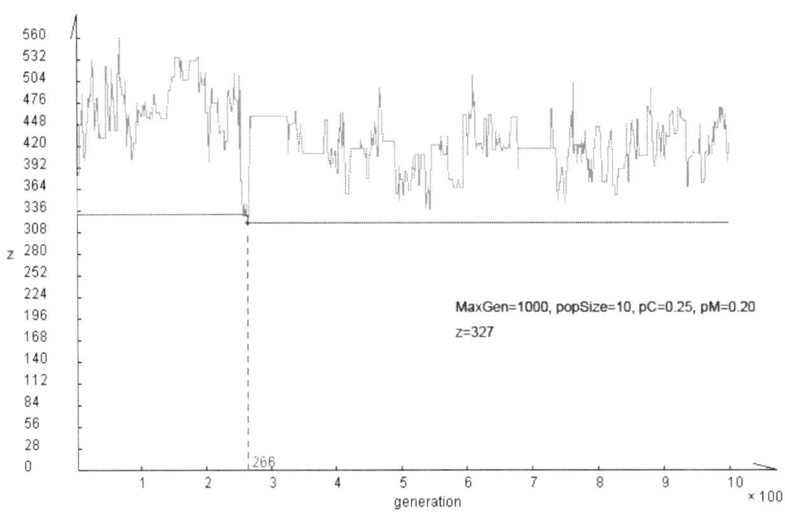

[그림 2.32] PrimPred 기반 GA에 근거한 MST 문제에 대한 해의 수렴 과정

참고 문헌

[1] 古林 隆, 伊理正夫：ネットワーク理論, 日科技連, 1976.

[2] 五百井清右衛門, 荒木 勉 訳：コンピュータによるグラフ理論の応用, 共立出版, 1981.

[3] Bazaraa, M.S., J.J. Jarvis & H.D. Sherali: Linear Programming and Network Flows, 2nd ed., John Wiley & Sons, 1990.

[4] Ahuj, R. K., T. L. Magnanti and J. B. Orlin: Network Flows, Prentice Hall, New Jersey, 1993.

[5] Dijkstra, E. W.: "A Note on Two Problems in Connection with Graphs", Numerische Math., no.1, pp.269-271, 1959.

[6] Bellman. R., "On a routing problem", Quarterly of Applied Mathematics, vol. 16, no. 1, pp.87-90, 1958.

[7] Gen, M. and L. Lin, "Priority-based Genetic Algorithm for Shortest Path Routing Problem in OSPF", Proc. of GECCO, Washington, D.C., USA, 2005.

[8] Gen, M. and R. Cheng : Genetic Algorithms and Engineering Design, John Wiley & Sons, New York, 1997.

[9] Gen, M. and R. Cheng : Genetic Algorithms and Engineering Optimization, John Wiley & Sons, New York, 2000.

[10] Gen, M., R. Cheng and S.S. Oren : "Network design techniques using adapted genetic algorithms", Advances in Engineering Software, vol.32, pp.731-744, 2001.

[11] http://www-b2.is.tokushima-u.ac.jp/~ikeda/suuri/maxflow/Maxflow.shtml.en

[12] Deo, N. and N. Kumar: "Computation of constrained spanning trees: a unified approach", in P. M. Pardalos, ed., Network Optimization, Springer-Verlag, Berlin, Heidelberg, pp. 194-233, 1997.

[13] Fernandes, L.M. and L. Gouveia: "Minimal spanning trees with a constraint on the number of leaves", European Journal of Operational Research, Vol. 104, pp. 250-261, 1998.

[14] Gen, M, Y. Tsujimura, G, Zhou, and M. Takayama: "Genetic algorithm for the bottleneck constrained minimum spanning tree problem", Proceedings of the 1st International Conference on Engineering Design and Automation, Bangkok, Thailand, pp.97-100, 1997.

[15] 玄 光男, 周根貴, 高山 政人: 行列ベース遺伝的アルゴリズムによる区間係数を伴う2目的最小木問題の一解法, 日本ファジイ学会誌, vol. 12, 1998.

[16] Narula, S.C. and C.A. Ho: "Degree-constrained minimum spanning tree". Computers & Operations

Research, vol. 7, pp. 239-249, 1980.

[17] Xu, W.: "On the quadratic minimum spanning tree problem". In M. Gen and W. Xu, ed. Proceedings of Japan-China International Workshops on Information Systems. Ashikaga, pp. 141-148, 1995.

[18] Zhou, G. and M. Gen: "The genetic algorithms approach to the multicriteria minimum spanning tree problem", Proceedings of the First Asia-Pacific Conference on Simulated Evolution and Learning, Taejon, Korea, pp. 387-394, 1996.

[19] Kruskal, J. B.: "On the shortest spanning subtree of a graph and the traveling salesman problem," in Proc. Amer. Math. Soc., vol. 7, pp. 48-50, 1956.

[20] Prim, R. C.: "Shortest connection networks and some generalizations," Bell Syst. Tech. J., vol. 26, pp. 1389-1401, 1957.

[21] Gen, M.: "Study on Evolutionary Network Design by Multiobjective Hybrid Genetic Algorithm", PhD dissertation, Kyoto University, 123pp, 2006.

[22] Lin, L and M. Gen: "Node-based Genetic Algorithm for Communication Spanning Tree Problem", IEICE Trans. Commun., vol.E89-B, no.4, pp.1091-1098, 2006.

Genetic Algorithm

03

물류 네트워크

CHAPTER 03 물류 네트워크

CHAPTER 03 물류 네트워크

물류(logistics)란, Supply Chain Process의 일부이며, 생산자에서 소비자까지 효율적으로 「물건」의 흐름과 보관, 서비스 및 연관되는 정보를 계획, 실시 및 관리하는 전체 과정—특히 공급, 배송, 안전—을 최적화하기 위한 종합적인 활동으로 정의된다. 본래 물류는 물건의 기능을 최대한 발휘시키는 "지원"에 착안한 개념으로 공급자와 수요자간에 있어서 원재료나 제품, 상품의 조달, 공급을 중핵으로 하면서 제품이나 서비스 계획, 개발, 제조에서 운영, 철거, 폐기, 설비 유지에 이르기까지 라이프 사이클 전체를 대상으로 해서 이들을 효율화, 최적화하는 기업간의 거래와 물류의 구조를 의미한다.

3.1 물류 모델

물류의 효과적인 관리는, 전략적인 네트워크 계획으로부터 시작한다. 즉 기업의 거점과 고객의 거점을 분석하여 제품을 최종 수요자까지 배송하기 위한 가장 효율적인 수단을 결정하는 것이다. 물류의 최적화는, 자칫하면 Supply Chain 내부에서 비용이 늘어나기 쉬운 배송 및 물류 처리의 내부 효율을 증대하여, 고객의 서비스를 최대화하고, 비용을 감소 시킴으로써 실현한다. 여기서는 복수의 생산지에서 생산된 제품을 복수의 소비지 예를 들면 배송 센터(Distribution Center : DC)나 창고 등에 배송할 때 각각의 공급량이나 수요량을 만족시키면서 가장 싼 비용으로 배송하는 것은 어떤 생산지로부터 어떤 소비지까지 어느 정도 배송하면 좋을까 하는 배송 계획을 세울 필요가 있다. 이것을 배송 계획(Transportation Planning : TP) 모델이라 부른다.

배송 계획 모델은 물류 시스템 이른바 물류 네트워크 문제의 기본적인 모델이며, 그 특유의 구조를 갖고 있기 때문에 그 해법에 대해서 지금까지 많은 학자에 의하여 연구가 거듭되어 여러 개의 목적함수를 갖는 배송 계획 모델로 발전되어 왔다.

배송 계획 모델은 목적함수의 특성에 의해서 아래와 같이 분류할 수 있다.

- 선형 문제 혹은 비선형 문제
- 단일 목적 문제 혹은 다목적 문제

또, 물류 시스템의 제약 조건에 의해서 2차원(planner)의, 혹은 일반 배송 계획(solid TP) 모델과, 균형(balanced) 혹은 비균형 배송 계획(unbalanced TP) 모델로 분류된다.

예 3.1: 간단한 배송 계획의 예

일반적으로 배송계획(Transportation Planning : TP) 모델은, 공급자에서 수요자까지의 어떤 상품을 최소 비용으로 배송하기 위한 최적화 문제이다. 예를 들면, 그림 3.1과 같이 생산지(플랜트, 공장) i = 1, 2, 3에서 소비지(가정이나 배송 센터 혹은 창고) j = 1, 2, 3, 4로 제품을 배송할 때, 각 생산지 i의 공급량 a_i와 각 소비지 j의 수요량 b_j를 만족시키는 제약 하에서, 총 배송 비용을 최소로 하는 배송계획을 입안하는 것이다. 또 목적함수나 제약 조건에 대응해서 선형 또는 비선형 정수 계획 모델로서 정식화된다.

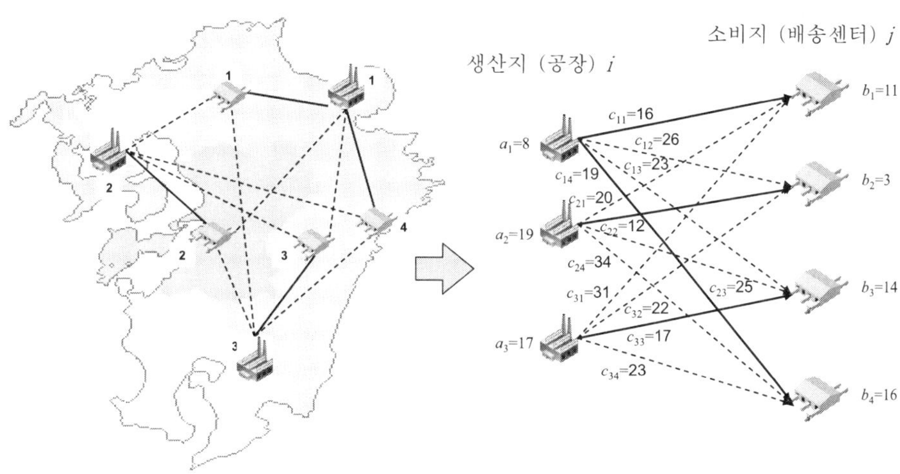

[그림 3.1] 생산지 3개소로부터 소비지 4개소로 제품 배송 계획

3.1.1 배송 계획 모델

a. 기본 배송 계획 모델

예 3.1과 같은 배송 계획 모델은 일반적으로 생산지 $i = 1, 2, \cdots, I$ 로부터 소비지 $j = 1, 2, \cdots, J$ 로 제품을 배송할 때, 생산지의 공급량과 소비지의 수요량을 만족시키는 제약하에 총 배송 비용을 최소로 하는 배송 계획을 입안하는 것이다. 이 배송 계획 네트워크의 수학 모델을 정식화하기 위하여 필요한 기호를 아래와 같이 정의한다.

인덱스 :

i : 생산지($i = 1, 2, \cdots, I$)

j : 소비지($j = 1, 2, \cdots, J$)

파라미터 :

I : 생산지의 수

J : 소비지의 수

a_i : 생산지 i에서의 공급량 ($a_i \geq 0$)

b_j : 소비지 j에서의 수요량 ($b_j \geq 0$)

c_{ij} : 생산지 i에서 소비지 j에의 단위 제품당 배송 비용

결정 변수 :

x_{ij} : 생산지 i에서 소비지 j에의 배송량

따라서 배송 계획 기본 네트워크의 기본 모델은 아래와 같이 정식화된다.

$$\min \quad z = \sum_{i=1}^{I} \sum_{j=1}^{J} c_{ij} x_{ij} \tag{3.1}$$

$$\text{s. t.} \quad \sum_{j=1}^{J} x_{ij} \leq a_i (i = 1, 2, \ldots, I) \qquad \text{(공급량의 제약)} \tag{3.2}$$

$$\sum_{i=1}^{I} x_{ij} \geq b_j (j = 1, 2, ..., J) \qquad \text{(수요량의 제약)} \qquad (3.3)$$

$$x_{ij} \geq 0, \quad \forall i, j \qquad (3.4)$$

더욱이 이 기본 모델은 식 (3.5)에 나타낸 것처럼 총 공급량과 총 수요량이 같다는 조건을 전제로 하고 있다.

$$\sum_{i=1}^{I} a_i = \sum_{j=1}^{J} b_j \qquad (3.5)$$

만약 식 (3.5)가 성립하지 않으면, 예를 들면 공급량이 과잉이 되는 경우에는 더미(dummy) 소비지를 만들어 과잉분을 더미 지점에서의 수요량으로 정식화 함으로써, 균형조건(balanced condition)을 성립하게 한다. 더미 소비지에의 배송 비용은 0으로 한다. 이 결과로써 얻어지는 더미 소비지에로의 각 공급지로부터의 배송량은, 각각의 공급지의 미공급분을 나타내는 것이 된다. 수요측이 과잉인 경우도 더미 공급지를 만들어 같은 방법으로 생각하면 된다.

b. 용량의 상한을 갖는 배송 계획(Capacitated Transportation Planning : cTP)모델

용량의 상한을 갖는 배송 계획(Capacitated Transportation Planning : cTP)모델이란, 각 배송 경로(i, j)상의 배송량에 상한값 u_{ij}의 제약을 갖는 확장된 모델로서 아래에 나타낸 것처럼 정식화된다.

$$\min \qquad z = \sum_{i=1}^{I} \sum_{j=1}^{J} c_{ij} x_{ij} \qquad (3.6)$$

$$\text{s. t.} \qquad \sum_{j=1}^{J} x_{ij} \leq a_i, \quad i = 1, 2, ..., I \qquad \text{(공급량의 제약)} \qquad (3.7)$$

$$\sum_{j=1}^{J} x_{ij} \geq b_j, \quad j = 1, 2, ..., J \qquad \text{(수요량의 제약)} \qquad (3.8)$$

$$0 \leq x_{ij} \leq u_{ij}, \quad \forall i, j \qquad \text{(배송량의 제약)} \qquad (3.9)$$

c. 고정 비용을 갖는 배송 계획 모델

고정비용을 갖는 배송계획(fixed-charge Transportation Planning : fcTP) 모델은, 배송계획 모델의 확장이라 할 수 있다(그림 3.2).

물류시스템은 고정비용을 수반하는 최소비용흐름 모델처럼 실제 배송계획모델은 고정비용을 갖는 배송계획으로서 모델화하는 경우가 많다. 예를 들면 배송 계획 모델에 있어서, 고정비용은 주어진 창고간의 각 배송 비용에 포함된다. 또는 플랜트나 창고의 설비에 고정비용이 포함되기도 한다. 따라서 TP모델은, 모든 경로의 고정비용이 0인 fcTP모델로 볼 수 있다. 단, fcTP모델에서는, 고정비용이 있음으로써 즉, 목적함수의 불연속성으로써 실행 가능해를 구하는 것이 보다 어렵게 된다.

고정비용배송계획모델에서는 최적인 행동 계획을 선택할 때에, 2종류의 비용이 동시에 고려된다: (1) 활동 수준에 비례하는 가변비용과 (2) 고정비용. 또 fcTP모델은 여러 곳의 플랜트로부터 여러 곳의 창고까지 최소비용의 배송계획을 입안한다.

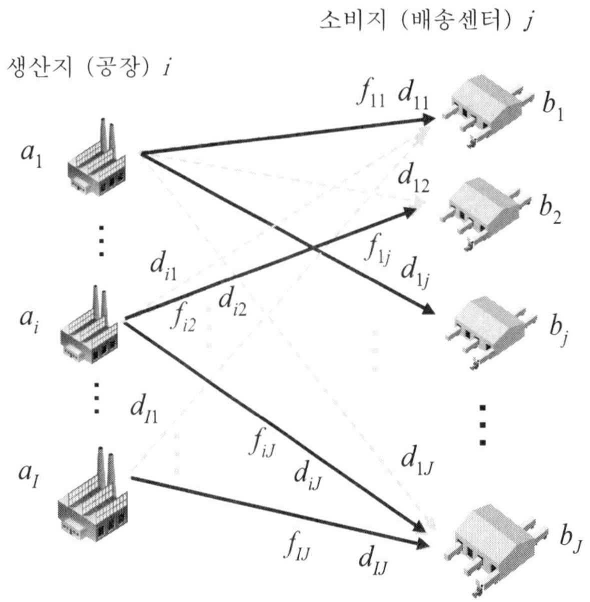

[그림 3.2] 생산지에서 소비지로의 고정비용배송 모델

고정비용배송계획 네트워크 수학모델은, 아래와 같이 정식화된다.

$$\min \quad f(x) = \sum_{i=1}^{I} \sum_{j=1}^{J} [f_{ij}(x) + d_{ij}\, g_{ij}(x)] \tag{3.10}$$

$$\text{s. t.} \quad \sum_{j=1}^{J} x_{ij} \le a_i, \quad i = 1, 2, \ldots, I \tag{3.11}$$

$$\sum_{i=1}^{I} x_{ij} \ge b_j, \quad j = 1, 2, \ldots, J \tag{3.12}$$

$$x_{ij} \ge 0, \quad \forall\, i, j \tag{3.13}$$

여기서, $f_{ij}(x)$는 생산지 i에서 소비지 j로의 일반 수송 비용이며, d_{ij}는 생산지 i에서 소비지 j에의 고정비용이다. 생산지 i에서 소비지 j로 배송하는 경우의 결정변수가 아래와 같이 정의한다.

$$g_{ij}(x) = \begin{cases} 1, & \text{if } \ x_{ij} > 0 \\ 0, & \text{그 외} \end{cases} \tag{3.14}$$

d. 배타적 제약을 수반한 배송 계획 모델 I

물류 시스템의 실제 문제에 대한 응용을 고려하면, 부가적인 제약을 반영해서 TP모델을 확장하는 일이 많다.

여기서는 배타적 제약을 수반한 배송모델 I(Exclusionary Side-constrained Transportation Model : escTP)로 불리는 배타적 제약을 수반하는 배송계획 모델을 소개한다.

이 모델 escTP는 복수의 생산지으로부터, 어느 특정한 소비지에 동시 출하를 금지 하는 부가적인 제약을 포함한 TP모델이다. 물류 시스템 현장에서는 기업내의 계열이나 제품의 종류에 의해 이런 종류의 문제를 많이 만나게 된다. 예를 들면 같은 유통 경로에 의해 배송되는 경우, 화학약품은 식품처럼 다른 제품과 같은 컨테이너 혹은 차량에 보관하지 못한다. 즉, 함께 취급할 수 없는 경우가 있다.

이와 같은 상황에서 escTP모델의 목적은, 동시 출하가 금지되고 있는 생산지를 고려하면서 공급과 수요의 제약 조건을 만족시키는 것처럼, 실행 가능한 배송 계획을 입안하는 것이다. 부가적인 제약이 많으면 많을수록 문제가 어려워지지만, 실제 문제에 적용할 때에는 그것은 더욱 복잡해진다. 또 그 제약이 비선형이기 때문에 종래의 LP패키지 소프트웨어를 사용해서는 풀 수 없다.

I개의 생산지로부터 J개의 소비지로 균일한 질의 제품의 배송계획 escTP모델은 아래와 같은 모델은 아래와 같이 수학 모델로 정식화된다.

$$\min \quad z = \sum_{i=1}^{I} \sum_{j=1}^{J} c_{ij} x_{ij} \tag{3.15}$$

$$\text{s. t.} \quad \sum_{j=1}^{J} x_{ij} \le a_i, \quad i = 1, 2, \ldots, I \tag{3.16}$$

$$\sum_{j=1}^{I} x_{ij} \ge b_j, \quad j = 1, 2, \ldots, J \tag{3.17}$$

$$x_{ij} x_{kj} = 0 \quad \forall (i, k) \in D_j, \quad j = 1, 2, \ldots, J \tag{3.18}$$

$$x_{ij} \ge 0, \quad \forall i, j \tag{3.19}$$

여기서, $D_j = \{(i, k) |$ 생산지 i와 k의 쌍 (i, k)에서부터 소비지 j에 동시에 배송 불가$\}$, 식 (3.18)은 생산지 i와 k가 소비지 j에 동시에 제품을 공급하는 것을 허용하지 않는 제약식이다.

e. 배타적 제약을 수반한 배송 계획 모델 II

배타적 제약을 수반한 배송 모델 II(Nonlinear Side-constrained Transportation Planning: nscTP)는, 앞의 항에서 취급한 escTP모델과 유사한 것이다. escTP모델에서는 복수의 공급측 에서 하나의 수요지로 배송에 제약이 주어지지만, nscTP에는 하나의 공급측에서 복수의 수요지로 배송하는 경우에 제약을 주고 있다. 즉 어떤 공급측에서 배송이 허용되고 있는 수요지와 그렇지 않는 수요지가 존재하는 경우를 고려하고 있는 것이다.

$$\min \quad z=\sum_{i=1}^{I}\sum_{j=1}^{J}c_{ij}\,x_{ij} \tag{3.20}$$

$$\text{s. t.} \quad \sum_{j=1}^{J}x_{ij}\le a_i,\ \ i=1,\,2,\,\ldots,\,I \tag{3.21}$$

$$\sum_{j=1}^{J}x_{ij}\ge b_j,\ \ j=1,\,2,\,\ldots,\,J \tag{3.22}$$

$$x_{ij}\,x_{il}=0\ \ \text{for}\ (i,\,j)\in S_i,\ \ i=1,2,\ldots,I \tag{3.23}$$

$$x_{ij}\ge 0,\ \ \forall\, i,\,j \tag{3.24}$$

여기서, S_i = {$(j,\ l)$| 생산지 i에서 소비지 j와 l의 쌍 $(j,\ l)$에 동시에 배송하는 것이 불가}, 식 (3.23)은 공급측 i가 두 개의 다른 수요지 j와 l에 동시에 공급하는 것을 허용하지 않는 것을 나타낸다.

3.1.2 행렬 기반 GA에 의한 해법

여기서 Michalewicz들은 [1][2] 선형과 비선형 배송 계획 모델에 대해서, 행렬 기반 GA 기법을 제안했다.

a. 행렬 기반의 유전자 표현

[인코딩]

행렬 표현법에서는, 시스템 제약을 만족하는 하나의 배송 계획을 염색체 표현으로서 아래와 같이 나타내진다.

$$X_p=\begin{bmatrix} x_{11} & x_{12} & \cdots & x_{1J} \\ x_{21} & x_{22} & \cdots & x_{2J} \\ \vdots & \vdots & \ddots & \vdots \\ x_{I1} & x_{I2} & \cdots & x_{IJ} \end{bmatrix} \tag{3.25}$$

여기서 행렬 X_p는 p번째 염색체이며, 각 요소 x_{ij}는 염색체의 유전자로 문제의 결정변수(배송량)을 나타낸다. TP모델의 초기해가 되는 배송 계획을 생성시키는 행렬 기반 GA의 인코딩 알고리즘은 그림 3.3에 나타낸다. 여기서 기호 ⌊ ⌋의미는 소수점 이하 버림을 나타낸다.

```
procedure: matrix-based encoding
input:number of plants I, number of customers J
     capacity of i th plant [a_i],demand of j th customer [b_j]
output: chromosome X_p=[x_ij]
begin
     S←{1,2, ...,IJ};
     repeat
          select a random number k from set S;
          i←⌊(n-j)/J+1⌋;  //calculate corresponding row i and column j
          j← k mod J;
          x_ij←min{a_i, b_j}; //assign available amount of units of x_ij
          a_i←a_i-x_ij ;      //update the following data
          b_j←b_j-x_ij ;
          S←S/{k};
     until (S=ϕ)
     output[x_ij];
end
```

[그림 3.3] 행렬 기반의 염색체 인코딩 알고리즘

[디코딩]

일반 배송계획 모델의 디코딩 기법으로서, 여기서는 그림 3.4에 나타낸 행렬 표현에 의한 디코딩 알고리즘을 사용한다.

```
procedure 2: matrix-based decoding
input: chromosome [x_ij], shipping cost [c_ij]
output: total shipping cost z
begin
     z ← 0;
     for i=1 to I
          for j=1 to J
               z=z + c_ij x_ij;
     output total shipping cost z;
end
```

[그림 3.4] 행렬 기반의 염색체 디코딩 알고리즘

b. 유전적 조작

교차 :

두 개의 염색체 $X_1 = [x_{ij}^1]$와 $X_2 = [x_{ij}^2]$가 선택되었다고 한다. 행렬 기반의 교차(**matrix-based crossover**) 알고리즘은 아래의 세 개의 Step으로 구성된다.

[프로시저 1 : matrix-based crossover]

Step 1 : 부모 염색체 X_1과 X_2에서 일시적인 두 개의 행렬 $D = (d_{ij})$와 $R = (r_{ij})$을 아래와 같이 작성 한다.

$$d_{ij} = \lfloor (x_{ij}^1 + x_{ij}^2)/2 \rfloor \tag{3.26}$$

$$r_{ij} = (x_{ij}^1 + x_{ij}^2) \bmod 2 \tag{3.27}$$

이 두 개의 행렬은 아래와 같이 종속적인 관계를 갖는다.

$$a_i - \sum_{j=1}^{J} d_{ij} = \frac{1}{2}\sum_{j=1}^{J} r_{ij} \qquad (i = 1, 2, \ldots, I) \tag{3.28}$$

$$b_j - \sum_{i=1}^{I} d_{ij} = \frac{1}{2}\sum_{i=1}^{I} r_{ij} \qquad (j = 1, 2, \ldots J) \tag{3.29}$$

이것은 다음과 같이 증명할 수 있다.

$$\begin{aligned}\sum_{j=1}^{J} d_{ij} &= \sum_{j=1}^{J} \left\lfloor \left(x_{ij}^1 + x_{ij}^2\right)/2 \right\rfloor \\ &= \sum_{j=1}^{J} \frac{1}{2}\left(\left(x_{ij}^1 + x_{ij}^2\right) - \left(x_{ij}^1 + x_{ij}^2\right) \bmod 2\right) \\ &= \frac{1}{2}\sum_{j=1}^{J}\left(x_{ij}^1 + x_{ij}^2\right) - \frac{1}{2}\sum_{j=1}^{J}\left(\left(x_{ij}^1 + x_{ij}^2\right) \bmod 2\right) \\ &= a_i - \frac{1}{2}\sum_{j=1}^{J} r_{ij}\end{aligned}$$

Step 2 : 행렬 R을 다음의 조건을 만족하는 두 개의 행렬 $R_1=[r_{ij}^1]$ 과 $R_2=[r_{ij}^2]$ 으로 분할한다.

$$R = R_1 + R_2 \tag{3.30}$$

$$\sum_{j=1}^{J} r_{ij}^1 = \sum_{j=1}^{J} r_{ij}^2 = \frac{1}{2}\sum_{j=1}^{J} r_{ij} \qquad (i=1,2,\ldots,I) \tag{3.31}$$

$$\sum_{i=1}^{I} r_{ij}^1 = \sum_{i=1}^{I} r_{ij}^2 = \frac{1}{2}\sum_{i=1}^{I} r_{ij} \qquad (j=1,2,\ldots,J) \tag{3.32}$$

Step 3 : 부모 염색체 X_1과 X_2에서 작성된 일시적인 행렬 D와 R_1 , R_2에서 아래의 식으로부터 두 개의 염색체 X_1', X_2'을 생성한다.

$$X_1' = D + R_1 \tag{3.33}$$

$$X_2' = D + R_2 \tag{3.34}$$

[교차 조작 예]

여기서, 생산지 4개소로부터 소비지 5개소로 배송하는 배송 계획 문제로, 예를 들면 공급량과 수요량이 각각 아래와 같은 경우를 고려한다.

$a_1 = 8,\quad a_2 = 4,\quad a_3 = 12,\quad a_4 = 6$

$b_1 = 3,\quad b_2 = 5,\quad b_3 = 10,\quad b_4 = 7,\quad b_5 = 5$

이와 같은 TP모델의 시스템 제약을 만족하는 두 개의 실행 가능한 배송 계획 X_1과 X_2는, 각각 표 3.1과 표 3.2처럼 행렬 기반의 인코딩 알고리즘에 의해 생성된 것이다.

생산지 \ 소비	1	2	3	4	5	생산량
1	x_{11} 1	x_{12} 0	x_{13} 0	x_{14} 7	x_{15} 0	8
2	x_{21} 0	x_{22} 4	x_{23} 0	x_{24} 0	x_{25} 0	4
3	x_{31} 2	x_{32} 1	x_{33} 4	x_{34} 0	x_{35} 5	12
4	x_{41} 0	x_{42} 0	x_{43} 6	x_{44} 0	x_{45} 0	6
소비량	3	5	10	7	5	30 \ 30

[표 3.1] X_1의 배송 계획

생산지 \ 소비	1	2	3	4	5	생산량
1	x_{11} 0	x_{12} 0	x_{13} 5	x_{14} 0	x_{15} 3	8
2	x_{21} 0	x_{22} 4	x_{23} 0	x_{24} 0	x_{25} 0	4
3	x_{31} 0	x_{32} 0	x_{33} 5	x_{34} 7	x_{35} 0	12
4	x_{41} 3	x_{42} 1	x_{43} 0	x_{44} 0	x_{45} 2	6
소비량	3	5	10	7	5	30 \ 30

[표 3.2] X_2의 배송 계획

이들 표를 각각의 행렬로 바꿔 놓으면 아래의 두 개의 행렬 X_1 , X_2가 부모 염색체로 된다.

$$\text{부모염색체 } X_1 = \begin{bmatrix} 1 & 0 & 0 & 7 & 0 \\ 0 & 4 & 0 & 0 & 0 \\ 2 & 1 & 4 & 0 & 5 \\ 0 & 0 & 6 & 0 & 0 \end{bmatrix} \qquad \text{부모염색체 } X_2 = \begin{bmatrix} 0 & 0 & 5 & 0 & 3 \\ 0 & 4 & 0 & 0 & 0 \\ 0 & 0 & 5 & 7 & 0 \\ 3 & 1 & 0 & 0 & 2 \end{bmatrix}$$

두 개의 행렬의 합을 계산한다.

$$X_1 + X_2 = \begin{bmatrix} 1 & 0 & 5 & 7 & 3 \\ 0 & 8 & 0 & 0 & 0 \\ 2 & 1 & 9 & 7 & 5 \\ 3 & 1 & 6 & 0 & 2 \end{bmatrix}$$

일시적인 행렬 D와 R은 아래와 같이 된다.

$$D = \begin{bmatrix} 0 & 0 & 2 & 3 & 1 \\ 0 & 4 & 0 & 0 & 0 \\ 1 & 0 & 4 & 3 & 2 \\ 1 & 0 & 3 & 0 & 1 \end{bmatrix} \qquad R = \begin{bmatrix} 1 & 0 & 1 & 1 & 1 \\ 0 & 0 & 0 & 0 & 0 \\ 0 & 1 & 1 & 1 & 1 \\ 1 & 1 & 0 & 0 & 0 \end{bmatrix}$$

행렬 R을 두 개의 행렬 R_1과 R_2으로 분할한다.

$$R_1 = \begin{bmatrix} 0 & 0 & 1 & 0 & 1 \\ 0 & 0 & 0 & 0 & 0 \\ 0 & 1 & 0 & 1 & 0 \\ 1 & 0 & 0 & 0 & 0 \end{bmatrix} \qquad R_2 = \begin{bmatrix} 1 & 0 & 0 & 1 & 0 \\ 0 & 0 & 0 & 0 & 0 \\ 0 & 0 & 1 & 0 & 1 \\ 0 & 1 & 0 & 0 & 0 \end{bmatrix}$$

이상의 조작으로 아래의 두 개의 염색체 X_1', X_2'가 생성된다.

$$X_1' = D + R_1 = \begin{bmatrix} 0 & 0 & 2 & 3 & 1 \\ 0 & 4 & 0 & 0 & 0 \\ 1 & 0 & 4 & 3 & 2 \\ 1 & 0 & 3 & 0 & 1 \end{bmatrix} + \begin{bmatrix} 0 & 0 & 1 & 0 & 1 \\ 0 & 0 & 0 & 0 & 0 \\ 0 & 1 & 0 & 1 & 0 \\ 1 & 0 & 0 & 0 & 0 \end{bmatrix} = \begin{bmatrix} 0 & 0 & 3 & 3 & 2 \\ 0 & 4 & 0 & 0 & 0 \\ 1 & 1 & 4 & 4 & 2 \\ 2 & 0 & 3 & 0 & 1 \end{bmatrix}$$

$$X_2' = D + R_2 = \begin{bmatrix} 0 & 0 & 2 & 3 & 1 \\ 0 & 4 & 0 & 0 & 0 \\ 1 & 0 & 4 & 3 & 2 \\ 1 & 0 & 3 & 0 & 1 \end{bmatrix} + \begin{bmatrix} 1 & 0 & 0 & 1 & 0 \\ 0 & 0 & 0 & 0 & 0 \\ 0 & 0 & 1 & 0 & 1 \\ 0 & 1 & 0 & 0 & 0 \end{bmatrix} = \begin{bmatrix} 1 & 0 & 2 & 4 & 1 \\ 0 & 4 & 0 & 0 & 0 \\ 1 & 0 & 5 & 3 & 3 \\ 1 & 1 & 3 & 0 & 1 \end{bmatrix}$$

돌연변이 : 이 조작은 다음의 3개의 Step으로 구성된다.

[프로시저 2 : matrix-based mutation]

Step 1 : 부모 염색체 행렬에서부터 부분 행렬을 만든다. 랜덤하게 행 $\{i_1, i_2, \cdots, i_p\}$과 열 $\{j_1, j_2, \cdots, j_q\}$을 선택해서 $(p \times q)$ 형태의 부분 행렬 $Y = (y_{kl})$를 생성한다. 여기서, $y_{kl} = y_{i_k j_l}$ 이라면 $\{i_1, i_2, \cdots, i_p\}$은 $\{1, 2, \cdots, I\}$의 범위 안에 있고, $\{j_1, j_2, \cdots, j_q\}$은 $\{1, 2, \cdots, J\}$의 범위 안에 있으므로 $p \in \{1, \cdots, I\}$, $q \in [1, \cdots, J]$이 된다. y_{kl}은 부모 염색체 행렬의 요소 (i_k, j_l)의 값을 갖는다.

Step 2 : 부분 행렬의 요소 값을 재분배한다. 재분배된 총량 a_i^y과 b_i^y는 아래와 같이 된다.

$$a_i^y = \sum_{j \in \{j_1, \dots, j_q\}} y_{ij}, \quad i = i_1, i_2, \dots, i_p$$
$$b_j^y = \sum_{i \in \{i_1, \dots, i_p\}} y_{ij}, \quad j = j_1, j_2, \dots, j_q$$

여기서 균형 조건

$$\sum_{i=i_1}^{i_p} a_i^y = \sum_{j=j_1}^{j_q} b_j^y$$

을 만족할 필요가 있다. 다음으로 초기화 절차로 균형 조건을 만족하는 부분 행렬을 재분배해서 새로운 부분 행렬 Y'을 생성한다.

Step 3 : 재분배된 부분 행렬 Y'을 부모 염색체 행렬의 원래 위치로 되돌리는 것으로 새로운 염색체를 생성한다.

[돌연변이의 조작 예]

앞의 예를 다시 고려한다. 여기서는 아래의 부모 행렬 $X = X_2$가 선택되어, 2개의 행 {2, 4}와 3개의 열 {2, 3, 5}가 랜덤하게 선택되었다고 한다.

$$\text{부모염색체} = \begin{bmatrix} 0 & 0 & 5 & 0 & 3 \\ 0 & 4 & 0 & 0 & 0 \\ 0 & 0 & 5 & 7 & 0 \\ 3 & 1 & 0 & 0 & 2 \end{bmatrix}$$

부분 행렬 Y와 재분배된 부분 행렬 Y'는 아래와 같이 된다.

$$Y = \begin{bmatrix} 4 & 0 & 0 \\ 1 & 0 & 2 \end{bmatrix} \qquad Y' = \begin{bmatrix} 2 & 0 & 2 \\ 3 & 0 & 0 \end{bmatrix}$$

여기서,

$$a_1^y = 4,\ a_2^y = 3,\ b_1^y = 5,\ b_2^y = 0,\ b_3^y = 2;$$
$$a_1^{y'} = 4,\ a_2^{y'} = 3,\ b_1^{y'} = 5,\ b_2^{y'} = 0,\ b_3^{y'} = 2;$$

이것에 의해 생성되는 자식 염색체는

$$X' = \begin{bmatrix} 0 & 0 & 5 & 0 & 3 \\ 0 & 2 & 0 & 0 & 2 \\ 0 & 0 & 5 & 7 & 0 \\ 3 & 3 & 0 & 0 & 0 \end{bmatrix}$$

이 된다.

c. 평가와 선택

평가함수 : 평가함수는 문제의 목적함수를 그대로 사용한다. 즉,

$$eval(X_p) = \sum_{i=1}^{I}\sum_{j=1}^{J} c_{ij} x_{ij}$$

선택 : 여기서 선택 기법으로서 룰렛 선택법을 이용한다.

d. 행렬 기반 GA의 처리 절차

행렬 기반 GA(m-GA)를 이용한 배송 계획 모델에 있어서 전체 계산 절차를 아래에 나타낸다.

```
procedure: mGA for Transportation Planning (TP)
input: TP data set, GA parameters
output: the best total shipping cost
begin
    t ← 0;
    initialize P(t) by matrix-based encoding;          //프로시저1
    evaluate eval(P) by matrix-based decoding;         //프로시저2
    while (not terminating condition) do
        create C(t) from P(t) by matrix-based crossover routine;
        create C(t) from P(t) by matrix-based mutation routine;
        evaluate eval(C) by matrix-based decoding;
        select P(t+1) from P(t) and C(t);
        t ← t+1;
    end
    output the best total shipping cost;
end
```

[그림 3.5] 수송 문제에 있어서 행렬 기반 GA의 종합 처리 절차

3.1.3 신장 트리 GA에 의한 해법

행렬 유전자 표현을 대규모 문제에 응용하는 경우에는, 대용량의 메모리가 필요하게 되며, 또 계산 시간도 많이 걸린다. 여기서, Gen 등이[3] 제안한 신장 트리(spanning tree) 인코딩을 기반으로 한 염색체의 설계를 소개한다.

신장 트리에 의한 인코딩은 배송 계획 모델의 생산지를 I, 소비지를 J로 했을 때, $I+J-2$개의 순열에 의해 표현할 수 있다. 이것이 행렬인 경우에는 $I \times J$가 되며, 대규모 문제의 경우에는 그 염색체의 길이와 거기에서부터 해를 구하기 위한 평가 시간에 차이가 생긴다.

a. 신장 트리 유전자 표현

여기서 생산지 1, 2,⋯, I와 소비지 1, 2,⋯, J는 집합 $S = \{1, 2, \cdots I\}$, $D = \{I+1, \cdots, I+J\}$의 요소로서 나타내고, 배송 그래프에서 신장 트리를 구성할 수 있으며, Prüfer number에서 신장 트리를 재구성 할 수도 있다.

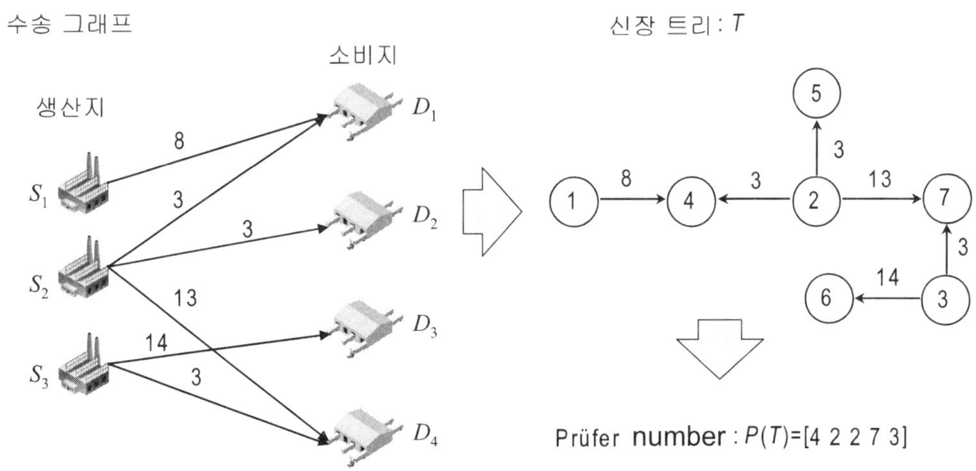

[그림 3.6] 신장 트리와 Prüfer number

[프로시저 1 : Prüfer number encoding] 신장 트리(spanning tree)에서 Prüfer number로 변환

Step 1 : 단말 노드를 검출한다. 즉, 공급측 i와 수요측 j에서 한개만의 아크를 갖고 있는 노드 집합 K를 찾는다.

Step 2 : 최소 노드 번호를 찾는다. 즉, 노드 집합 K안에서 제일 작은 노드 a를 찾는다.

Step 3 : 노드 a와 연결하고 있는 노드 b를 유전자 자리에 대입한다.

Step 4 : 노드 a와 아크 (a, b)를 소거한다.

Step 5 : 두 개의 노드만이 남을 때까지 Step 1부터 반복한다.

[Prűfer number로 변환 예]

아래에 그림 3.5의 수송 그래프에서 신장 트리로의 변환을 이용한 예를 나타낸다.

공급측 노드 수 : $I = 3$, 노드의 인덱스 : 1, 2, 3

수요측 노드 수 : $J = 4$, 노드의 인덱스 : 4, 5, 6, 7

염색체의 길이 $= I + J - 2 = 5$

반복 0

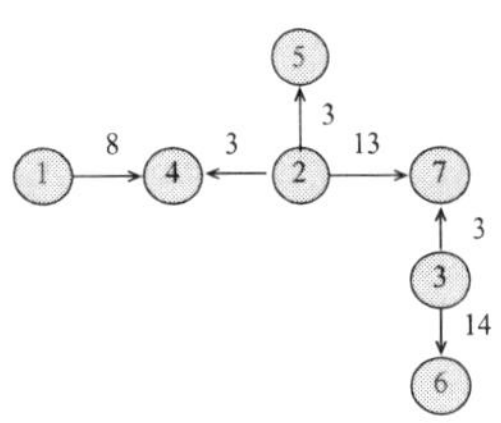

i	j	c_{ij}	x_{ij}
1	4	3	8
2	4	11	3
2	5	9	3
2	7	12	13
3	6	6	3
3	7	5	14

Step 1: 단말 노드의 검출 $K = \{1,5,6\}$

Step 2: 이 중에서 최소 노드 번호를 찾는다.

$\min K = \min \{1,5,6\} = 1$

Step 3: 노드 1과 연결하고 있는 노드 4를 유전자 자리에 대입한다.

1	2	3	4	5
4				

Step 4: 노드 1과 아크 (1,4)를 소거한다.

Step 5: 종료 조건을 만족하지 않기 때문에, Step 1로 되돌아간다.

반복 1

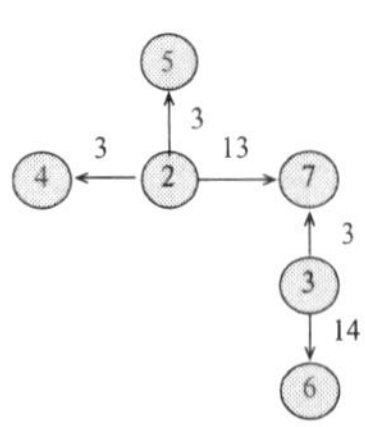

i	j	c_{ij}	x_{ij}
1	4	3	8
2	4	11	3
2	5	9	3
2	7	12	13
3	6	6	3
3	7	5	14

Step 1: 단말 노드의 검출 $K = \{4,5,6\}$

Step 2: 이 중에서 최소 노드 번호를 찾는다.

$\min K = \min \{4,5,6\} = 4$

Step 3: 노드 4와 연결하고 있는 노드 2를 유전자 자리에 대입한다.

1	2	3	4	5
4	2			

Step 4: 노드 4와 아크 (4,2)를 소거한다.

Step 5: 종료 조건을 만족하지 않기 때문에, Step 1로 되돌아간다.

반복 2

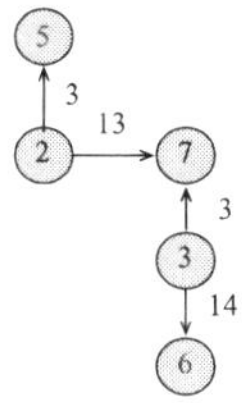

i	j	c_{ij}	x_{ij}
1	4	3	8
2	4	11	3
2	5	9	3
2	7	12	13
3	6	6	3
3	7	5	14

Step 1: 단말 노드의 검출 $K = \{5,6\}$

Step 2: 이 중에서 최소 노드 번호를 찾는다.

$\min K = \min \{5,6\} = 5$

Step 3: 노드 5와 연결하고 있는 노드 2를 유전자 자리에 대입한다.

1	2	3	4	5
4	2	2		

Step 4: 노드 5와 아크 (2,5)를 소거한다.

Step 5: 종료 조건을 만족하지 않기 때문에, Step 1로 되돌아간다.

반복 3

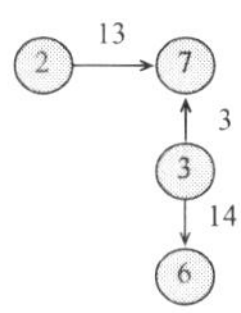

i	j	c_{ij}	x_{ij}
1	4	3	8
2	4	11	3
2	5	9	3
2	7	12	13
3	6	6	3
3	7	5	14

Step 1: 단말 노드의 검출 $K = \{2,6\}$

Step 2: 이 중에서 최소 노드 번호를 찾는다.

$\min K = \min \{2,6\} = 2$

Step 3: 노드 2와 연결하고 있는 노드 7을 유전자 자리에 대입한다.

1	2	3	4	5
4	2	2	7	

Step 4: 노드 2와 아크 (2,7)를 소거한다.

Step 5: 종료 조건을 만족하지 않기 때문에, Step 1로 되돌아간다.

반복 4

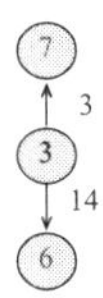

i	j	c_{ij}	x_{ij}
1	4	3	8
2	4	11	3
2	5	9	3
2	7	12	13
3	6	6	3
3	7	5	14

Step 1: 단말 노드의 검출 $K = \{6,7\}$

Step 2: 이 중에서 최소 노드 번호를 찾는다.

$\min K = \min \{6,7\} = 6$

Step 3: 노드 6과 연결하고 있는 노드 3을 유전자 자리에 대입한다.

1	2	3	4	5
4	2	2	7	3

Step 4: 노드 6과 아크 (3,6)을 소거한다.

Step 5: 종료 조건을 만족하므로, Prüfer number 로 표현되는 염색체가 완성된다.

[프로시저 2 : Prüfer number decoding] Prüfer number에서 신장 트리로 변환

Step 1 : 초기 Prüfer number $P(T)$ 안에 포함되어 있는 노드 집합의 보집합 $\overline{P}(T)$을 만든다.

Step 2 : $P(T)$가 공집합이 까지, Step 2.1에서 Step 2.5까지 반복한다.

Step 2.1 : 보집합 $\overline{P}(T)$의 최초값 i에 주목한다. 공급측 노드 번호인가, 수요측 노드 번호인가를 판단한다. 공급측이라면 Step 2.2로, 수요측이라면 Step 2.3로 간다.

Step 2.2 : $P(T)$를 처음부터 조사해서, 수요측의 노드 j가 나올 때까지 조사한다. 아크

$(i\ ,\ j)$ 를 생성하다.

Step 2.3 : $P(T)$에서 선택된 노드 j가 유전자 안에 중복되어 있는 경우는, 노드 j와 $\overline{P}(T)$에서 선택된 i를 소거한다. 그렇지 않는 경우는 i를 소거하고 j를 보집합에 이동하고 정렬한다.

Step 2.4 : 확정된 수요측과 공급측의 잔량의 적은 값을 그 경로의 배송량으로 한다.

$$x_{ij} = \min\{a_i, b_j\}$$

Step 2.5 : 이때 수요측과 공급측에서 배송 분량만큼 잔량을 빼서 갱신한다.

$$a_i = a_i - x_{ij}, \quad b_j = b_j - x_{ij}$$

Step 3 : $P(T)$가 공집합이 되면, 보집합 $\overline{P}(T)$에 남은 두 개의 노드를 연결해서 배송량을 할당 하고 종료한다.

Step 4 : 공급량 a_i와 수요량 b_j의 잔량을 검사한다. 0인 경우 종료한다. 그렇지 않는 경우는 공 급측 노드 r과 수요측 노드 s의 아크 $(r\ ,\ s)$를 추가해서 배송량을 할당하고 종료한다.

$$x_{rs} = a_r = b_s$$

[신장 트리로 변환 예]

아래에 그림 3.5의 데이터를 이용한 예를 나타낸다.

공급측 노드 수 : I=3, 노드의 인덱스 : 1, 2, 3

수용측 노드 수 : J=4, 노드의 인덱스 : 4, 5, 6, 7

염색체의 길이 = $I+J$-2 = 5

Step 1 :

$P(T) = [4\ \ 2\ \ 2\ \ 7\ \ 3]$

Prüfer number에 포함된 보집합 :

$\overline{P}(T) = \{1,\ 5,\ 6\}$

Step 2:

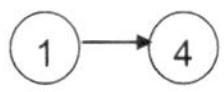

$$P = [2 \quad 2 \quad 7 \quad 3]$$
$$\overline{P} = \{4,\ 5,\ 6\}$$
$$x_{14} = \min\{a_1, b_1\} = \min\{8, 11\} = 8$$
$$a_1 = a_1 - x_{14} = 8 - 8 = 0$$
$$b_1 = b_1 - x_{14} = 11 - 8 = 3$$

Step 3 :

$$P = [2 \quad 2 \quad 7 \quad 3]$$
$$\overline{P} = \{4,\ 5,\ 6\}$$
$$x_{24} = \min\{a_2, b_1\} = \min\{19, 3\} = 3$$
$$a_2 = a_2 - x_{24} = 19 - 3 = 16$$
$$b_1 = b_1 - x_{24} = 3 - 3 = 0$$

Step 4 :

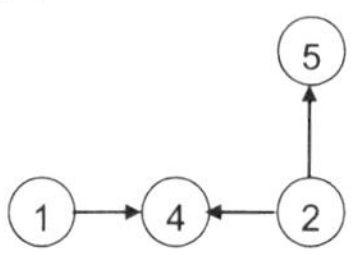

$$P = [7 \quad 3]$$
$$\overline{P} = \{\ 2,\ 6\}$$
$$x_{25} = \min\{a_2, b_2\} = \min\{16, 3\} = 3$$
$$a_2 = a_2 - x_{25} = 16 - 3 = 13$$
$$b_2 = b_2 - x_{25} = 3 - 3 = 0$$

Step 5 :

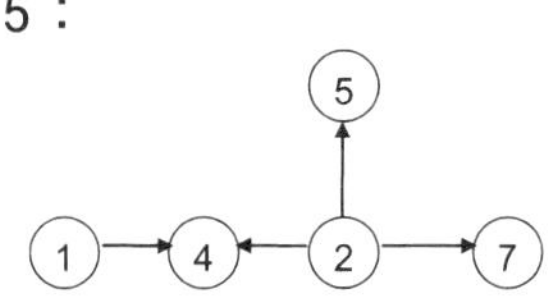

$$P = [3]$$
$$\overline{P} = \{\ 6,\ 7\}$$
$$x_{27} = \min\{a_2, b_4\} = \min\{13, 16\} = 13$$
$$a_2 = a_2 - x_{27} = 16 - 13 = 3$$
$$b_4 = b_4 - x_{27} = 16 - 13 = 3$$

Step 6 :

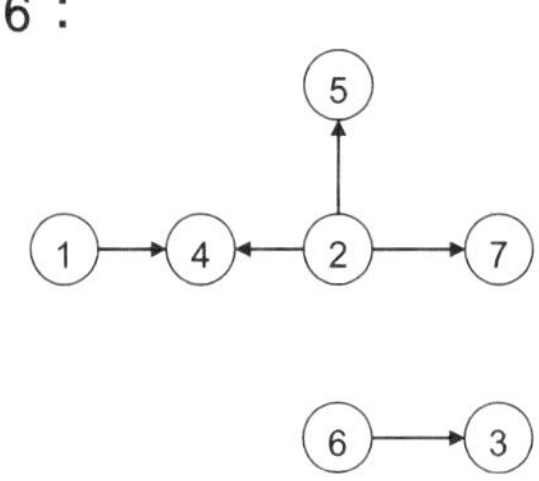

$$P = [\ ]$$
$$\overline{P} = \{\ 3,\ 7\}$$
$$x_{36} = \min\{a_3, b_3\} = \min\{17, 14\} = 14$$
$$a_3 = a_3 - x_{36} = 17 - 14 = 3$$
$$b_3 = b_3 - x_{36} = 14 - 14 = 0$$

Step 7 :

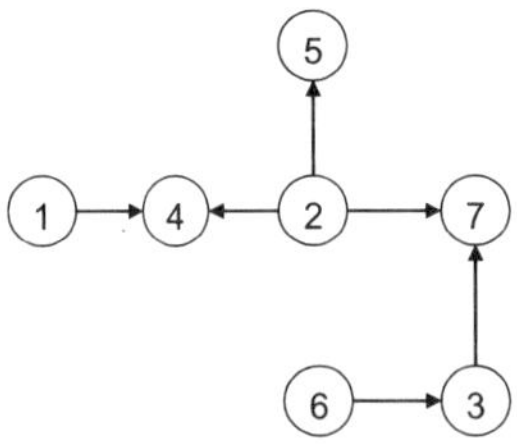

$P = [\ ]$

$\overline{P} = \{\ \}$

$x_{37} = \min\{a_3, b_4\} = \min\{3,3\} = 3$

$a_3 = a_3 - x_{37} = 3 - 3 = 0$

$b_4 = b_4 - x_{37} = 3 - 3 = 0$

b. 실행 가능성과 보수 작업

Prüfer number를 이용한 염색체를 난수에 의해서 생성했을 경우, 반드시 그 염색체로부터 신장 트리를 구축할 수 있는 것은 아니다. 따라서 그 염색체로부터 신장 트리를 구축하는 것이 가능한가를 판단할 필요가 있다. 아래에 염색체로부터 신장 트리를 구축할 수 있을지의 실행 가능성을 검사하는 절차를 나타낸다.

[프로시저 3] 실행 가능성

Step 1 : 염색체 안에 있는 수요측 노드 번호의 출현 횟수를 헤아린다. 이것을 a로 한다.

Step 2 : 염색체 안에 있는 공급측 노드 번호의 출현 횟수를 헤아린다. 이것을 b로 한다.

Step 3 : a에 수요측 노드의 수를 더한다.

Step 4 : b에 공급측 노드의 수를 더한다.

Step 5 : a와 b가 같은가를 판단한다. 같다면 신장 트리를 구축할 수 있다. 같지 않다면 신장 트리를 구축할 수 없다.

[실행 가능성 예] 실행 가능한 경우

공급측의 노드 수 : I=3, 노드의 인덱스 : 1, 2, 3

수요측의 노드 수 : J=4, 노드의 인덱스 : 4, 5, 6, 7

난수에 의해 생성된 염색체 : [4 2 2 7 3]

Step 1 : $a = 3$

Step 2 : $b = 2$

Step 3 : $a \leftarrow a + I = 3 + 3 = 6$

Step 4 : $b \leftarrow b + J = 2 + 4 = 6$

Step 5 : $a = b$이므로 실행 가능이다.

[실행 가능성 예] 실행 불가능한 경우

난수에 의해 생성된 염색체 : [4 2 5 7 3]

Step 1 : $a = 2$

Step 2 : $b = 3$

Step 3 : $a = a+I = 2+3 = 5$

Step 4 : $b = b+J = 3+4 = 7$

Step 5 : $a < b$이므로 실행 불가능이다.

실제로 유전적 조작중 실행 가능성의 검사를 하지만, 이때 실행 불가능한 염색체를 폐기하고 새롭게 난수로부터 염색체를 생성하는 것은 대단히 효율이 나쁘다. 따라서 실행 불가능한 염색체에 대해서 염색체의 보수 작업을 행하여 실행 가능한 상태로 만드는 작업을 실시한다.

[프로시저 4] 보수 작업

Step 1 : 실행 가능성 검사를 수행한다. 만약 실행 가능하다면 종료한다.

Step 2 : 1부터 $I+J-2$ 사이의 난수를 발생시킨다. 이 값을 r이라 한다.

Step 3 : 실행 가능성을 검사할 적에 이용했던 변수 a, b가 $a < b$이라면 Step 4로 간다. 그렇지 않으면 Step 5로 간다.

Step 4 : r번째 유전자 자리에 1부터 $I-1$사이에 발생시킨 난수를 대입한다. Step 1로 간다.

Step 5 : r번째 유전자 자리에 1부터 $J-1$사이에 발생시킨 난수에 I를 더한 값을 대입한다. Step 1로 간다.

c. 유전적 조작

교차 : 지금까지 설명한 단순교차를 사용한다.

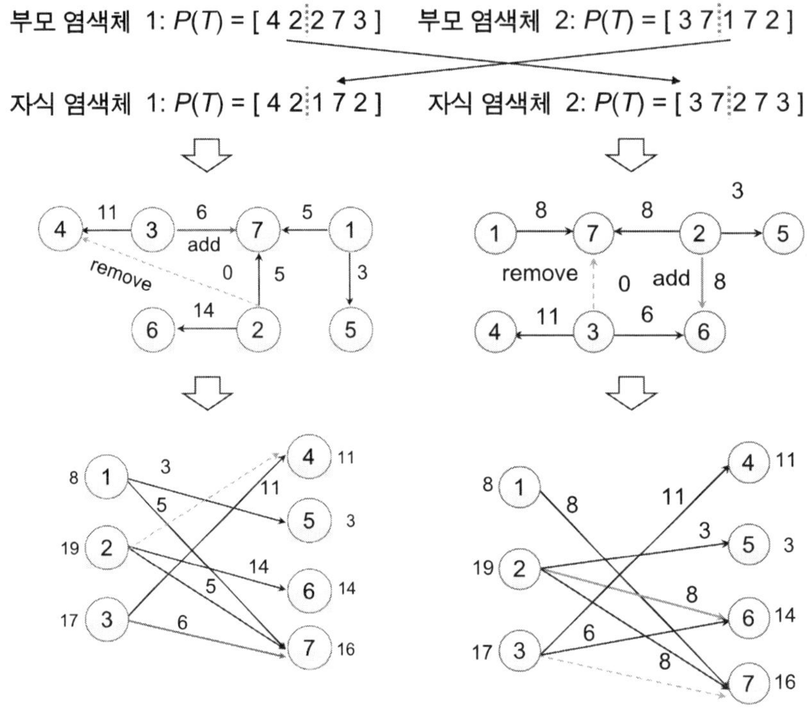

[그림 3.7] 단순 교차의 응용 예

돌연변이 : 역치(inversion)와 편위(displacement)

[역치 돌연변이] 염색체내에 범위를 설정하여 그 범위내를 역순으로 늘어놓아 바꾼다 (그림 3.8(a)).

[편위 돌연변이] 염색체내에 범위를 설정하여 그리고 이동할 곳을 결정한다. 이동할 곳에 범위내의 값을 이동시킨다.

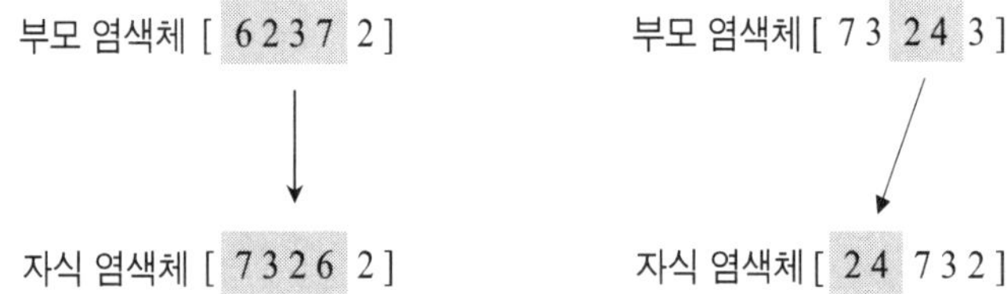

(a) 역치 돌연변이 (b) 편위 돌연변이

[그림 3.8] 돌연변이의 응용 예

평가함수 : 문제의 목적함수를 그대로 사용한다. 이것은 두 개의 Step에 의해 계산할 수 있다.

(1) Prüfer number에서 배송 노드로 변환

(2) 배송 트리에 의한 목적함수의 계산

선택 : $(\mu+\lambda)$선택법과 룰렛 선택법을 혼합한 선택법을 사용한다.

d. 신장 트리 GA

신장 트리 GA(st-GA)를 이용한 배송 계획 모델에 있어서의 처리 절차를 아래에 나타낸다.

```
procedure: st-GA for TP
input: TP data, GA parameters,
output: the best total shipping cost
begin
     t←0;
     initialize P(t) by Prüfer number encoding;
     evaluate eval(P) by Prüfer number decoding;
     while (not terminating condition) do
          create C(t) from P(t) by crossover routine
          create C(t) from P(t) by mutation routine
          evaluate eval(C) by Prüfer number decoding;
          select P(t+1) from P(t) and C(t);
          t←t+1;
     end
     output the best total shipping cost;
end
```

[그림 3.9] 수송 문제에 있어서 신장 트리 기반 GA

3.1.4 수치 실험

일반적인 배송 계획 문제에 있어서 유전 알고리즘의 유효성을 확인하기 위하여, 5종류의 수치 실험을 수행하였다. 이들 문제는 수요량과 공급량을 랜덤하게, 배송량을 [10, 100] 사이에, 또 배송 비용은 [5,25] 사이에 변화시키도록 작성했다.

시뮬레이션은 각 문제에 대해서 최적의 파라미터 초기값을 주어서 실행했다. 표 3.3에 신장 트리 GA(st-GA)와 행렬 기반 GA(m-GA)에 의하여 20회 시뮬레이션 결과의 평균을 나타낸다. 표 3.3으로부터, 각 문제에 있어서 st-GA가 m-GA보다 빠른 시간으로 최적해를 구하는 것이 확인할 수 있었다. 이것은 st-GA가 m-GA보다 배송 계획 모델의 해법으로서 적절하다는 것을 의미한다.

[표 3.3] 5개의 일반적인 배송에 근거한 비교 수치 실험 결과

문제의 크기	GA 파라미터		행렬GA		신장 트리 기반의 GA	
I × J	집단 크기	최대세대수	percent	ACT	percent	ACT
3 × 4	10	200	100 (%)	1.02	100 (%)	1.07
4 × 5	20	500	100 (%)	12.75	100 (%)	8.77
5 × 6	20	500	100 (%)	18.83	100 (%)	9.99
6 × 7	100	1000	100 (%)	1038.25	100 (%)	413.63
8 × 9	200	2000	100 (%)	4472.19	100 (%)	848.11

여기서, percent는 최적해를 구한 확률, ACT는 평균 계산 시간이다.

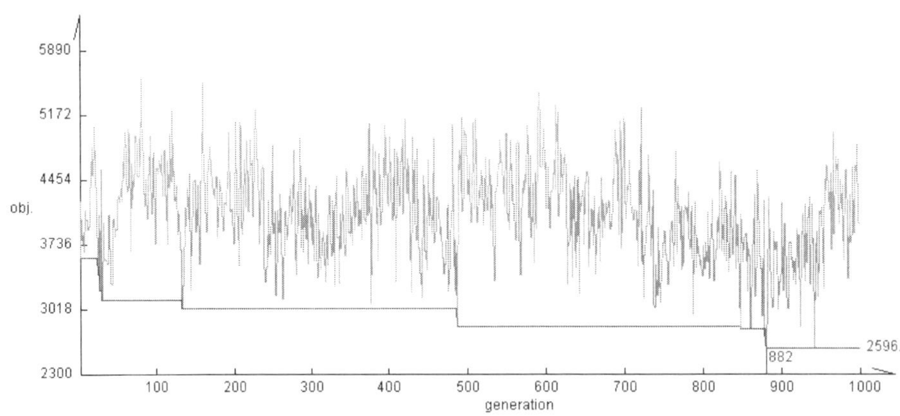

[그림 3.10] 신장 트리 기반GA에 의한 8×9크기 문제에서의 응용 예에 대한 해의 수렴 과정

3.2 2단계 물류 모델

물류 문제는 발생 지점에서 소비 지점까지 효율적인 배송 경로로 「물건」의 흐름과 보관, 서비스 및 관련되는 정보를 계획, 실행 및 제어하는 전과정의 최적화이다. 2 단계 물류 모델(Two-stage Logistics Network Model : tsLN)이란 플랜트와 배송 센터간을 제1단계, DC와 고객간을 제2단계로 생각하는 모델이다. 하나의 예로서 그림 3.11과 같이 나타낸다.

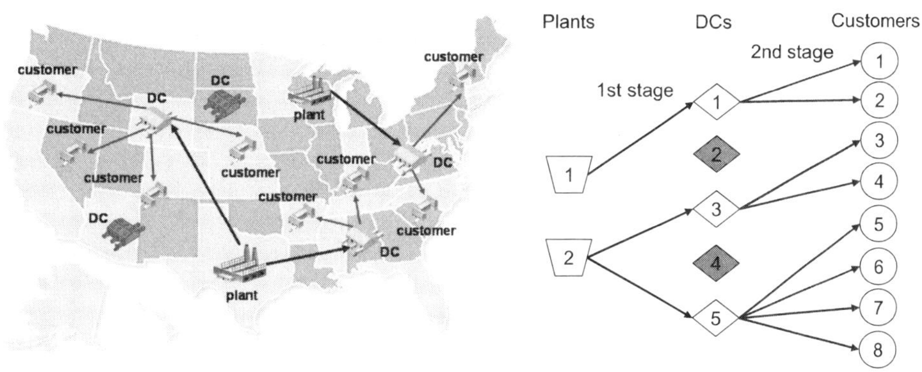

[그림 3.11] 2단계 물류 모델

여기서, tsLN의 특성에 적합하도록 새로운 인코딩 알고리즘과 디코딩 알고리즘을 갖는 우선 순위 기반 유전 알고리즘(priGA : priority-based Genetic Algorithm)을 소개한다. 더욱이 새로운 교차 기법으로서 Weight Mapping Crossover (WMX)에 대해서도 소개한다.

3.2.1 2단계 물류 모델과 정식화

그림 3.12와 같은 2단계 물류 모델은, 플랜트(공장) $i = 1, 2, \cdots, I$ 에서부터 DC $j = 1, 2, \cdots, J$, 고객 $k = 1, 2, \cdots, K$ 로 제품을 배송할 때, 플랜트의 공급량과 고객의 수요량이라는 제약에 의하여, DC의 운영 비용 및 배송 비용을 최소로 하는 2단계 물류를 계획하는 것이 목적이 된다. 이 2단계 물류 모델의 네트워크 수학 모델을 정식화하기 위하여 필요한 기호를 아래에 정의한다.

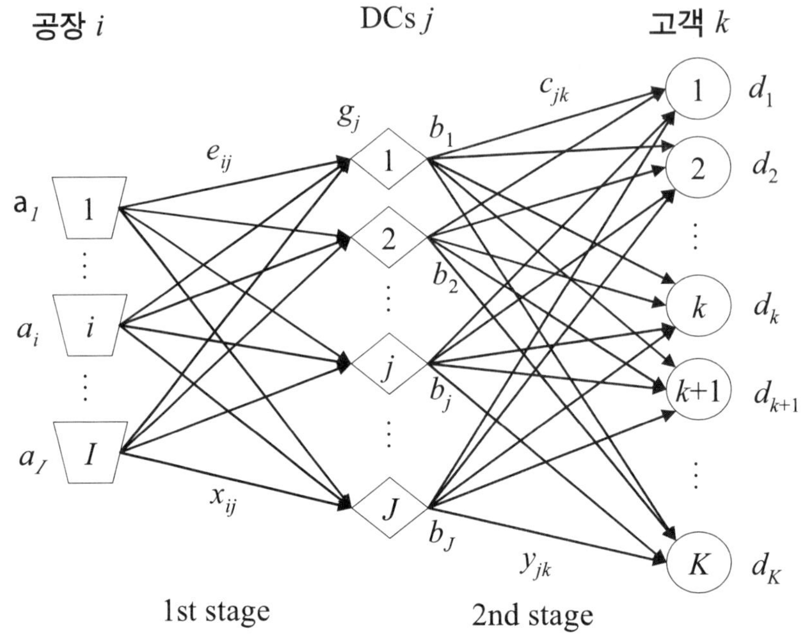

[그림 3.12] 2단계 물류 모델

[인덱스]

I : 플랜트 수 (i = 1, 2, ⋯, I)

J : DC 수 (j = 1, 2, ⋯, J)

K : 고객 수 (k = 1, 2, ⋯, K)

[파라미터]

a_i : 플랜트 i의 용량

b_j : DC j의 용량

d_k : 고객 k 의 요구

t_{ij} : 플랜트 i에서부터 DC j까지 배송 원가

c_{jk} : DC j에서부터 고객 k 까지 배송 원가

g_j : DC j를 조업하기 위한 고정 비용

W : 오픈 가능한 총 DC수의 상한 값

[결정 변수]

x_{ij} : 플랜트 i에서부터 유통 센터 j까지 출하량

y_{jk} : DC j 에서부터 고객 k 까지 출하량

z_j : 0-1변수, DC j가 오픈하는 경우 1, 그렇지 않는 경우 0

그림 3.7과 같은 모델에 있어서, 2단계에 의한 총비용이 최소로 하는 것을 고려하면 아래와 같은 수학 모델로서 나타낼 수 있다.

$$\min \quad Z = \sum_{i=1}^{I}\sum_{j=1}^{J} t_{ij}x_{ij} + \sum_{j=1}^{J}\sum_{k=1}^{K} c_{jk}y_{jk} + \sum_{j=1}^{J} g_j z_j \tag{3.35}$$

$$\text{s. t.} \quad \sum_{j=1}^{J} x_{ij} \le a_{i}, \qquad \forall i \tag{3.36}$$

$$\sum_{k=1}^{K} y_{jk} \le b_j z_{j}, \qquad \forall j \tag{3.37}$$

$$\sum_{j=1}^{J} z_j \le W, \tag{3.38}$$

$$\sum_{j=1}^{J} y_{jk} \le d_{k}, \qquad \forall k \tag{3.39}$$

$$\sum_{i=1}^{I}\sum_{j=1}^{J} x_{ij} = \sum_{j=1}^{J}\sum_{k=1}^{K} y_{jk} \tag{3.40}$$

$$x_{ij}, y_{jk} \ge 0, \qquad \forall i, j, k \tag{3.41}$$

$$z_j = \{0,1\} \qquad \forall j \tag{3.42}$$

3.2.2 우선순위 기반의 GA에 의한 해법

a. 우선순위 기반의 유전자 표현

유전자 표현은 GA 특성에 영향을 미치는 중요한 요소 중 하나이다. 또 tsLN은 네트워크로서 모델화가 가능하다. tsLN의 유전자 표현에는 Gen등(2006)[4]에 의해 제안된 우선순위 기반의 인코딩을 사용한다(그림 3.13). 유전자의 위치는 노드를 나타내기 위해서 사용되고, 그 값은 노드의 우선순위를 나타내기 위하여 사용된다. tsLN 제2단계의 염색체 길이는 고객의 수 (|K|)와 DC의 수 (|J|)의 합과 같다. 즉, |K| + |J|이다.

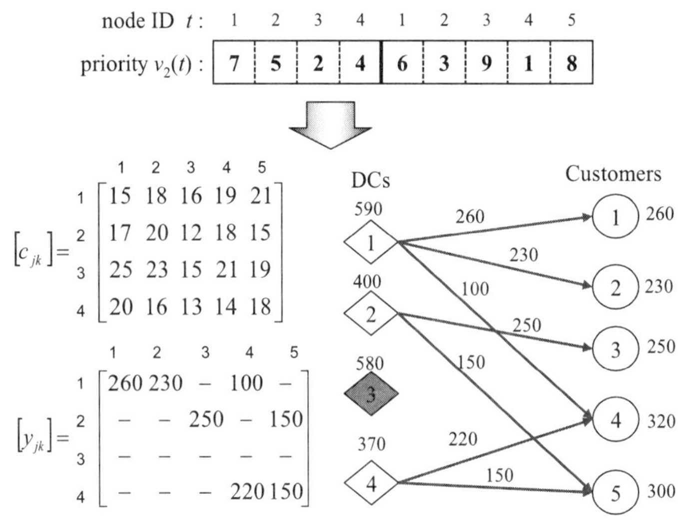

[그림 3.13] 우선 순위 기반의 GA 유전자 표현

[인코딩]

여기서는 그림 3.14에 나타낸 인코딩 알고리즘을 사용한다. 각 노드의 우선순위 할당은 유전자의 합계 (|J| + |K| = 9)부터 시작하여 모든 노드에 우선순위가 할당될 때까지 하나씩 줄여 나간다. 각 반복에 있어서 노드 중에서 최저 비용을 가진 것, 즉 이들의 요구(용량)와 같은 노드의 출하량이 선택되어, 그것은 최우선적으로 할당한다. 표 3.4는 우선순위에 기반한 인코딩(부호화)이 어떻게 실행되는가를 보여주기 위한 Trace 표이다.

procedure: transportation tree to priority-based code
input: J: number of DCs; K: number of customers
b_j': supply on DC j, $\forall j \in J$
d_k: demand of customer k, $\forall k \in K$
c_{jk}: shipping cost of one unit product from DC j to customer k
y_{jk}: amount of shipment from DC j to customer k
output: $v_2[t]$: 2nd stage code

step 0: priority $p \leftarrow (J+K)$, $v_2[t] \leftarrow 0$, $\forall t \in J+K$;
step 1: $(j', k') \leftarrow$ **argmin**$\{c_{jk} \mid y_{jk} \neq 0$ & $(b_j'=y_{jk} \parallel d_k=y_{jk})\}$;
step 2: $b_{j'}'=b_{j'}'-y_{j'k'}$, $d_{k'}=d_{k'}-y_{j'k'}$;
step 3: **if** $b_{j'}'=0$ **then** $v_2[j'] \leftarrow p$, $p \leftarrow p-1$;
if $d_{k'}=0$ **then** $v_2[J+k'] \leftarrow p$, $p \leftarrow p-1$;
step 4: **if** $(b_{j'}'=0\ \forall j' \in J)$ & $(d_{k'}=0,\ \forall k' \in K)$ **then goto** step 5;
else return step 1;
step 5: **for** $l=1$ **to** p **do**
$v_2[t] \leftarrow l$, $t=$**random**$[1, (J+K)]$ & $v_2[t]=0$;
step 6: **output** encoding $v_2[t]$, $\forall t \in J+K$

[그림 3.14] 제2단계의 염색체(DC에서부터 고객까지)의 인코딩 알고리즘

[인코딩 예]

구체적인 절차로서는, 우선 비용 행렬을 참조해서 최저 비용이 DC 2와 고객 3사이에 있는 것을 확인한다. 거기서 최우선 순위로서 9가 저장소 p = 9에 할당할 수 있다. 배송 트리로 부터 대응하는 아크를 없애 새로운 노드가 선택된다. 또 위에서 정의한 것처럼 반복해서 처리한다. 표 3.4에 인코딩의 과정을 Trace 표로 나타내 보인 것이다.

[표 3.4] 인코딩의 Trace 표

iteration	b	d	(j, k)	$v_2(j+k)$
0	(590, 400, 0, 370)	(260, 230, 250, 320, 300)	(2, 3)	[0 0 0 0 | 0 0 9 0 0]
1	(590, 150, 0, 370)	(260, 230, 0, 320, 300)	(1, 1)	[0 0 0 0 | 8 0 9 0 0]
2	(330, 150, 0, 370)	(0, 230, 0, 320, 300)	(2, 5)	[0 7 0 0 | 8 0 9 0 0]
3	(330, 0, 0, 370)	(0, 230, 0, 320, 150)	(4, 5)	[0 7 0 0 | 8 0 9 0 6]
4	(330, 0, 0, 220)	(0, 230, 0, 320, 0)	(4, 4)	[0 7 0 0 | 8 0 9 5 6]
5	(330, 0, 0, 0)	(0, 230, 0, 100, 0)	(1, 4)	[4 7 0 0 | 8 0 9 5 6]
6	(230, 0, 0, 0)	(0, 230, 0, 0, 0)	(1, 2)	[4 7 0 0 | 8 3 9 5 6]
7	(0, 0, 0, 0)	(0, 0, 0, 0, 0)	-	[4 7 2 0 | 8 3 9 5 6]
8	(0, 0, 0, 0)	(0, 0, 0, 0, 0)	-	[4 7 2 1 | 8 3 9 5 6]

[디코딩]

여기서는 그림 3.15에 나타낸 디코딩 알고리즘을 사용한다.

procedure 1: 2nd stage decoding
input: J : number of DCs, K : number of customers
    b_j: capacity of DC j, $\forall j \in J$
    d_k: demand of customer k, $\forall k \in K$
    c_{jk}: shipping cost of one unit product from DC j to customer k
    $v_2(j+k)$: chromosome, $\forall j \in J$, $\forall k \in K$
output: y_{jk}: the amount of shipment from DC j to customer k
    b_j': total customers demand on DC j

step 0: $y_{jk} \leftarrow 0$, $\forall j \in J$, $\forall k \in K$, $b_j' \leftarrow 0$, $\forall j \in J$
step 1: $l \leftarrow \text{argmax}\{v_2(t), t \in J+K\}$; select a node
step 2: **if** $l \in J$, **then** $j \leftarrow l$; select a DC
    $k^* \leftarrow$ **argmin**$\{c_{lk} \mid v_2(k) \neq 0, k \in K\}$; select a customer with lowest cost
  else $k \leftarrow l$: select a customer
    $j^* \leftarrow$ **argmin**$\{c_{jl} \mid v_2(j) \neq 0, j \in J\}$; select a DC with lowest cost
step 3: $y_{j^*k^*} \leftarrow \min\{b_{j^*}, d_{k^*}\}$; assign available amount of units
    $b_{j^*} \leftarrow b_{j^*} - y_{j^*k^*}$, $b_{j^*}' \leftarrow b_{j^*}' + y_{j^*k^*}$ and $d_{k^*} \leftarrow d_{k^*} - y_{j^*k^*}$; update the availability
step 4: **if** $b_{j^*} = 0$, **then** $v_2(j^*) \leftarrow 0$
    if $d_{k^*} = 0$, **then** $v_2(J+k^*) \leftarrow 0$
step 5: **if** $v_2(J+k) = 0$, $\forall k \in K$, **output** y_{jk}, b_j'
    else return step 1

[그림 3.15] 제2단계의 염색체(DC에서부터 고객까지)의 디코딩 알고리즘

[디코딩 예]

염색체에 있어서 고객 1에 대응하는 유전자 값이 최우선 사항 9을 가지므로 고객 3이 배송 트리에 추가되어 최저 비용은 DC 2과 고객 3사이에 있는 것을 안다. 최대 배송 가능량 g_{23} = min{400, 250} = 250으로부터 출하량을 결정한 후, DC의 용량 및 고객의 요구는 각각 b_1 = 400 - 250 = 150、 d_1 = 250 - 250 = 0으로 갱신된다. d_1 = 0으로부터 고객 3의 우선순위는 0으로 되고, 다음의 최우선 사항을 갖고 있는 고객 5가 선택된다. 고객 5와 DC 2사이의 아크를 더한 후, 그들 간의 출하량은 결정되고 위에서 설명된 것 같이 그들의 용량과 요구가 갱신된다. 이후, 모든 고객의 요구가 만족될 때까지 이 과정을 반복한다. 표 3.5는 디코딩 과정을 Trace 표로 나타낸 것이다.

[표 3.5] 디코딩 Trace 표

iteration	$v_2(j+k)$	$\boldsymbol{b}$	$\boldsymbol{d}$	j	k	y_{jk}
0	[7 5 2 4 | 6 3 9 1 8]	(590, 400, 580, 460)	(260, 230, 250, 320, 300)	2	3	250
1	[7 5 2 4 | 6 3 0 1 8]	(590, 150, 580, 460)	(260, 230, 0, 320, 300)	2	5	150
2	[7 0 2 4 | 6 3 0 1 8]	(590, 0, 580, 460)	(260, 230, 0, 320, 150)	4	5	150
3	[7 0 2 4 | 6 3 0 1 0]	(590, 0, 580, 310)	(260, 230, 0, 320, 0)	1	1	260
4	[7 0 2 4 | 0 3 0 1 0]	(330, 0, 580, 310)	(0, 230, 0, 320, 0)	1	2	230
5	[7 0 2 4 | 0 0 0 1 0]	(100, 0, 580, 310)	(0, 0, 0, 320, 0)	1	4	100
6	[0 0 2 4 | 0 0 0 1 0]	(0, 0, 580, 310)	(0, 0, 0, 220, 0)	4	4	220
	[0 0 2 4 | 0 0 0 0 0]	(0, 0, 580, 90)	(0, 0, 0, 0, 0)			

tsLN에서는 각 단계의 배송 트리를 나타내기 위하여 우선순위 기반 인코딩을 두 가지 사용 한다. 이것은 염색체가 각각 두 개의 부분에서부터 완성되는 것을 의미하고 있다. 1번째 부분은 플랜트와 DC간(제 1단계)의 배송 트리를 나타내고, 2번째 부분은 DC와 고객간 (제 2단계)의 배송 트리를 나타낸다. 그림 3.16에서, 예로써 3개의 플랜트와 4개의 DC와 5명의 고객을 갖는 경우의 염색체의 예를 나타낸다.

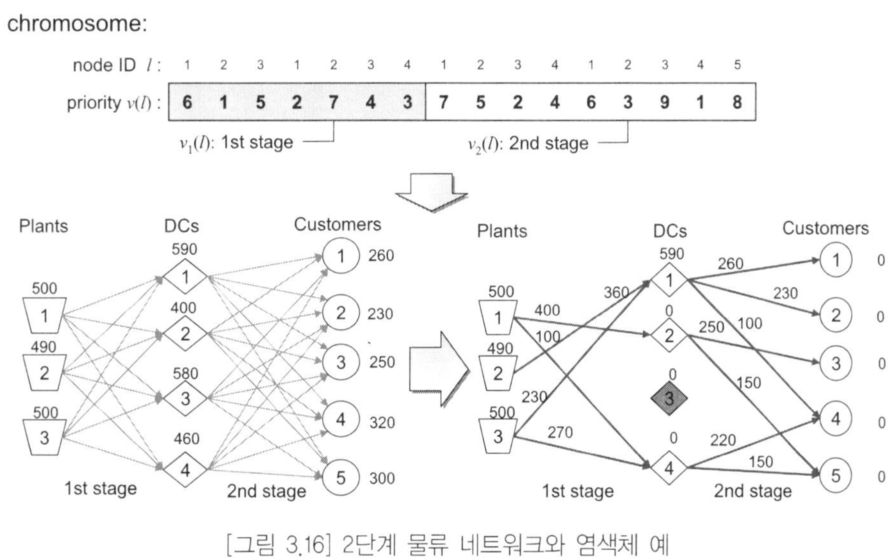

[그림 3.16] 2단계 물류 네트워크와 염색체 예

오픈하는 DC의 전체 용량은 고객의 전체 수요를 만족시켜야 한다. 따라서 우선 염색체의 제 2단계에 해당하는 부분부터 디코딩한다. 이 과정에서 결정된 제 2단계의 배송 트리는 어느 DC가 오픈되는가와 관계 있으며, 이것은 디코딩하는 과정에서 동시에 얻을 수 있다. 그 다음으로, 제 1단계의 배송 트리는, 제 2단계의 디코딩에서 오픈한 DC를 고려하면 구할 수 있다. 제 1단계에 있어서, 공급측과 저장소 DC의 연결로부터 오픈한 DC의 상한 값을 못 채우는 배송 트리를 구할 수 있다는 것은 최소 비용의 실현과 관련된다. 이것은 동시에 염색체가 실행 가능해를 나타낸다는 것을 의미한다.

b. 유전적 조작

교차(Weight Mapping Crossover: WMX)

이 WMX기법은 단순교차의 확장으로서 볼 수 있다(그림 3.17). 우선순위 기반 유전자 표현의 경우, 단순 교차를 이용하면 실행 불가능해가 얻어지는 경우가 많이 있다. 간단하게 말하면, 새롭게 생성된 염색체중에서 중복하는 값(우선 순위)이 존재하는 일이 발생한다. 그것을 회피하는데 있어서, WMX는 우선 순위 기반의 염색체에 대해서 유효하다고 말한다.

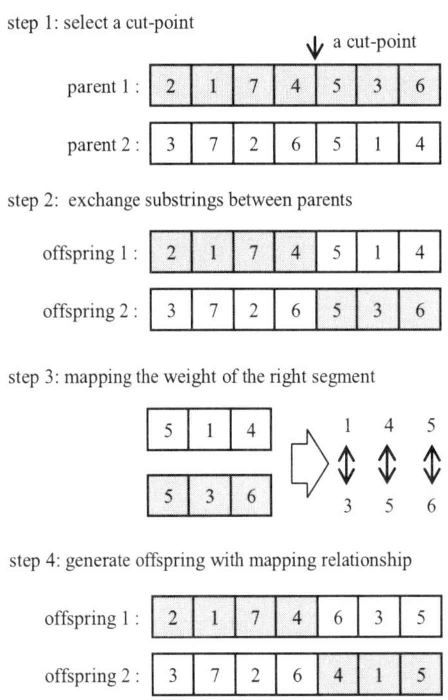

Step 1 : 단순교차의 요령으로 랜덤하게 절단점을 결정한다.

Step 2 : 절단점의 오른쪽을 사용하여 자식 염색체가 생성된다. 또 부모 자신의 오른쪽 부분은 재대응 된다.

Step 3 : 절단한 왼쪽 부분은 각각 오름차순으로 정렬할 수 있다. 여기서 서로에 대해 되는 수치를 검사한다.

Step 4 : Step 2에서 생성된 염색체의 오른쪽 부분을, Step 3의 대응 관계를 근거로 변경시킨다.

[그림 3.17] WMX교차기법의 예

돌연변이

다른 두 가지의 돌연변이법 즉, 삽입 돌연변이와 변환 돌연변이를 사용하여 각각 GA에 주어지는 효과에 대하여 조사한다(그림 3.18, 그림 3.19). 삽입 돌연변이란 유전자를 임의로 선택해서, 그 유전자를 임의로 선택한 위치에 삽입하며, 교환 돌연변이란 두 개의 숫자가 임의로 선택하여 이것들의 위치를 교환한다.

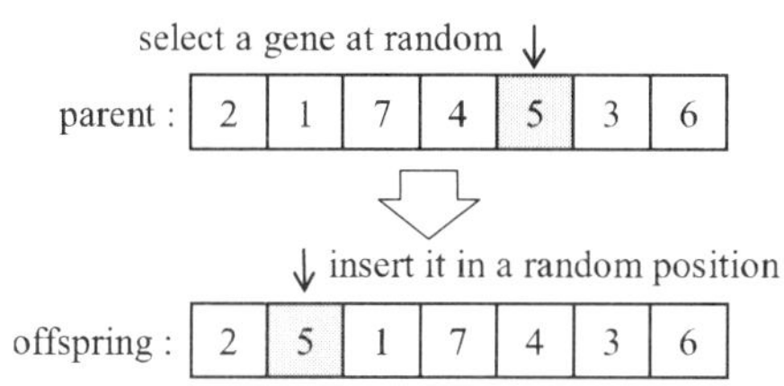

[그림 3.18] 삽입 돌연변이

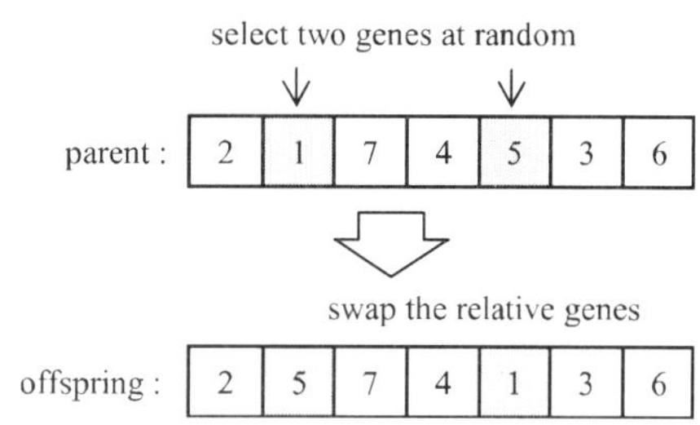

[그림 3.19] 교환 돌연변이

평가와 선택

평가함수에는 목적함수의 역함수를, 선택에는 룰렛 선택법을 사용한다.

3.2.3 수치 실험

여기서는 두 개의 실험을 실행한다. 먼저 다른 교차기법(WMX, PMX, OX, PX)과, 다른 돌연변이법(교환, 삽입)의 조합을 준비해서, WMX기법의 유용성에 대하여 비교 조사한다. 계속 해서 pri-GA와 2003년에 Syarif와 Gen [5]에 의해 제안된 Prüfer수를 이용하는 신장 트리 GA(st-GA)와 비교 실험을 실시하였다.

실험에서 이용한 2단계 물류 모델은 표 3.6에 나타낸 것처럼 7종류 문제에서, 플랜트 수를 3~40, DC수를 4~70, 고객 수를 5~100의 사이로 변화시켰다. 더욱이 비용과 수요량은 실제 문제를 고려하여 각각 1~20, 5~60사이에서 난수를 발생시켰다. 아래의 표 3.7과 3.8은 각 문제에 있어서 파라미터 값과 그것에 대한 최적해이다. 이 해는 GA를 이용하지 않고 LINDO(Linear Interactive and Discrete Optimizer)로 구한 것이다. 단, NP-hard이기 때문에 실용 시간 내에서의 최적해는 문제 1~4에서만 얻어지고 있다.

[표 3.6] 2단계 물류 모델의 수치 실험 문제

문제	플랜트 수 (I)	DCs 수 (J)	고객 수 (K)	최적값
1	3	4	5	1089
2	4	5	10	2283
3	4	5	15	2527
4	8	10	20	2886
5	10	20	40	-
6	15	25	50	-
7	40	70	100	-

[실험 1] 표 3.7에 나타낸 실험 결과는, 다른 초기 집단을 사용해서 10회 실험을 실행해서 교차율과 돌연변이율은 모든 실험에 있어서 0.5로 하고 있다. 교차와 돌연변이의 모든 조합은, 문제 1~3의 소규모 문제의 최적해를 구하지만, 최적해로부터의 퍼센트 편차 및 평균은 문제 크기에 따라 증가하고 있다.

[표 3.7] 다른 교차 기법과 돌연변이법의 조합에 의한 실험 결과

파라미터			WMX + Swap				WMX + Insertion			
문제	popSize	maxGen	최우량해	평균	최악해	ACT*	최우량해	평균	최악해	ACT*
1	10	300	1089	1089.0	1089	0.12	1089	1089.0	1089	0.12
2	20	1000	2283	2283.2	2285	0.78	2283	2283.8	2285	0.78
3	30	1500	2527	2527.0	2527	2.04	2527	2527.0	2527	2.05
4	75	2000	2886	2891.2	2899	12.99	2890	2893.7	2899	13.18
			PMX + Swap				PMX + Insertion			
			Best	Average	Worst	ACT*	Best	Average	Worst	ACT*
1	10	300	1089	1089.0	1089	0.12	1089	1089.0	1089	0.12
2	20	1000	2283	2284.0	2285	0.77	2283	2283.6	2285	0.78
3	30	1500	2527	2527.0	2527	2.01	2527	2527.0	2527	2.02
4	75	2000	2890	2894.0	2899	12.96	2890	2893.5	2899	13.15
			OX + Swap				OX + Insertion			
			Best	Average	Worst	ACT*	Best	Average	Worst	ACT*
1	10	300	1089	1089.0	1089	0.11	1089	1089.0	1089	0.11
2	20	1000	2283	2284.2	2285	0.63	2283	2283.8	2285	0.64
3	30	1500	2527	2527.0	2527	1.60	2527	2527.0	2527	1.62
4	75	2000	2886	2895.8	2905	9.94	2890	2895.9	2900	10.14
			PX + Swap				PX + Insertion			
			Best	Average	Worst	ACT*	Best	Average	Worst	ACT*
1	10	300	1089	1089.0	1089	0.12	1089	1089.0	1089	0.11
2	20	1000	2283	2283.6	2285	0.66	2283	2284.6	2285	0.66
3	30	1500	2527	2527.0	2527	1.69	2527	2527.0	2527	1.72
4	75	2000	2892	2898.0	2904	10.56	2895	2896.9	2901	10.64

여기서 ACT(Average Computing Time)란 평균 계산 시간을 나타낸다.

교차와 돌연변이의 조합된 결과는, 각각 조금 다른 것이지만, WMX기법과 교환 돌연변이의 조합은 다른 것보다 평균에 있어서 우수하다. 같은 문제 크기에서의 ACT는 대단히 가까운 값을 취하는 것이 확인할 수 있다. WMX기법과 교환 돌연변이를 조합한 평균을 고려하면, 그것 들은 허용되는 범위 안에 있는 것이 판명된다.

[실험 2] 다음으로, priGA와 앞 절에 설명한 신장 트리 GA(st-GA)에 의한 비교 실험을 수행했다. 이 실험에서는 표 3.8에 나타내듯이 파라미터에 의해 7개의 문제로 나누고 있다. st-GA의 단순교차와 삽입 돌연변이는, 그 확률을 0.5로 하고 있다. 또 실험 문제는 각각 10회씩 실행한다. st-GA 및 priGA의 해의 품질과 계산량의 비교로부터 최우량해, 평균, 최악의 비용, ACT에 대해서 다시 한번 고찰을 하였다.

표 3.8 st-GA와 priGA에 의한 비교 실험의 결과

	파라미터		st-GA				priGA			
문제	popSize	maxGen	최우량해	평균	최악해	ACT	최우량해	평균	최악해	ACT
1	10	300	1089	1175.4	1339	0.07	1089	1089.0	1089	0.12
	15	500	1089	1091.8	1099	0.16	1089	1089.0	1089	0.23
	20	1000	1089	1089.0	1089	0.35	1089	1089.0	1089	0.57
2	20	1000	2341	2402.5	2455	0.48	2283	2283.2	2285	0.78
	30	1500	2291	2375.2	2426	1.06	2283	2283.0	2283	1.76
	50	2000	2303	2335.8	2373	2.42	2283	2283.0	2283	4.10
3	30	1500	2781	2874.4	2942	1.25	2527	2527.0	2527	2.04
	50	2500	2719	2787.1	2874	3.43	2527	2527.0	2527	5.91
	100	4000	2623	2742.2	2796	11.85	2527	2527.0	2527	21.32
4	75	2000	3680	3873.8	4030	7.78	2886	2891.2	2899	12.99
	100	3000	3643	3780.4	3954	15.93	2886	2892.6	2899	26.85
	150	5000	3582	3712.5	3841	41.41	2886	2890.0	2893	71.76
5	75	2000	5738	5949.1	6115	18.29	2971	2985.3	3000	29.07
	100	3000	5676	5786.1	5889	36.88	2967	2980.6	2994	59.13
	150	5000	5461	5669.4	5835	94.33	2952	2973.2	2989	153.02
6	100	2000	7393	7705.6	8067	36.27	2975	2999.0	3025	56.32
	150	3000	7415	7563.8	7756	76.23	2963	2994.3	3005	130.29
	200	5000	7068	7428.5	7578	188.37	2962	2984.9	3000	295.28
7	100	2000	10474	11083.1	11306	177.03	3192	3204.2	3224	241.74
	150	3000	10715	10954.7	11146	395.52	3148	3184.3	3207	548.30
	200	5000	10716	10889.4	11023	875.03	3136	3179.6	3202	1213.65

priGA의 최우량 비용을 비교하는 경우, st-GA가 최초 문제의 최적해 만을 찾아낸 것에 대해서 priGA는 4개의 문제에 있어서 최적해를 이끌어내는 것을 간파할 수 있다. st-GA의 최적해에서의 평균 퍼센터 편차는 최초 문제를 제외하고 2.31%~30%로 되었다. 대규모 문제 (문제5, 6, 7)에서는 priGA의 최우량 비용은 st-GA에서 도출된 것보다 항상 작다는 것이 명확하다. 단 특별한 교차 처리를 필요로 하는 priGA는 st-GA보다도 많은 계산 시간을 필요로 했다. 또 아래에 기술한 실험 문제 4에서 구할 수 있는 염색체와 priGA의 진화 과정을 나타낸다.

[최적 염색체]

스테이지 1 :

1	2	3	4	5	6	7	8
1	2	18	8	15	16	7	4

1	2	3	4	5	6	7	8	9	10
5	3	17	11	13	14	12	6	9	10

스테이지 2 :

1	2	3	4	5	6	7	8	9	10
8	30	16	6	1	29	13	7	4	10

1	2	3	4	5	6	7	8	9	10	11	12	13	14	15	16	17	18	19	20
28	27	11	23	21	5	3	22	14	17	15	2	19	25	9	18	26	12	24	20

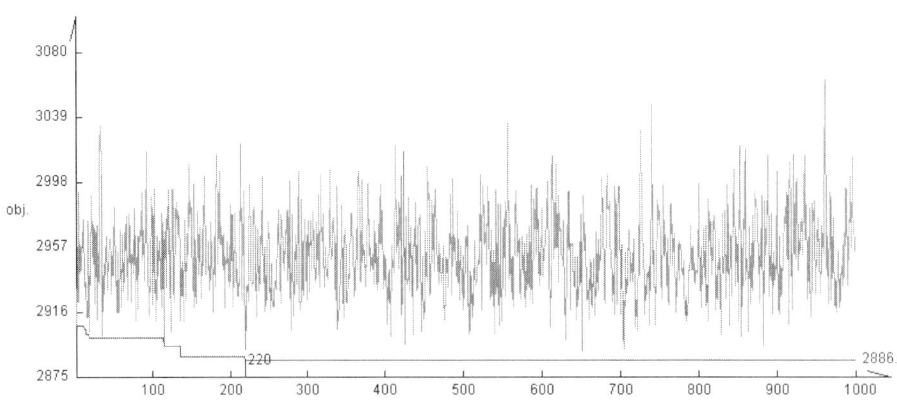

[그림 3.20] priGA에 의한 문제4(8×10×20)에 대한 해의 수렴 과정

3.3 차량 배송 모델

차량 배송 모델(VRP : Vehichle Routing Problem)이란, 배송 센터로부터 각 고객에게 차량을 이용해서 물자를 배송하는 경우에 어느 차량이 어떤 순서로 고객에게 돌면 좋은가를 계획하는 문제이다. 이 일은 배송의 효율적인 배송과 동시에 비용의 삭감을 목적으로 하고 있다.

여기서 배송센터와 고객의 위치와 그 사이의 거리, 배송에 사용하는 차량의 적재량과 주행 가능한 거리는 이미 알고 있다고 가정한다.

또 실제적인 문제로서 고려한 경우에는 트럭의 적재량, 각 고객에게 배달시간, 운전자의 노동시간 등 여러 가지 제약조건이 나온다. 그 중에서 배달시간의 제약을 부가한 것을 시간 범위제약 차량배송(VRP-tw : Vehichle Routing Problem with Time Window)모델이라고 부른다.

VRP-tw는 배송을 실시하는 각 고객에게 미리 가장 빠른 도착시각과 가장 늦은 도착시각이 주어지고 있어, 배송 센터에서부터 그림 3.21에 있는 시간범위 제약을 갖는 복수의 고객에게 배송차량의 비용을 최소로 하는 경로와 스케줄을 구하는 문제이다.

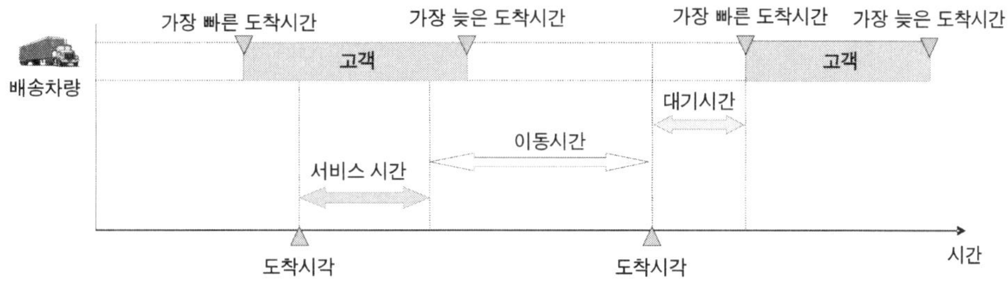

[그림 3.21] 시간범위 제약 차량배송 모델의 예

이 장에서는 VRP 모델의 확장으로서 복수차고 시간범위 제약 차량배송 모델을 다루어 GA에 의한 해법을 나타낸다.

3.3.1 복수차고 시간범위 제약 차량배송 모델

근래 소비자 요구의 다양화, 고도화에 의해 이른바 시간범위 제약 배송이 보급되고 있다. 따라서 시간범위 제약 차량배송 계획 문제 등 고객의 요구에 대응한 모델이 구축되어, GA 등의 소프트 컴퓨팅 기술을 이용한 해법이 유효한 기법으로서 제안되고 있다[6,7]. 보다 일반적인 배송 모델로서 시간범위 제약 차량배송 문제의 확장 문제인 복수의 배송센터를 갖춘 복수차고 시간범위 제약 차량배송 계획 문제(Multiple Depot Vehicle Routing Problem with Time Window: mdVRP-tw)모델이 있다[8].

mdVRP-tw는 보통 현실 사회에 있어서 고객 수가 배송센터의 수보다 훨씬 많기 때문에, 처음에 어느 고객들을 어느 DC에 할당할까 클러스터링(Clustering)을 실시해, 그 후에 배송 경로를 결정한다. mdVRP-tw는 복수의 DC로부터 복수의 차량을 사용해, 시간범위 제약을 가지는 각 고객에 대해 서비스를 실시하기 위해 VRP에 비해 보다 복잡한 문제가 된다. 여기서는 아래와 같은 가정을 고려하여 모델화한다.

A1 : 모든 거리는 유클리드 거리(Euclidean Distance)에 의해 표현된다.

A2 : 각 고객은 1 개소의 DC에서 서비스를 받는다.

A3 : DC를 출발한 차량은 반드시 원래의 DC로 되돌아 온다.

A4 : 각 고객에게는 1대의 차량에 의해 한 번의 배송이 이루어 진다.

A5 : 각 차량의 최대 적재량은 같다.

A6 : 하나의 배송 경로의 고객의 총수요량은 차량의 최대 적재량을 초과하지 않는다.

A7 : 각 고객은 각각 시간범위 제약의 기간 내에 서비스를 받는다.

A8 : 각 차량에는 각각 최대 가동시간이 설정되어 있다.

mdVRP-tw모델의 목적은 DC의 용량 및 시간범위 제약을 만족시키고, 최소 비용을 실현하기 위하여, 각 고객의 DC의 할당 및 각 차량의 배송 경로를 결정하는 것에 있다. 또 VRP-tw 모델이 NP-hard 문제이므로 mdVRP-tw 모델도 일종의 NP-hard 문제라고 말할 수 있다. 여기서 mdVRP-tw 모델에 있어서 각 고객의 수요와 시간범위 제약을 만족시키고 각 차량의 배송 경로를 결정하기 위하여 문제를 2개의 단계로 분할한다. 단계 1에 있어서 각 고객의 DC의 할당을 이행하고, 단계 2에 있어서 배송 경로를 결정한다.

더욱이 mdVRP-tw 모델에서는 아래와 같이 가정한다.

A9 : DC의 수가 복수

A10 : 네트워크의 종류가 무향

A11 : 배송차량을 구별하지 않는다

A12 : 1대의 배송차량이 서비스하는 고객은 복수

A13 : 배송차량의 적재량 제약이 있다

A14 : 배송차량 가동시간의 상한 제약이 없다

A15 : 회전을 고려하지 않는다

A16 : 비용으로서 각 차량 거리를 고려한다

A17 : 목적함수는 각 차량의 총 주행거리의 최소화

a. 단계 1 : 클러스터링

단계 1에서, 각 고객은 클러스터링에 의해 지리적으로 몇 개의 집합으로 분할되어 각 DC에 할당할 수 있고, 각각의 그림3.22에 나타나는 어느 쪽의 DC에 의해 서비스를 받는다.

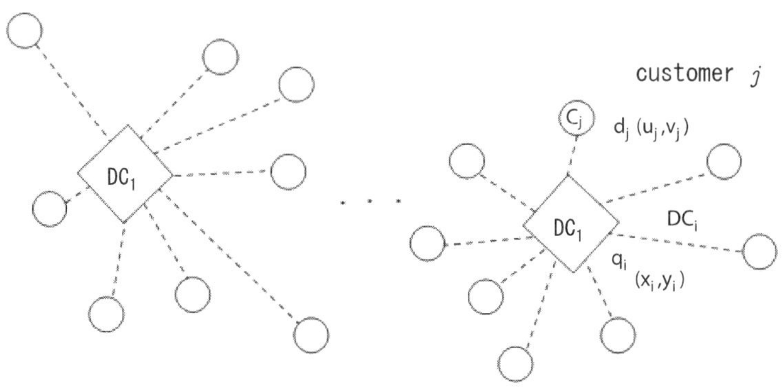

[그림 3.22] 각 고객에 대한 DC에의 할당

여기서의 목적은 DC가 할당 되어진 고객의 수요를 만족시키고, 각 고객과 할당되는 DC 간의 총 거리를 최소로 하는 것이다. 수학 모델은 아래와 같이 정식화된다 :

[인덱스]

i : 배송센터 번호 (i = 1,2,...,m)

j : 고객번호 (j = 1,2,...,n)

[파라미터]

q_i : 배송센터 i의 최대 용량

d_j : 고객 j의 수용량

p_{ij} : 고객 j에서 배송센터 i까지 거리

[결정 변수]

x_{ij} = 1 고객 j가 배송센터 i에 할당되고 있는 경우 1, 그 외의 경우 0이 된다.

$$\min \quad \sum_{i=1}^{m}\sum_{j=1}^{n} p_{ij}x_{ij} \tag{3.43}$$

$$\text{s. t.} \quad \sum_{j=1}^{n} d_j x_{ij} \le q_i, \quad (i = 1, 2, ..., m) \tag{3.44}$$

$$\sum_{i=1}^{m} x_{ij} = 1, (j = 1, 2, ..., n) \tag{3.45}$$

$$x_{ij} \in \{0, 1\}, \quad \forall i, j \tag{3.46}$$

식 (3.44)는 특정의 DC i에 있어서 할당되어진 고객의 총수요가 DC의 용량을 초과하지 않는 것을 나타내며, 식 (3.45)에서는 각 고객은, 1개소의 DC에서 서비스를 받는 것을 나타내고 있다.

여기서 클러스터링 예로서 3개소의 DC, 20 고객의 예를 그림 3.23에 소개한다. 그 때의 각 DC의 용량과 배송처인 각 고객의 수요량을 각각 나타내 보인다.

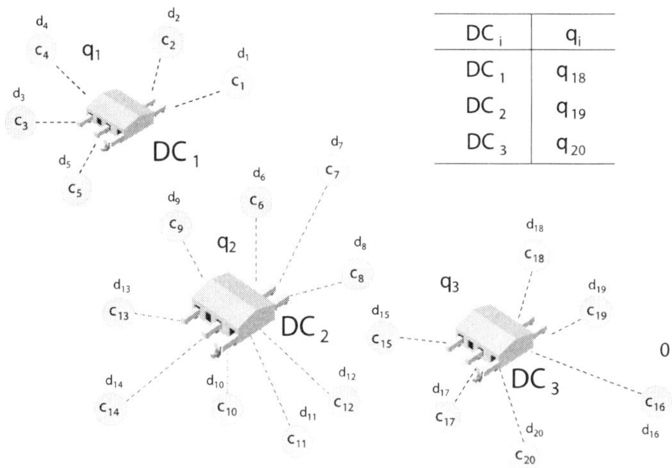

DC_i	q_i
DC_1	q_{18}
DC_2	q_{19}
DC_3	q_{20}

c_j	d_j	c_j	d_j
c_1	150	c_{11}	50
c_2	75	c_{12}	75
c_3	100	c_{13}	60
c_4	45	c_{14}	145
c_5	90	c_{15}	120
c_6	110	c_{16}	110
c_7	85	c_{17}	105
c_8	125	c_{18}	125
c_9	55	c_{19}	55
c_{10}	75	c_{20}	155

q_i : 배송센터 i 의 용량
d_j : 고객 j 의 수요량

[그림 3.23] 클러스터링 예

b. 단계 2 : 경로 결정

단계 2에서는, 단계 1의 각 고객의 배송센터에의 할당 결과에 근거하여 각 차량의 총이동 거리를 최소로 하는 배송경로 결정을 수행하고 동시에 모든 제약 조건을 만족시키지 않으면 안 된다. 각 고객에는 시간범위 제약으로서 가장 빠른 도착시각과 가장 늦는 도착시각이 이미 주어지고 있고, 각 차량은 각 고객의 가장 늦는 도착시각보다도 먼저 도착하지 않으면 안 된다. 한편 가장 빠른 도착시각 전에 도착한 경우는 도착시각으로부터 가장 빠른 도착시각까지 기다림이 발생한다.

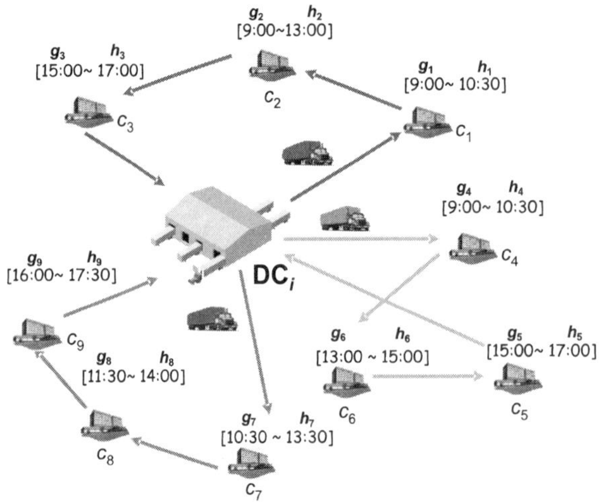

c_j	g_j	h_j	s_{ij}
c_1	09:00	10:30	30
c_2	09:00	13:00	30
c_3	15:00	17:00	25
c_4	09:00	10:30	30
c_5	15:00	17:00	25
c_6	13:00	15:00	30
c_7	10:30	13:30	30
c_8	11:30	14:00	40
c_9	16:00	17:30	20

DC_i : i 번째 DC

c_j : 고객 j

g_j : 고객 j 의 가장 빠른 도착시간

h_j : 고객 j 의 가장 늦은 도착시간

s_{il} : 고객 i 에 있어서 고객 j 의 서비스 시간

[그림 3.24] VRP-tw의 예

[인덱스]

i : 배송센터(DC) 번호

j, k : DC i에 클러스터링 된 고객 번호

e : DC i에 클러스터링 된 차량 번호

[파라미터]

n : 총고객수

l : 총차량 대수

g_j : 고객 j의 가장 빠른 도착시각

h_j : 고객 j의 가장 늦은 도착시각

Y_e : 차량 e의 최대 적재량

s_{ij} : 배송센터 i에 있어서 고객 j의 서비스 시간

c_{jk} : 고객 j에서부터 고객 k까지의 이동 거리

t_{jk} : 고객 j에서부터 고객 k 까지의 이동 시간

r_{ei} : 배송센터 i에 있어서 차량 e의 최대 가동 시간

[결정 변수]

a_{ij} : 배송센터 i에 있어서 고객 j의 도착 시간

w_{ij} : 배송센터 i에 있어서 고객 j의 대기 시간

z_{eijk} = 1 배송센터 i에 소속하는 차량 e 가 고객 j로부터 고객 k 에 이동하는 경우.
그 외의 경우 $z_{eijk} = 0$.

각 고객의 수요와 시간범위 제약을 만족시키고, 각 차량의 총 이동 거리를 최소로 하는 배송경로 선택을 위한 수학 모델은 아래와 같이 정식화된다.

$$\min \quad \sum_{i=1}\sum_{e\in E_i}\sum_{j\in C_i}\sum_{k\in C_i} c_{jk} z_{eijk} \tag{3.47}$$

$$\text{s. t.} \quad \sum_{e\in E_i}\sum_{j\in C_i} z_{eijk} = 1, \quad \forall j,\, k \in C_i - \{0\}, \tag{3.48}$$

$$\sum_{j\in C_i}\sum_{k\in C_i-\{0\}} d_k z_{eijk} \le Y_e, \quad \forall i,\ e\in E_i \tag{3.49}$$

$$\sum_{k\in C_i} z_{ei0k} = 1, \quad \forall e \in E_i,\, i \tag{3.50}$$

$$\sum_{j\in C_i-\{0\}} z_{eijk} - \sum_{k\in C_i-\{0\}} z_{eijk} = 0, \quad \forall e\in E_i,\, i \tag{3.51}$$

$$\sum_{j\in C_i} z_{eij0} = 1, \quad \forall e\in E_i,\, i \tag{3.52}$$

$$a_{ik} + M(1 - z_{eijk}) \ge (a_{ij} + s_{ij}) + t_{jk}, \quad \forall i,\ j,\, k\in C_i,\, e\in E_i \tag{3.53}$$

$$\sum_{j=1}^{n_i}\sum_{k=1}^{n_i} (s_{ij} + t_{jk} + w_{ik}) z_{eijk} \le r_{ei}, \ \forall e,\, i \tag{3.54}$$

$$\sum_{e=1}^{E}\sum_{j=1}^{n}(a_{ij}+s_{ij}+t_{jk}+w_{ik})z_{eijk}\le a_{ik},\ \forall i,\ k \tag{3.55}$$

$$g_j \le (a_{ij}+w_{ij}) < h_j,\ \forall i,\ j \tag{3.56}$$

$$z_{eijk}=0 \text{ or } 1 \qquad \forall e\in E_i,\ \forall i,\ j,\ k\in C_i \tag{3.57}$$

식 (3.48)은 1대의 차량 e만이 직접 고객 j에서부터 고객 k에 주행하는 것을 나타내며, 식 (3.49)는 각 배송경로의 고객의 총수요가 차량 e의 용량을 초과하지 않는 것을 나타낸다. 또 식 (3.50), (3.51), (3.52)에 의해 DC를 출발한 차량은 반드시 본래의 DC로 돌아오는 것을 보증 것이다. 더욱이 부등식 (3.53)은 DC i의 차량 e가 고객 j에서부터 고객 k까지 이동하는 경우 차량 e가 $(a_{ij}+w_{ij})+t_{jk}$보다 이전에 고객 k에 도착하지 않는 것을 나타내고 있다. 식 (3.54)는 차량 e의 최대 가동 시간을 나타내고 있다. 마지막 식(3.55) (3.56)에 의해 시간범위 제약을 보증한다.

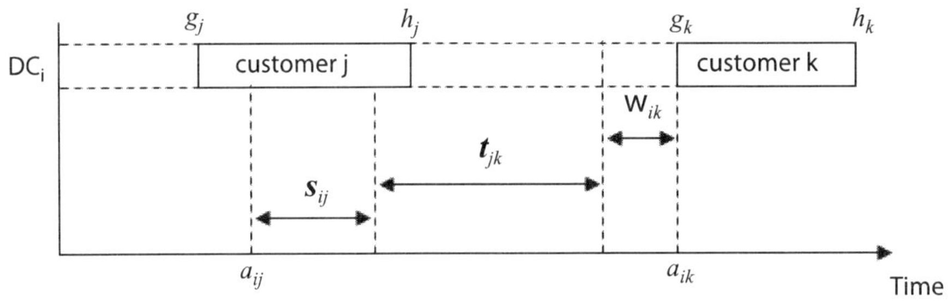

[그림 3.25] 시간 범위 제약

3.3.2 유전 알고리즘에 의한 해법

mdVRP의 해법으로서 개량 우선순위 기반 염색체에 의한 해법을 소개한다. 이번의 해법에 있어서 단계 1인 클러스터링에 parallel assignment 법을 사용하여 경로선택을 수행하는 단계 2에 GA를 적용한다.

a. 단계 1 : 클러스터링

클러스트링을 수행하여 합계 거리가 최소한이 되도록 각 DC에의 고객의 할당을 결정한다 (그림 3.26). 여기서는 클러스터링 기법으로서 Tansini 등이 제안한 parallel assignment을 사용한다[9].

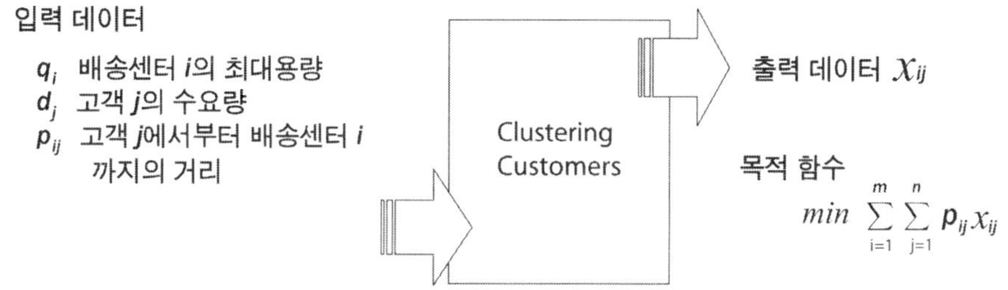

[그림 3.26] 클러스터링 처리에 있어서 데이터 흐름

b. 단계 2 : 경로 결정

각 고객의 수요와 시간범위 제약을 만족시키고, 각 차량의 총 이동거리를 최소로 하는 배송경로를 결정한다(그림 3.27). 여기서는 市毛(이치게) 등이 2006년에 제안한 하이브리드 유전 알고리즘[10]을 소개한다.

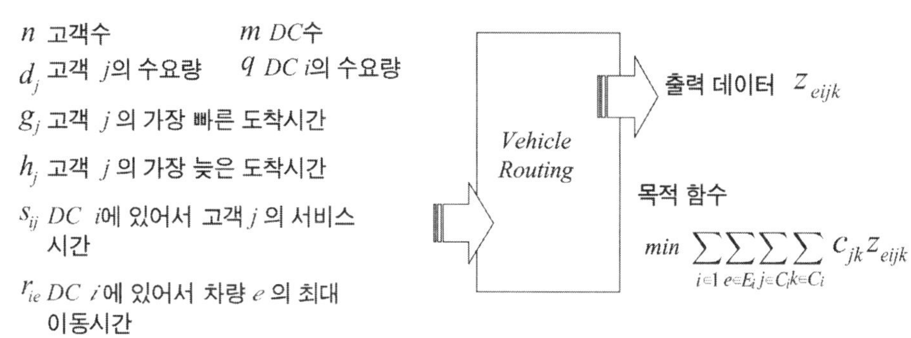

[그림 3.27] 경로 결정 처리에 있어서 데이터 흐름

[유전자 표현] 여기서는 우선순위 기반 표현을 발전시킨 개량 우선순위 기반 염색체 표현을 사용한다. 또 그 특성과 종래의 우선순위 기반 표현과의 다른 점에 대해서도 설명한다. 비교에 사용하는 수치 예로서 표 3.9에 나타낸다. 배송센터 1개소, 고객수 12, 차량의 최대 적재량 200의 수치 데이터를 사용한다.

[표 3.9] 각 고객수의 좌표, 수요량 및 시간범위

j	j^*	(x_j, y_j)	d_j	g_j	h_j	s_j
0	0	(3, 4)	0	0	250	0
1	5	(4, 5)	60	55	120	10
2	4	(2, 7)	50	45	100	10
3	6	(5, 4)	30	70	100	10
4	7	(6, 2)	10	80	120	10
5	1	(1, 3)	30	30	80	10
6	8	(2, 3)	30	95	130	10
7	9	(2, 5)	80	100	140	10
8	2	(10, 5)	80	35	70	10
9	10	(5, 6)	5	110	150	10
10	3	(3, 6)	40	40	60	10
11	12	(3, 2)	60	120	180	10
12	11	(5, 3)	80	110	160	10

$$J = \left\{ j \,|\, 1, 2, \cdots, N \right\}$$
$$J^* = \left\{ j^* \,\middle|\, g_{j_j} \leq g_{j_{j+1}}, j = 1, \cdots, N \right\}$$
$$j^* \in J^*$$

개량 우선순위 기반 염색체에는 시간범위 제약을 만족시키기 위하여 가장 빠른 도착시각이 빠른 고객의 순서로 정렬을 실시하여 참조 해집합으로 사용한다.

그 때문에 각 고객을 가장 빠른 도착시각의 빠른 순서로 정렬을 수행한다. 가장 빠른 도착시각의 오름 순서에 의한 정렬의 결과 : 5-8-10-2-1-3-4-6-7-9-12-11 (참조 해집합)

[개량 우선순위 기반 염색체의 표현 방법]

개량 우선순위 기반의 인코딩에는 먼저 우선순위 기반 인코딩을 사용한다. 각 유전자 노드 ID에 의해 각 유전자의 값, 즉 우선순위를 나눗셈 처리한다. 이렇게 함으로서 도착시각이 가장 빠른 고객부터 각 경로가 시작되는 확률을 향상시켜, 초기해의 품질 향상을 도모함과 동시에, 1대의 차량에 보다 많은 고객을 할당하는 것을 가능하게 한다(그림 3.28). 이해가 어려운 설명임. 알고리즘 설명이 부족함

node ID (l)	1	2	3	4	5	6	7	8	9	10	11	12
priority $v(l)$	4	12	1	11	2	9	3	6	7	5	8	10

node ID (l)	1	2	3	4	5	6	7	8	9	10	11	12
priority $v(l)$	4.00	6.00	0.33	2.75	0.40	1.50	0.42	0.75	0.77	0.50	0.72	0.83

[그림 3.28] 우선순위 기반 표현(위)과 개량 우선순위 기반 표현(아래)

또 디코딩 처리에 있어서 우선순위에 의해 선택된 유전자의 좌우의 유전자도 고려함으로써 지역해 탐색 능력을 부가한 기법을 제안한다. 그 예를 표 3.10의 Trace 표에 제시하였다.

각 고객은 종래 기법과 같게 가장 빠른 도착시각에 대하여 오름차순이 되도록 정렬할 수 있다. 그리고 정렬된 고객 번호는 염색체 안의 노드 ID에 대응된다. 각 Step에서는 가장 높은 우선순위를 갖는 유전자와 그 좌우 유전자가 선택되어 이동 거리가 가장 짧은 고객이 선택되어 배송 경로에 할당할 수 있다.

[표 3.10]: 개량 우선순위 기반 염색체의 디코딩 예(한대째의 차량)

e	j	C	$V_k(j)$		j	j *	d_j	Y_e
1	s	{1,2,3,4,5,6,7,8,9,10,11,12}	$v(2)$=6	**$v(1)$: p_{01} = 2.23** **$v(2)$: p_{02} = 3.60** **$v(3)$: p_{03} = 1.14**	3	6	30	30
	3	{1,2,4,5,6,7,8,9,10,11,12}	$v(4)$=2.75	**$v(4)$: p_{34}= 2.00** **$v(5)$: p_{35}= 2.82**	4	7	10	40
	4	{1,2,5,6,7,8,9,10,11,12}	$v(6)$=1.5	**$v(5)$: p_{45} = 2.00** **$v(6)$: p_{46} = 8.00** **$v(7)$: p_{47} = 3.16**	5	1	60	100
	5	{1,2, 6,7,8,9,10,11,12}	$v(12)$=0.83	**$v(11)$: $p_{5,11}$ = 2.23** **$v(12)$: $p_{5,12}$ = 3.16**	11	12	60	160

표 3.11과 같이 선택된 유전자의 좌우의 유전자도 고려해서 각 노드에의 이동 거리를 계산해서 최단 노드를 선택하는 것으로 배송경로를 결정해 나간다. 두 대째 이후의 차량도 한 대째의 차량과 같게 할당을 수행한다.

[표 3.11]: 개량 우선순위 기반 염색체의 디코딩 예(계속)

e	j	C	$V_k(j)$		j	j *	d_j	Y_e
2	11	{1,2, 6,7,8,9,10,12}	$v(2)$=6	**$v(1)$: p_{01} = 2.23** **$v(2)$: p_{02} = 3.60**	1	5	20	20
	1	{2, 6,7,8,9,10,12}	$v(6)$=1.5	**$v(6)$: p_{16} = 2.82** **$v(7)$: p_{17} = 1.41**	7	9	80	100
	7	{2, 6, 8,9,10,12}	$v(12)$=0.83	**$v(10)$: $p_{7,10}$ = 2.14** **$v(12)$: $p_{7,12}$ = 3.60**	10	3	40	140
3	10	{2, 6,8,9,12}	$v(2)$=6	**$v(2)$: p_{02} = 3.16**	2	4	50	50
	2	{6,8,9,12}	$v(6)$=1.5	**$v(6)$: p_{06} = 1.00**	6	8	30	80
	6	{8,9,12}	$v(12)$=0.83	**$v(12)$: $p_{0,12}$ = 2.00**	12	11	80	160
4	12	{8, 9}	$v(8)$=0.75	**$v(8)$: p_{08} = 7.07**	8	2	10	10
	8	{9}	$v(9)$=0.5	**$v(9)$: p_{09} = 3.60**	9	10	5	15

디코딩의 결과, 그림 3.29의 두 개의 염색체에 의해 얻어진 배송 경로를 그림 3.23에 나타낸다.

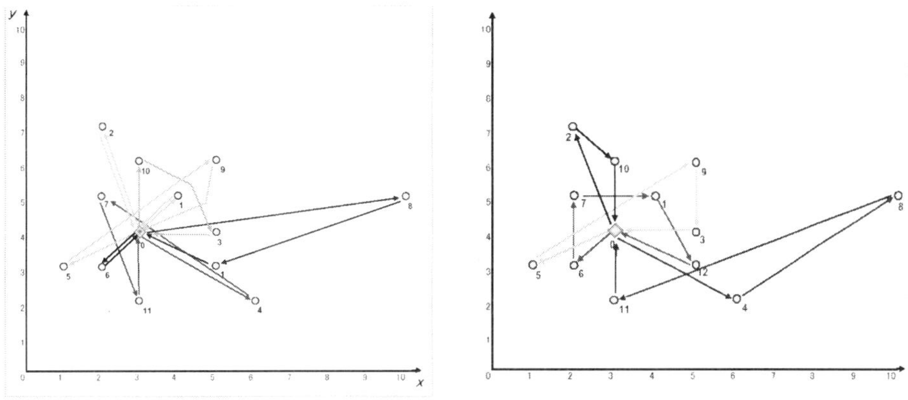

$$C = \begin{cases} w_1: c_4 - c_7 - c_{11} \\ w_2: c_8 - c_{12} \\ w_3: c_{10} - c_3 \\ w_4: c_2 \\ w_5: c_5 - c_9 \\ w_6: c_1 \\ w_7: c_6 \end{cases}$$

차량 대수 : 7 ($w_1 \sim w_7$)
총 주행거리 : 58.49674

$$C = \begin{cases} w_1: c_6 - c_7 - c_1 - c_{12} \\ w_2: c_5 - c_9 - c_3 \\ w_3: c_4 - c_8 - c_{11} \\ w_4: c_2 - c_{10} \end{cases}$$

차량 대수 : 4 ($w_1 \sim w_4$)
총 주행거리 : 45.92023

[그림 3.29] 우선순위 기반을 이용한 결과(좌)와 개량 우선순위 기반 염색체를 이용한 결과(우)

그림 3.29과 같이 그림 3.28에 있는 염색체에 의한 배송경로 결정이 이루어졌다. 종래 기법에 비해 사용 차량대수, 총 주행거리와 함께 개선이 확인할 수 있다. 이 장에서의 수치 실험에는 이 개량 우선순위 기반 염색체를 사용한다.

c. 유전적 조작

교차 기법 : Order Crossover (OX)

교차 기법으로서, 여기서는 Davis등이 제안한 Order Crossover (OX)를 사용한다[11]. OX 교차법은 아래의 절차에 의해 수행된다(그림 3.30).

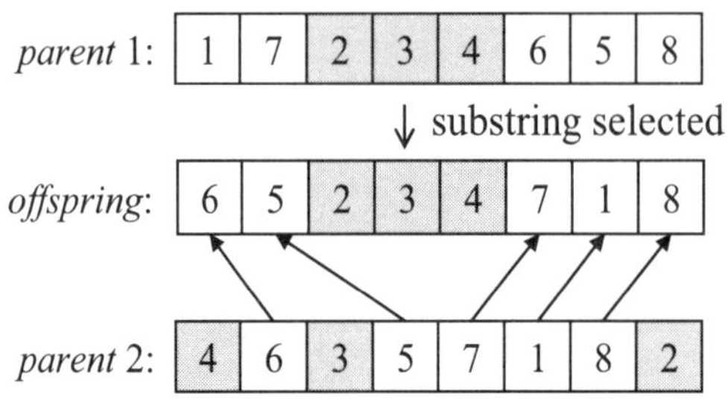

[그림 3.30] Order Crossover (OX)

돌연변이

돌연변이에는 지금까지 사용한 교환 돌연변이를 이용한다.

평가와 선택

총 이동거리를 고려한 평가함수는 아래와 같이 정의한다.

$$eval(v_k) = \frac{1}{f(x)} = \frac{1}{\sum_{i=1} \sum_{e \in E_i} \sum_{j \in C_i} \sum_{k \in C_i} c_{jk} z_{eijk}}$$

선택기법에 대해서는 다음 세대에 최우량 염색체를 보존하는 엘리트 전략을 이용한다. 또 mdVRP-tw에 적용하는 GA은 아래에 나타낸다.

```
procedure: pGA for mdVRP-tw
input: mdVRP-tw data, GA parameters
output: the best solution
begin
    t←0;
    initialize P(t) by priority-based encoding;
    evaluate eval(P) by priority-based decoding;
    while (not terminating condition) do
        create C(t) from P(t) by OX routine;
        create C(t) from P(t) by swap mutation routine;
        evaluate eval(C) by priority-based decoding;
        select P(t+1) from P(t) and C(t) by elitist selection;
        t←t+1;
    end
    output the best solution;
end
```

[그림 3.31] 복수 차고 시간범위 제약 차량배송 문제에 있어서 우선 순위 기반 GA

3.3.3 수치 실험

수치 실험에는 배송센터 1개소, 고객수 30의 문제를 사용했다(표 3.12). 여기서는 각 고객의 서비스 시간을 1로 해서, 각 배송차량의 최대 적재량을 400으로 한다. 또 GA에서 설정은 집단 크기 : *popSize* = 100, 최대 세대수 : *maxGen* = 1000, 종료 조건을 100세대로 계속해서 최우량해가 갱신되지 않았던 경우로 하고 있다.

[표 3.12] 각 고객의 위치, 수용량 및 시간범위 제약

j	(u_j, v_j)	d_j	g_j	h_j	j	(u_j, v_j)	d_j	g_j	h_j	j	(u_j, v_j)	d_j	g_j	h_j
1	(3, 13)	50	3	4	11	(18, 19)	30	10	12	21	(27, 2)	30	17	18
2	(3, 17)	50	4	5	12	(19, 9)	10	15	16	22	(27, 4)	30	16	18
3	(6, 18)	60	5	7	13	(19, 21)	10	18	20	23	(27, 17)	10	10	12
4	(8, 17)	30	2	9	14	(21, 22)	10	1	7	24	(28, 7)	60	13	14
5	(10, 14)	90	10	11	15	(23, 9)	40	6	9	25	(29, 14)	30	5	8
6	(14, 13)	10	12	13	16	(23, 22)	51	8	9	26	(29, 18)	20	6	8
7	(15, 11)	20	11	13	17	(24, 11)	20	4	6	27	(30, 1)	30	7	9
8	(15, 15)	10	1	5	18	(27, 21)	20	7	11	28	(30, 8)	40	3	6
9	(17, 11)	30	11	15	19	(26, 6)	20	10	15	29	(30, 15)	20	4	5
10	(17, 16)	20	8	9	20	(26, 9)	30	13	14	30	(30, 17)	20	6	9

그림 3.32와 그림 3.33은 실험에 의해 얻어진 결과이다.

ID l :	1	2	3	4	5	6	7	8	9	10	11	12	13	14	15	16	17	18	19	20	21	22	23	24	25	26	27	28	29	30
Customer *v(l)* :	4	17	25	8	28	1	29	7	15	10	6	26	9	27	14	2	30	19	24	22	16	21	11	13	18	3	23	20	12	5

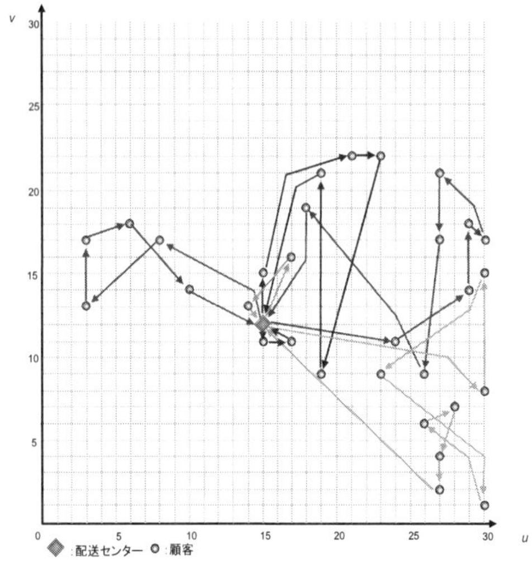

$$C = \begin{cases} w_1: c_4 - c_1 - c_2 - c_3 - c_5 \\ w_2: c_{17} - c_{25} - c_{26} - c_{30} - c_{18} \\ \quad - c_{23} - c_{20} - c_{12} \\ w_3: c_8 - c_{14} - c_{16} - c_{11} - c_{13} \\ w_4: c_{28} - c_{29} - c_{15} - c_{27} - c_{19} - c_{24} \\ \quad - c_{22} - c_{21} \\ w_5: c_7 - c_9 \\ w_6: c_{10} - c_6 \end{cases}$$

차량대수 : 6 ($w1 \sim w6$)

총 주행거리 : 201.868869

[그림 3.32] 얻어진 염색체와 배송 경로

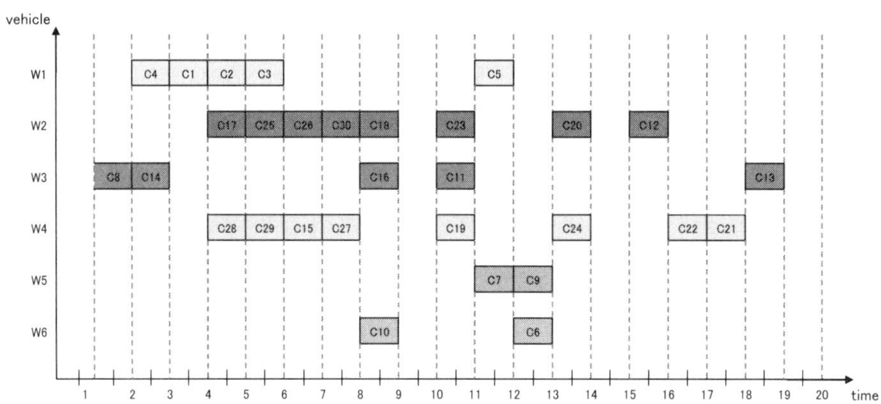

[그림 3.33] 위의 결과로부터 작성한 간트 차트

다음에 두 가지 염색체 표현을 이용해서, 소규모 문제(2 DCs / 60 customers)와 대규모 문제 (3DCs /100 customers), 모두 6종류의 문제에 대해서 수치 실험을 하였다. 각 문제에 있어서 지리 데이터는 임의로 생성한 것을 사용하고, 차량의 최대 적재량을 150으로 하였다.

집단 크기	*popSize* = 100		
최대 세대수	*maxGen* = 1500		
교차 확률	p_C = 0.70	돌연변이 확률	p_M = 0.50
종료 조건	*T* = 200 세대 연속해서 최우량해가 갱신되지 않았던 경우		

표 3.13에 각 실험 문제에 있어서 수치 실험 결과로서, 종래의 기법(Oh's GA)[12]과 PriGA 기법의 사용 차량대수와 총 이동거리를 나타낸다.

[표 3.13] : 각 문제의 수치 실험 결과

Test No.	# of DCs / #of customers	Oh's GA		priGA	
		NV	TD	NV	TD
1	2 / 60	12	982.334	11	936.748
2	3 /100	20	1771.903	17	1734.310
3	2 / 60	12	826.374	11	728.968
4	3 /100	17	1472.461	17	1304.178
5	2 / 60	13	878.753	11	821.206
6	3 /100	18	1489.279	18	1360.395

NV : 차량 대수(Number of Vehicles), TD : 총 주행거리(Total distance)

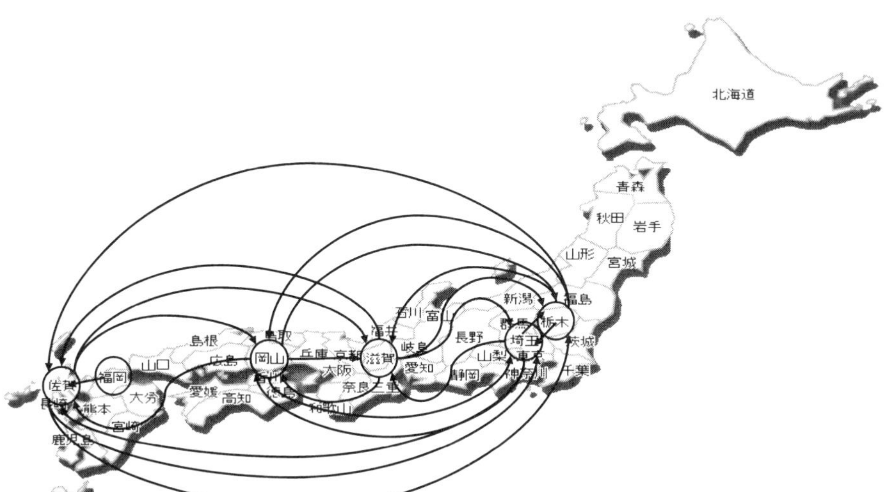

[그림 3.34] 플랜트(P) - 배송센터(DC)간의 물류 문제 예

3.4 플랜트(공장)-DC간의 물류 모델

예 3.2 : 플랜트-DC간의 물류 문제 예

물류 네트워크 문제의 사례 연구로서, 플랜트 - DC간의 물류 모델을 소개한다. 일본 전체의 6개의 배송센터(DC)와 플랜트(P)간에 물자를 정기적으로 배송하는 문제이다. 배송수단으로서는 차량을 사용하고, 매월 각 DC간의 누적한 배송량이 결정되어 있다. 이 문제의 목표는 최소 차량 대수로 물자를 배송하는 것이다. 즉, 총배송 비용을 최소화하는 것을 고려한다. 이 플랜트-DC간의 물류 모델 예는 그림 3.34와 같이 나타낼 수 있다. 또 각 플랜트-DC간(i, j)의 배송량 l_{ij} 및 배송 비용 c_{ij}는 표 3.14처럼 주어질 수 있다.

[표 3.14] 각 플랜트-DC간의 배송량 l_{ij} 및 배송 비용 c_{ij}

id	i	j	l_{ij} [t]	c_{ij} [원/t]
1	福岡P	佐賀P/DC	251.7	2600
2	佐賀P/DC	岡山P/DC	563.2	6400
3	佐賀P/DC	滋賀P/DC	500.9	8500
4	佐賀P/DC	埼玉DC	259.5	1560 0
5	佐賀P/DC	栃木DC	68.8	16300
6	岡山P/DC	佐賀P/DC	21.1	6400
7	岡山P/DC	滋賀P/DC	8.3	6000
8	岡山P/DC	埼玉DC	5.0	13200
9	岡山P/DC	栃木DC	2.8	10700
10a	滋賀P/DC	佐賀P/DC	25.8	8500
10b	滋賀P/DC	埼玉DC	15.7	9200
11a	滋賀P/DC	岡山P/DC	20.1	6000
11b	滋賀P/DC	栃木DC	4.7	9100
12	埼玉DC	佐賀P/DC	36.7	16300
13	埼玉DC	岡山P/DC	26.6	13200
14a	埼玉DC	滋賀P/DC	87.4	9200
14b	埼玉DC	栃木DC	84.4	5800
15	栃木DC	佐賀P/DC	141.9	16300
16	栃木DC	岡山P/DC	136.2	10700
17	栃木DC	滋賀P/DC	419.9	9100
18	栃木DC	埼玉DC	950.8	5800

3.4.1 플랜트(공장)-DC간의 물류 네트워크 모델과 정식화

예 3.2와 같이 플랜트(공장)-DC간 물류 모델에 있어서, 그림 3.35 및 표 3.14과 같이 플랜트(i = 1, 2,⋯, I)에서 DC(j = 1, 2,⋯, I)으로 물자를 배송할 때, 각 플랜트-DC간의 1개월 간의 누적한 배송량 l_{ij}를 다음의 그림 3.36에 표시한다. 그림 3.37과 같이 각 플랜트-DC의 수요량과 공급량의 균형을 취하는 흐름 보존 법칙의 근거로, 총배송 비용을 최소로 하는 배송 계획을 입안하는 것이 목적이 된다.

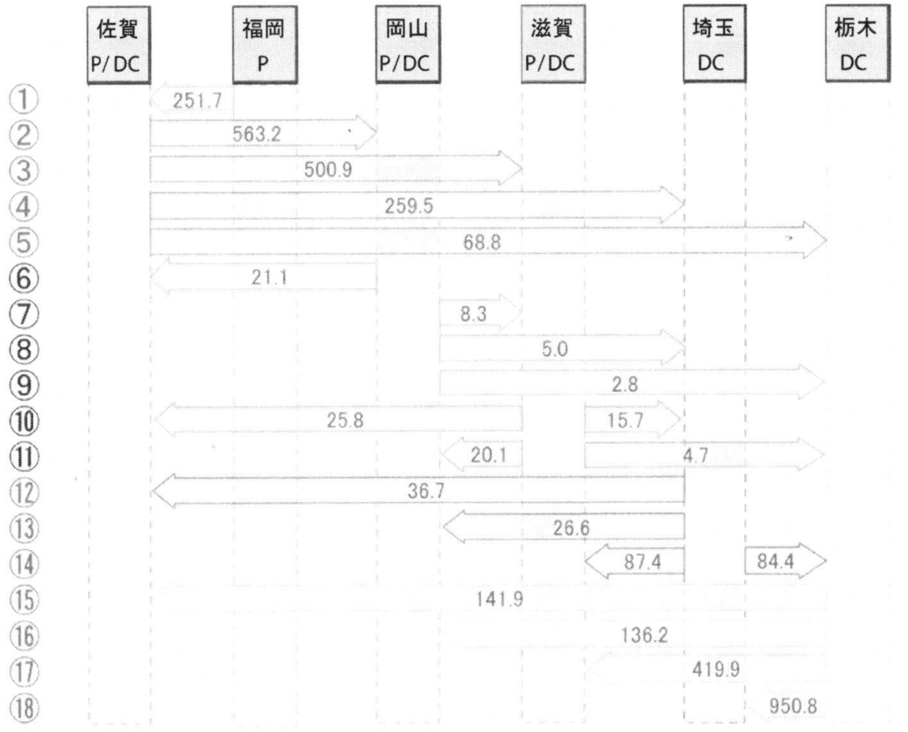

[그림 3.35] 각 플랜트-DC간의 누적한 배송량 l_{ij}

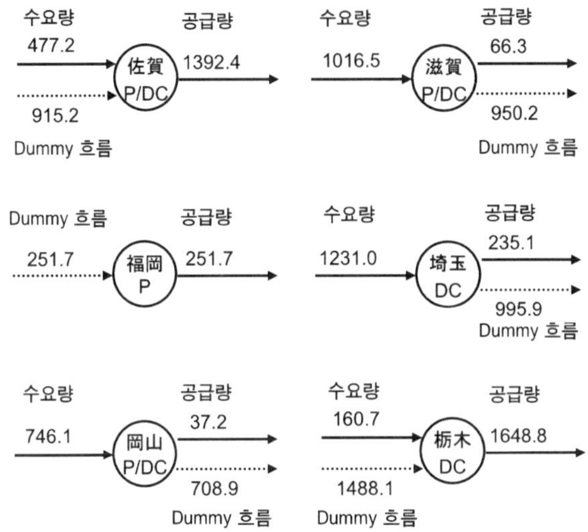

[그림 3.36] 각 플랜트-DC의 수요량과 공급량의 흐름 보존 법칙

실제로 플랜트-DC간 물류 문제는 이래의 그림 3.37과 같이 네트워크로 변환할 수 있다. 2개의 플랜트-DC간의 기호 및 정의는 아래와 같이 하고 있다.

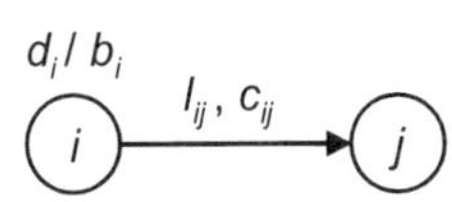

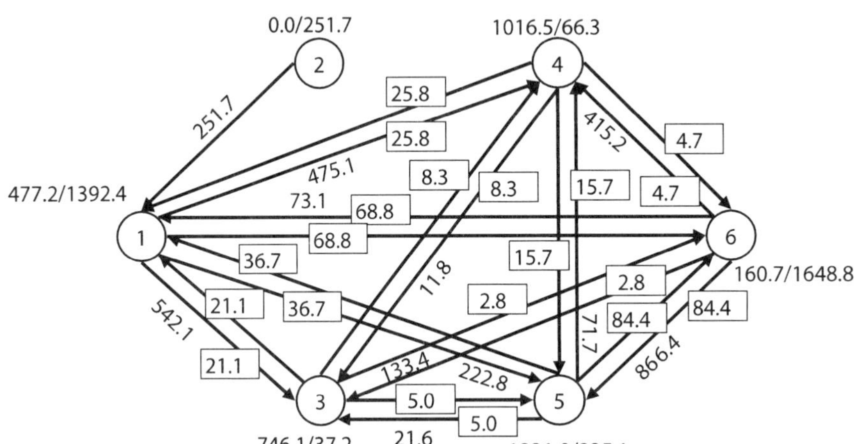

[그림 3.37] 플랜트-DC간 물류 네트워크 모델

이 플랜트-DC간 물류 네트워크의 수학 모델을 정식화하기 위하여 필요한 기호를 아래와 같이 정의한다.

[인덱스]

$i,\ j$: DC(-플랜트) ($i = 1,2,\cdots, I$)

[파라미터]

I : DC의 수

c_{ij} : DC i 와 DC j간의 배송 비용

d_i : DC i의 수요량

b_i : DC i의 공급량

l_{ij} : DC i에서 DC j에의 누적한 배송량

[결정 변수]

x_{ij} : DC i에서 DC j에의 배송량

y_{ij} : DC i에서 DC j에 사용하는 Dummy 흐름

또, 필요한 가설은 다음과 같이 설정한다.

A1 : DC i에서 DC j까지 배송량의 누적 기간을 1개월씩 매월 측정하여 그 누적 배송량을 l_{ij}로 한다.

A2 : 플랜트-DC간의 물류 네트워크를 하나의 단방향 그래프 $G = (V, E)$로 표현한다.

A3 : 네트워크의 흐름 보존 법칙을 아래와 같이 표현할 수 있다.

$$\sum_{j=\text{succ}(i)} \left(x_{ij} + y_{ij}\right) - \sum_{k=\text{pred}(i)} \left(x_{ki} + y_{ki}\right) = 0, \quad \forall i$$

여기서, y_{ij}는 dummy 흐름이다.

A4 : dummy 흐름 y_{ij}가 발생한 경우에는 비용 $0.3c_{ij}y_{ij}$을 추가한다.

A5 : DC i까지의 배송량은 수요량 d_i을 초과할 수 없고, 또 DC i로부터의 배송량은 공급량 b_i보다 많아야 한다.

$$\sum_{k=\text{pred}(i)} x_{ki} \geq d_i, \quad \forall i$$

$$\sum_{j=\text{succ}(i)} x_{ij} \leq b_i, \quad \forall i$$

A6 : 각 플랜트-DC간의 물류가 가능하다는 전제에 의해, 누적한 배송량 l_{ij}을 $I \times I$ 행렬 A로 표현한다. 여기서 $(i, j) \notin E$ 의 경우에는 l_{ij} = 0.

$$A = \begin{array}{c} \\ 1 \\ 2 \\ 3 \\ 4 \\ 5 \\ 6 \end{array} \begin{array}{c} \begin{array}{cccccc} 1 & 2 & 3 & 4 & 5 & 6 \end{array} \\ \begin{bmatrix} - & 0.0 & 563.2 & 500.9 & 259.5 & 68.8 \\ 251.7 & - & 0.0 & 0.0 & 0.0 & 0.0 \\ 21.1 & 0.0 & - & 8.3 & 5.0 & 2.8 \\ 25.8 & 0.0 & 20.1 & - & 15.7 & 4.7 \\ 36.7 & 0.0 & 26.6 & 87.4 & - & 84.4 \\ 141.9 & 0.0 & 136.2 & 419.9 & 950.8 & - \end{bmatrix} \end{array} \tag{3.58}$$

이 문제의 흐름 보존 법칙을 유지하기 위하여 아래의 식 (3.59)과 같이 dummy노드를 추가한다.

$$A' = \begin{array}{c|cccccccccccc} & 1 & 2 & 3 & 4 & 5 & 6 & 7 & 8 & 9 & 10 & 11 & 12 \\ \hline 1 & - & 0.0 & 563.2 & 500.9 & 259.5 & 68.8 & & & & & & \\ 2 & 251.7 & - & 0.0 & 0.0 & 0.0 & 0.0 & & & & & & \\ 3 & 21.1 & 0.0 & - & 8.3 & 5.0 & 2.8 & & & 708.9 & & & \\ 4 & 25.8 & 0.0 & 20.1 & - & 15.7 & 4.7 & & & & 950.2 & & \\ 5 & 36.7 & 0.0 & 26.6 & 87.4 & - & 84.4 & & & & & 995.9 & \\ 6 & 141.9 & 0.0 & 136.2 & 419.9 & 950.8 & - & & & & & & \\ 7 & 915.2 & & & & & & & & & & & \\ 8 & & 251.7 & & & & & & & & & & \\ 9 & & & & & & & & & & & & \\ 10 & & & & & & & & & & & & \\ 11 & & & & & & & & & & & & \\ 12 & & & & & & 1488.1 & & & & & & \end{array} \tag{3.59}$$

따라서 그림 3.35의 플랜트 - DC간 물류 네트워크 수학 모델은 아래와 같이 정식화된다.

$$\min \quad z = f_1(\boldsymbol{x}) + f_2(\boldsymbol{x}) = \sum_{i=1}^{n}\sum_{j=1}^{n}\left(c_{ij}x_{ij} + 0.3 \cdot c_{ji}y_{ji}\right) \tag{3.60}$$

$$\text{s. t.} \quad \sum_{j \in \text{Succ}(i)} \left(x_{ij} + y_{ij}\right) - \sum_{k \in \text{Pred}(i)} \left(x_{ki} + y_{ki}\right) = 0, \quad \forall i \tag{3.61}$$

$$\sum_{k \in \text{Pred}(i)} t_{ki}x_{ki} \geq d_i, \quad \forall i \tag{3.62}$$

$$\sum_{j \in \text{Succ}(i)} t_{ij}x_{ij} \leq b_i, \quad \forall i \tag{3.63}$$

$$x_{ij} \geq l_{ij}, \quad \forall i, j \tag{3.64}$$

3.4.2 우선 순위 기반 GA에 의한 해법

여기서는 Wang 등이 최근 발표한 우선 순위에 기반한 인코딩 알고리즘을 소개한다[13].

a. 유전적 표현

[인코딩]

우선순위에 기반한 인코딩 기법에 있어서, 각 DC의 ID, j = 1, 2, ⋯, I을 염색체의 유전자 번호로 나타내고, 또 그 값은 후보 노드의 우선순위 $v(k)$로 표시하며 염색체의 예를 그림 3.38와 같이 나타낸다. 또 인코딩 알고리즘은 그림 3.39에 나타낸다.

node ID (l)	1	2	3	4	5	6
priority $v_k(l)$	6	5	1	2	4	3

[그림 3.38] 각 DC의 우선순위를 나타내는 염색체

[디코딩]

디코딩은 염색체로부터 해에 맵핑(mapping)하는 과정이다. 이 문제에서는 프로시저 2 및 프로시저 3에 나타낸 것처럼 2단계 디코딩 알고리즘을 이용할 필요가 있다. 제1단계에서는 이 문제의 제약 조건에 적합한 염색체에서 우선순위에 기반한 하나의 경로를 얻는다. 먼저 최 우선순위와 0보다 큰 공급량에 근거하여 노드 집합 S_i로부터 하나의 노드를 선택하고(예를 들면 노드 i), 거기서부터 경로를 시작하여 다른 노드 집합 P_k에 그것을 이동시킨다. 다음에 S_i로부터 최우선순위와 0보다 큰 요구를 갖춘 노드 j을 선택하여 전과 같게 P_k에 이동시킨다. 그리고 경로에 아크 (i, j)를 추가한다. 그 후 노드 j의 공급량이 아직도 0보다 큰 경우, 그것을 새로운 시작점 노드로 설정하고 새로운 단말 노드가 발견되지 않을 때까지 위의 과정을 반복한다. 노드 j의 공급량이 0인 경우는 탐색을 그치고 원래의 노드에 되돌아간다. 제2단계에서는 제약 조건을 만족하는 배송경로가 모두 얻어 수 있을 때까지 제1단계와 같은 과정을 반복한다. 이 2단계 경로 디코딩 알고리즘을 이용하는 것에 의해 그림 3.39의 염색체로부터 표 3.11에 나타낸 네트워크 흐름 데이터를 얻을 수 있다.

```
procedure 1: priority-based encoding
input: number of DC N
output:the chromosome v_k[]
step 0:  for i=1  to N
         v_k[i]  ←i;
step 1:  for i=1  to        ⌈N/2⌉
             repeat
                 j ←random(1,N);
                 l ←random(1,N);
             GO  l≠j
             swap (v_k[j], v_k[l]);
step 2:  output the chromosome v_k[];
```

[그림 3.39] 우선 순위 기반의 인코딩 알고리즘

```
procedure 2: One-path Growth
input: chromosome v_k , network data (V, E)
output: path P_k, flow f_i^x, dummy flow f_i^y
step 0: select node i as start node,
        if i has the highest priority and b_i>0.
step 1: if S_i = ø, go to step 3;
        else continue.
step 2: select node l as the destination node from S_i
        with the highest priority and d_l > 0;
        P_k ← P_k U { l};
        S_i ←S_i - { l};
        i← l;
        go back to step 1.
step 3: i←ID of start node of P_k;
        j←ID of the predecessor of i in P_k;
        for i = 1 to |P_k|
                TempFlow = min{b_i, d_j};
                if TempFlow ≠0 then
                        if TempFlow < f_k^x
                                f_k^x = TempFlow
                                f_k^y = 0
                else
                        f_k^x=max { b_i, d_j }
                        f_k^y= f_k^x
                i←j;
                j←ID of the predecessor of j in P_k;
step 4: output the complete path P_k , flow f_i^x, dummy flow f_i^y;
```

[그림 3.40] 한 개의 경로 생성 알고리즘

procedure 3: Overall-path Growth
input: network data (V, E), chromosome v_k
output: total delivery flow x_{il}^k and dummy flow y_{il}^k

step 0: while $(\sum_{j=1}^{N} x_{ij}^k \le b_i$ and $\sum_{i=1}^{N} x_{ij}^k \le d_i)$

repeat procedure 2;
$x_{il}^k = x_{il}^k + f_k^x$;
$y_{il}^k = x_{il}^k + f_k^y$;

step 1: output total flow x_{il}^k and dummy flow y_{il}^k of the network;

[그림 3.41] 모든 경로 생성 알고리즘

[표 3.15] 우선 순위 기반 GA에 의한 경로 생성 예

#	생성시킨 경로	경로상의 흐름
1	{1-5-4-3-1}	11.8
2	{1-5-4-1}	81.5
3	{1-5-1}	995.9
4	{1-4-1}	150.8
5	{2-1-2}	251.7
6	{6-1-6}	73.1
7	{6-4-6}	717.9
8	{6-3-6}	697.1

b. 평가

평가함수는 문제의 목적함수를 그대로 사용한다.

$$eval(v_k) = f_1(\boldsymbol{x}) + f_2(\boldsymbol{x}) = \sum_{i=1}^{n}\sum_{j=1}^{n}\left(c_{ij}x_{ij} + 0.3 \cdot c_{ji}y_{ji}\right) \tag{3.65}$$

c. 유전적 조작

OX교차 : 여기서의 교차는 두 개의 염색체를 랜덤하게 선택해서 OX법(Order Crossover) [11]을 사용해서 그림 3.43와 같이 교환한다.

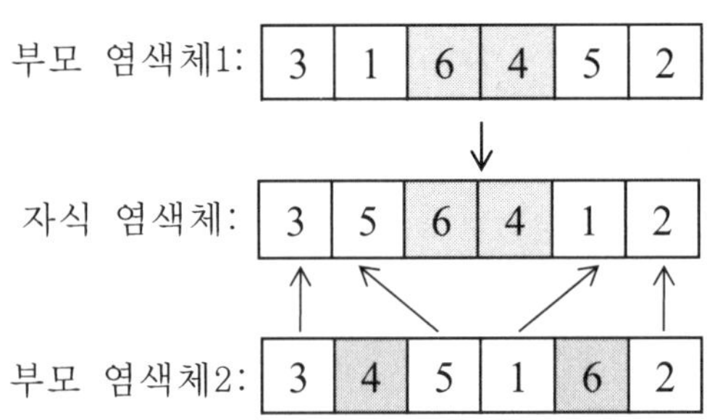

[그림 3.42] OX교차법의 사용 예

돌연변이 : 여기서의 돌연변이는 부모 염색체를 랜덤하게 선택하여 두 개의 비트 위치를 랜덤하게 교환하는 교환 돌연변이를 사용한다.

선택 : 여기서의 선택은 평가함수에 반비례해서 확률적으로 염색체를 선택하는 룰렛 선택법(roulette wheel approach)을 이용한다. 이것과 동시에 P_k는 $eval(P_k)$가 작은 쪽이 선택될 가능성이 높은 것을 의미하고 있다.

d. 우선순위 기반 GA의 처리 절차

```
procedure: priGA for P/DC Logistics
input amount of deliveries, shipping cost, GA parameters
output the best solution
begin
     t ← 0;
     initialize P(t) by priority-based encoding;
     evaluate eval(P) by priority-based decoding;
     while (not terminating condition) do
         create C(t) from P(t) by OX crossover routine;
         create C(t) from P(t) by swap mutation routine;
         evaluate eval(C) by priority-based decoding;
         select P(t+1) from P(t) and C(t);
         t ← t+1;
     end
     output the best solution;
end
```

[그림 3.43] 우선순위 기반 GA에 의한 플랜트-DC간 물류 알고리즘

3.4.3 수치 실험

여기서는 예 3.2와 같은 배송센터(DC) 및 플랜트(P)간에 화물을 배송하는 플랜트-DC간의 물류 문제에 대해서 최적의 배송 경로를 구한다.

a. 물류 네트워크

아래에 나타낸 두 개의 Step에서부터 현재의 물류 네트워크의 총 비용을 계산할 수 있다.

Step 1 : 각각 노드간의 차량 1회 왕복으로 배송 가능한 량을 계산한다.

이 Step에서는 왕복 배송에 있어서의 배송량을 계산한다. 그림 3.45는 Step 1에서 고려하는 배송량이다. 예를 들면 차량은 적재량 563.2t으로 DC_1에서부터 DC_3으로 출발하여 DC_1으로 되돌아온 시점에서 정확히 21.1t을 배송하고 있다. 따라서 Step 1에 있어서, DC_1과 DC_3 간의 배송량을 21.1t이라고 생각한다.

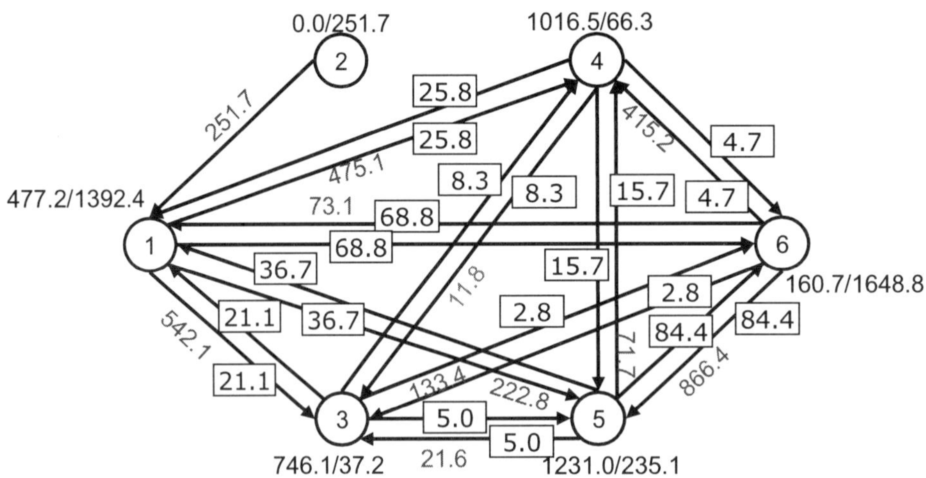

[그림 3.44] Step 1에 있어서 배송량

$$
x_{ij} = \begin{bmatrix} - & 0 & 21.1 & 25.8 & 36.7 & 68.8 \\ 0 & - & 0 & 0 & 0 & 0 \\ 21.1 & 0 & - & 8.3 & 5.0 & 2.8 \\ 25.8 & 0 & 8.3 & - & 15.7 & 4.7 \\ 36.7 & 0 & 5.0 & 15.7 & - & 84.4 \\ 68.8 & 0 & 2.8 & 4.7 & 84.4 & - \end{bmatrix}
$$

(행 번호 1–6, 열 번호 1–6)

Step 1의 총 비용은 아래와 같이 된다.

$$
\begin{aligned}
f_1 &= \sum_{i=1}^{6}\sum_{j=1}^{6} c_{ij} x_{ij} \\
&= 2\cdot(c_{13}x_{13} + c_{14}x_{14} + c_{15}x_{15} + c_{16}x_{16} \\
&\quad + c_{34}x_{34} + c_{35}x_{35} + c_{36}x_{36} \\
&\quad + c_{45}x_{45} + c_{46}x_{46} + c_{56}x_{56}) \\
&= 2\times(6400\times 21.1 + 8500\times 25.8 + 15600\times 36.7 + 16300\times 68.8 \\
&\quad + 6000\times 8.3 + 13200\times 5.0 + 10700\times 2.8 \\
&\quad + 9200\times 15.7 + 9100\times 4.7 + 5800\times 84.4) \\
&= 5,741,580 \text{ 원}
\end{aligned}
$$

Step 2 : 남은 배송량을 1.3배의 비용으로 배송한다.

그림 3.46은 DC간의 나머지의 배송량을 나타낸다. 남은 배송량은 1.3배의 비용에 의해서 배송되므로 **Step 2**의 총 비용은 아래와 같이 된다:

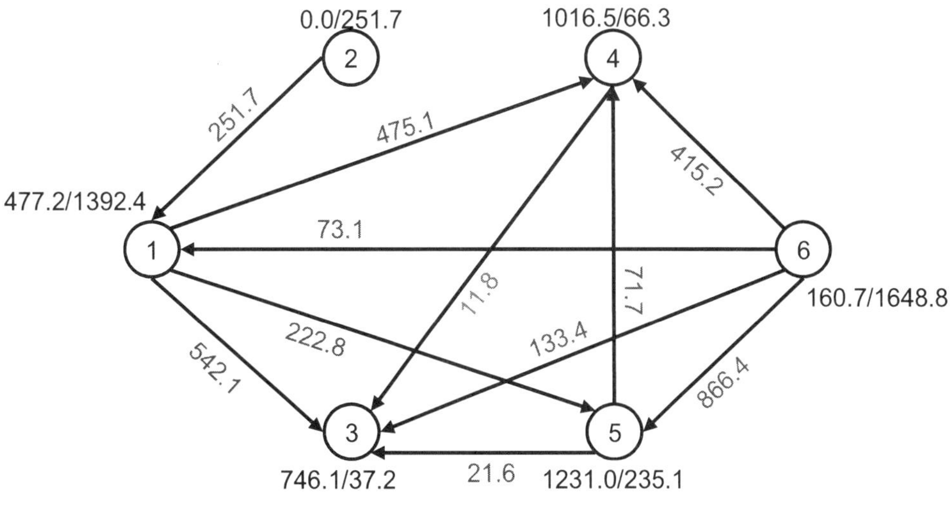

[그림 3.45] Step 2에 있어서 배송 비용

$$f_2 = \sum_{i=1}^{6}\sum_{j=1}^{6}\left(c_{ij}x_{ij} + 0.3 \cdot c_{ji}y_{ji}\right)$$
$$= c_{13}x_{13} + c_{14}x_{14} + c_{15}x_{15} + c_{21}x_{21} + c_{43}x_{43} + c_{53}x_{53} + c_{54}x_{54}$$
$$+ c_{61}x_{61} + c_{63}x_{63} + c_{64}x_{64} + c_{65}x_{65}$$
$$0.3 \cdot (c_{31}y_{31} + c_{41}y_{41} + c_{51}y_{51} + c_{12}y_{12} + c_{34}y_{34} + c_{35}y_{35} + c_{45}y_{45}$$
$$+ c_{16}y_{16} + c_{36}y_{36} + c_{46}y_{46} + c_{56}y_{56})$$
$$= 1.3 \times (6400 \times 542.1 + 8500 \times 475.1 + 15600 \times 222.8 + 2600 \times 251.7$$
$$+ 6000 \times 11.8 + 13200 \times 21.6 + 9200 \times 71.7$$
$$+ 16300 \times 73.1 + 10700 \times 133.4 + 9100 \times 415.2 + 5800 \times 866.4)$$
$$= 31,298,540 \text{ 원}$$

Step 1 및 Step 2에서부터 아래와 같이 현재의 물류 네트워크의 총 비용(c_T)을 계산할 수 있다:

$$c_T = f_1 + f_2 = 5,741,580 + 31,298,540 = 37,040,120 \text{ 원}$$

b. 우선순위 기반 GA에 의한 실험 결과

여기서 우선순위 기반 GA를 사용해서 이 플랜트-DC간의 물류 문제에 대한 유효성을 나타 낸다. GA의 파라미터 설정은 아래와 같다.

염색체 집단 크기	$popSize$ = 20,
최대 세대수	$maxGen$ = 500,
교차 확률	p_C = 0.4,
돌연변이율	p_M = 0.3

Step 1에 있어서 계산은, 이전의 계산과 같이 각각의 노드간의 1회 왕복 가능한 량을 계산한다.

Step 2에 있어서 우선순위 기반 GA에 의해 남은 배송량을 계산하고, 실험 결과는 아래와 같이 된다.

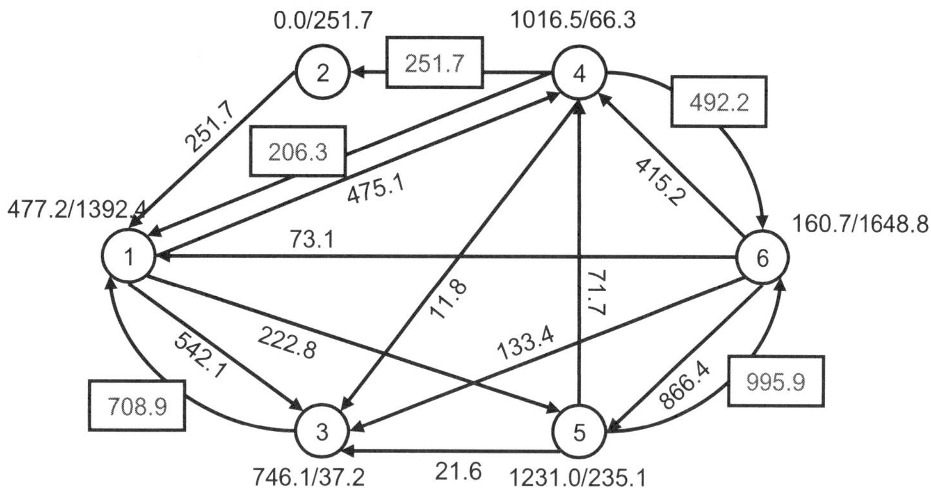

[그림 3.46] 우선순위 기반 GA에 의한 Step 2에 있어서 배송 비용

x_{ij}=

	1	2	3	4	5	6	
1	-	0.0	542.1	475.1	222.8	0.0	1240.0
2	251.7	-	0.0	0.0	0.0	0.0	251.7
3	708.9	0.0	-	0.0	0.0	0.0	708.9
4	206.3	251.7	11.8	-	0.0	492.2	962.0
5	0.0	0.0	21.6	71.7	-	995.9	1089.2
6	73.1	0.0	133.4	415.2	866.4	-	1488.1
	1240.0	251.7	708.9	962.0	1089.2	1488.1	

Step 1 및 Step 2에서부터 아래와 같이 현재의 물류 네트워크의 전체 비용(c_T)을 계산할 수 있다:

$$c_T' = f_1 + f_2 = 5,741,580 + 29,595,540 = 35,337,120 \text{ 원}$$

이 물류 네트워크에 있어서 플랜트-DC간의 총 비용(c_T)을, 선형계획법으로 구한 총 비용 (c_T')과 비교해서 아래에 나타낸 것처럼 개선의 비율을 구할 수 있다.

개선의 비율(p) :

$$p = \frac{c'_T - c'_T}{c'_T}$$

$$= \frac{37,040,120 - 35,337,120}{35,337,120} = 0.048193$$

$$= 4.8193\%$$

물류 문제의 사례 연구로서 플랜트-DC간의 사례 데이터의 우선순위 기반 GA에 의한 진화 과정은 아래와 같다.

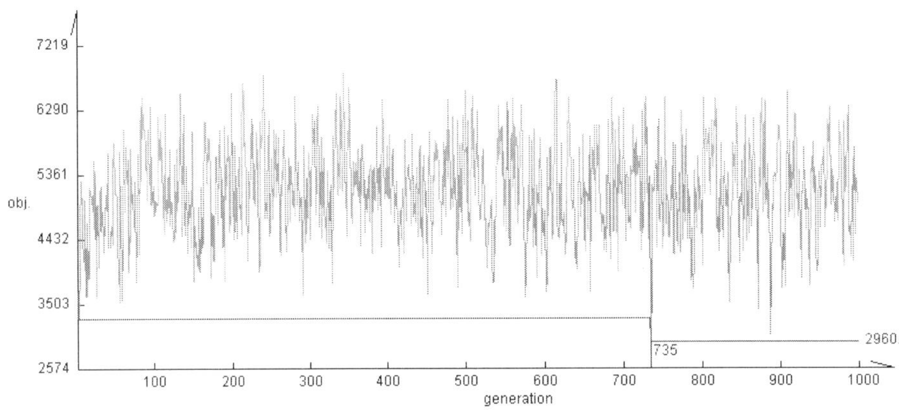

[그림 3.47] priGA에 의한 플랜트-DC간 물류 문제에 대한 해의 수렴 과정

참고 문헌

[1] Michalewicz, Z., G. A. Vignaux and M. Hobbs, “A Non-Standard Genetic Algorithm for the Nonlinear Transportation Problem", ORSA Journal on Computing, vol.3, no.4, pp.307-316, 1991.

[2] Vignaux, G. A. and Z. Michalewicz: “A Genetic Algorithm for the Linear Transportation Problem", IEEE Transactions on Systems, Man, and Cybernetics, vol.21, no.2, pp.445-452, 1991.

[3] Gen, M., Y.Z. Li and K. Ida: “Solving Multiobjective Transportation Problems by Spanning Tree-based Genetic Algorithm", IEICE Tran. Fundamentals, vol.E82-A, no. 12, pp.2802-2810, 1999.

[4] Gen, M., F. Altiparamk and L. Lin: "A genetic algorithm for two-stage transportation problem using priority-based encoding", OR Spectrum, vol.28, no.3, pp.337-354, July 2006.

[5] Syarif, A. and M. Gen: “Double spanning tree-based genetic algorithm for two stage transportation problem“, Int J. Knowledge-based Intelligent Engineering Systems, vol.7, no.4, 2003.

[6] Tan, K.C., L.H. Lee, and K. Ou: “Artificial intelligence heuristics in solving vehicle routing problems with time window constraints", Engineering Applications of Artificial Intelligence, vol.14, pp.825-837, 2001.

[7] Lau, H. C., M. Sim, and K. M. Teo: “Vehicle routing problem with time windows and a limited number of vehicles", European Journal of Operational Research, Vol.148, pp. 559-569, 2003.

[8] Wu, T.H., C. Low and J.W. Bai: “Heuristic solutions to multi-depot location-routing problems", Computers & Operations Research, 29: 1393-1415, 2002.

[9] Tansini, L., M. Urquhart and O. Viera: “Comparing assignment algorithms for the Multi-Depot VRP", Jornadas de Inform tica e Investigaci n Operativa, 1999.

[10] 市毛正貴: “多目的遺伝的アルゴリズムによるロジスティクス・ネットワークモデルとその応用に関する研究" 早稲田大学大学院 情報生産システム研究科 修士論文, 2006.

[11] Gen, M. and R.W. Cheng: Genetic Algorithms and Engineering Design, John Wiley & Sons., 1997.

[12] Oh, S.J. and M. Gen: "Genetic Algorithm approach for solving Multi-depot VRP with time Windows", Proc. of Computers & Industrial Engineering, Jeju, Korea, vol. 33, C&IE713, 2004.

[13] Wang, X., L. Lin, M. Gen and M. Shiota: “Case study on optimal routing in logistics network by priority-based genetic algorithm", IEEJ Transactions on Electronics, Information and Systems, vol.127, no.1, pp.10-16, 2007.

Genetic Algorithm

04

다목적 GA

CHAPTER **04**

다목적 GA

실제의 공학 문제, 특히 네트워크 설계 문제에서 요구되는 것은 보통 단일 목적만이 아니라 여러 개의 목적함수를 취급하고 있다. 예를 들면 정보 네트워크에서는 정보 통신 비용을 최소화함과 동시에 지연 시간을 최소화하는 2목적 최적화 모델이 된다. 더욱이 생산 물류 시스템에서는 생산이나 배송에 관한 비용이나 시간을 최소화하여 총 이익을 최대화하는 다목적 최적화 모델이 정식화된다.

그러나 다목적 최적화 모델에서 여러 개의 목적함수는 서로 경합하게 되어 이들을 동시에 만족시키는 것은 불가능하다. 따라서 탐색 공간이 넓고 복잡하게 되어 최적해를 얻기 위한 탐색 방향을 결정하는 것이 어렵다. 유전 알고리즘은 복수 개체의 생성에 의해 다점 탐색을 수행하는 특징이 있으므로 다목적 최적화 문제에 새로운 기법의 하나로서 다목적 GA가 주목을 받고 있다.

4.1 다목적 최적화 모델의 개요

다목적 최적화 문제(Multiobjective Optimization Problem: MOP)에 대해서, 종래의 해법은 원래의 다목적 문제에서 단일 목적의 문제로 변환하는 스칼라화 기법에 의해 해를 구하여 왔다. 그러나 많은 경우, 이들 여러 개의 평가 기준은 서로 상충하는 관계가 많아서 스칼라화에 의한 단일 목적의 최적화를 구하더라도 불충분한 경우가 많다. 따라서 복수의 평가 기준을 갖는 다목적 문제에 있어서는, 절충(trade-off)이 적용되는 해의 집합인 Pareto 최적해를 구하는 것이 필요하다.

다목적 최적화 문제는 1960년 무렵부터 다양한 분야에서 연구가 되어 이 문제를 해결하기 위하여 현재까지 수많은 방법이 제안되어 왔다. 최근 유전 알고리즘(Genetic Algorithms: GA)도 다목적 최적화 문제에 새로운 해법의 하나로서 주목 받고 있다. 그 이유는 GA가 다점 탐색법이며, 한번의 탐색으로 여러 개의 Pareto 최적 집합을 구할 수 있기 때문이다.

4.1.1 다목적 최적화 문제

일반적으로 m개의 제약조건을 수반한 단일 목적 최적화 문제는 아래와 같이 정식화된다.

$$\max \quad z = f(x) \tag{4.1}$$

$$\text{s. t.} \quad g_i(x) \le 0, \quad i = 1, 2, \ldots, m \tag{4.2}$$

여기서, $x = [x_1\ x_2\ \ldots x_n]^T$는 결정 변수 벡터이며 $f(x)$는 선형 또는 비선형 목적함수이고, $g_1(x)$는 선형 또는 비선형 제약 조건함수이다. $g(x) = [g_1(x)\ g_2(x)\ \ldots\ g_m(x)]^T$는 부등호 제약 벡터이다.

보통, 결정 공간에 있는 실행 가능한 영역 R^n은 S로 표시되고, 아래의 식으로 나타낸다.

$$S = \{x \in R^n \mid g_i(x) \le 0, i = 1, 2, \ldots, m, \quad \mathbf{x} \ge 0\} \tag{4.3}$$

단일 목적 문제에 대응하여, 주어진 제약 조건하에서 복수의 목적함수를 최대 또는 최소로 하는 문제를 다목적 최적화 문제라 한다.

일반적으로 다목적 최적화 문제는 아래와 같이 정식화된다.

$$\max \quad \{z_1 = f_1(x),\ z_2 = f_2(x), \ldots,\ z_q = f_q(x)\} \tag{4.4}$$

$$\text{s. t.} \quad g_i(x) \le 0, i = 1, 2, \ldots, m \tag{4.5}$$

여기서, $z_k = f_k(x), k = 1, \ldots, q$는 q개의 선형 또는 비선형 목적함수이며 흔히 최소화 함수는 최대화로 변환하여 사용한다.

결정 공간 S와 평가 공간 Z, 양 방향에서 다목적 최적화 문제를 해석하여 보자. S는 결정 공간에서 실행 가능한 영역을 나타내기 위하여 사용된다. 그리고 Z는 평가 공간에서 실행 가능한 영역을 나타내기 위하여 사용된다.

$$Z = \left\{ z \in R^q \middle| z_1 = f_1(x), z_2 = f_2(x), \ldots, z_q = f_q(x), x \in S \right\} \qquad (4.6)$$

평가 공간 Z에서의 목적함수는, 일반적으로 다음과 같은 특징이 있다. 첫째, 각 목적함수는 보통의 단위를 사용하지 않기 때문에 단순하게 비교할 수 없다. 둘째, 각 목적함수는 서로 경합하기 때문에 그것들을 동시에 최적화할 수 없다. 즉, 어떤 목적함수를 개선시키는 것은 다른 목적 함수를 악화시키는 것이 되며, 모든 목적함수를 동시에 최적화(여기서는 최대화)하는 것은 불가능하다. 따라서 다목적 최적화 문제에 있어서 합리적인 해집합 개념으로서 Pareto 최적해(Pareto Optimal Solution)가 정의 된다.

4.1.2 Pareto 최적해

단일 목적 문제의 경우에는, 모든 후보해 중에서 단순히 가장 우수한 해를 최적해라고 할 수 있다. 그러나 다목적 최적화 문제에서는 각 목적함수가 서로 경합하기 때문에 반드시 최우량 해가 한 개라고 할 수 없다. 그러므로 다목적 최적화 문제에 있어서는, 각 각의 해를 단순하게 비교할 수 없기 때문에 보통은 다른 어떤 해에도 뒤떨어지지 않는 해 집합을 얻게 된다. 이와 같은 해 집합을 Pareto 최적해(Optimal Solution), 혹은 비우월해(Nondominated Solution)라 부른다.

Pareto 최적해는 다목적 최적화 문제에 있어서 해의 우월 관계에 의해 정의된다. 다목적 최적화 문제에 있어서 해의 우월 관계의 정의는 아래와 같다.

우월 관계의 정의(최대화 문제) : $x_1, x_2 \in S$에 대해서,

어떤 목적함수 ($\forall k$)에 대해서 $f_k(x_1) \geq f_k(x_2)$일 때, 는 x_1에 x_2우월하다고 한다.

어떤 목적함수 ($\forall k$)에 대해서 $f_k(x_1) > f_k(x_2)$일 때, x_1는 x_2에 보다 더 우월하다고 한다.

만약 x_1이 x_2에 우월하다면, x_1이 x_2보다 좋은 해다. 다른 어떠한 해에도 우월하지도 열등하지도 않는 해를 선택하는 것이 Pareto 최적해 집합을 구하는 방법이다. 이 우월 관계에 기반한 Pareto 최적해의 정의를 아래와 같이 나타낼 수 있다.

Pareto 최적해의 정의 : $x \in S$에 대해서,

x에 강하게 우월 하는 $x \in S$가 존재하지 않을 때, x을 약 Pareto 최적해라 한다.

x에 우월 하는 $x \in S$가 존재하지 않을 때, x을 Pareto 최적해라 한다.

목적함수가 두 개인 경우의 Pareto 최적해의 예를 아래에 나타낸다.

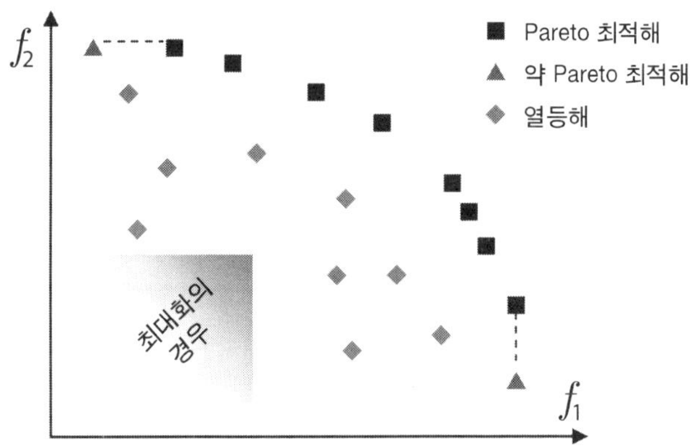

[그림 4.1] Pareto 최적해의 개념

예 4.1: 다목적 최적해 문제의 예

Pareto 최적해란 다른 어느 해로부터도 우월되지 않는 해이다. 다음의 두 개의 목적함수를 최대로 하는 2목적 최적화 문제에 있어서 Pareto 최적해를 그림 4.2와 같이 나타낼 수 있다.

$$\max \quad f_1(x) = x_1 + 3x_2 \tag{4.7}$$

$$\max \quad f_2(x) = 3x_1 + x_2 \tag{4.8}$$

$$\text{s. t.} \quad g_1(x) = x_1 + 2x_2 - 2 \le 0 \tag{4.9}$$

$$g_2(x) = 2x_1 + x_2 - 2 \le 0 \tag{4.10}$$

$$x_1, x_2 \ge 0$$

결정 공간에서 실행 가능한 영역 *S*을 그림 4.2 (a)에, 그리고 평가 공간에서 실행 가능한 영역 *Z*를 그림 4.2(b)에 나타낸다. 결정 공간에서 실행 가능한 영역 *S*의 종점은,

$$x_1 = [0,\ 0] \qquad x_3 = [2/3,\ 2/3]$$
$$x_2 = [1,\ 0] \qquad x_4 = [0,\ 1]$$

이다. 또 평가 공간에서 실행 가능한 영역 *Z*의 종점은,

$$z_1 = [\ f_1(x_1),\ f_2(x_1)] = [0,0] \qquad z_2 = [\ f_1(x_2),\ f_2(x_2)] = [-1,3]$$
$$z_3 = [\ f_1(x_3),\ f_2(x_3)] = [4/3,8/3] \quad z_4 = [\ f_1(x_4),\ f_2(x_4)] = [3,1]$$

이 된다. 그림 4.2에서 굵은 선이 Pareto 최적해의 영역이다. 즉, Pareto 최적해란, 그 이름대로 다목적 최적화 문제에 대해 그 해를 다른 임의의 해와 종합적으로 비교해서 결코 뒤떨어지지 않는 것(Pareto 최적성)이 보증된 해이다. 그렇기 때문에 Pareto 최적해는 비열 등해라고도 불리운다. 즉, Pareto 최적해에서는 다른 어떤 해보다도 완전하게 우위에 있다고는 말할 수는 없지만, 보다 우수한 해가 그 밖에는 존재하지 않는다는 해이다.

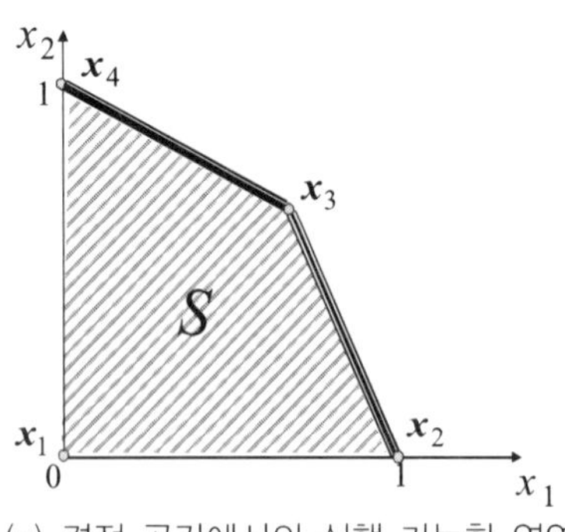

(a) 결정 공간에서의 실행 가능한 영역 S

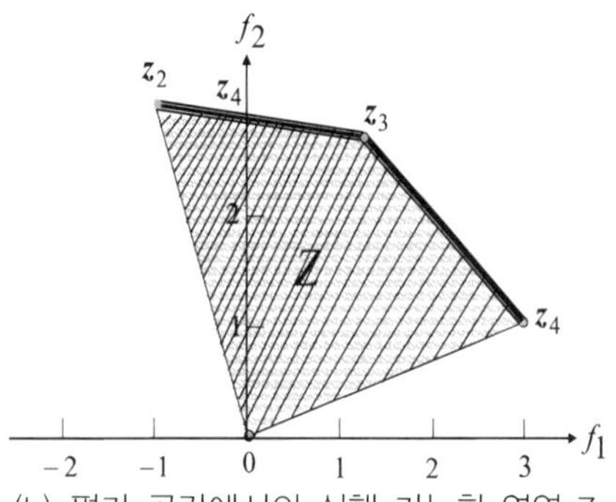

(b) 평가 공간에서의 실행 가능한 영역 Z

[그림 4.2] 예 4.1에 대한 Pareto 최적해

4.2 다목적 GA의 개요

최근, 다목적 최적화 문제에 유전 알고리즘(Genetic Algorithms: GA)을 적용한다. 이른바 다목적 GA에 관한 연구가 많이 행해지고 있다. 그 이유는 GA가 다점 탐색법이며, 한 번의 탐색으로 복수의 Pareto 최적해 집합이 구해지는 것이다. 다목적 GA는 Schaffer등(1985)의 벡터 평가 유전 알고리즘(Vector Evaluated Genetic Algorithms: veGA)[1]으로 시작하여 Pareto 최적해 집합의 선구적인 면을 명시적으로 취급한 Goldberg의 랭킹(ranking)기법이나 Fonseca 등의 Multiobjective GA(moGA)[2][9]등이 대표적인 연구로서 열거할 수 있다. 또 Tamaki 등의 병렬 선택과 동시에 얻을 수 있는 Pareto 최적 개체를 보존하는 방법의 제안, Gen & Cheng등 의 다목적 함수에 각각 가중치를 더해서 단일 목적으로서 해를 구하는 방법[3]등의 제안도 행해지고 있다.

다목적 GA에서는 단일 목적 GA와는 다르며, 아래와 같은 요구를 만족시킬 필요가 있다.

1. Pareto 최적해를 적절하게 평가, 선택하고, 이를 다음 세대에 보존시켜야 한다. 이를 위해 Fonseca등은, 제안하고 있는 기법의 Pareto 최적성을 명시적으로 취급하는 접근법(Pareto적인 접근)과, 그렇지 않는 접근법(비 Pareto적인 접근)으로 분류하고 있다.
2. Pareto 최적해 집합에서 개체 집합의 다양성을 유지하고, Pareto 최적해를 극단적인 간격 없이 샘플링 해야 한다.
3. 교차나 돌연변이 등의 유전 연산이 Pareto 최적해를 효과적으로 생성하도록 구성해야 한다.

대표적인 다목적 GA를 제안한 세대별로 분류하면 아래와 같다.

1. 제1세대 : Pareto 랭킹

   벡터 평가 GA(veGA : Vector Evaluated Genetic Algorithm)

   Schaffer, 1985[1]

2. 제2세대 : Pareto 랭킹 + 다양성 유지

   다목적 GA(moGA : Multiobjective Genetic Algorithm)

   Fonseca & Fleming, 1993[4]

비우월 정렬 GA(nsGA : Non-dominated Sorting Genetic Algorithm)

Deb, 1995[5]

3. 제3세대 : 다목적 함수의 가중치 부가 + 엘리트 보존

랜덤 가중치 부가 GA(rwGA : Random weight GA)

Ishibuchi & Murata, 1998[6]

적응 가중치 부가 GA(awGA : Adaptive weight GA)

Gen & Cheng, 2000[3]

강제 Pareto EAⅡ(spEA II : Strength Pareto Evolutionary Algorithm II)

Zitzler et al., 2002[7]

비우월 정렬 GAⅡ(nsGA II : Non-dominated Sorting Genetic Algorithm II)

Deb, 2002[8]

대화형 적응 가중치 부가 GA(i-awGA : Interactive Adaptive-weight GA)

Lin & Gen, 2006[15][19]

4.2.1 다목적 GA의 처리 절차

다목적 GA에 의한 다목적 최적화 문제를 풀기 위한 계산 절차를 아래에 나타낸다.

Step 0 : 집단 크기 *popSize*, 교차 확률 p_C, 돌연변이 확률 p_M, 최대 세대수 *maxGen*, 초기의 평가 함수값 *minEval*을 설정한다.

Step 1 : 다목적 최적화 문제의 제약 조건을 만족하는 초기해의 염색체를 생성한다(인코딩).

Step 2 : 각 염색체에 근거하여 다목적 최적화 문제의 각 목적함수 $f_k(x)$을 계산한다(디코딩).

Step 3 : 각 목적함수 $f_k(x)$의 값보다 Pareto 최적해를 생성한다.

Step 4 : 다목적 GA의 평가 기법(veGA 등)에 의해 각 염색체를 평가해서 선택한다.

Step 5 : $gen = gen + 1$으로 하고 아래와 같이 실행한다.

5.1 교차 : 아래에 나타내는 단순교차 등의 교차 루틴을 이용해서 교차를 행한다.

(1) $cCnt = 0$로 한다(교차에 의해 생성된 염색체의 수).

(2) [0,1]의 난수표 $r_k(k = 1, 2, ..., popSize)$를 만들고, $r_k < p_C$이 되는 염색체 $v_k[\cdot]$을 선택한다.

(3) 선택된 $v_k[\cdot]$을 쌍으로 해서, $cCnt = cCnt + 2$로 한다.

(4) 교차을 행하는 비트 위치와 교차를 행하는 구간범위를 랜덤으로 결정하여 교차를 수행하고, 새롭게 생성된 염색체를 각각 $v'_{cCnt-1}[\cdot]$, $v'_{cCnt}[\cdot]$로 한다.

5.2 돌연변이: 아래에 나타내는 돌연변이 루틴을 이용하여 돌연변이를 수행한다.

(1) $mCnt = 0$로 한다(돌연변이에 의해 생성된 염색체의 수).

(2) [0,1]의 난수표 $r_k(k = 0, 2, ..., 5*popSize - 1)$을 만들고, $r_k < p_M$이 되는 요소를 선택하여, [0,10]의 범위에서 돌연변이를 시킨다.

(3) $mCnt = mCnt + 1$로 하고, 새롭게 생성된 염색체를 $v'_{cCnt+mCnt}[\cdot]$로 한다.

5.3 생성된 자식염색체에 대해서 디코딩하고 Pareto 최적해 E을 갱신한다.

5.4 다목적 GA의 평가 기법(veGA 등)에 의해 각 염색체를 평가하여 선택한다.

Step 6 : $gen < maxGen$이면, Step 5로 되돌아간다. 그렇지 않다면, 종료 조건을 만족하고 있기 때문에 Pareto 최적해 $E(\cdot)$을 출력하고 종료한다.

기본적인 다목적 GA의 처리 수순을 Pascal과 유사한 코드로 나타내면 그림 4.3에 나타낸 것처럼 된다. 다목적 네트워크 설계 문제에 적용하는 경우는, 취급하는 네트워크 모델에 대응해서 부분 변경이나 추가 루틴이 요구되지만 기본적으로는 그림 4.3의 알고리즘을 따른다.

```
procedure: Multiobjective Genetic Algorithm (moGA)
input: Mop data, GA parameters
output: Pareto optimal solutions E(P,C)
begin
    t ←0;
    initialize P(t) by encoding routine;
    calculate f_k(P), k = 1, 2, …, q by decoding routine;
```

```
        create Pareto E(P);
        fitness eval(P);
        while (not terminating condition) do
            create C(t) from P(t) by crossover routine;
            create C(t) from P(t) by mutation routine;
            calculate f_k(C), k = 1, 2, ..., q by encoding routine;
            update Pareto E(P,C);
            evaluate eval(P,C) by fitness assignment routine;
            select P(t+1) from P(t) and C(t) by selection routine;
            t ← t + 1;
        end
        output  Pareto optimal solutions E(P,C);
    end
```

[그림 4.3] 기본적인 다목적 GA

4.2.2 벡터 평가 유전 알고리즘

비 Pareto적인 기법은 각각의 목적함수에 관하여 독립적인 선택을 수행하는 것이며, 대표적인 기법으로서 Schaffer가 제안한 벡터 평가 GA(veGA : Vector Evaluated Genetic Algorithms)가 있다[1]. 다음은 Schaffer의 알고리즘을 아래에 나타낸 것이다(그림 4.4).

[프로시저 1 : veGA]

Step 1 : 개체 집합을 목적함수의 수와 동일한 부분 개체 집합으로 분할하여 각 목적함수 값에 따라 독립적으로 개체를 선택하여 각 각의 부분 개체 집합을 생성한다.

Step 2 : 생성된 부분 개체 집합을 모두 포함시켜 하나의 개체 집합으로 한다.

Step 3 : 이 집합에 대해서 교차, 돌연변이 등의 유전자 조작을 수행한다. 또 선택에 있어서는 미리 결정한 집단 수로부터 구성되는 개체 집합을 생성한다.

Step 4 : 종료 조건을 만족한다면 종료하고, 그렇지 않으면 Step 1로 되돌아간다.

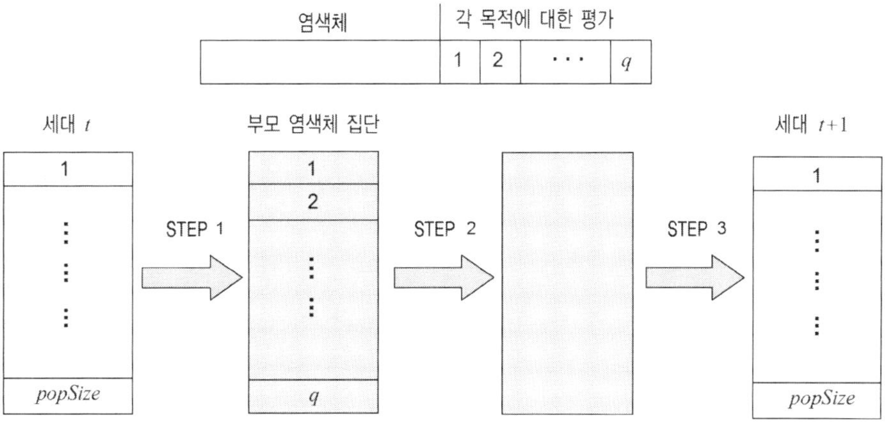

[그림 4.4] 벡터 평가 유전 알고리즘(veGA)

예 4.2 : veGA에 의한 다목적 최적화 문제의 예

이 기법은 어떤 하나의 목적함수 값에서만 극단적으로 좋은 해가 생성되기 쉬워서, "모든 목적함수가 균형 있게 만족시키고 있다"라는 의미에서의 Pareto 최적해를 얻기 어려운 문제점이 있다.

여기서, 다음의 두 개의 목적함수를 최소화 하는 2목적 최적화 문제에 대해서 veGA의 응용 예를 소개한다.

$$\min \quad f_1(x) = x^2 \tag{4.11}$$

$$\min \quad f_2(x) = (x-2)^2 \tag{4.12}$$

$$\text{s. t.} \quad x \in R \tag{4.13}$$

이 2목적 최적화 문제에 대해서, 그림 4.5(b)에 있어서 굵은 선이 Pareto 최적해의 영역이다.

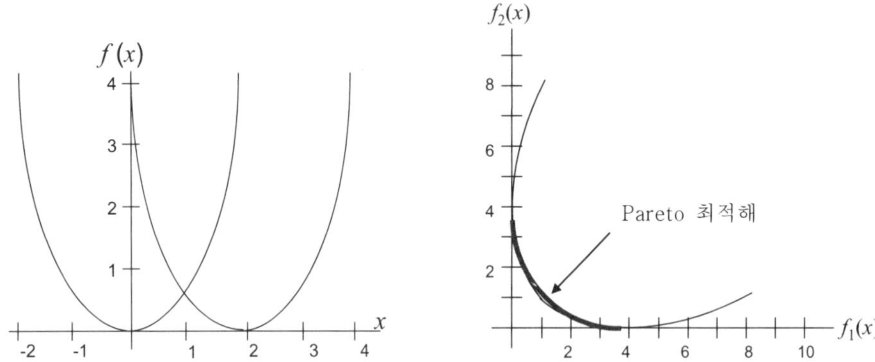

(a) 결정 공간에서의 실행 가능한 영역 S (b) 평가 공간에서의 실행 가능한 영역 Z

[그림 4.5] 예 4.2에 대한 Pareto 최적해

[veGA에 의한 예 4.2의 처리 절차]

Step 0 : 집단 크기 $popSize$ = 10, 교차 확률 p_c = 0.50, 돌연변이 확률 p_M = 0.5, 최대 세대수 $maxGen$ = 500을 설정한다.

Step 1 : 여기서는 해의 개체로서 10진수 표현으로 염색체를 생성한다.

Step 2 : 각 목적함수 $f_1(x)$, $f_2(x)$을 계산한다.

$$f_1(x) = x^2 \tag{4.14}$$

$$f_2(x) = (x-2)^2 \tag{4.15}$$

Step 3 : 목적함수 $f_1(x)$, $f_2(x)$의 값으로 Pareto 최적해를 생성한다.

Step 4 : veGA의 평가 기법(프로시저 1)으로 각 염색체를 선택한다.

Step 5 : $gen = gen + 1$로 하고, 아래와 같이 유전적 조작을 수행한다.

5.1 교차 : 단순교차 프로시저를 이용해서 교차를 수행한다.

5.2 돌연변이 : 비균등 돌연변이[3]를 수행한다.

5.3 10진수 표현 디코딩을 수행하여 Pareto 최적해 E를 갱신한다.

5.4 다목적 GA의 평가 기법(veGA 등)으로 각 염색체를 평가, 선택한다.

Step 6 : $gen < maxGen$이라면, Step 5로 되돌아 간다. 그렇지 않다면 종료 조건을 만족하기 때문에 Pareto 최적해 $E(\cdot)$을 출력하고 종료한다.

실제로 veGA의 절차로 프로그램을 작성하여 세대 1, 10, 100과 500에서 얻어진 비우월해를 아래에 나타낸다. 이 비선형 최적화 문제에 GA을 적용할 때 Pareto 최적화는 그림 4.6와 같이 진화하고 있다.

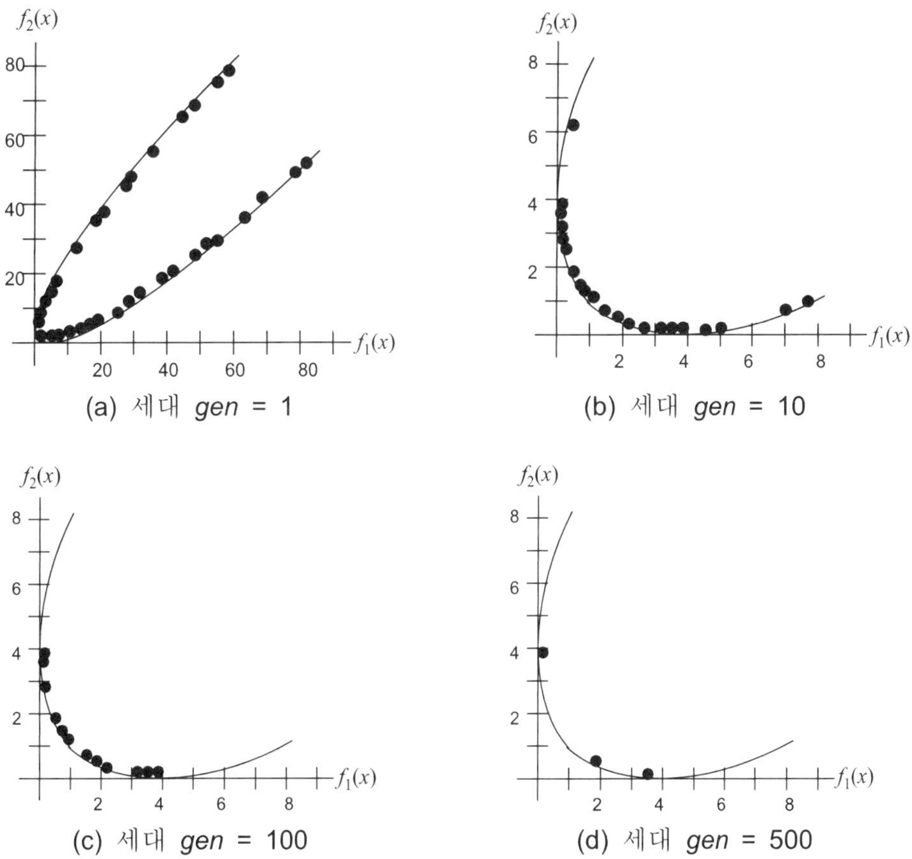

[그림 4.6] veGA으로 각 세대에서 구해진 비우월해

4.2.3 평가값의 배분(Sharing)

그림 4.6에 나타낸 것처럼 veGA기법에는 하나의 목적 함수 값에서만 극단적으로 좋은 해가 생성되기 쉬우므로, 마지막에 구해지는 Pareto 최적해는 적어지고, 두 개의 목적함수에 대해서 균형 좋게 만족되지 않는다는 것이 판명된다. 즉, 구해지는 Pareto 최적해는 다양성 을 갖지 않는다는 약점이 있다. 이 절에서는 다목적 GA을 사용하는 경우에 대해 각 세대에서 얻어진 Pareto 최적해의 다양성을 유지하기 위한 방법으로서 평가값의 배분 기법을 소개한다.

배분(Sharing)이란 1987년에 Goldberg와 Richardson에 의해 제안된 기법으로 다목적 최적화 문제의 경우, 얻어진 Pareto 최적해에 대해서 많은 Pareto 최적해가 집중하고 있는 부분에서의 해에는 비교적 작은 가중치를 주는 반면, 고립하고 있는 Pareto 최적해에는 상대적으로 큰 가중치를 줌으로서 Pareto 최적해의 분포를 상대적으로 균일화를 기도하는 조작이다.

어떤 개체 x_i, x_j에 대해서 이 개체간의 거리를 $d_{ij} = d(x_i, x_j)$로 고려하는 경우, 아래와 같은 함수를 제안하고, 이와 같은 함수를 배분 함수(Sharing Function)라고 부른다. 또한, 여기서 이용되고 있는 σ_{share}와 α는 상수이며, 이 함수는 누승의 배분 함수이다.

$$sh(d_{ij}) = \begin{cases} 1 - \left(\dfrac{d}{\sigma_{share}}\right)^{\alpha}, & d_{ij} < \sigma_{share} \text{ 경우} \\ 0, & \text{그 외} \end{cases} \tag{4.16}$$

이 함수를 이용해서 아래와 같이 적합도 $f(x_i)$을 수정한다

$$f'(x_i) = \frac{f(x_i)}{m_i} \tag{4.17}$$

$$m_i = \sum_{j=1}^{popSize} sh(d_{ij}) \tag{4.18}$$

4.3 다목적 GA 기법

다목적 최적화 문제에 유전 알고리즘을 적용하는 경우에 가장 중요한 것은 각 세대에서 얻어진 Pareto 최적해를 적절히 평가, 선택하여 다음 세대에게 남겨가는 것이다. 이 점에 관해서는 Schaffer 등의 veGA, Goldberg의 랭킹 평가 기법이나 Fonseca 등의 moGA 등 다양한 기법이 제안되었다. 현재까지 제안된 다목적 GA 기법을 크게 분류하면 두 가지 종류로 나눈다.

(1) Pareto 랭킹 평가 기법

(2) 다목적 함수 가중치 부가 평가 기법

4.3.1 Pareto 랭킹 평가 기법

Pareto 랭킹 평가 기법이란 해의 우열 관계에 기반으로 하여 정해지는 순서로써 적합도 함수를 만들어 이것에 의해 선택을 시행하는 기법이다.

a. Goldberg의 Pareto 랭킹

Pareto 랭킹은 현재까지 다양한 기법이 제안되고 있다. 여기서는 먼저 Goldberg [10]에 의해 제안된 Pareto 랭킹 GA(prGA : Pareto ranking Genetic Algorithm)에 대해서 소개한다. 이 기법의 알고리즘을 소개하면 아래와 같다.

[프로시저 2 : prGA]

Step 0 : 랭크를 나타내는 지표 $i \leftarrow 1$로 한다.

Step 1 : 실행 가능한 영역 Z에 있어서 모든 Pareto 최적해 중에서 다른 어떤 해에 대해서도 우수하고도 뒤떨어지지 않는 해에 대해서 랭크 i를 할당한다.

Step 2 : 랭크가 붙어있는 해를 실행 가능한 영역 Z로부터 제외시키고, $i \leftarrow i+1$으로 한다.

Step 3 : 모든 해에 랭크를 할당한 경우 종료한다. 그렇지 않으면 Step 1로 되돌아간다.

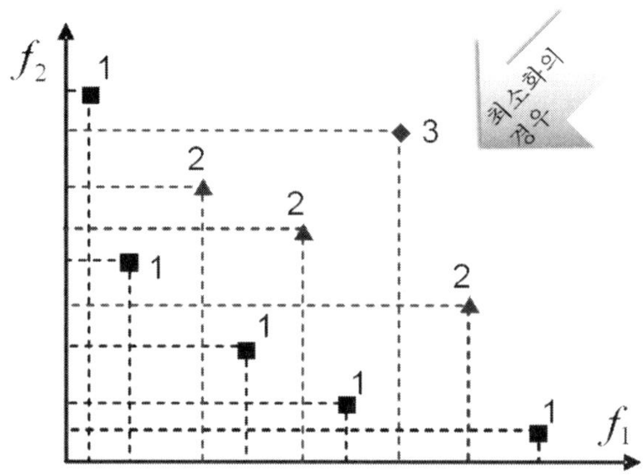

[그림 4.7] Goldberg의 Pareto 랭킹

이 기법에 의해 얻어진 각 해의 랭킹에 기반하여 선택을 이행하는 함으로서, 해의 우열을 의식한 선택을 할 수 있다.

b. Fonseca 등의 Pareto 랭킹

Fonseca와 Fleming [4]은 Goldberg의 Pareto 랭킹을 확장하여 다목적 GA(moGA : multiobjective Genetic Algorithm)을 제안했다. 이 기법은 그림 4.8에 나타낸 것처럼 모든 비우월해를 갖는 염색체에 랭크 1을 할당하고, 다른 염색체에 비우월해를 지배하는 수 더하기 1을 랭크로써 할당한다. 이 알고리즘을 아래와 같이 나타낼 수 있다.

[프로시저 3 : moGA]

Step 1 : 실행 가능한 영역 Z에 있어서 모든 Pareto 최적해 중에서 다른 어떤 해에 대해서도 우수하고도 뒤떨어지지 않는 해에 대해서 랭크 1을 할당한다.

Step 2 : 다른 염색체에 있어서는 모든 Pareto 최적해에 대해서 그 해가 우월되고 있는 해의 개수에 1을 가산한 것을 그 해의 랭크로 할당한다.

Step 3 : 얻어진 모든 실행 가능해에 랭크를 붙인 경우 종료한다.

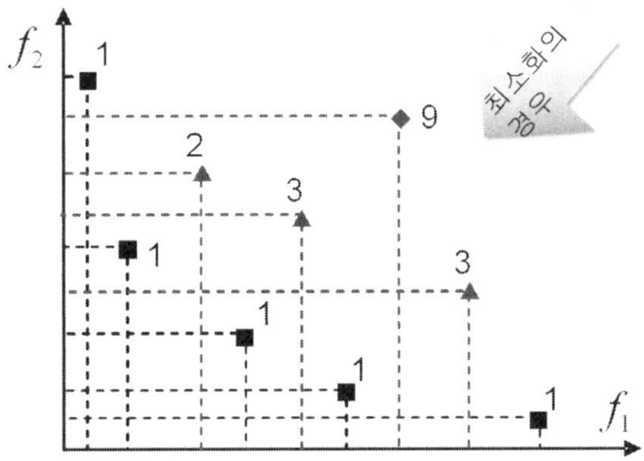

[그림 4.8] Fonseca 등의 Prato 랭킹

c. Deb 등의 비우월 정렬 GA

1995년에 Deb[5][13]는 Goldberg의 Pareto 랭킹을 확장해서 비우월 정렬 GA(nsGA : Nondominated Sorting Genetic Algorithm)을 제안했다. 이 기법은 그림 4.9에 나타낸 것처럼 Pareto 랭킹에 기반하여 개체에 랭크를 붙여서, 같은 랭크를 갖는 개체들에 대해 평가값의 배분 기법을 이용하여 많은 개체가 집중되어 있는 부분에 비교적 작은 가중치를 주고, 고립되어 있는 개체에는 상대적으로 큰 가중치를 주는 방법이다. 이 nsGA이란 Pareto 최적해의 다양성을 유지하기 위한 방법이다.

[프로시저 4 : nsGA]

Step 0 : 랭크를 나타내는 $i \leftarrow 1$으로 한다.

Step 1 : 실행 가능한 영역 Z에 있어 모든 Pareto 최적해 중에서 다른 어떤 해에 대해서도 우수하고도 뒤떨어지지 않는 해에 대해서 랭크 i을 할당한다.

1.1 랭크가 붙은(순위 매김된) 해를 실행 가능한 영역 Z로부터 없애고, $i \leftarrow i+1$으로 한다.

1.2 모든 해에 랭크를 할당할 때까지 Step 1을 반복한다.

Step 2 : 최대 랭크 수 $L = i$로 한다.

Step 3 : 랭크 $i = 1$ 부터 L까지, 랭크 i을 갖는 개체를 배분 기법으로 적합도를 계산한다. 또, 상위 랭크 개체의 적합도는 반드시 낮은 랭크의 개체보다도 높게 되도록 설정한다.

Step 4 : 모든 개체에 할당된 적합도에 기반하여 룰렛 선택이나 토너먼트 선택과 같이 확률적인 선택 연산을 수행한다.

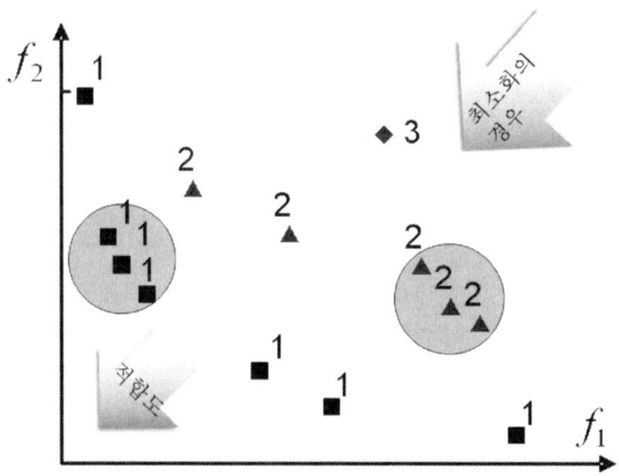

[그림 4.9] Deb 등의 비우월 정렬 GA법

4.3.2 다목적 함수 가중치 부가 평가 기법

다목적 함수의 가중치 부가 평가 기법(Weighted-sum Approach)란 다목적 함수에 각 각의 가중치를 더하여 단일 목적으로 변환하는 것으로 Pareto 최적해를 구하는 방법이다.

a. Ishibuchi 등의 랜덤 가중치 부가

랜덤 가중치 부가 GA(rwGA : Random-weight GA)는 Ishibuchi 등[6][11]에 의해 제안되어, Pareto 방향으로 향하여 다양한 탐색 방향에 의해 해를 탐색하는 것으로 다양성이 있는 Pareto 최적해를 얻는 것을 목적으로 한 기법이다. 일반적으로 그림 4.10에 나타낸 것처럼 탐색 공간에 있어서 탐색 방향을 고정하는 고정 가중치 부가와 탐색 방향을 고정하지 않고 여러 방향으로 탐색을 이행하는 랜덤 가중치 부가, 두 종류가 있다.

고정 가중치 부가는, GA의 기준 공간에 있어서 어떤 고정점에 향해서 탐색을 실시하는 기법이며, 랜덤 가중치 부가는 다양한 방향으로의 탐색을 실시하는 방법이다. 이것에 의해

Pareto 면에 대해서 균일하게 분포하는 Pareto 최적해를 얻는 것이 가능해진다.

여기서, q개 목적함수의 최대화를 고려한 경우 q개 목적함수의 가중치 부가 합계를 아래와 같이 단일화 한다.

$$z = \sum_{k=1}^{q} w_k f_k(x) \tag{4.19}$$

여기서, 목적 k의 랜덤 가중치 w_k는 아래 식과 같이 계산한다. 그리고 r_i는 음이 아닌 난수이다.

$$w_k = \frac{r_k}{\sum_{j=1}^{q} r_j}, \quad (k = 1, 2, \ldots, q) \tag{4.20}$$

이 랜덤 가중치 w_k는 각 세대에서 교차에 의해 염색체를 선택하기 전에 생성할 필요가 있다. 또, 개체 i에 있어서 선택 확률 p_i는 아래와 같이 선형 스케일링 함수를 이용하여 설정된다.

$$p_i = \frac{z_i - z^{\min}}{\sum_{j=1}^{popSize} (z_j - z^{\min})} \tag{4.21}$$

여기서, $z_{\min}$는 각 세대에 있어서 개체 집단 중에서 가장 열등한 개체의 적합도를 나타낸다 (그림 4.10).

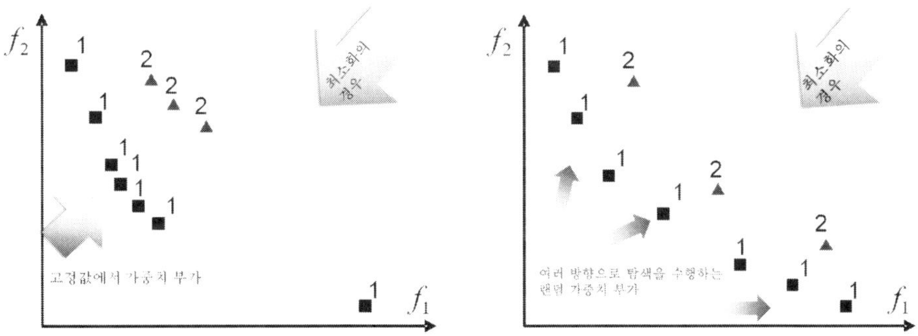

[그림 4.10] 여러 방향으로 탐색을 이행하는 랜덤 가중치 부가

b. Gen-Cheng의 적응 가중치 부가

적응 가중치 부가(Adaptive-weight GA: awGA)은 1998년에 Gen & Cheng [3]에 의해 제안된 기법이다. 이 기법은 각 세대의 개체 집단에 의해 얻어진 정방향의 이상 점을 이용해서, 그 이상 점에 Pareto 최적해를 접근하도록 가중치를 조정하면서 탐색을 수행하는 기법이다.

각 세대에서 얻어진 2개의 종점(maximum : z^+, minimum : z^-)을 아래와 같이 정의한다.

$$z^+ = [z_1^{\max} \quad z_2^{\max} \quad \dots \quad z_q^{\max}] \tag{4.22}$$

$$z^- = [z_1^{\min} \quad z_2^{\min} \quad \dots \quad z_q^{\min}] \tag{4.23}$$

여기서, $z_k^{\max}$, $z_k^{\min}$는 각각 아래의 식으로 정의되어 있듯이, k개의 각 목적함수에서 얻을 수 있는 최대값과 최소값을 나타낸다. 그리고 P는 실행 가능해의 집합이다.

$$z_k^{\max} = \max\{f_k(x) | x \in P\} \quad (k = 1, 2, \cdots, q) \tag{4.24}$$

$$z_k^{\min} = \min\{f_k(x) | x \in P\} \quad (k = 1, 2, \cdots, q) \tag{4.25}$$

또, 어떤 염색체 x에 있어서 가중치 합은 아래의 식으로부터 얻을 수 있다.

$$\begin{aligned} z(x) &= \sum_{k=1}^{q} w_k (z_k - z_k^{\min}) \\ &= \sum_{k=1}^{q} \frac{z_k - z_k^{\min}}{z_k^{\max} - z_k^{\min}} \\ &= \sum_{k=1}^{q} \frac{f(x) - z_k^{\min}}{z_k^{\max} - z_k^{\min}} \end{aligned} \tag{4.26}$$

여기서 목적 k의 적응 가중치 w_k는 아래의 식으로부터 계산한다.

$$w_k = \frac{1}{z_k^{\max} - z_k^{\min}}, \quad (k = 1, 2, \cdots, q) \tag{4.27}$$

적응 가중치에 의한 동작범위(adaptive moving line)는 그림 3.9에 나타낸 것처럼 종점 z_1^{max}, z_2^{min}과 z_1^{min}, z_2^{max}을 이용해서 나타낼 수 있다. 또, 그림 4.11의 종점 (z_1^{max},z_2^{min})과 (z_1^{min}, z_2^{max})에 의해 얻을 수 있는 장방형은 각 세대에 있어서 모든 해집단을 포함하고 있는 최소의 장방형이라고 말한다.

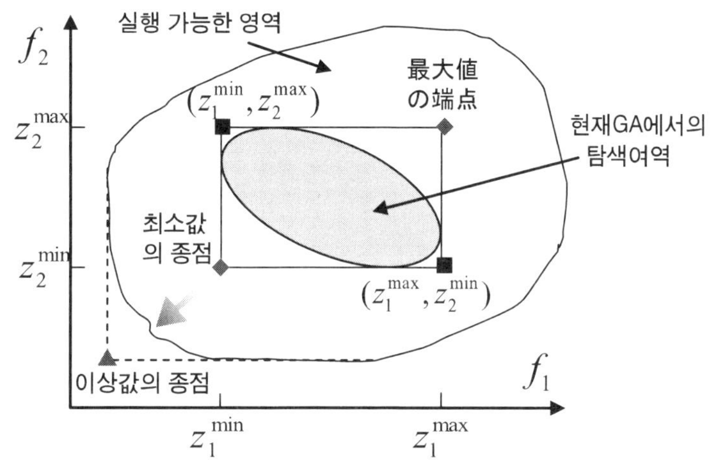

[그림 4.11] 적응 가중치 부가

4.3.3 다목적 함수의 가중치 부가 및 엘리트 보존

a. Zitzler등의 강제 Pareto EAⅡ

2002년에 Zitzler등[7]은 그들의 1999에 제안한 강제 Pareto EA(Strength Pareto Evolutionary Algorithm : spEA)을 확장해서, version 2(spEA II)을 제안했다. 강제 Pareto EAⅡ의 알고리즘은 아래와 같다.

[프로시저 5 : spEAⅡ]

Step 1 : 초기 모집단 P_0을 생성하고, 기록 리스트(Archive)에 A_0을 생성한다.

Step 2 : 프로시저 6(적합도 할당)에서 P_t와 A_t에 있어서 개체의 적합도를 계산한다.

Step 3 : 이 적합도에 기반하여 비우월 개체군을 선택한다.

3.1 개체군 크기 N보다 크다면, 프로시저 7(절단법)을 이용하여 개체를 개체군에서 삭제한다.

3.2 크기가 N보다 작으면, 적합도가 낮은 개체를 개체군에 넣는다.

Step 4 : 개체군 전부를 기록 리스트 A_t에 복사해서 A_t을 A_{t+1}으로 한다.

Step 5 : P_t의 개체에 대해서 이진 토너먼트 선택을 실행해서 교환을 이행한다.

Step 6 : 교차와 돌연변이를 교배 풀(mating pool)에 대해서 실행하고, 결과를 집합 P_{t+1}로 한다.

Step 7 : 종료 조건이 만족하는 경우, A_{t+1}의 비우월 개체군의 해집합 A가 출력된다. 만족하지 않는 경우는 Step 2로 되돌아 간다.

[프로시저 6 : spEAⅡ의 적합도 할당]

Step 1 : 그림 4.12(a)와 같이, 모든 비우월 개체 i에 대해서 지배하고 있는 개체 S_i 값을 계산한다.

$$S_i = \frac{n}{N+1} \tag{4.28}$$

Step 2 : 그림 4.12(b)와 같이 지배되고 있는 개체는, 모두 지배하고 있는 개체가 갖는 S_i을 아래와 같이 누적한 값을 적합도라 한다.

$$f_1 = 1 + \sum_{i,\,\mathrm{if}\, j} s_i, \quad where\ f_i \in [1, N] \tag{4.29}$$

여기서, 적합도 할당은 아래의 그림 4.12와 같이 할당된다. 이 랭킹 기법은, 밀집하고 있지 않는 개체에 높은 적합도가 주어지는 특징이 있다.

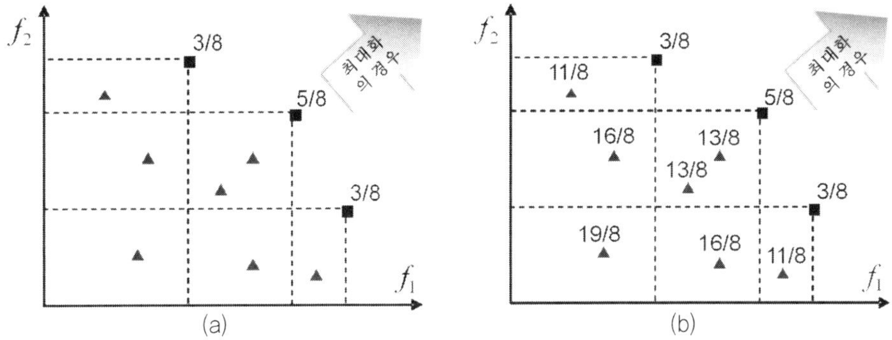

[그림 4.12] spEAⅡ의 적합도 할당

[프로시저 7 : 절단법(Truncation Operation)]

Step 1 : 가장 근접하고 있는 2개체를 찾는다. 단, 각 목적함수의 끝부분에 있는 개체는 선택하지 않고 놓아 둔다(그림 4.13(a)).

Step 2 : 해당하는 2개체 각각과, 또 다른 하나의 인접하는 개체와의 거리와 비교해서, 작은 값 쪽의 개체를 제거한다(그림 4.13(b)).

Step 3 : 앞 Step과 같게, 랭크 1(최우량 전방) 개체만을 전방(front) 2 사용 리스트 F_2로 정리한다.

Step 4 : 이상의 조작을 모든 개체가 없어질 때까지 반복한다.

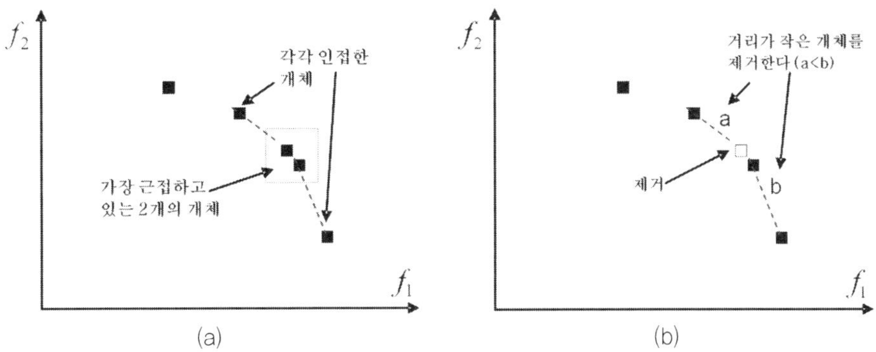

[그림 4.13] 절단법

b. Deb의 비우월 정렬 GAⅡ

2002년에 Deb[8] 등이 제안한 비우월 정렬 GA을 확장해서 Version 2(nsGA II)을 제안했다. nsGA II란 앞 절에서 소개한 nsGA 엘리트 전략을 도입해서 확장한 알고리즘이다. 또, 그것 이외에도 랭킹에 의한 정렬의 효율화, 배분(Sharing)을 대신하는 혼잡도의 평가 지표 도입을 하고 있다. 여기서는 일본 同志社대학의 ISDL연구실에서 다목적 GA 연구 보고[18]에 의하여 아래와 같이 nsGA 특징을 요약한다.

(1) nsGAⅡ의 개선점 1 : 고속 우월 정렬

nsGAd의 비우월 정렬은 개체 수 N개체를 비우월 정도에 근거하여 정렬하기(랭크 1 개체만을 찾아낸다) 위해, 계산량 $O(mN^2)$으로 필요하다. nsGAII에서의 고속 우월 정렬의 계산량이 $O(N)$을 필요로 한다. 이 처리는 모든 전방이 분별될 때까지 계속된다. 최대로 N개 전방이 존재할 수 있으므로, 최악의 경우에 있어서 이 처리의 계산량은 $O(N^2)$ 이다.

[프로시저 8 : 고속 우월 정렬]

Step 1 : 랭크 1(지배되고 있는 개체 수는 0이다)의 개체만을 전방 1 사용 리스트 F_1 으로서 정리한다.

Step 2 : 리스트 F_1에 포함되는 각 개체 i가 우월한 개체 j에 대해서 그 수를 1씩 뺀다.

Step 3 : 위와 같게 랭크 1(최우량 전방)개체만을 전방 2 사용 리스트 F_2로서 정리한다.

Step 4 : 이 조작을 모든 개체가 없어질 때까지 반복한다.

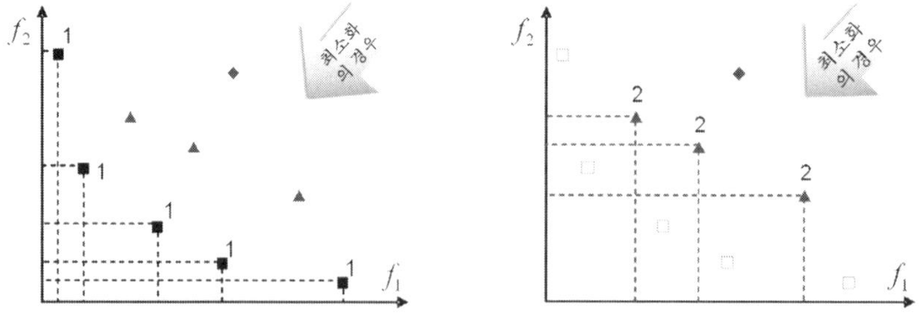

1. 우월한 개체수 0의 개체를 랭크 1로 한다.
2. 랭크 1의 개체 집합을 F 으로 정리한다

(a)

1. F_1에 있는 개체를 제거하고, 우월한 개체수 0의 개체를 랭크 2로 한다.
2. 랭크 2의 개체 집합을 F_2로 정리한다

(b)

[그림 4.14] 고속 우월 정렬법

(2) nsGAⅡ의 개선점 2 : 배분의 대용

nsGAⅡ에서는 배분의 대신으로서 파라미터가 없는 다양성 확보 기법을 고안하고 있다. nsGAⅡ에서 사용되는 혼잡도의 지표는, 각 개체에 대해서 그 양 이웃에 있는 개체간 거리이며, 시스템 파라미터를 필요로 하지 않는다.

혼잡도 구하는 방법 : 각 랭크 내의 개체 집합을 목적함수로 정렬해서, 인접하는 개체를 조사한다. 그림 4.15와 같이, 각 개체에 인접하는 개체간의 거리를 구하여(D_i = 거리 (i - 1, i) + 거리 (i, i + 1)), 개체간의 합의 값이 낮을수록 그 개체는 혼잡하고 있는 것이 된다. 다른 파라미터를 사용하지 않고 이 혼잡도를 이용하여 개체의 분산을 꾀한다.

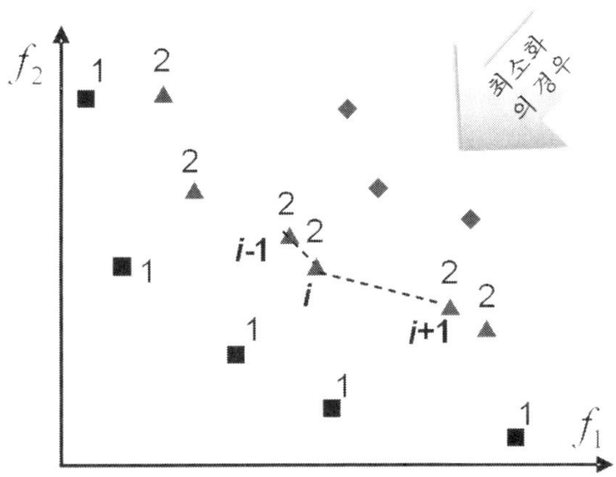

$$D_i = 거리(i-1, i) + 거리(i, i+1)$$

[그림 4.15] nsGAII에서의 혼잡도를 구하는 방법

(3) nsGAⅡ의 개선점 3 : 엘리트 보존 도입

선택에 있어서, 선택 개체군 N이 모집단 수를 넘지 않는 경우 랭크 순서로 개체를 선택하여 간다. 선택 개체군 N이 모집단 수를 넘는 경우, 아래의 식에 의하여 그림 4.16과 같이 개선점(2)에서 구한 혼잡도를 고려하여 N개체를 골라낸다.

$$\text{if}(F_i < F_j)\text{or}((F_i = F_j)\text{and}(D_i > D_j)) \quad (4.30)$$

$$\text{then } i <_n j \quad (4.31)$$

여기서 F_i는 랭크 i, D_i는 개선점 (2)에서 구한 혼잡도이다. 즉, 식 4.30을 만족하는 경우에는 개체 i을 선택할 수 있는 우선권이 개체 j보다 높다.

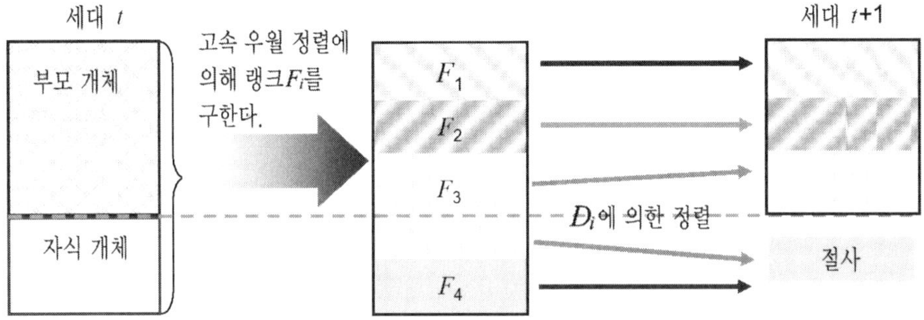

[그림 4.16] nsGAⅡ의 엘리트 보존의 도입

c. Lin-Gen의 대화형 적응 가중치 부가 GA

2006년에 Lin & Gen[15]은 Gen & Cheng이 제안한 적응 가중치 부가 GA(awGA), Zitzler 등의 강제 Pareto EA(spEA)의 특징 및 결점에 근거하여, awGA을 확장한 대화형 적응 가중치 부가 GA (Interactive awGA : i-awGA)을 제안했다. 그림 4.17(a)와 같이 spEA에서 구한 각 개체의 적합도에 대해서, 매우 열등한 개체(2, 2)와 Pareto 최적해 보다 가까운 개체 (8, 8)에 대해서 각 각의 적합도(13/5과 11/5)은 매우 가까운 해이다. 이 결점보다 개체를 선택하는 경우에 매우 열등한 개체가 선택되는 가능성이 높아 진다. 그림 4.17(b)과 같이 nsGA II에서는, 랭크 값이 높은 개체가 최우선으로 선택되고, 랭크 값이 낮은 개체는 거의 선택되지 않는 결점이 있다. 그림 4.17(c)와 같이 awGA에서 각 개체의 적합도를 구하는 경우에는, 한가운데의 Pareto 최적해 보다 가까운 열등한 해의 적합도가 다른 한쪽의 Pareto 최적해의 적합도보다 크기 때문에 Pareto 최적해를 잃을 가능성이 높다. 이 때문에 awGA의 결점을 보완하기 위하여, spEA 개체의 적합도 계산법을 이용해서 i-awGA을 제안했다. i-awGA의 알고리즘은 아래와 같다.

[프로시저 9 : 고속 우월 정렬]

Step 1 : awGA에서 각 개체 x_i의 적합도 $eval(x_i)$을 계산한다.

Step 2 : nsGAII의 고속 우월 정렬법으로 랭크 1에서의 개체 집합 F_1을 구한다.

Step 3 : spEA와 같이 열등한 해에 벌점 $p(x_i)$을 준다. 즉,

3.1 개체 x_i가 집합 F_1에 소속하는 경우에는 $p(x_i) = 0$.

3.2 개체 x_i가 집합 F_1에 소속하지 않는 경우에는 $p(x_i) = 1$.

Step 4 : 각 개체에 아래의 식으로 적합도를 계산한다.

$$eval(x_i) \leftarrow eval(x_i) + p(x_i) \tag{4.32}$$

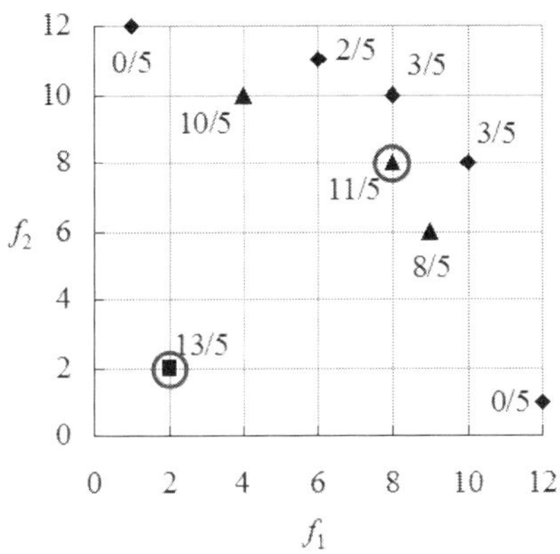

(a) spEA

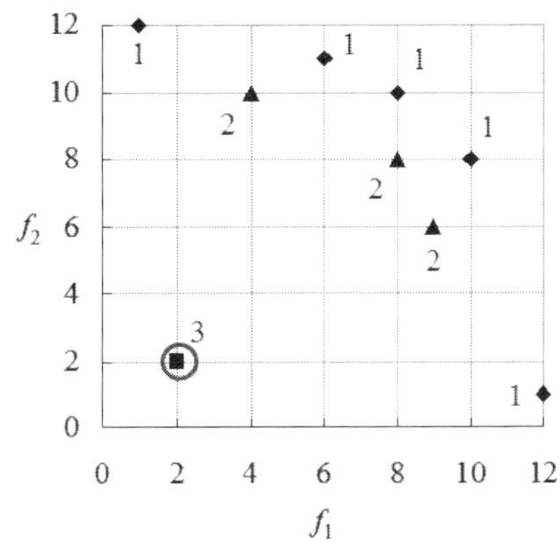

(b) nsGA II

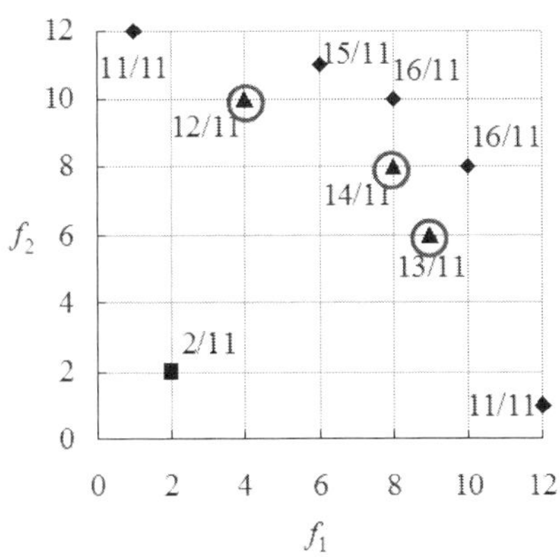

(c) awGA(평가 값을 최대화)

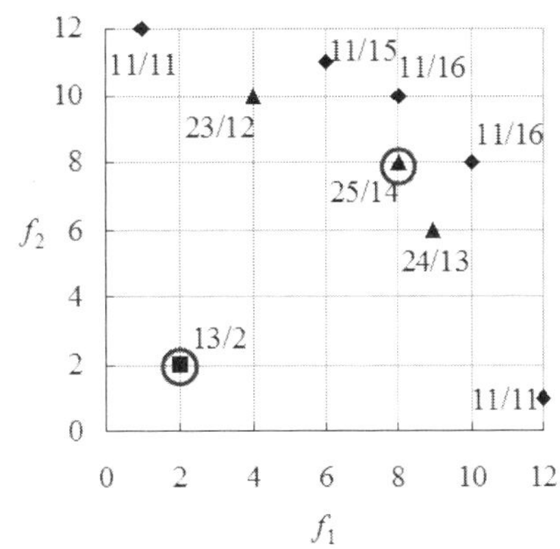

(d) *i*-awGA

[그림 4.17] 각 다목적 GA 방법의 결점

4.4 Pareto 최적해의 평가

다목적 최적해 문제에 있어서, 다목적 최적화 기법의 성능 평가를 수행하는 경우, 각 알고리즘에서 구한 Pareto 최적해를 단순하게 그래프화하는 것 만으로는 각 기법의 성능을 정당하게 비교하는 것은 곤란하다. 따라서, Pareto 최적해를 평가하는 다양한 기법이 제안되어 왔다. 대표적인 기법으로서 참조 해집합(reference solution set) [11]과 다음의 4종류 평가 기법을 소개한다.

4.4.1 참조 해집합 S^*

비교하려는 모든 알고리즘들로부터 얻어진 비우월해 집합을 참조 해집합 S^*[11]이라 하고, 이 집합 S^*와 각 알고리즘으로 얻어진 Pareto 최적해를 비교하는 것으로서 각 알고리즘을 통해 얻은 비우월해 집합이 전체적으로 어느 정도의 정밀도나 분산되어 있는지, 또 비우월해 집합인지 아닌지를 평가할 수 있다.

참조 해집합 S^*을 생성할 때에는, 각 알고리즘의 파라미터를 가능한 큰 값을 설정하고 다목적 GA기법으로 구한 Pareto 최적해를 참조 해집합 S^*로서 보존한다.

4.4.2 얻어진 비우월해의 수 $|S_j|$

각 기법에 의해 얻어진 비우월해 집합의 수 $|S_j|$을 평가값으로 한다(그림 4.18). 최종적인 해의 선택은 보통, 인간의 시각적인 판단에 맡기기 때문에 그 후보가 되는 Pareto 최적 개체수는 중요한 평가 기준의 하나이다.

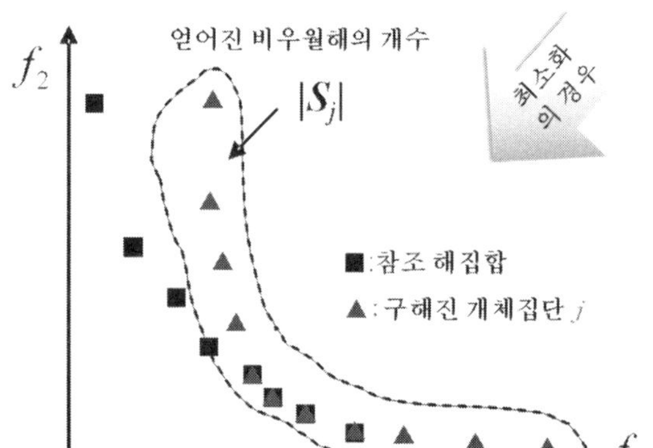

[그림 4. 18] 얻어진 비우월해 집합의 수 $|S_j|$

4.4.3 우월 개체 비율 $R_{NDS}(S_j)$

우월 개체 비율은, 각 알고리즘에서 얻어진 비우월해 집합과 참조 해 집합 S^*을 비교해서, S^* 에 대해서 비열등한 해의 개수를 평가값 $R_{NDS}(S_j)$으로 하는 평가 기법이다(그림 4.19).

$$R_{NDS}(S_j) = \frac{|S_j - \{x \in S_j \mid \exists y \in S^* : y < x\}|}{|S_j|} \tag{4.33}$$

이 평가값에 의해 비우월해의 정밀도를 평가할 수 있다.

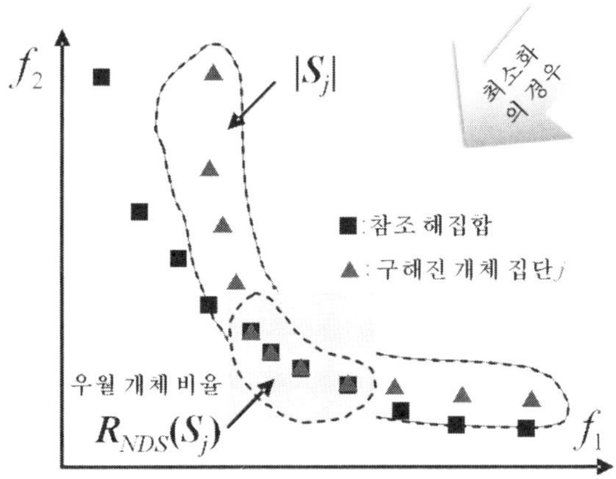

[그림 4.19] 우월 개체 집합 RNDS(S_j)

4.4.4 참조 비우월해 집합에 의한 거리 $D1_R$

이 기법은 Czyzak와 Jaszkiewicz에 의해 제안된 비우월해 집합과 참조 해 집합의 거리를 구하는 기법[12]이다.

각 알고리즘에 의해 얻어진 비우월해 집합과 참조 해 집합의 거리를 평가값으로 하는 것으로 참조 해 집합과 비우월해 집합과의 오차 $D1_R$을 평가할 수 있다.

오차 $D1_R$은 아래의 식에 의해 계산된다(그림 4.20).

$$D1_R = \frac{1}{|S^*|} \sum_{y \in s^*} \min\{d_{xy} | x \in S_j\} \tag{4.34}$$

여기서, d_{xy}은 결정 변수 x에서부터 집합 S^*에 있는 Pareto 최적해 y까지의 거리이다.

$$d_{xy} = \sqrt{\sum_{i=1}^{q} (f_i(y) - f_i(x))^2} \tag{4.35}$$

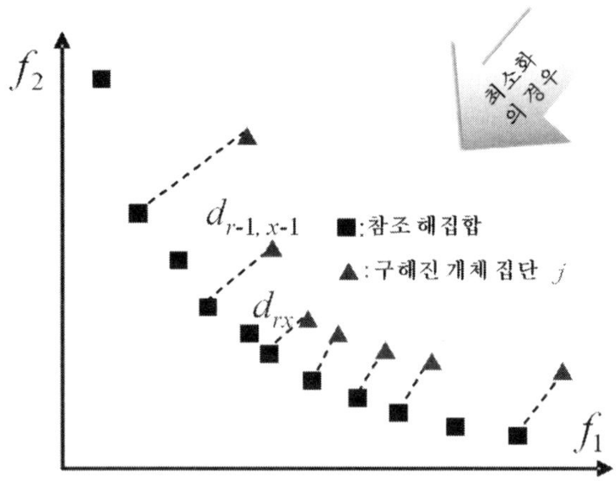

[그림 4. 20] 참조 해 집합에 의한 거리 $D1_R$

4.4.5 각 목적함수 축의 최대값, 최소값, 평균값 I_{MMA}

I_{MMA}은, 얻어진 비우월해에 있어서의 각 목적함수 축의 최대값, 최소값, 평균값을 구함으로서 얻어진 비우월해의 폭 넓이의 평가를 시행한다. 이 평가값에 의해 비우월해 집합의 분산을 평가할 수 있다.

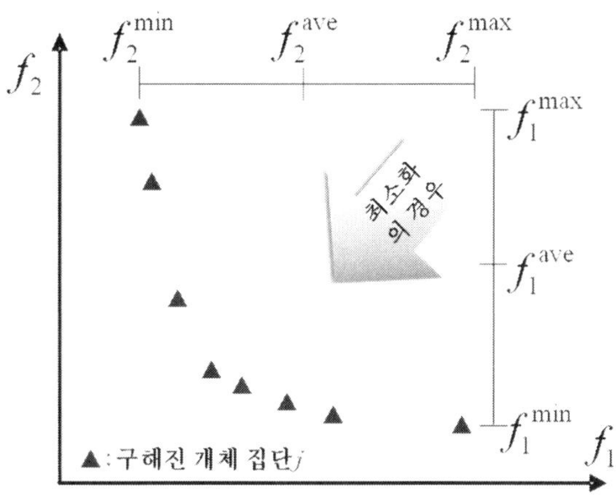

[그림 4.21] 각 목적함수 축의 최대값, 최소값, 평균값 I_{MMA}

4.5 다목적 GA의 수치 실험

4.5.1 수치 실험 예 1

다목적 최적화 문제의 수치 실험으로서 아래와 같은 2목적 비선형 문제[3]에 유전적 알고리즘을 이용하여 푼다.

$$
\begin{aligned}
\min\quad & f_1(\boldsymbol{x}) = -25(x_1-2)^2-(x_2-2)^2-(x_3-1)^2-(x_4-4)^2-(x_5-1)^2 \\
\min\quad & f_2(\boldsymbol{x}) = (x_1-1)^2+(x_2-1)^2+(x_3-1)^2+(x_4-1)^2+(x_5-1)^2 \\
\text{s. t.}\quad & g_1(\boldsymbol{x}) = x_1+x_2-2 \ge 0 \\
& g_2(\boldsymbol{x}) = 6-x_1-x_2 \ge 0 \\
& g_3(\boldsymbol{x}) = 2+x_1-x_2 \ge 0 \\
& g_4(\boldsymbol{x}) = 2-x_1+3x_2 \ge 0 \\
& g_5(\boldsymbol{x}) = 4-(x_3-3)^2-x_4 \ge 0 \\
& g_6(\boldsymbol{x}) = (x_5-3)^2+x_4-4 \ge 0 \\
& 0 \le x_i \le 10, \qquad i=1,\dots,5
\end{aligned}
$$

[염색체 표현]

이 문제의 실행 가능해를 표현하기 위하여 유전자 표현으로서 아래와 같이 10진 표현을 이용한다.

	1	2	3	4	5
염색체 v:	x_1	x_2	x_3	x_4	x_5

여기서, $0 \leq x_i \leq 10,\ i = 1, \ldots, 5$

[유전적 조작]

이 수치 실험 예에서 사용하는 유전 알고리즘의 유전적 조작으로서 교차법에는 일점교차, 돌연변이법으로는 선택된 유전자를 랜덤으로 변이시키는 돌연변이법을 사용한다. 또, Gen-Cheng의 적응 가중치 부가(awGA)을 이용하여 Pareto 최적해를 평가하고 있다.

[알고리즘]

Step 0 : 집단 크기 *popSize*, 교차가 일어날 확률 p_C, 돌연변이가 일어날 확률 p_M, 최대 세대수 *maxGen*, 초기의 평가 함수값 *minEval*을 아래와 같이 설정한다.

집단 크기(*popSize*)	10
교차확률(p_C)	0.4
돌연변이 확률(p_M)	0.05
최대 세대수(*maxGen*)	1000

Step 1 : 최소화 문제에 의해 Pareto 최적해 E의 초기값을 최대값 intMax로 한다.
초기의 염색체(v_k)을 랜덤으로 생성한다.

v_1 = [2 5 9 5 1]　v_3 = [7 3 10 9 8]　v_5 = [0 7 9 3 0]　v_7 = [4 1 2 0 0]　v_9 = [5 1 2 9 2]
v_2 = [1 3 2 0 1]　v_4 = [7 3 1 7 2]　v_6 = [9 9 3 4 10]　v_8 = [8 1 3 2 1]　v_{10} = [7 1 9 1 2]

반복 0 [세대수 gen = 0]

Step 2 : 각 목적함수 값 z_k을 계산한다. 여기서 염색체(v_k)이 x의 제약조건 $g_i(x)$ (i = 1, 2, ⋯, 6)을 만족하지 않으면, 아래와 같은 벌점함수를 사용한다.

$$z_i = [p_1 \cdot f_1(v_i),\ p_2 \cdot f_2(v_i)] \tag{4.36}$$

여기서, 제약조건 $g_i(x)$ $(i = 1, 2, \cdots, 5)$을 만족한다면 $p = 1$, 그렇지 않으면 $p_1 < 0$과 $p_2 > 0$의 난수가 된다.

v_1 = [2 5 9 5 1] $z_1 = [f_1(v_1), f_2(v_1)] = [4711.08, 1676.37]$ $(g_2, g_3, g_5 < 0)$
v_2 = [1 3 2 0 1] $z_2 = [f_1(v_2), f_2(v_2)] = [-43, 6]$
v_3 = [7 3 10 9 8] $z_3 = [f_1(v_3), f_2(v_3)] = [73184.6, 23139.29]$ $(g_2, g_5 < 0)$
v_4 = [7 3 1 7 2] $z_4 = [f_1(v_4), f_2(v_4)] = [40478.4, 821.33]$ $(g_2, g_5 < 0)$
v_5 = [0 7 9 3 0] $z_5 = [f_1(v_5), f_2(v_5)] = [15268.2, 7714.87]$ $(g_2, g_3, g_5 < 0)$
v_6 = [9 9 3 4 10] $z_6 = [f_1(v_6), f_2(v_6)] = [98272.9, 8694.6]$ $(g_2 < 0)$
v_7 = [4 1 2 0 0] $z_7 = [f_1(v_7), f_2(v_7)] = [-119, 12]$
v_8 = [8 1 3 2 1] $z_8 = [f_1(v_8), f_2(v_8)] = [27707.9, 3193.74]$ $(g_2, g_4 < 0)$
v_9 = [5 1 2 9 2] $z_9 = [f_1(v_9), f_2(v_9)] = [15251.5, 5059.24]$ $(g_5 < 0)$
v_{10} = [7 1 9 1 2] $z_{10} = [f_1(v_{10}), f_2(v_{10})] = [23804.2, 3469.29]$ $(g_2, g_4, g_5, g_6 < 0)$

$$E\{[f_1(v), f_2(v)]\} = \{[-43, 6], [-119, 12]\}$$

위에서 얻어진 Pareto 최적해 루틴에 의해, 다른 어떤 해보다도 우수하고도 뒤떨어지지 않는 해 집합인 Pareto 최적해 E을 생성한다.

Step 3 :

(1) 교차 : $cCnt = 0$, [0,1]의 난수표 r_k $(k = 1, 2, \cdots, 10)$을 만든다.

r_1 = 0.74833216	r_4 = 0.2261605	r_7 = 0.0915586	r_{10} = 0.7124577
r_2 = 0.3279305	r_5 = 0.9008301	r_8 = 0.8627155	
r_3 = 0.1873836	r_6 = 0.6253212	r_9 = 0.8691061	

$r_k < p_c$가 되는 r_4와 r_7, r_2와 r_3을 선택한다.

$cCnt = 4$로 한다. 랜덤으로 교차를 실행하는 비트 위치 $pos = 4$, $pos = 5$를 선택하여 교차 를 실행하고, 새롭게 생성한 염색체를 각각 v_1', v_2', v_3', v_4'으로 한다.

v_1' = [73100] v_2' = [41272] v_3' = [13208] v_4' = [73109]

(2) 돌연변이

$mCnt = 0$, [0, 1]의 난수표 $r_k(k = 0, 1, \cdots, 49)$을 만든다.

$r_k < p_M$이 되는 $r_{26} = 0.039613$와 $r_{29} = 0.035127$와 $r_{32} = 0.040620$와 $r_{47} = 0.047273$을 선택한다. 이것은,

염색체 $v_6(k = 26/5+1)$ 중의 $2(l = 26 \bmod 5+1)$ 번째 요소

염색체 $v_6(k = 29/5+1)$ 중의 $5(l = 29 \bmod 5+1)$ 번째 요소

염색체 $v_7(k = 32/5+1)$ 중의 $3(l = 32 \bmod 5+1)$번째 요소

염색체 $v_{10}(k = 47/5+1)$ 중의 $3(l = 47 \bmod 5+1)$번째 요소

를 나타내고 있다.

이들 선택된 유전자를 범위 [0,10]에서 돌연변이 연산으로 각각 얻어진 자식염색체 v_5', v_6', v_7', $mCnt = 3$으로 한다.

$v_5' = [98344]$ $\quad$ $v_6' = [41300]$ $\quad$ $v_7' = [71101]$

(3) 적응 가중치 부가

새롭게 생성한 염색체의 목적함수 z_k을 계산한다.

$v_1' = [7\ 3\ 1\ 0\ 0]$ $\quad$ $z_1' = [f_1(v_1'), f_2(v_1')] = [102.57, 4139.31]$ $(g_2 < 0)$

$v_2' = [4\ 1\ 2\ 7\ 2]$ $\quad$ $z_2' = [f_1(v_2'), f_2(v_2')] = [48.93, 1260.87]$ $(g_5 < 0)$

$v_3' = [1\ 3\ 2\ 0\ 8]$ $\quad$ $z_3' = [f_1(v_3'), f_2(v_3')] = [-92, 55]$

$v_4' = [7\ 3\ 10\ 9\ 1]$

$v_5' = [9\ 8\ 3\ 4\ 4]$ $\quad$ $z_5' = [f_1(v_5'), f_2(v_5')] = [315.96, 7317.91]$ $(g_2 < 0)$

$v_6' = [4\ 1\ 3\ 0\ 0]$ $\quad$ $z_6' = [f_1(v_6'), f_2(v_6')] = [-122, 15]$

$v_7' = [7\ 1\ 10\ 1\ 2]$ $\quad$ $z_7' = [f_1(v_7'), f_2(v_7')] = [292.93, 5265.40]$ $(g_2, g_4, g_5, g_6 < 0)$

$$z_4' = [f_1(v_4'), f_2(v_4')] = [373.36, 796.28] \quad (g_2, g_5 < 0)$$

위에서 얻어진 비우월해에서 다른 어떤 해보다 우수하면서 뒤떨어지지 않는 해집합인 누적 Pareto 최적해 E을 갱신한다.

$$E\{[f_1(v), f_2(v)]\} = \{[-43, 6], [-119, 12], [-122, 15]\}$$

부모 염색체 $v_t(t = 1,2, \cdots,10)$와 새롭게 생성한 염색체 $v_t'(t = 1, 2, 3, \cdots, 7)$에 적응 가중치 부가(awGA)를 이용해서 각 비우월해에 그 값을 평가함수 $eval(v_k)$으로 한다.

• Gen-Cheng의 적응 가중치 부가를 이용해서, 그 값을 평가함수 $eval(v_k)$으로 한다.

$eval(v_1) = 0.121$ $eval(v_6) = 1.376$ $eval(v_{11}) = 0.181$ $eval(v_{16}) = 0.000$
$eval(v_2) = 0.001$ $eval(v_7) = 0.421$ $eval(v_{12}) = 0.056$ $eval(v_{17}) = 0.001$
$eval(v_3) = 1.745$ $eval(v_8) = 0.375$ $eval(v_{13}) = 0.002$
$eval(v_4) = 0.448$ $eval(v_9) = 0.393$ $eval(v_{14}) = 0.039$
$eval(v_5) = 0.490$ $eval(v_{10}) = 0.000$ $eval(v_{15}) = 0.321$

(4) Pareto 선택

부모염색체 $v_t(t = 1, 2, \cdots, 10)$와 새롭게 생성한 염색체 $v_t'(t = 1, 2, 3,\cdots, 7)$중에서 새로운 세대에 생존시킬 염색체를 각 염색체의 적합도에 비례해서 *popSize*의 수 만 선택한다. 아래에 각 염색체에 있어서 선택확률 p_k 및 누적확률 $q_k(k = 1, 2, \cdots, 17)$의 계산을 나타낸다.

$$F = \sum_{k=1}^{17} \frac{1}{eval(v_k))} = 8771.842$$

$$p_k = (1/eval(v_k)) \ / \ F$$

$p_1 = 0.00094$ $p_5 = 0.00023$ $p_9 = 0.00029$ $p_{13} = 0.04705$ $p_{17} = 0.11626$
$p_2 = 0.14199$ $p_6 = 0.00008$ $p_{10} = 0.39330$ $p_{14} = 0.00291$
$p_3 = 0.00007$ $p_7 = 0.00027$ $p_{11} = 0.00063$ $p_{15} = 0.00036$
$p_4 = 0.00025$ $p_8 = 0.00030$ $p_{12} = 0.00204$ $p_{16} = 0.29302$

$$q_k = \sum_{j=1}^{k} p_j$$

$q_1 = 0.00094$ $q_5 = 0.14348$ $q_9 = 0.14443$ $q_{13} = 0.58745$ $q_{17} = 1.000000$
$q_2 = 0.14293$ $q_6 = 0.14356$ $q_{10} = 0.53773$ $q_{14} = 0.59036$
$q_3 = 0.14299$ $q_7 = 0.14384$ $q_{11} = 0.53836$ $q_{15} = 0.59071$
$q_4 = 0.14325$ $q_8 = 0.14414$ $q_{12} = 0.54040$ $q_{16} = 0.88374$

[0,1]의 난수표 $r_k'(k = 1, 2, \cdots, 10)$을 만들고,

$r_1' = 0.619556$ $r_3' = 0.392132$ $r_5' = 0.109684$ $r_7' = 0.936552$ $r_9' = 0.091433$

$r_2' = 0.251289$ $r_4' = 0.858530$ $r_6' = 0.772057$ $r_8' = 0.564104$ $r_{10}' = 0.460433$

아래와 같이 염색체를 선택한다.

$v_1' = v_{16}$ $v_3' = v_{10}$ $v_5' = v_2$ $v_7' = v_{17}$ $v_9' = v_2$

$v_2' = v_{10}$ $v_4' = v_{16}$ $v_6' = v_{16}$ $v_8' = v_{13}$ $v_{10}' = v_{10}$

새로운 세대는 아래와 같다.

$v_1' = [4\ 1\ 3\ 0\ 0]$ $v_3' = [7\ 1\ 9\ 1\ 2]$ $v_5' = [1\ 3\ 2\ 0\ 1]$ $v_7' = [7\ 1\ 10\ 1\ 2]$ $v_9' = [1\ 3\ 2\ 0\ 1]$

$v_2' = [7\ 1\ 9\ 1\ 2]$ $v_4' = [4\ 1\ 3\ 0\ 0]$ $v_6' = [4\ 1\ 3\ 0\ 0]$ $v_8' = [1\ 3\ 2\ 0\ 8]$ $v_{10}' = [7\ 1\ 9\ 1\ 2]$

Step 4 :

· 새롭게 만들어진 염색체 v_k'를 다음 세대의 염색체 v_k로 한다.

· 종료 조건 *maxGen*<*gen*을 만족하지 않기 때문에 Step 2로 되돌아 간다.

…

반복 1000 [세대수 gen = 1000]

Step 3 : · · ·

Step 4 :

gen = *maxGen*이므로, Pareto 최적해 *E*를 출력하고 종료한다.

실제로 위에서 기술한 수순으로 프로그래밍하여 얻어진 실행 결과를 아래에 나타낸다.

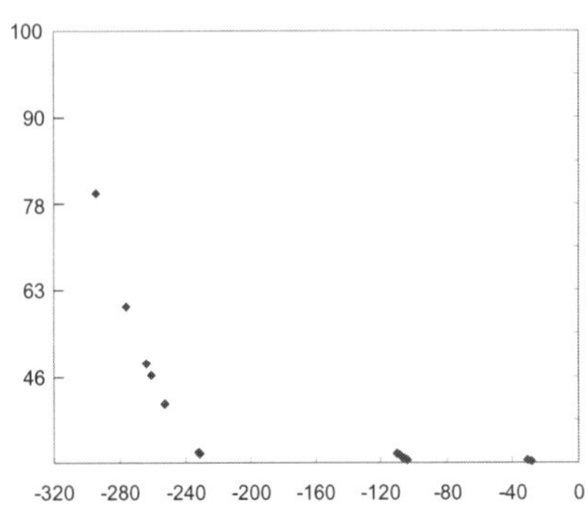

(a) 세대 gen = 5

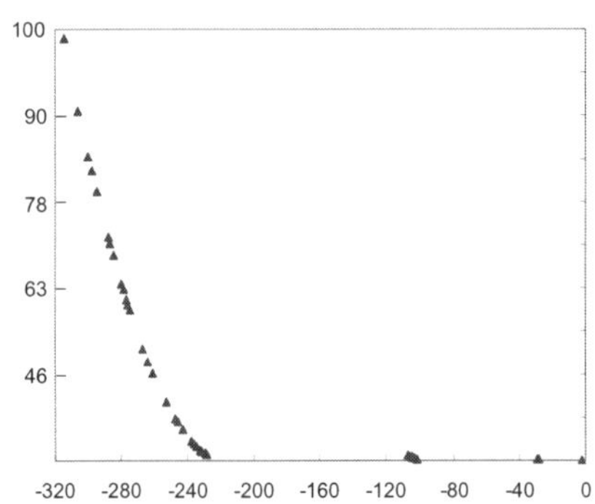

(b) 세대 gen = 50

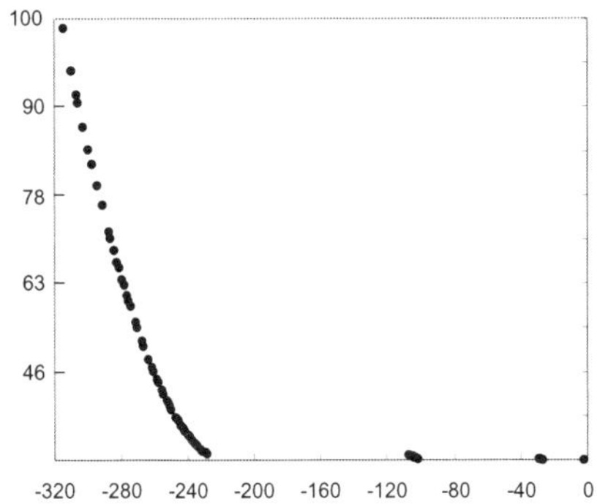

(c) 세대 gen = 200

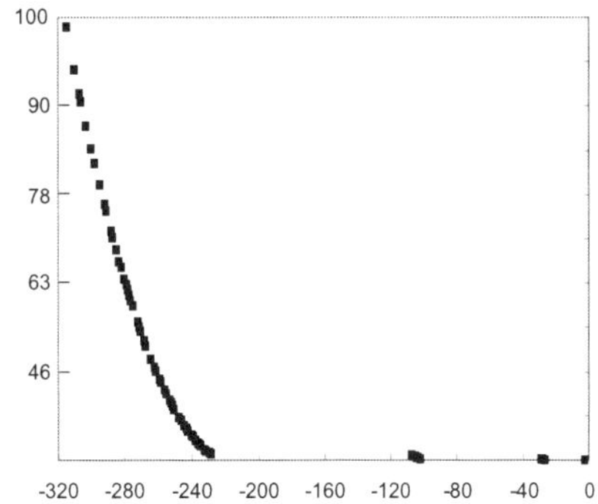

(d) 세대 gen = 500

[그림 4.22] 수치 실험에 의해 얻어진 Pareto 최적해

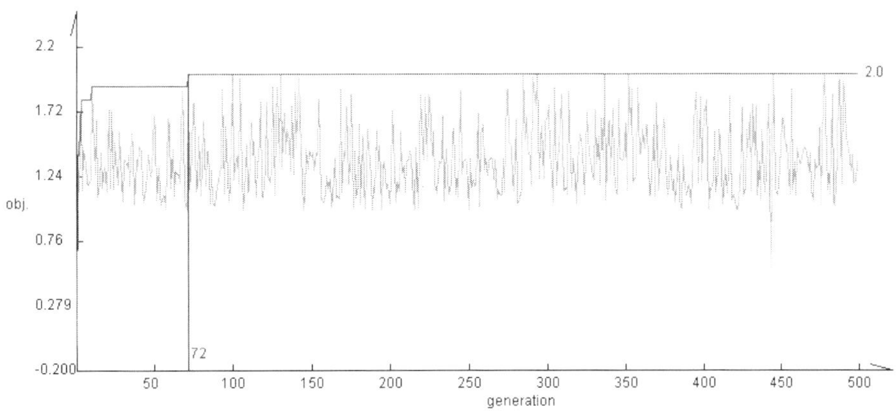

[그림 4.23] 수치 실험에 의한 다목적 GA의 해 수렴 과정

[계산 결과] Pareto 최적해

$E\{[f_1(v), f_2(v)]\}$ = {[-278, 62], [-270, 54], [-291, 75], [-310, 94], [-268, 52], [-283, 67], [-259, 43], [-242, 26], [-30, 91], [-27, 3], [-255, 39], [-258, 42], [-239, 23], [-256, 40], [-282, 66], [-271, 55], [-235, 19], [-250, 34], [-252, 36], [-292, 76], [-303, 87], [-251, 35], [-262, 46], [-240, 24], [-244, 28], [-272, 56], [-229, 13], [-300, 84], [-306, 90], [-228, 12], [-236, 20], [-102, 6], [-2, 2], [-237, 21], [-288, 72], [-277, 61], [-267, 51], [-315, 99], [-287, 71], [-103, 7], [-280, 64],

[-105, 9], [-275, 59], [-279, 63], [-29, 5], [-243, 27], [-298, 82], [-285, 69], [-234, 18], [-247, 31], [-246, 30], [-253, 37], [-261, 45], [-28, 4], [-276, 60], [-106, 10], [-107, 11], [-232, 16], [-104, 8], [-295, 79], [-264, 48], [-231, 15]}

4.5.2 수치 실험 예 2

다목적 최적화 문제의 비교 실험으로서, 2목적 네트워크 설계 문제[14]-[17]에 이하의 4가지 기법을 사용해서 실험을 이행하고, 각 알고리즘에서 얻어진 Pareto 최적해를 앞 절에서 소개한 평가 방법을 이용해서 실제에 각 기법의 성능 평가를 수행한다.

여기서는 최대 흐름과 최소 비용 흐름의 2가지 목적을 만족하는 2목적 네트워크 모델을 고려한다. 즉, 총 비용을 최소로 하고 동시에 흐름(flow)을 최대로 하는 문제이다.

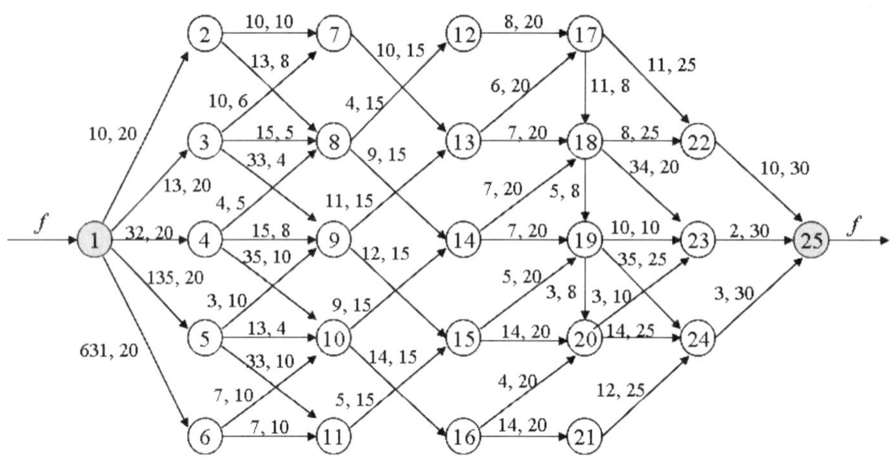

[그림 4.24] 2목적 네트워크 설계 문제 예

[인덱스]

i, j, k : 노드 번호 $(i, j, k = 1, , \cdots, m)$

[파라미터]

m : 노드의 개수

f : 총 흐름량

c_{ij} : 아크 (i, j)의 비용

u_{ij} : 아크 (i, j)의 용량 상한값

[결정변수]

x_{ij} : 노드 i에서 노드 j까지의 흐름량

[2목적 네트워크 설계 모델]

$$\max \quad z_1 = f$$

$$\min \quad z_2 = \sum_{i=1}^{m} \sum_{j=1}^{m} c_{ij} x_{ij}$$

$$\text{s. t.} \quad \sum_{j=1}^{m} x_{ij} - \sum_{k=1}^{m} x_{kj} = \begin{cases} f\,(i=1) \\ 0\,(i=2, 3, \cdots, m-1) \\ -f\,(i=m) \end{cases}$$

$$0 \le x_{ij} \le u_{ij}, \quad \forall\,(i, j) \in A$$

$$f \ge 0$$

여기서 다음의 4가지 다목적 GA기법을 사용하여 비교 실험을 이행하였다 :

랜덤 가중치 부가(rwGA : Random-weight GA)

적응 가중치 부가(awGA : Adaptive-weight GA)

강제 Pareto EA(spEA : Strength Pareto Evolutionary Algorithm)

비우월 정렬 GA Ⅱ(nsGA Ⅱ : Non-dominated Sorting Genetic Algorithm Ⅱ)

각 알고리즘의 성능평가를 하기 위하여 그림 4.25와 같이 참조 해 집합 S^*을 생성했다. 이참조 해 집합 S^*을 생성하는 경우, 보다 많은 Pareto 최적해를 얻기 위하여 4가지의 다목적 GA기법의 파라미터를 가능한 한 높게 설정했다.

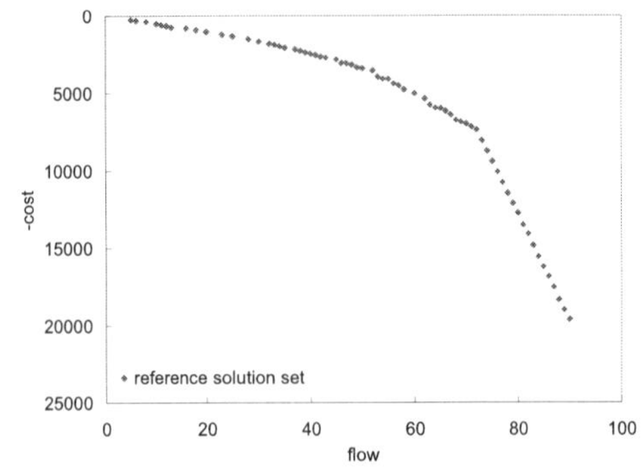

[그림 4.25] 참조 해 집합 S^*

실제의 다목적 GA기법의 프로그램을 작성하여 세대 5, 50, 200과 500에서 얻어진 비우월해를 아래에 나타낸다. 이 비선형 최적화 문제에 GA을 적용할 때 최우량해는 그림 4.26와 같이 수렴했다.

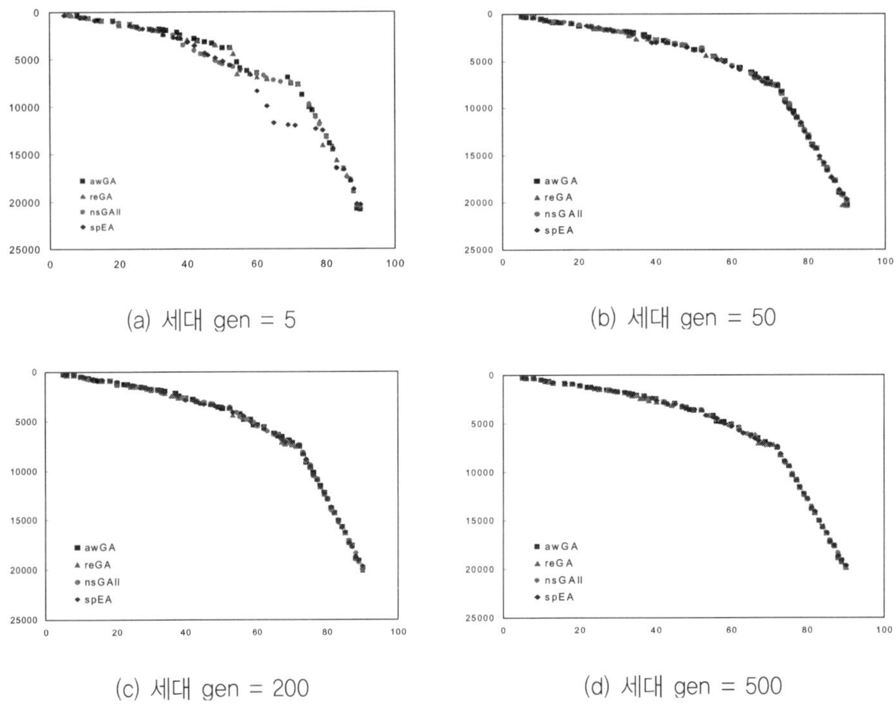

[그림 4. 26] 4가지 다목적 GA기법으로 각 세대에서 구해진 비우월해

이 실험에서는, 각 알고리즘의 성능을 충분히 발휘할 수 있도록 Pareto 최적해가 충분히 수렴할 때까지 탐색을 수행하였다(그림 4.27).

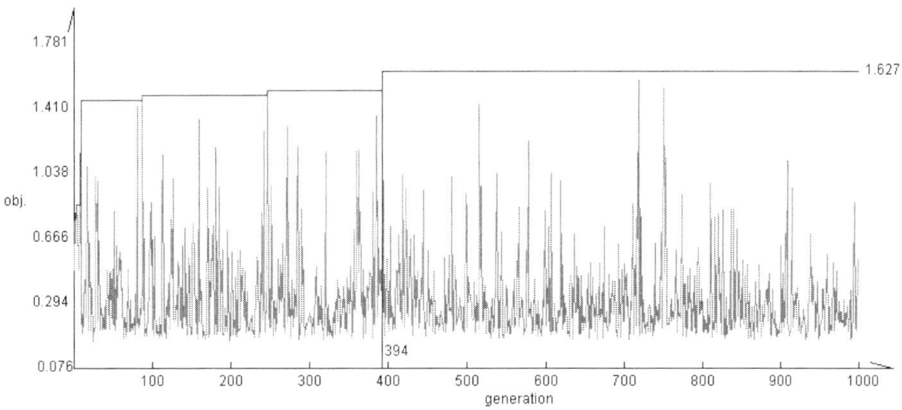

[그림 4.27] 수치 실험에 의한 awGA의 해 수렴 과정

[평가 결과] 소개한 평가 기법을 이용해서 평가한 결과를 표 4.1, 표 4.2에 나타낸다.

[표 4.1] : 참조 해 집합을 이용한 평가 결과

Measure	Methods			
	rwGA	spEA	awGA	nsGA Ⅱ
$\lvert S_j \rvert$	53	60	64	61
$R_{NDS}(S_j)$	0.755	0.803	0.750	0.733
$D1_R$	103.3	65.1	60.2	89.0
CPU time(s)	166.6	234.2	229.5	206.9

[표 4.2] : I_{MMA}에 의한 평가 결과

object		Methods			
		rwGA	spEA	awGA	nsGA Ⅱ
f_1	max	90	90	90	90
	min	5	5	5	5
	average	51.3	52.5	52.0	50.4
f_2	max	19828	19631	19806	19755
	min	260	260	260	260
	average	6546.7	6362.8	6202.8	6100.0

참고 문헌

[1] Schaffer, J. D.: "Multiple objective optimization with vector evaluated genetic algorithms", Proceedings of 1st International Conference on Genetic Algorithms and Their Applications, pp.93-100, 1985.

[2] Murata, T. and H. Ishibuchi: "MOGA: Multi-Objective Genetic Algorithms", Proceedings of the 2nd IEEE International Conference on Evolutionary Computing, pp.289-294, 1995.

[3] Gen, M. and R. Cheng: Genetic Algorithms and Engineering Optimization, John Wiley & Sons, New York, 2000.

[4] Fonseca, C. M. and Fleming, P. J: "Genetic algorithms for multiobjective optimization: formulation, discussion and generalization", Proceedings of the 5th International Conference on Genetic Algorithms, pp. 416-423, 1993.

[5] Srinivas, N. and Deb, K.: "Multiobjective function optimization using nondominated sorting genetic algorithms", Evolutionary Computation, Chapter 3, pp. 221–248, 1995.

(6] Ishibuchi, H and T. Murata: "A multiobjective genetic local search algorithm and its application to flowshop scheduling", IEEE Transactions on Systems, Man and Cybernetics, vol. 28, no. 3, pp. 392-403, 1998.

[7] Zitzler, E., M. Laumanns and L. Thiele: "SPEA2: Improving the Strength Pareto Evolutionary Algorithm for Multiobjective Optimization." Proceedings of the EUROGEN Conference, pp. 95–100, 2002.

[8] Deb, K., A. Pratap, S. Agarwal and T. Meyarivan: "A Fast and Elitist Multiobjective Genetic Algorithm: NSGA-II." IEEE Transactions on Evolutionary Computation, vol. 6, no.2, pp.182-197, 2002

[9] Horn, N. Nafpliotis and D. E. Goldberg: "A Niched Pareto Genetic Algorithm for Multiobjective Optimization", Proceedings of 1st International Conference on Genetic Algorithms, pp. 82-87, 1994.

[10] Goldberg, D.: Genetic Algorithms in Search, Optimization and Machine Learning, Addison-Wesley, Reading, MA, 1989.

[11] Ishibuchi, H., T. Yoshida and T. Murata: "Balance Between Genetic Search and Local Search in Memetic Algorithms for Multiobjective Permutation Flowshop Scheduling", IEEE Transactions on Evolutionary Computation, vol.7, no. 2, pp.204-223, 2003.

[12] Czyzak, P. and A. Jaszkiewicz: "Pareto-simulated annealing - A metaheuristic technique for muliti-objective combinatorial optimization", Journal of Multi-Criteria Decision Analysis, vol. 7, no.1, pp.34-47, 1998.

[13] Deb, K. and T. Meyarivan: "Constrained Test Problems for Multi-Objective Evolutionary Optimization", KanGAL Report 2000-05, Indian Institute of Technology, Kanpur, 2000.

[14] Gen, M., L. Lin and R. Cheng: "Bicriteria Network Optimization Problem using Priority- based Genetic Algorithm," IEEJ Transactions Electronics, Information and Systems, vol. 124C, pp.1972-1978, 2004.

[15] Lin, L. and M. Gen: "Bicriteria Network Design Problem Using Interactive Adaptive-weight GA and Priority-based Encoding Method", IEEE Trans. on Evolutionary Computation, 2006, 投稿中.

[16] Osyczka, A. and S. Kundu: "A Modified Distance Method for Multicriterion Optimization using Genetic Algorithm," Structural Optimization, vol.10, no.2, pp.94-99, 1995

[17] Gen, M. & L. Lin: "Multi-objective hybrid genetic algorithm for bicriteria network design problem", Complexity International, vol.11, pp.73-83, 2005.

[18] Online: http://mikilab.doshisha.ac.jp/dia/research/mop_ga/moga/3/3-5-5.html

[19] Gen, M., R. Cheng and L. Lin: Network Models and Optimization: Multiobjective Genetic Algorithm Approach, Springer, London, 71099, 2008.

Genetic Algorithm

05

다목적 네트워크 모델

CHAPTER

05 다목적 네트워크 모델

정보통신 기술의 급속한 발전과 산업경제에 대한 글로벌화의 진전으로 대규모의 통신 회선망을 효과적으로 활용하여 국제 경쟁력이 있는 고부가 가치 제품의 시기적절한 생산 및 물류를 동시에 실현할 수 있는 생산 물류 정보 시스템의 구축이 주목받고 있다. 이러한 대규모의 정보 통신 네트워크나 생산 물류 시스템의 구축에 있어서 네트워크 최적화 설계(Networkd Design Optimization)문제가 중요하게 대두된다.

하지만 정보 통신 네트워크나 생산 물류 시스템의 구축에 있어서 많은 네트워크 설계 문제들은 다수의 제약 조건을 가진 다목적 네트워크 모델로서 정식화되어 NP-hard한 조합 최적화 문제가 된다. 이러한 다목적 네트워크 모들은 종래의 해법으로는 풀어낼 수가 없기 때문에 이번 장에서는 (1)최대 흐름 최소비용 네트워크, (2)다목적 공급체인망(Supply Chain Network), (3)생산/물류시스템의 네트워크, (4)통신시스템의 신뢰성 네트워크에 관한 다목적 유전 알고리즘의 응용에 대해 소개한다.

5.1 최대 흐름 최소 비용 네트워크

네트워크상에서 많은 사물(말하자면 제품뿐만 아니라 자동차, 사람 등도 포함한 흐름)를 운반할 때 흐름(flow)을 최대로하는 최대 흐름 문제(maximum flow problem : MXF)와 비용을 최소로 하는 최소 비용 흐름 문제 (minimum cost flow problem : MCF)가 있다. MXF문제는 네트워크의 각 아크(arc)에 용량이 주어져 있는 경우, 출발지에서 목적지까지 운반가능한 사물(즉, 전체 흐름량)의 최대를 구하는 문제이고, MCF문제는 각 아크에 비용과 용량이 주어져 있는 경우, 흐름 보존 법칙의 조건을 만족하는 일정한 전체 흐름량을 출발지에서 목적지까지 운반하는 최소 비용을 구하는 문제이다. 게다가 현실적인 문제를 고려한 경우에는 이러한 문제들이 단일 목적인 경우보다는 여러 개의 목적을 추구하는 문제인 경우가 다반사이다. 여기서는 최대 흐름 문제와 최소 비용 흐름 문제의 2가지 목적함수를 취급하는 2목적 네트워크 모델을 살펴본다. 즉 전체 비용을 최소화하고 동시에 전체 흐름을 최대로 하는 2목적 네트워크 문제에 대해 살펴본다.

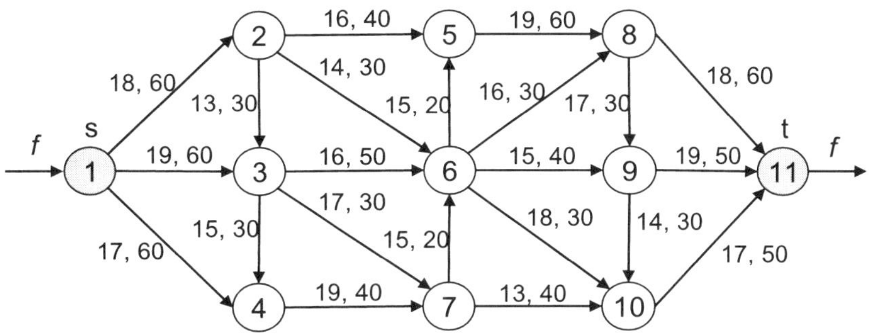

[그림 5. 1] 최대흐름/최소 비용 네트워크 문제 예

[표 5. 1]MXF/MCF문제에 대한 네트워크 데이터 예

i	1	1	1	2	2	2	3	3	3	4	5	6	6	6	6	7	7	8	8	9	9	10
j	2	3	4	3	5	6	4	6	7	7	8	5	8	9	10	6	10	9	11	10	11	11
c_{ij}	18	19	17	13	16	14	15	16	17	19	19	15	16	15	18	15	13	17	18	14	19	17
u_{ij}	60	60	60	30	40	30	30	50	30	40	60	20	30	40	30	20	40	30	60	30	50	50

예 5.1 : 최대 흐름/최소 비용 네트워크 문제 예

예를 들어, 그림 5.1에 있어서 노드 1의 s지점에서 노드 11의 t지점까지 각 경로에서 운반할 수 있는 용량과 그 경로를 경유하는데 필요한 비용이 주어졌을 때 전체비용을 최소화하고 전체 흐름을 최대화하는 것을 살펴보자. 그림 5.1에서 동그라미안에 있는 숫자들은 노드를 의미하고 목적지까지의 중계점들을 나타낸다. 또한 이러한 노드들을 연결하고 있는 선분은 아크를 나타내며 이러한 지점들을 연결하는 경로라고 한다. 이러한 아크상의 숫자와 화살표는 그러한 경로를 경유하는 두 노드간의 아크의 비용 c_{ij}와 용량 u_{ij} 및 통행 가능한 방향을 각각 나타내고 있다(그림 5.2).

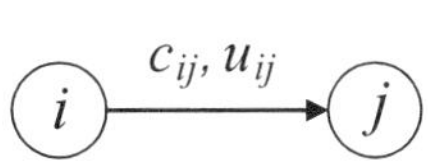

[그림 5. 2] 아크의 비용과 용량

이 문제의 목적은 s지점인 노드 1에서부터 t지점인 노드 11까지 사물을 운반하는데에 필요한 비용, 즉 아크를 통과하는데 필요한 비용의 합이 최소로 되고 배송할 수 있는 양(전체 흐름량)을 최대로하는 물류 흐름을 구하는 것이다. 따라서 노드 i에서 노드 j쪽으로 연결된 아크를 $(i,\ j)$라고 할 때 이 아크 $(i,\ j)$를 통과하는 흐름량을 변수 x_{ij}로 정의하면 다음과 같은 흐름에 관한 목적함수 z_1을 최대로 하고, 전체 비용에 대한 목적함수 z_2를 최소로 하는 2목적 네트워크 모델을 정식화 할 수 있다.

$$\begin{aligned}
\max \quad & z_1 = f \\
\min \quad & z_2 = 18x_{12}+19x_{13}+17x_{14}+13x_{23}+16x_{25}+14x_{26}+15x_{34}+16x_{36}+17x_{37}+19x_{47} \\
& \quad +19x_{58}+15x_{65}+16x_{68}+15x_{69}+18x_{6,10}+15x_{7,6}+13x_{7,10}+17x_{89}+18x_{8,11} \\
& \quad +14x_{9,10}+19x_{9,11}+17x_{10,11}
\end{aligned}$$

또한, 각 노드에서는 노드로 들어오는 아크(경로)와 그 노드로부터 나가는 아크(경로)가 있으며 시작점 및 종착점 노드에 대해서는 네트워크의 전체 흐름량을 f로 나타내면 그 합은 각각 f와 $-f$로 된다. 따라서 11개의 노드 각각에 대한 조건이 다음과 같이 정식화된다.

$$\begin{aligned}
\text{s. t.} \quad & x_{12} + x_{13} + x_{14} = f && \text{: 노드1} \\
& x_{23} + x_{25} + x_{26} - x_{12} = 0 && \text{: 노드 2} \\
& x_{34} + x_{36} + x_{37} - x_{13} + x_{23} = 0 && \text{: 노드 3} \\
& x_{47} - x_{14} - x_{34} = 0 && \text{: 노드 4} \\
& x_{58} - x_{25} - x_{65} = 0 && \text{: 노드 5} \\
& x_{65} + x_{68} + x_{69} + x_{6,10} - x_{26} - x_{36} - x_{76} = 0 && \text{: 노드 6} \\
& x_{76} + x_{7,10} - x_{37} - x_{47} = 0 && \text{: 노드 7} \\
& x_{89} + x_{8,11} - x_{58} - x_{68} = 0 && \text{: 노드 8} \\
& x_{9,10} + x_{9,11} - x_{58} - x_{68} = 0 && \text{: 노드 9} \\
& x_{10,11} - x_{6,10} - x_{7,10} - x_{9,10} = 0 && \text{: 노드 10} \\
& - x_{8,11} - x_{9,11} - x_{10,11} = -f && \text{: 노드 11} \\
& 0 \le x_{12} \le 60, \quad 0 \le x_{13} \le 60, \quad 0 \le x_{14} \le 60 \\
& 0 \le x_{23} \le 30, \quad 0 \le x_{25} \le 40, \quad 0 \le x_{26} \le 30 \\
& 0 \le x_{34} \le 30, \quad 0 \le x_{36} \le 50, \quad 0 \le x_{37} \le 30 \\
& 0 \le x_{47} \le 40, \quad 0 \le x_{58} \le 60, \quad 0 \le x_{65} \le 20 \\
& 0 \le x_{68} \le 30, \quad 0 \le x_{69} \le 40, \quad 0 \le x_{6,10} \le 30 \\
& 0 \le x_{76} \le 20, \quad 0 \le x_{7,10} \le 40, \quad 0 \le x_{89} \le 30 \\
& 0 \le x_{8,11} \le 60, \quad 0 \le x_{9,10} \le 30, \quad 0 \le x_{9,10} \le 50 \\
& 0 \le x_{10,11} \le 50 \\
& f \ge 0
\end{aligned}$$

5.1.1 최대 흐름/최소 비용 네트워크 모델과 정식화

m개의 노드 $i,\ j \in V$와 n개의 아크 $(i,\ j) \in A$를 가진 그래프 $G=(V, A)$와 G의 각 아크에 대해 비용 c_{ij}와 용량 u_{ij}가 주어진 경우, 최대 흐름/ 최소 비용 네트워크 문제의 수학 모델을 정식화하기 위해서 다음과 같은 기호를 정의한다.

[인덱스(index)]

$i,\ j,\ k$: 노드 번호 $(i,\ j,\ k = 1,\ 2,\ \cdots,\ m)$

[파라미터(parameter)]

m : 노드의 전체 개수

c_{ij} : 아크 $(i\ ,j)$의 비용

u_{ij} : 아크 $(i\ ,j)$의 용량 상한 값

[결정 변수]

x_{ij} : 노드i에서 노드 j까지의 흐름량

일반적으로 최대 흐름/최소 비용 네트워크 모델은 다음과 같이 정식화된다.

$$\max \quad z_1 = f \tag{5.1}$$

$$\min \quad z_2 = \sum_{i=1}^{m}\sum_{j=1}^{m} c_{ij}x_{ij} \tag{5.2}$$

$$\text{s. t.} \quad \sum_{j \in \text{Succ}(i)} x_{ij} - \sum_{k \in \text{Pred}(i)} x_{ki} = \begin{cases} f & (i=1) \\ 0 & (i=2,3,\cdots,m-1) \\ -f & (i=m) \end{cases} \tag{5.3}$$

$$0 \le x_{ij} \le u_{ij} \quad ,\ \forall (i,j) \in A \tag{5.4}$$

$$f \ge 0 \tag{5.5}$$

여기서 Succ(i)와 Pred(i)는 경로상에서 각각 노드i의 이후 노드들 집합과 이전 노드들의 집합을 의미한다.

5.1.2 우선 순위 기반 GA에 의한 해법

최대 흐름/최소비용 네트워크 문제에서는 실행가능해가 여러 경로(Path)로 구성된 경우가 많다. 즉 하나의 염색체에 의해 여러 경로를 표현할 수 있어야 한다. 또한 단순히 여러 경로를 조합한 염색체 표현법의 경우 프로그램 작성이 난해해져 버린다. 따라서 2.1절에서 소개한 최단 경로 모델에서 이용한 우선 순위 기반 염색체 표현법을 이용하여 여러 경로를 생성하는 기법을 소개한다.

A. 유전자 표현

[인코딩]

여기서는 2.1절에서 소개한 우선순위 기반 인코딩(Encoding)으로 초기 염색체를 생성한다.

[프로시저 1 : 우선 순위 기반 염색체 생성(인코딩 처리)]

입력 데이터 : 노드 수 m

출력 데이터 : 염색체 v_k

Step 0 : j = 1에서 m까지 $v_k(j) \leftarrow j$를 반복한다. (1에서 m까지의 숫자를 순서대로 염색체에 삽입한다.)

Step 1 : j = 1에서 $[m/2]$까지 Step 2～3을 반복한다.

Step 2 : $j \leftarrow$ random $[1, m]$, $l \leftarrow$ random $[1, m]$.

Step 3 : $l \neq j$이면 $v_k(j)$의 요소와 $v_k(l)$의 요소를 교환한다.

Step 4 : 우선순위 기반 염색체 v_k를 출력한다.

위에 기술한 프로시저의 처리를 통해 완성한 염색체 v_k의 예를 그림 5.3에 나타내었다.

노드 ID j :	1	2	3	4	5	6	7	8	9	10	11
우선 순위 $v_k(j)$:	4	11	7	5	1	6	3	9	8	10	2

[그림 5. 3] 우선 순위 기반의 염색체

[디코딩]

여기서는 최대 흐름/최소 비용 네트워크 문제를 해결하기 위해 최대 흐름을 표현할 수 있는 여러 개의 경로를 생성하는 디코딩(decoding)법을 설명한다. 이 디코딩법은 2개의 프로시저로 나눌 수가 있다. 먼저 우선 순위 기반 염색체 v_k에 근거하여 2.1절에서 소개한 우선 순위 기반 코딩법으로 하나의 경로 P_1을 생성한다. 그런 뒤에 생성한 경로에 대해 네트워크 흐름량을 변경한다. 아크 용량의 상한 값이 0 이라면 네트워크에서 삭제한다. 변경된 네트워크에 대해 우선 순위 기반 코딩법으로 새로운 경로를 생성하여 모두 실행 가능한 경로를 생성할 때까지 반복한다.

[프로시저 2 : 하나의 경로를 생성(디코딩 처리)]

입력 데이터 : 노드 수 m, 염색체 v_k, 노드 i, 집합 S_i

출력 데이터 : 경로 P_k

Step 0 : 시작 노드를 설정, $i \leftarrow 1$, $P_k \leftarrow \phi$.

Step 1 : 노드 i 집합 $S_i \neq \phi$이라면, Step 2를 반복하고 그렇지 않으면 Step 3로 진행한다.

Step 2 : 높은 우선 순위를 가진 노드의 선택

노드 i 집합 $S_i = \{ j \mid (i, j) \in A \}$의 경로를 탐색하여 생성한 우선 순위 기반 염색체에 의해 높은 우선 순위를 가진 노드 l를 선택하고, $P_k \leftarrow P_k \cup \{x_{il}\}$를 설정한다.

$i \leftarrow l.$

$l \leftarrow \text{argmax}\{v_k(j) | j \in S_i\}$

$P_k \leftarrow P_k \cup \{x_{il}\}$

$i \leftarrow l$

Step 3 : 경로 P_k를 출력한다.

$$P_k = \{x_{1l_1}, x_{l_1,l_2}, x_{l_2,l_3}, \ldots, x_{l_{m-1},l_m}\}$$

[프로시저 3 : 모든 실행 가능한 경로들 생성(디코딩 처리)]

입력 데이터 : 염색체 v_k, 네트워크 데이터 (N, A, C, U), 노드 i집합 S_i

출력 데이터 : 경로 수 L_k, 경로 비용 c_i^k와 흐름량 v_i^k $\forall i \in L_k$

Step 0 : $l \leftarrow 0$, 초기 경로 $x_{ij} \leftarrow 0,\ \forall(i,\ j) \in A$

Step 1 : 집합 $S_1 = \phi$이면 $l \leftarrow l+1$, Step 6까지 반복하고 그렇지 않으면 Step 7로 진행한다.

Step 2 : 염색체 v_k와 집합 S_i를 이용하여, 하나의 패스 P_l^k를 프로시저 2를 통해 생성하고, 경로 P_l^k의 종료 노드 a를 구한다.

Step 3 : 경로 P_l^k의 종료 노드 $a = m$이라면, Step 4로 진행하고 그렇지 않으면, x_{ia}를 이용하여, $S_i \leftarrow S_i - \backslash\{a\},\ \forall i$를 변경하고 Step 1로 되돌아 간다.

Step 4 : 생성한 경로 P_l^k의 비용 c_i^k과 흐름량 v_i^k를 계산한다.

$$v_l^k \leftarrow v_{l-1}^k + \min\{u_{ij} \mid (i,j) \in P_l^k\} \tag{5.6}$$

$$c_l^k \leftarrow c_{l-1}^k + \sum_{i=1}^{m}\sum_{j=1}^{m} c_{ij}(v_l^k - v_{l-1}^k) \qquad \forall (i,j) \in P_l^k \tag{5.7}$$

Step 5 : 다음 식을 이용하여 각 P_l^k의 아크 용량 u_{ij}와 x_{ij}를 변경한다.

$$\tilde{u}_{ij} \leftarrow u_{ij} - (v_l^k - v_{l-1}^k) \quad \forall (i,j) \in P_l^k$$
$$x_{ij} \leftarrow x_{ij} + (v_l^k - v_{l-1}^k) \quad \forall (i,j) \in P_l^k$$

Step 6 : 각 아크에 있어서 다음 조건을 만족하고 있는지를 조사한다.

$$\tilde{u}_{ij} = 0, \qquad \forall (i,j) \in P_l^k$$

조건을 만족하는 노드 j가 존재하는 경우, 노드 j를 통한 경로는 생성할 수 없다. 따라서 다음과 같이 S_i를 변경한다.

$$S_i \leftarrow S_i - j,\ \ \forall (i,j) \in P_l^k \quad \tilde{u}_{ij} = 0$$

Step 7 : 경로 수 $L_k \leftarrow l-1$, 경로 $i \in L_k$의 비용 c_l^k과 흐름량 f_l^k를 출력한다.

[디코딩 경로 작성 예] 예 5.1을 바탕으로 디코딩의 생성 순서를 설명한다.

입력 데이터 : 염색체 v_k, 노드 수 11, 노드 i 집합 S_i

출력 데이터 : 경로 수 L_k, 경로 비용 c_i^k와 흐름량 v_i^k $\forall i \in L_K$

Step 0 : $l \leftarrow 0$, 초기 경로 $x_{ij} \leftarrow 0,\ \forall(i,\ j) \in A$

[반복 0]

Step 1 : 집합 $S_1 = \phi$이기 때문에 $l \leftarrow 1$, **Step 6**까지 반복한다.

Step 2 : 염색체 v_k와 집합 S_l를 이용하여 하나의 경로 P_l^k를 프로시저 2를 통해 생성하고 경로 P_l^k의 종료 노드 a를 구한다.

$$P_1^k = \{ x_{12}, x_{23}, x_{36}, x_{6,10}, x_{10,11} \}$$

Step 3 : 경로 $P_1{}^k$의 최종 노드 $a = m$이기 때문에 **Step 4**로 진행한다.

Step 4 : 생성한 경로 P_1^K의 비용 c_1^k와 흐름량 v_1^k를 계산한다.

$$\begin{aligned} v_1^k &= \min\{u_{ij} \mid (i,j) \in P_1^k\} \\ &= \min\{ u_{12}, u_{23}, u_{36}, u_{6,10}, u_{10,11} \} \\ &= \min\{ 60, 30, 50, 30, 50 \} \\ &= 30 \end{aligned}$$

$$\begin{aligned} c_1^k &= \sum_{i=1}^{m}\sum_{j=1}^{m} c_{ij} v_1^k \qquad \forall (i,j) \in P_1^k \\ &= c_{12} * v_1^k + c_{23} * v_1^k + c_{36} * v_1^k + c_{6,10} * v_1^k + c_{10,11} * v_1^k \\ &= 2460 \end{aligned}$$

Step 5 : 표 5.2와 같이 각 $P_1{}^k$내의 아크 용량 u_{ij}와 x_{ij}를 변경한다.

[표 5.2] 변경된 아크상의 데이터

i	1	1	1	2	2	2	3	3	3	4	5	6	6	6	6	7	7	8	8	9	9	10
j	2	3	4	3	5	6	4	6	7	7	8	5	8	9	10	6	10	9	11	10	11	11
u_{ij}	60	60	60	30	40	30	30	50	30	40	60	20	30	40	30	20	40	30	60	30	50	50
$\widetilde{u}_{ij}$	30	60	60	0	40	30	30	20	30	40	60	20	30	40	0	20	40	30	60	30	50	20
x_{ij}	30	0	0	30	0	0	0	30	0	0	0	0	0	0	30	0	0	0	0	0	0	30

$$\begin{aligned} \widetilde{u}_{ij} &= u_{ij} - v_l^k \qquad \forall\ (i,j) \in P_l^k \\ &= \{u_{12} - 30, u_{23} - 30, u_{36} - 30, u_{6,10} - 30, u_{10,11} - 30\} \\ &= \{30, 0, 20, 0, 20\} \end{aligned}$$

Step 6 : 각 아크에 대해 다음과 같이 조사한다.

$$\begin{aligned} &u_{23} = 0, \quad i_1 = 2, \; j_1 = 3 \\ &u_{6,10} = 0, \; i_2 = 6, \; j_2 = 10 \end{aligned}$$

조건을 만족하는 노드 j = 3,10에 대해, 다음과 같이 S_2와 S_6를 변경한다.

$$S_2 = S_2 - \{3\} = \{5, 6\} \qquad S_6 = S_6 - \{10\} = \{5, 8, 9\}$$

집합 S_i를 변경한다.

$S_1 = \{2,3,4\}$ $S_3 = \{4,6,7\}$ $S_5 = \{8\}$ $S_7 = \{6,10\}$ $S_9 = \{10,11\}$ $S_{11} = \varnothing$

$S_2 = \{5,6\}$ $S_4 = \{7\}$ $S_6 = \{5,8,9\}$ $S_8 = \{9,11\}$ $S_{10} = \{11\}$

[반복 1]

Step 1 : 집합 $S_1 = \phi$이기 때문에, $l \leftarrow 2$, **Step 6**까지 반복한다.

Step 2 : 염색체 v_k와 집합 S_i를 이용하여, 하나의 경로 P_l^k를 프로시저 2을 통해 생성하고, 경로 P_l^k의 종료 노드 a를 구한다.

$$P_2^k = \{ x_{12}, x_{26}, x_{68}, x_{89}, x_{9,10}, x_{10,11} \}$$

Step 3 : 경로 P_2^k의 최종 노드 $a = m$이기 때문에 **Step 4**으로 진행한다.

Step 4 : 생성한 경로 P_2^k의 비용 c_2^k와 흐름량 v_2^k을 계산한다.

$$\begin{aligned} v_2^k &= \min\{u_{ij} \mid (i,j) \in P_2^k\} \\ &= 30 + \min\{ u_{12}, u_{26}, u_{68}, u_{89}, u_{9,10}, u_{10,11} \} \\ &= 30 + \min\{ 30, 30, 30, 30, 30, 20 \} \\ &= 30 + 20 \\ &= 50 \end{aligned}$$

$$\begin{aligned} c_2^k &= c_1^k + \sum_{i=1}^{m}\sum_{j=1}^{m} c_{ij}(v_2^k - v_1^k) \qquad \forall (i,j) \in P_2^k \\ &= c_1^k + c_{12}\cdot 20 + c_{26}\cdot 20 + c_{68}\cdot 20 + c_{89}\cdot 20 + c_{9,10}\cdot 20 + c_{10,11}\cdot 20 \\ &= 2460 + 1920 \\ &= 4380 \end{aligned}$$

Step 5 : 표 5.3과 같이 각 P_2^k내의 아크 용량 u_{ij}와 x_{ij}를 변경한다.

$$\begin{aligned} \tilde{u}_{ij} &= u_{ij} - v_2^k \qquad \forall (i,j) \in P_2^k \\ &= \{ u_{12}-20, u_{26}-20, u_{68}-20, u_{89}-20, u_{9,10}-20, u_{10,11}-20 \} \\ &= \{ 10, 10, 10, 10, 10, 0 \} \end{aligned}$$

[표 5. 3] 변경된 아크상의 데이터

i	1	1	1	2	2	2	3	3	3	4	5	6	6	6	6	7	7	8	8	9	9	10
j	2	3	4	3	5	6	4	6	7	7	8	5	8	9	10	6	10	9	11	10	11	11
u_{ij}	60	60	60	30	40	30	30	50	30	40	60	20	30	40	30	20	40	30	60	30	50	50
$\widetilde{u}_{ij}$	10	60	60	0	40	10	30	20	30	40	60	20	10	40	0	20	40	10	60	10	50	0
x_{ij}	50	0	0	30	0	20	0	30	0	0	0	0	20	0	30	0	0	20	0	20	0	50

Step 6 : 각 아크에 대해 다음을 조사한다.

$$u_{10,11} = 0, \qquad i_1 = 10, j_1 = 11$$

조건을 만족하는 노드 $j = 11$, 다음과 같이 S_{10}를 변경한다.

$$S_{10} = S_{10} \setminus \{11\} = \phi$$

집합 S_i를 변경한다.

$S_1 = \{2,3,4\}$ $S_3 = \{4,6,7\}$ $S_5 = \{8\}$ $S_7 = \{6,10\}$ $S_9 = \{10,11\}$ $S_{11} = \phi$

$S_2 = \{5,6\}$ $S_4 = \{7\}$ $S_6 = \{5,8,9\}$ $S_8 = \{9,11\}$ $S_{10} = \phi$

이후 동일한 처리 과정을 반복하면 반복 12회째에 다음과 같은 결과를 얻을 수 있다.

[반복 12]

Step 1 : 집합 $S_1 = \phi$이고 종료 조건을 만족하기 때문에 **Step 7**로 진행한다.

Step 7 : 패스 수 $L_k = 5$, 경로 비용 c_i^k와 흐름량 v_i^k를 출력한다.

$c_1^k = 2460$, $v_1^k = 30$; $c_2^k = 4380$, $v_2^k = 50$;

$c_3^k = 5220$, $v_3^k = 60$; $c_4^k = 6600$, $v_4^k = 80$;

$c_5^k = 8640$, $v_5^k = 100$.

B. 평가

4장에서 소개했던 것처럼 최대 흐름/최소 비용 네트워크 모델은 다목적 최적화 문제로서 비용의 최소화와 흐름의 최대화에 관련한 2목적 함수가 서로 경합하기 때문에 반드시 최고 좋은 해가 하나만 존재한다고 할 수 없다. 따라서, 각 해들을 단순히 비교할 수는 없기 때문에 통상적으로는 다른 어떠한 해에도 뒤떨어지지 않는 해들의 집합 (파레도 최적해, Pareto Optmial Solution)을 구해낸다. 여기서는 Lin−Gen이 제안한 대화형 적응 GA법 (Interactive Adaptive-weight Genetic Algorithm: i-awGA)을 사용하여 다음과 같이 평가 연산을 수행한다.

procedure 5: i - awGA
input: chromosome $v_k, \forall k \in popSize$, the number of solution sets L_k for each v_k
  the flow f_i^k and the cost c_i^k of each $v_k, \forall i \in L_k$
output: fitness value $eval(v_k), \forall k \in popSize$
begin
  $\{z_1^{\max}, z_2^{\max}\} \leftarrow \mathbf{max}_{i,k}\{f_i^k, 1/c_i^k\};$ // maximum extreme point z^+
  $\{z_1^{\min}, z_2^{\min}\} \leftarrow \mathbf{min}_{i,k}\{f_i^k, 1/c_i^k\};$ // minimum extreme point z^-
  $w_1 \leftarrow 1/(z_1^{\max} - z_1^{\min});$
  $w_2 \leftarrow 1/(z_2^{\max} - z_2^{\min});$
  $p(x_i^k) \leftarrow 0, \quad \forall i,k;$
  if x_i^k is dominated solution **then**
    $p(x_i^k) \leftarrow 1;$
  $eval(v_k) = 1 \Big/ \sum_{i=1}^{L_k} \left(1 \Big/ \left(w_1(f_i^k - z_1^{\min}) + w_2(1/c_i^k - z_2^{\min}) \right) + p(x_i^k) \right) \Big/ L_k, \quad \forall k;$
  output $eval(v_k), \quad \forall k;$
end

[그림 5. 4] 최대 흐름/최소 비용 네트워크 문제에 있어서의 i-awGA

C. 유전 연산자

교차 : 여기서는 3.2절에서 소개한 WMX법을 사용한다.

procedure 4 : weight mapping crossover (WMX)
input: two parents v_1, v_2, the length of chromosome n
output: offspring v_1', v_2'
begin
  $p \leftarrow$ **random**$[1, n]$; // p: a random cut-point
  $l \leftarrow n - p$; // l: the length of right segment of chromosomes
  $v_1' \leftarrow v_1[1:p] // v_2[p+1:n]$;
  $v_2' \leftarrow v_2[1:p] // v_1[p+1:n]$; // exchange substrings between parents.
  $s_1[\cdot] \leftarrow$ **sorting**$(v_1[p+1:n])$;
  $s_2[\cdot] \leftarrow$ **sorting**$(v_2[p+1:n])$; // sorting the weight of the right segment.
  for $i = 1$ **to** l
    for $j = 1$ **to** l
      if $v_1'[p+i] = s_2[j]$ **then** $v_1'[p+i] \leftarrow s_1[j]$;
    for $j = 1$ **to** l
      if $v_2'[p+i] = s_1[j]$ **then** $v_2'[p+i] \leftarrow s_2[j]$;
  output offspring v_1', v_2';
end

[그림 5. 5] WMX 알고리즘

돌연 변이 : 여기서는 삽입 돌연변이를 사용한다. 삽입 돌연변이란 유전자를 임의로 선택하고 그 유전자를 임의로 선택한 위치에 삽입한다.

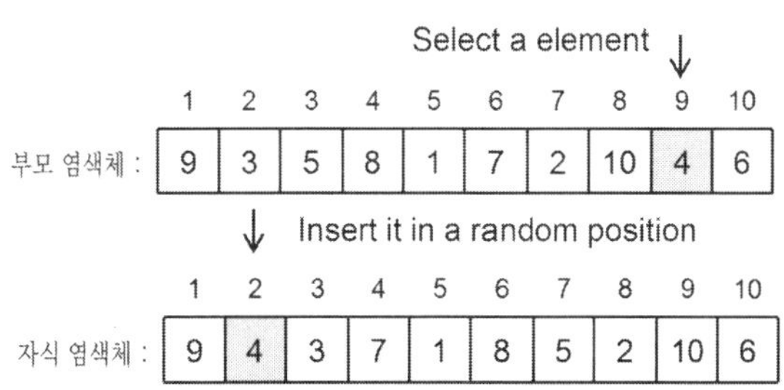

[그림 5. 6] 삽입 돌연변이의 사용 예

선택 : 여기서는 적합도가 높은 순으로 염색체를 선택하는 룰렛 선택법(roulette wheel selection)를 이용한다.

D. Pareto 최적해 집합의 갱신

유전 알고리즘을 다목적 최적화 문제에 적용할 때 통상적인 해 집합과는 별도의 Preto 최적해 집합을 가지며 다음 세대의 해 집합에 의해 Pareto 최적해 집합을 갱신되도록 되어 있다.

[프로시저 4 : Pareto 최적해 집합의 갱신]

입력 데이터 : 염색체 v_k $\forall k \in popSize$, 경로 수 L_k, 경로의 흐름량 f_i^k와 비용 c_i^k $\forall i \in L_k$

출력 데이터 : Pareto 최족해의 수 J, 비우월해 $e_j = (v_j, p, z_j^1, z_j^2)$ $\forall e_j \in E$

Step 0 : 초기화 $I \leftarrow 0, j \leftarrow 0$.

Step 1 : $i \leftarrow i+1$, 만일 $I \leq L_k$이라면, Step 6까지 반복하고 그렇지 않은 경우는 Step 7로 진행한다.

Step 2 : $switch \leftarrow$ true, $j \leftarrow j+1$, 만일 $j \leq J$이라면 Step 5까지 반복하고 그렇지 않은 경우에는 Step 1로 이동한다.

Step 3 : $f_i^k = z_j^1$, 또는 $c_i^k = z_j^2$이라면 $switch \leftarrow$ false, Step 4으로 진행하고 그렇지 않으면 Step 5로 진행한다.

Step 4 : $c_i^k < z_j^2$, 또는 $f_i^k > z_j^1$이라면 다음과 같은 연산을 수행한다.

$$E \leftarrow E \setminus e_j$$
$$J \leftarrow J-1$$
$$switch \leftarrow \text{true}$$

Step 5 : $c_i^k < z_j^2$와 $f_i^k > z_j^1$를 동시에 만족한다면 다음과 같은 연산을 수행하고 그렇지 않으면 Step 2로 이동한다.

$$E \leftarrow E \setminus e_j$$
$$J \leftarrow J-1$$

Step 6 : $switch$ = true이라면, c_i^k, f_i^k는 비우월해로서 다음과 같이 추가하고 Step 1으로 비우월해로서 다음과 같이 추가하고 Step 1으로 되돌아간다.

$$J \leftarrow J-1$$
$$e_J \leftarrow \{u_k, i, f_i^k, c_i^k\}$$
$$E \leftarrow E \cup e_J$$

Step 7 : 비우월해의 개수 J, 비우월해 $e_j = (v_j, p, z_j^1, z_j^2)$, $\forall e_j \in E$를 출력한다.

E. 우선 순위 기반 GA 프로시저

```
procedure: Priority-based GA for MXF/MCF network design problem
input: network data (V,A,C,U), GA parameters
output: Pareto optimal solution E(t)
begin
    t←0;
    initialize P(t) by priority-based encoding;                    //프로시저 1
    calculate z1(P), z2(P) by priority-based decoding;             //프로시저 2, 3
    create Pareto E(P);                                            //프로시저 4
    evaluate eval(P) by interactive adaptive-weight approach;
    while (not terminating condition) do
        create C(t) from P(t) by weight mapping crossover;
        create C(t) from P(t) by insertion mutation;
        calculate z1(C), z2(C) by priority-based decoding;         //프로시저 2, 3
        update Pareto E(P,C);                                      //프로시저 4
        evaluate evalw(P,C) by interactive adaptive-weight approach;
        select P(t+1) from P(t) and C(t) by roulette wheel selection;
        t←t+1;
    end
    output Pareto optimal solution E(t);
end
```

[그림 5. 7] 최대 흐름/최소 비용 네트워크 문제에 대한 우선 순위 기반 GA

5.1.3 수치 실험

지금까지 소개한 우선 순위 기반 GA에 의한 2개의 최대 흐름/최소 비용 네트워크 문제 예제에 대한 수치실험을 소개한다.

A. V25/A49네트워크 문제

그림 5.8에 표시한 25개의 노드와 49개의 아크를 가진 최대 흐름 문제의 수치예 (Munakata,T., & D.J.Hashier)[1]를 바탕으로 하여 각 아크에 비용을 추가하고 우선 순위에 기반한 인코딩법과 4장에서 소개한 것과 같은 4종류의 다목적 평가 방식을 채택한 다목적 GA방법들을 이용하여 실험을 수행하고 각 알고리즘으로 구해낸 Pareto 최적해를 4장에서 소개한 4가지 평가 방법들 (구해낸 비우월해의 수$|S_j|$, 우월개체 비율 $R_{NDS}(S_j)$, 참조 해집합에 의한 거리 $D1_R$, 그리고 계산 시간)을 이용하여 각 방법들의 성능 평가를 수행하였다.

1) 랜덤 가중치 부가법(rwGA : Random-weight GA)

2) 강제 Pareto EA(spEA : Strength Pareto Evolutionary Algorithm)

3) 비우월 정렬 GA Ⅱ(nsGA II : Non-dominated Sorting Genetic Algorithm II)

4) 대화형 적응 가중치 부가 GA(i-awGA : Interactive Adaptive-weight Genetic Algorithm)

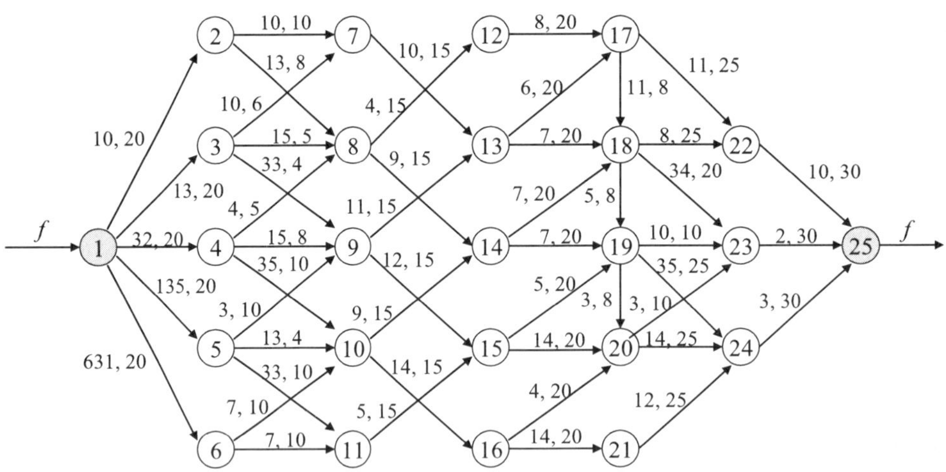

[그림 5. 8] V25/A4 최대 흐름/최소 비용 네트워크 문제예

GA파라미터 설정 :

집단 크기	*popSize* = 20
교차 발생확율	p_C = 0.70
돌연변이 발생확률	p_M = 0.70
GA종료 조건	유전 연산에 의해 생성된 자손 염색체의 수 = 5000
초기 파레트 최적해의 수	J = 1
초기 파레트 최적해의 집합	$E = \{[z_1^1 = 0,\ z_1^2 = \infty]\}$

참조 해집합 S^*:

각 알고리즘의 성능을 평가하기 위해 그림 5.9와 표 5.4와 같이 참조 해집합 S^*을 생성한다. 이 참조 해집합 S^*를 생성하는 경우, 보다 많은 Pareto 최적해를 구하기 위해 4개의 다목적 GA 방법들의 파라미터를 가능한 높게 설정한다.

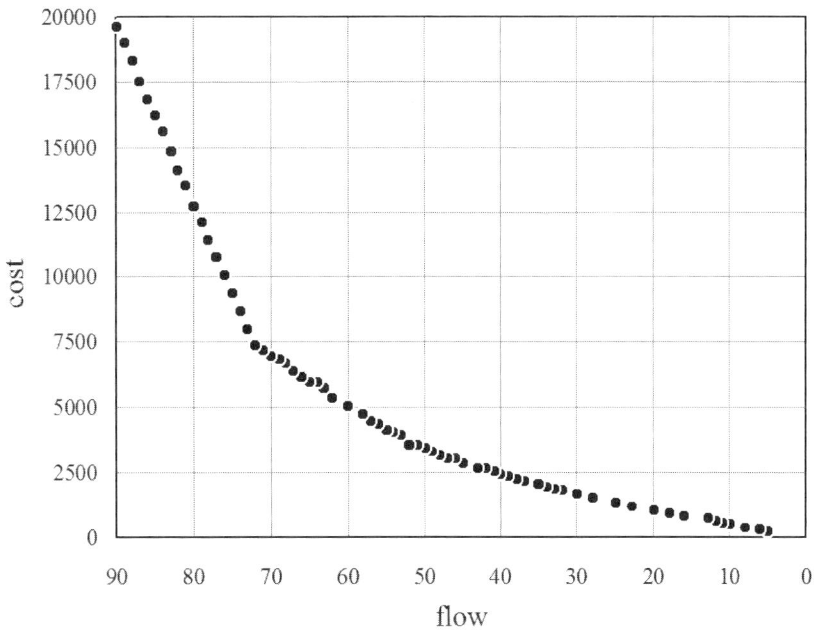

[그림 5. 9] 실험1의 참조 해 집합 S^* ($|S^*|$ = 69)

[표 5. 4] 실험 1의 참조 해집합 S^*의 Pareto 최적해 집합

z_1	z_2	z_1	z_2	z_1	z_2	z_1	z_2
5	260	39	2380	62	5339	82	14088
6	318	40	2447	63	5743	83	14841
8	376	41	2531	64	5936	84	15561
10	510	42	2648	65	5962	85	16198
11	590	43	2696	66	6162	86	16842
12	644	45	2866	67	6382	87	17528
13	744	46	3042	68	6714	88	18332
16	808	47	3049	69	6846	89	18988
18	918	48	3151	70	6952	90	19597
20	1030	49	3322	71	7182		
23	1206	50	3393	72	7364		
25	1320	51	3527	73	8043		
28	1496	52	3530	74	8707		
30	1650	53	3932	75	9375		
32	1796	54	4066	76	10057		
33	1875	55	4072	77	10750		
34	1955	56	4364	78	11438		
35	2058	57	4479	79	12123		
37	2162	58	4747	80	12735		
38	2262	60	5010	81	13523		

실제 다목적 GA을 위한 프로그램을 작성하여 실행시켜 유전 연산에 의해 생성된 자손 염색체의 수가 50, 2500, 2000, 5000일 때 구해낸 Pareto 최적해에 대한 각 평가 값 (구해낸 비우월해의 개수 $|S_j|$, 우월 개체의 비율 $R_{NDS}(S_j)$, 참조 해집합에 의한 거리 $D1_R$, 계산 시간)를 표 5.5에 나타내었으며 각 평가 표준에 대해 Pareto 최적해의 진화 과정을 그림 5.10에 나타내었다.

[표 5. 5] 실험1의 4가지 다목적 GA 방법들에 의해 얻어진 Pareto 최적해 집합에 대한 평가

# of	$\|S_j\|$				$R_{NDS}(S_j)$				$D1_R(S_j)$			
eval. solut.	spEA	nsGAII	rwGA	i-awGA	spEA	nsGAII	rwGA	i-awGA	spEA	nsGAII	rwGA	i-awGA
50	41.60	40.60	40.30	42.40	0.44	0.42	0.45	0.49	201.25	210.63	205.03	184.12
500	51.40	56.30	49.40	54.60	0.54	0.60	0.53	0.64	151.82	124.81	149.44	132.93
2000	58.20	60.60	54.30	59.20	0.62	0.71	0.62	0.75	108.49	101.45	127.39	88.99
5000	60.70	61.60	58.30	61.40	0.72	0.80	0.67	0.82	79.91	80.70	103.70	67.14

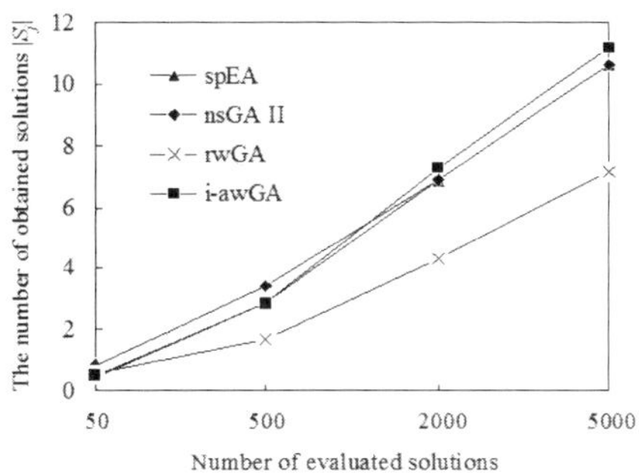

(a) 구해낸 비우월해의 개수 $|S_i|$

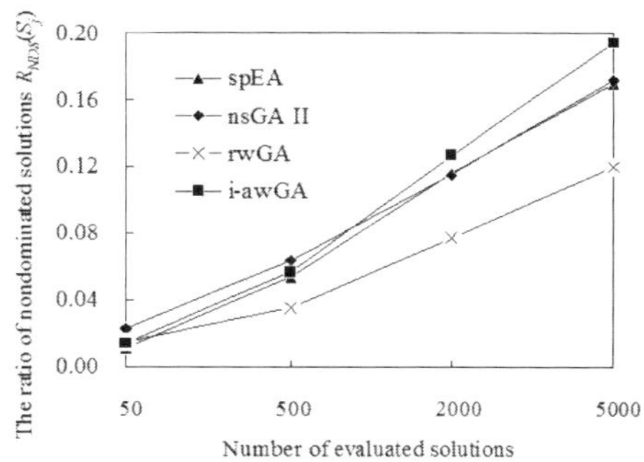

(b) 우월 개체의 비율 $RNDS(S_i)$

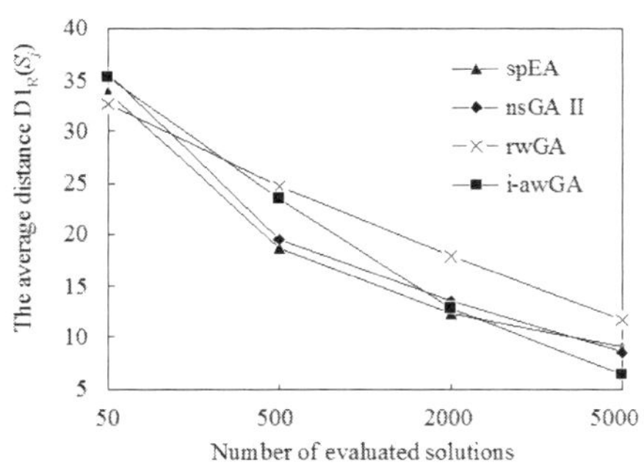

(c) 참조 해집합에 의한 거리 $D1_R$

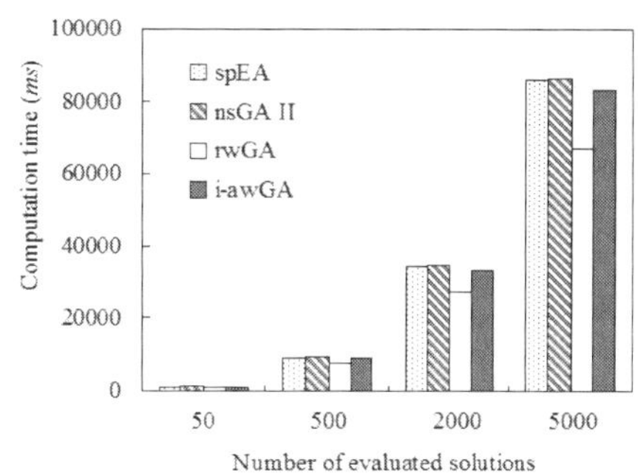

(d) 계산 시간

그림 5. 10 실험 1의 Pareto 최적해의 4가지 평가 값에 대한 진화 과정

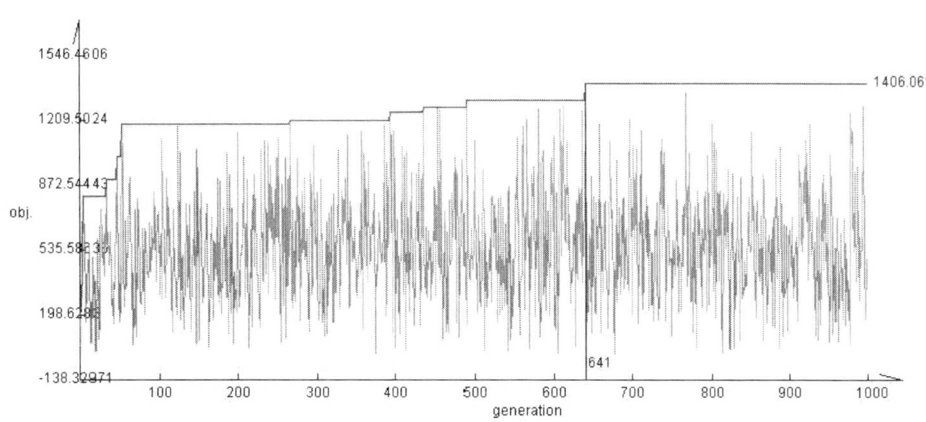

[그림 5. 11] i-awGA에 의한 실험 1의 수렴 과정

B. V25/A56 네트워크 문제

그림 5.12에 나타낸 25개의 노드와 56개의 아크로 구성된 최대 흐름 문제의 수치예(Munakata,T., & D. J. Hashier)[1]에 각 아크에 비용을 추가해서 우선 순위 기반 인코딩법과 수치실험 1에서 사용한 4종류의 다목적 평가 방법을 포함하는 다목적 GA방법들을 이용하여 실험을 수행하고 각 알고리즘으로 구해낸 Pareto 최적해를 4가지 평가 방법(구해낸 비우월해의 개수 $|S_j|$, 우월 개체의 비율 $R_{NDS}(S_j)$, 참조 해집합에 의한 거리 $D1_R$, 계산 시간)을 이용하여 각 방법들의 성능 평가를 수행한다.

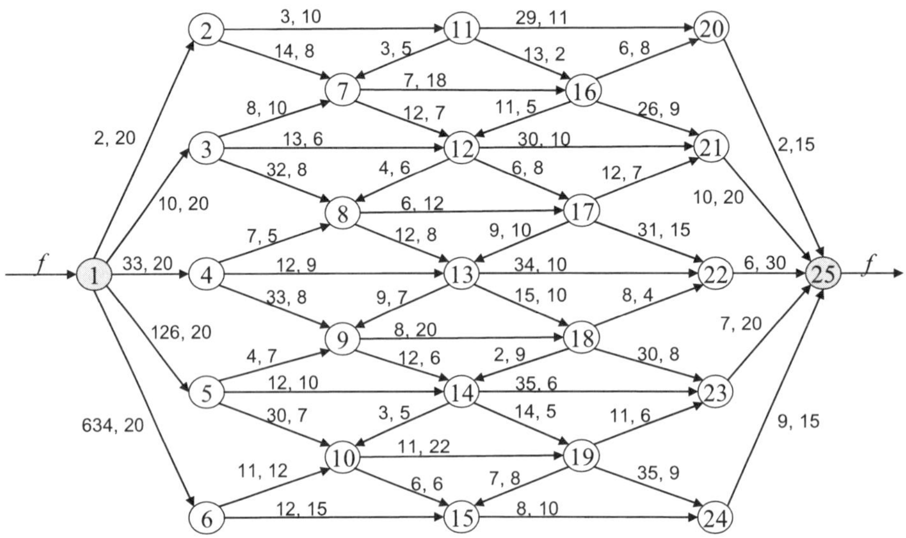

[그림 5. 12] V25/A56 최대 흐름/최소 비용 네트워크 문제 예

GA 파라미터의 설정 :

집단의 크기	$popSize = 20$
교차 발생확율	$p_C = 0.70$
돌연변이 발생확율	$p_M = 0.70$
GA종료 조건	유전 연산을 통해 생산된 자손 염색체의 수 = 5000
초기 Pareto 최적해의 수	$J = 1$
초기 Pareto 최적해 집합	$E = \{[z_1^1 = 0,\ z_1^2 = \infty]\}$

참조 해 집합 S^*:

각 알고리즘들의 성능을 평가하기 위해 그림 5.13과 표 5.6과 같이 참조 해집합 S^*를 생성하였다. 이 참조 해집합 S^*를 생성할 때, 보다 많은 Pareto 최적해를 구해내기 위해 4가지의 다목적 GA 방법들의 파라미터를 가능한 높게 설정하였다.

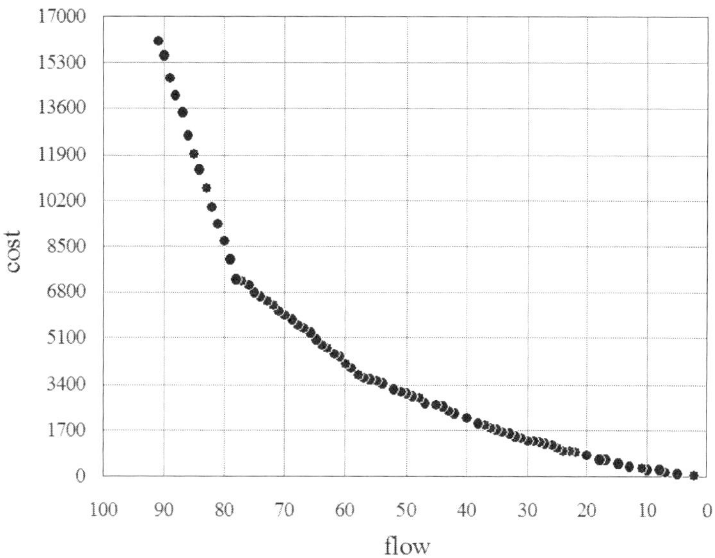

[그림 5. 13] 실험 2의 참조 해집합 S^* ($|S^*| = 77$)

[표 5. 6] 실험 2의 참조 해집합 S^*의 Pareto 최적해 집합

z_1	z_2	z_1	z_2	z_1	z_2	z_1	z_2
2	52	31	1408	55	3525	75	6815
5	115	32	1488	56	3610	76	7081
7	167	33	1595	57	3669	77	7227
8	248	34	1640	58	3732	78	7308
10	275	35	1753	59	3987	79	8002
11	306	36	1818	60	4189	80	8697
13	388	37	1892	61	4458	81	9319
15	495	38	1942	62	4551	82	9997
17	608	40	2171	63	4751	83	10667
18	653	42	2319	64	4867	84	11341
20	784	43	2405	65	5069	85	11949
22	872	44	2587	66	5341	86	12623
23	953	45	2653	67	5517	87	13455
24	965	47	2701	68	5583	88	14116
25	1035	48	2897	69	5809	89	14735
26	1168	49	2974	70	5941	90	15551
27	1217	50	3077	71	6128	91	16100
28	1275	51	3106	72	6319		
29	1332	52	3198	73	6487		
30	1344	54	3446	74	6652		

실제로 다목적 GA을 프로그램으로 구현하여 유전 연산에 의해 생성된 자손 염색체의 수가 50, 2500, 2000, 5000일 때 구해진 Pareto 최적해에 대하여 각 평가 값(얻어진 비우월해의 개수 $|S_j|$, 우월개체의 비율 $R_{NDS}(S_j)$, 참조 해집합에 의한 거리 $D1_R$, 계산 시간)를 표 5.7에 나타내고 각 평가 표준에 대해 Pareto 최적해의 진화 과정를 그림 5.14에 나타내었다.

[표 5.7] 실험 2의 4가지 다목적 GA 방법들에 의해 얻어진 Pareto 최적해 집합에 대한 평가

# of eval. solut.	$\|S_j\|$				$R_{NDS}(S_j)$				$D1_R(S_j)$			
	spEA	nsGAII	rwGA	i-awGA	spEA	nsGAII	rwGA	i-awGA	spEA	nsGAII	rwGA	i-awGA
50	41.20	43.60	42.60	44.00	0.35	0.33	0.34	0.33	181.69	180.64	168.73	168.96
500	49.80	56.60	51.60	57.50	0.47	0.50	0.42	0.46	104.77	114.62	119.53	103.13
2000	62.90	62.90	55.30	64.70	0.61	0.65	0.51	0.65	74.76	81.24	95.70	76.41
5000	67.80	68.40	60.70	69.40	0.73	0.72	0.64	0.73	62.97	62.77	80.68	62.33

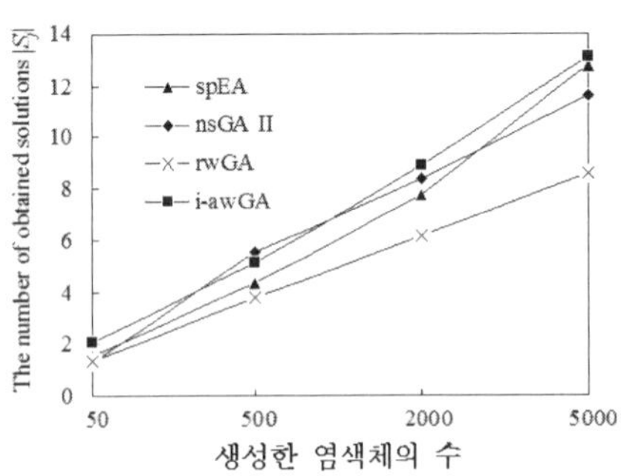

(a) 얻어진 비우월해의 개수 $|S_j|$

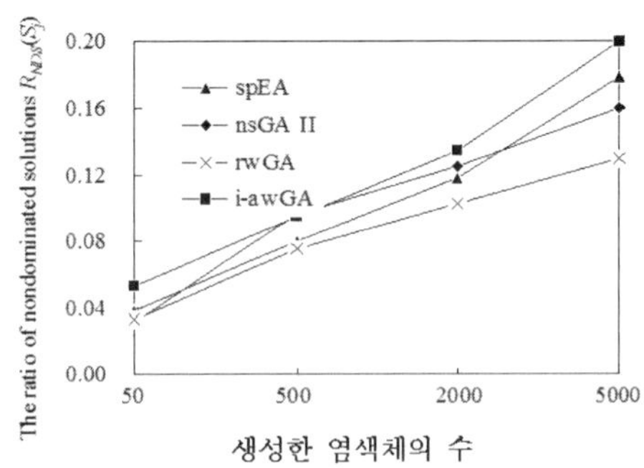

(b) 우월 개체의 비율 $RNDS(S_j)$

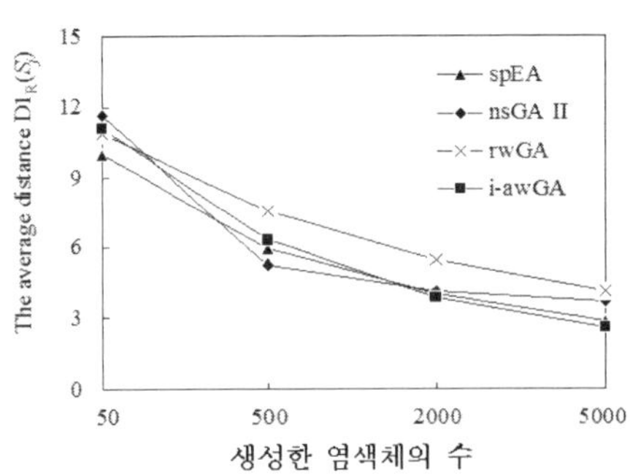

(c) 참조 해집합에 의한 거리 $D1_R$

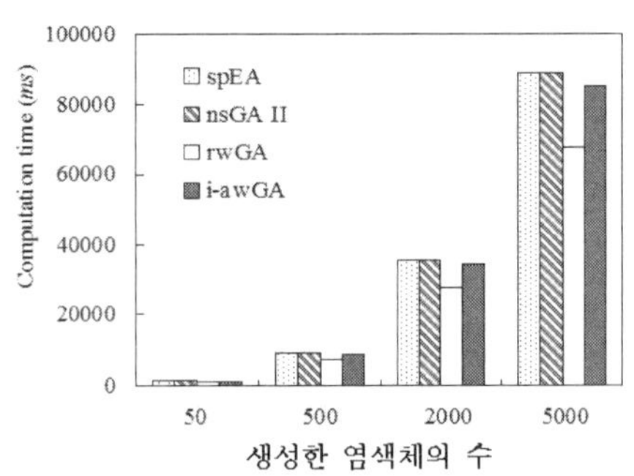

(d) 계산시간

[그림 5. 14] 실험 2의 Pareto 최적해의 4가지 평가 값에 대한 진화 과정

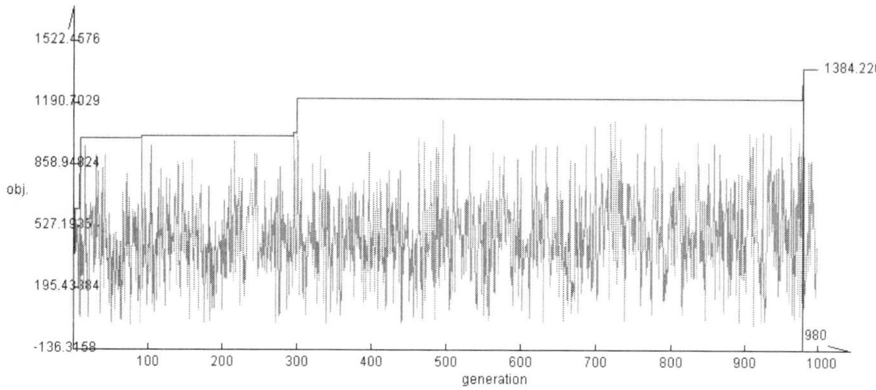

[그림 5. 15] i-awGA에 의한 실험 2의 수렴 과정

5.2 다목적 공급체인망(Supply Chain Network)

정보 통신 기술의 급격한 발전에 의해 기업 경영의 컨셉트(concept)도 매우 많이 급변하고 있다. 일본내에서도 잘 알려져 있는 컴퓨터 판매 회사인 델 컴퓨터는 인터넷에 기반을 둔 SCM (Supply Chaing Management) 방법을 채용하여 큰 성과를 거두고 있으며 컴퓨터 시장에서 세계적인 상위 제조사로 성장하였다. 이 SCM 방법이란 어떤 제품 (예를 들면, 컴퓨터 등)의 부품/원자재 조달로부터 사용자로의 배송까지 걸친 공급 체인 (supply chain) 전체의 효율을 향상시켜 부품 및 제품의 재고 또는 운영 자금의 절감을 목표로하는 경영 방법으로 실시간 수요에 따른 부품 조달, 생산 계획을 실현할 수 있는 생산 정보 시스템이다. 공급망 (supply chain network) 설계 문제란 공급 체인 전체의 장기(長期) 효율화를 위해 최적화해야 할 문제들 중 하나이다. 이 문제는 플랜트 (plant)나 DC 센터의 수나 배치, 용량(capacity)이나 형태(type), 사용하는 DC 센터 등을 결정하는데 이용된다. 더욱이 SCM 네트워크 설계 문제는 선형 모델에서 복잡한 비선형 모델까지, 또 단일 제품의 배송 비용 최소화로부터 복작한 다목적 최적화 문제까지 그 응용 범위가 광범위하게 걸쳐져 있다[2].

예 5.2 다목적 공급 체인망 문제의 예

SCN(Supply Chain Network) 기반 생산 유통 시스템에서는 제품의 주문, 재료 및 부품의 조달, 제품의 생산 및 배송과 같은 여러 단계의 공급 체인으로서 네트워크 모델을 이용하여 정식화한다. 이러한 여러 단계의 공급 체인망에서는 생산 공장이나 배송 센터 등의 시설에 대한 효과적인 배치와 동시에 각종 제품의 고객으로의 효율적인 배송 계획이 요구된다. 일반적으로 공급 체인망은 서플라이어(supplier : 부품 및 재료 공급자) - 제조(manufacturing : 생산 공장이나 아웃 소싱) - 배송(transporation & storage : 배송 센터) - 고객(customer)으로 구성된 3단계의 네트워크(three stage network)로 정식화된다. 이러한 네트워크 모델의 예(ILOG사)인 그림 5.16은 서플라이어(S : 3개소), 생산공장(P : 2개소), 배송 센터(DC : 3개소), 고객(C : 12개소)으로 구성된 공급 체인망을 나타내고 있다. 이러한 공급 체인망의 구체적인 사례로부터 직관적으로 명확하게 알 수 있듯이, 그림 5.17에 나타낸 3단계 네트워크 모델로 정식화할 수 있다. 일반적으로 생산 유통 시스템의 로지스틱(logistic) 네트워크는 3단계 네트워크 모델로 정식화되는 경우가 많다[15].

게다가 종래의 공급 체인망에 있어서, 그 목적이 배송 비용의 최소화인 경우가 많았다. 하지만 실제적인 SCN 모델에 있어서는 상호 상충관계(trade - off)인 여러 목적을 가진 경우가 많다. 따라서 여기서는 SCN 모델에 있어서 생산 공장이나 배송 센터 등의 시설에 대한 효과적인 배치와 동시에 각종 제품의 고객으로의 효율적인 배송이 요구되는 문제, 즉 SCM 시스템 설계에 있어서의 시설 최적배치 및 배송 문제에 대해, 다음과 같이 3가지 최적화 목적을 고려해야 하는 문제에 대해 다목적 GA를 이용하여 풀이해 내는 방법을 소개한다[3].

(1) 공장이나 DC의 운영 비용 및 서플라이어로부터 고객에게까지의 배송 비용의 최소화

(2) 고객에게 제품을 제공할 수 있는 납기일로부터의 고객 서비스 레벨의 최대화

(3) 여러 DC 가동률의 밸런스에 대한 최대화

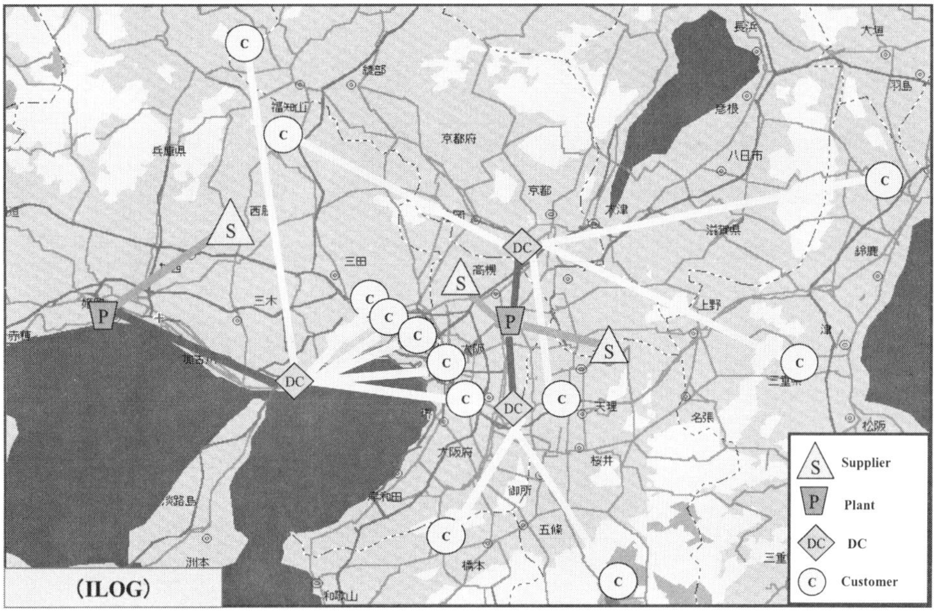

[그림 5.16] 공급 체인망의 실예 (ILOG)

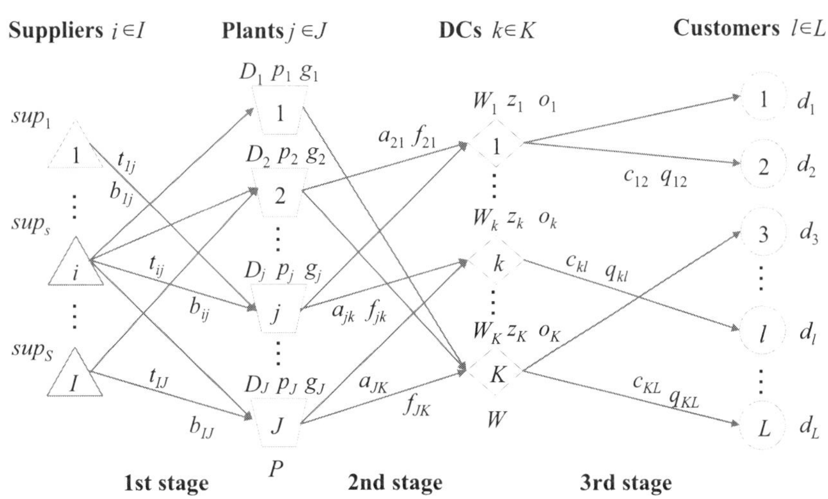

[그림 5.17] 기본적인 3단계의 공급 체인망

5.2.1 다목적 공급 체인망 모델과 정식화

앞서 설명한 것처럼, SCN 모델의 기능적 구조에서 보면 부품 공급자로 이뤄진 서플라이어 단계(phase), 생산공장이나 아웃소싱으로 구성된 제조 단계, DC와 고객으로 구성된 배송 단계와 같이 생산 유통 시스템의 3단계 네트워크 즉 공급 체인망으로 모델링된다. 이 3단계 공급 체인망의 예를 그림 5.17에 나타내었다.

생산 유통 시스템의 3단계 네트워크의 수학 모델을 정식화하기 위해 필요한 모든 기호들을 다음과 같이 정의한다.

[인덱스]

i : 서플라이어, j : 플랜트, k : DC, l : 고객

[파라미터]

D_j : 플랜트 j의 용량 (capacity)

W_k : DC_k의 연간 처리량

sup_i : 서플라이어 i의 용량

d_l : 고객 l의 수요량

W : DC_k의 최대 개수

P : 플랜트 j의 최대 개수

o_k : DC_k에서 조업하는 경우의 고정비용

g_j : 플랜트 j을 가동시키는 경우의 고정비용

c_{kl} : DC_k로부터 고객 l까지의 배송 비용

b_{jk} : 플랜트 j로부터 DC_k까지의 배송 비용

a_{ij} : 서플라이어 i로부터 플랜트 j가 원자재를 구입할 때의 비용과 그 사이의 배송 비용

u : 1제품당 원자재의 가동률

h_{kl} : DC_k로부터 고객 l까지의 배송 시간(h)

τ : 창고로부터 고객에게까지의 최대 허용 납기시간(h)

$C(k)$: DC$_k$로부터 τ시간내에 도달 가능한 고객의 집합 $C(i) = \{ j \mid h_{ji} \leq \tau \}$

O_d : 조업하는DC의 집합

O_p : 가동되는 플랜트의 집합

w_1 : 플랜트의 가중값(weight)

w_2 : DC의 가중값

[결정 변수]

z_k : DC k가 조업하는 경우에는 1을, 그렇지 않으면 0으로 표시

p_j : 플랜트 j가 가동되는 경우에는 1을, 그렇지 않으면 0

δ_{kl} : DC k로부터 고객 l에게로 배송이 이뤄지면 1, 그렇지 않으면 0

x_{ij} : 서플라이어 i와 플랜트 j사이의 원자재 배송량

y_{jk} : 플랜트 j와 DC k간의 제품 배송량

z_{kl} : DC k와 고객 l간의 제품 배송량

따라서 SCN 모델의 전체 비용을 최소화하는 것을 목적 함수 f_1, 고객 서비스 레벨을 목적함수 f_2, DC센터 가동률의 밸런스를 목적함수 f_3으로 하는 다목적 공급 체인망의 수학모델은 다음에 나타낸 것과 같이 비선형 혼합 정수 계획 문제(Nonlinear Mixed Integer Programming Model)로 정식화된다. 여기서 변수 벡터 x는 모든 결정변수 p로부터 결정되는 것으로 한다.

$$\min \; f_1(x) = \sum_i \sum_j a_{ij} x_{ij} + \sum_j \sum_k b_{jk} y_{jk} + \sum_k \sum_l c_{kl} q_{kl} + \sum_j g_j p_j + \sum_k o_k z_k \tag{5.8}$$

$$\max \; f_2(x) = \left(\sum_{k \in O_D} \sum_{l \in C(k)} z_{kl} \right) / \left(\sum_l d_l \right) \tag{5.9}$$

$$\begin{aligned} \min \; f_3(x) = & \; w_1 \left[\frac{1}{|O_P|} \sum_{j \in O_P} \left[\left(\sum_{k \in O_D} y_{jk} / D_j \right) - \left(\sum_{j \in O_P} \sum_{k \in O_D} y_{jk} / \sum_{j \in O_P} D_j \right) \right]^2 \right]^{1/2} \\ & + w_2 \left[\frac{1}{|O_D|} \sum_{k \in O_D} \left[\left(\sum_l z_{kl} / W_k \right) - \left(\sum_{k \in O_D} \sum_l z_{kl} / \sum_{k \in O_D} W_k \right) \right]^2 \right]^{1/2} \end{aligned} \tag{5.10}$$

$$\text{s.t.} \quad \sum_{k} \delta_{kl} = 1, \forall l \tag{5.11}$$
$$\sum_{l} d_l \delta_{kl} \le W_k z_k, \forall k \tag{5.12}$$
$$\sum_{k} z_k \le W \tag{5.13}$$
$$z_{kl} = d_l \delta_{kl}, \forall k, l \tag{5.14}$$
$$\sum_{j} j_{jk} = \sum_{l} z_{kl}, \forall k \tag{5.15}$$
$$\sum_{j} x_{ij} \le \underset{i}{sup}, \forall i \tag{5.16}$$
$$u \sum_{j} y_{jk} \le \sum_{i} x_{ij}, \forall j \tag{5.17}$$
$$u \sum_{k} y_{jk} \le D_j p_j, \forall j \tag{5.18}$$
$$\sum_{j} p_j \le P \tag{5.19}$$
$$z_k = \{0, 1\}, \forall k \tag{5.20}$$
$$p_j = \{0, 1\}, \forall j \tag{5.21}$$
$$\delta_{kl} = \{0, 1\}, \forall k, l \tag{5.22}$$
$$x_{ij} \ge 0, \forall i, j \tag{5.23}$$
$$y_{jk} \ge 0, \forall j, k \tag{5.24}$$
$$z_{kl} \ge 0, \forall k, l \tag{5.25}$$

여기서 제약 조건 (5.11)은 고객에게 하나의 DC를 할당하는 것을 나타낸다. 식(5.12)는 DC의 용량 제약이며, 식(5.13)은 조업할 수 있는 DC의 상한을 의미한다. 식(5.14)과 식(5.15)는 DC들과 고객의 수요를 만족시키는 제약조건이고, 식(5.16)은 원자재의 공급 제한을 나타내고 있다. 식(5.17)와 식(5.18)은 서플라이어와 플랜트의 용량 제약을 각각 나타내며, 식(5.19)는 가동하는 플랜트의 상한이다. 식(5.20)-(5.22)은 결정 변수 z_k, p_j, δ_{kl}가 0-1 변수임을 나타내고 식(5.23)-(5.25)는 결정변수 x_{ij}, y_{jk}, z_{kl}에 대한 음수가 아닌 조건(non-negativity conditions)이다.

5.2.2 우선 순위 기반 GA에 의한 해법

이 모델은 3단계의 배송 계획 모델로서 취급할 수가 있다. 그래서 본 절에서는 염색체 표현에 2.1절에서 사용한 우선순위 기반 인코딩의 염색체 표현을 사용하여 네트워크 모델이 다단계화된 경우의 해법을 소개한다. 우선 순위 기반 염색체 표현은 디코딩할 때에 배송 코스트가 작은 경로를 우선적으로 선택하는 특성을 가지고 있기 때문에 배송계획 모델을 풀이하기 위해 적합한 방법이라 할 수 있다.

a. 유전자 표현

[인코딩]

염색체 설계에는 우선순위 기반 인코딩을 이용한다. 본절의 모델과 같은 3단계의 SCN 모델에 적용하는 경우, 염색체는 3부분(part)으로 구성되며 각 부분은 네트워크상에서의 각 단계에 대응한다(그림 5.18). 그림 5.18의 예는 서플라이어수가 3, 플랜트 수가 4, DC의 개수가 4, 고객수가 5로 구성된 모델의 예이다. 이러한 세부분 각각에 우선 순위 기반 인코딩을 적용한다.

노드ID:	1	2	3	1	2	3	4	1	2	3	1	2	3	4	5	1	2	3	4	5	1	2	3	4	5
우선순위:	3	7	4	2	6	5	1	4	5	6	8	3	2	7	1	5	2	9	8	4	2	1	10	7	3
	1st stage							2nd stage								3rd stage									

[그림 5. 18] 각 노드의 우선순위를 나타낸 염색체

procedure : decoding of chromosome for SCN

Step 0 : $z_l \leftarrow 0,\ \ p_j \leftarrow 0,\ k \in K$

step 1 : find $[z_{kl}]$ by 3rd stage decoding;

step 2 : **for** $k = 1$ **to** $|K|$

  if $W_k = 0$ **then** $v_2(k) \leftarrow 0$ **else** $z_k \leftarrow 1$

step 1 : find $[y_{jk}]$ by 2nd stage decoding;

step 2 : **for** $j = 1$ **to** $|J|$

  if $D_j = 0$ **then** $v_2(k) \leftarrow 0$ **else** $p_j \leftarrow 1$

step 3 : **if** $\sum_{j=1}^{J} p_j \le P$, **then** find $[x_{ij}]$ by 1st stage decoding

  else discard the chromosome

step 4 : **calculate** and **output** the total cost;

[디코딩]

SCN 모델의 염색체는 세번째 단계에 대한 부분에서부터 디코딩을 수행한다. 우선 DC-고객간의 배송경로를 결정함에 있어서 조업 비용이 낮은 DC를 선택한다. 그런 뒤 두번째 단계의 디코딩을 수행하여 고객의 수요를 최대한 만족시키는 최소 비용의 배송 경로와 가동시킬 플랜트를 결정한다. 최종적으로 서플라이어와 가동되는 플랜트간의 운송 경로(운송트리)는 염색체의 맨 처음 부분을 디코딩하여 구해 낼 수가 있다. 역방향으로 디코딩을 수행하는 것은 수요에 대한 적절한 공급을 유지할 수 있어서 반대로 첫번째 단계에서부터 순서대로 디코딩하는 것보다도 실행 불가능해의 생성 및 그 수정에 대한 노력을 경감할 수 있다. 디코딩의 구체적인 처리 순서는 3.2.2항을 참조해 주기 바란다.

b. 평가

다목적 공급 체인망 문제에서는 3종류의 목적함수가 서로 경합하기 때문에 Pareto 최적해로 해를 구할 수가 있다. 본 절에서는 제4장에서 소개한 Ishibuchi 등이 제안한 랜덤 가중치 부가 방법의 GA(rw GA : Random-weight GA)와 Gen-Cheng이 제안한 적응 가중치 부가 방법의 GA(aw GA : Adaptive-weight Genetic Algorithm)를 사용하기 위해 다음과 같이 평가 연산을 수행한다.

[접근법 1: 랜덤 가중치 부가법 (rwGA)]

3종류의 목적함수에 가중치(weight)를 부가하여 GA의 평가 공간에 있어서의 어떤 이상점(ideal point)을 향하여 탐색을 할 수 있도록 하는 것이 일반적이다. 다양성이 있는 Pareto 최적해를 구하기 위해 목적함수에 랜덤하게 무게를 부가하여 다양한 방향으로의 탐색을 수행할 수 있도록 하는 방법이 랜덤 가중치 부가법이다. 이렇게 함으로써 Pareto 프론티어(frontier)에 대해 균일하게 분포하는 Pareto 최적해를 구해낼 수 있게 된다.

따라서 3종류의 목적함수 (전체 비용 $f_1(x)$, 고객 서비스 레벨 $f_2(x)$, DC 가동률 밸런스 $f_3(x)$에 무게를 부가하여 모두 더하면 다음과 같이 단일화할 수 있다.

$$z = w_1 \frac{1}{f_1(x)} + w_2 f_2(x) + w_3 \frac{1}{f_3(x)} \tag{5.26}$$

여기서 k번째 목적함수에 대한 랜덤 무게 w_k는 다음 식에 의해 산출된다. 또 r_i는 음이 아닌 양의 랜덤수를 나타낸다.

$$w_k = \frac{r_k}{\sum_{j=1}^{3} r_j}, \quad (k=1,2,3) \tag{5.27}$$

[접근법 2: 적응 가중치 부가법 (awGA)]

적응 가중치 부가법이란 문제의 이상점에 Pareto 최적해에 가까워지도록 무게를 조절하면서 탐색하게 하는 방법이다. 따라서 다음의 함수로 각 목적함수 k에 무게를 부가한다.

$$w_k = \frac{1}{z_k^{\max} - z_k^{\min}}, \quad (k=1,2.3) \tag{5.28}$$

여기서 $z_k^{\max}$, $z_k^{\min}$는 각각 다음과 같은 수식으로 정의되어 있는 것처럼 k번째 목적함수에 대해서 구해진 최대값과 최소값을 의미한다. 또 P는 실행 가능해 집합을 나타낸다.

$$z_k^{\max} = \max\{f_k(x) | x \in P\}, \quad (k=1,3)$$

$$z_2^{\max} = \max\left\{\frac{1}{f_2(x)} | x \in P\right\} \tag{5.29}$$

$$z_k^{\min} = \min\{f_k(x) | x \in P\}, \quad (k=1,3)$$

$$z_2^{\min} = \min\left\{\frac{1}{f_2(x)} | x \in P\right\} \tag{5.30}$$

염색체 x에 대한 가중치의 합(weighted sum)은 다음 식으로 계산할 수 있다.

$$z(x) = \sum_{k=1}^{3} w_k (f_{(x)} - z_k^{\min}) \tag{5.31}$$

c. 유전 연산

교차 : 여기서는 세그먼트(segment) 기반 교차를 사용한다. 이 교차 연산에서는 자식의 세그먼트는 부모 세그먼트에서 임의로 각각 선택된다. 이러한 모습을 그림 5.19에 나타내

었다. 각각의 세그먼트에 대응하는 2진수의 마스크를 이용하여 「0」의 경우에는 부모 1로부터, 「1」의 경우에는 부모 2로부터 유전 정보를 취하도록 되어 있다.

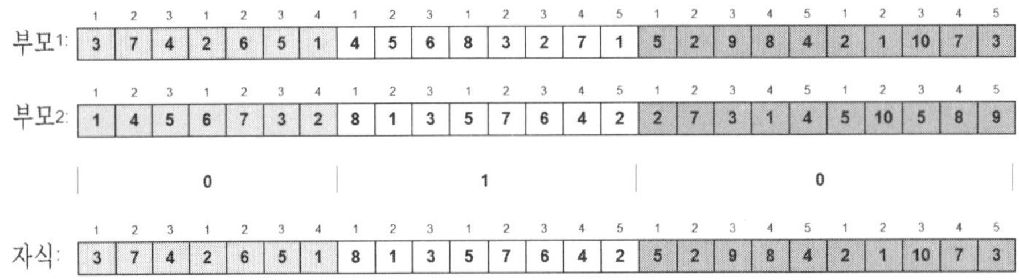

[그림 5. 19] 세그먼트 기반 교차의 사용 예

돌연변이: 각 세그먼트에 대해 돌연변이 연산의 수행 여부는 1/2의 확률 (즉 2진수의 마스크를 사용)로 결정되며, 선택된 세그먼트에 교환 돌연변이를 적용한다. 그림 5.20는 첫번째 세그먼트와 세번째 세그먼트에 기반한 교환 돌연변이를 수행한 예이다.

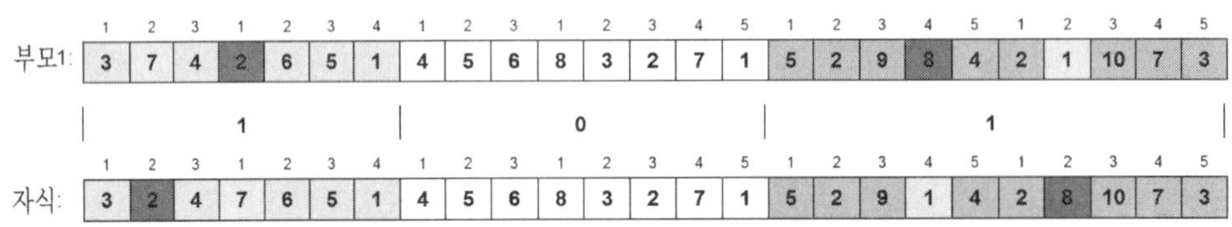

[그림 5. 20] 세그먼트 기반 돌연변이의 사용예

선택 : 여기서는 $(\mu+\lambda)$선택법을 이용한다. 이 $(\mu+\lambda)$ 선택법에 있어서 μ는 부모 염색체의 수를 나타내고 λ는 자식 염색체의 수를 나타낸다. 우선 현세대로부터 $\mu-2$개의 서로 다른 좋은 개체들을 선택해 낸다. 그런 뒤 Pareto 최적해 집합으로부터 엘리트 전략으로 임의로 2개의 개체를 선택하고 앞서 선정한 $\mu-2$개의 해집단에 추가하여 다음 세대의 해집단을 구성한다. 만일 $\mu-2$개의 서로 다른 좋은 해를 구해 낼 수 없는 경우에 부족한 개체수는 랜덤하게 생성한 개체로 채워 넣는다.

더욱이 다양성 있는 Pareto 최적해를 탐색해 내기 위해 유전 탐색의 재기동법을 이용한다. 이 유전 탐색의 재기동법이란 Pareto 최적해 집단이 최대 세대수의 1/5세대동안 연속적으로 해의 개선이 없었을 경우, 염색체 집단을 리셋해 버리는 방법을 말한다. 새로이 생성되는 염색체 집단의 10%에는 Pareto 최적해 집단으로부터 임의로 선택된 Pareto 최적해를 가진 염색체들로 구성하고 나머지는 랜덤하게 염색체를 재생성한다. 만약 집단의 10% 만큼 Pareto 최적해가 존재하지 않는 경우에는, 모든 Pareto 최적해는 모두 새로운 집단에 포함시킨다.

D. 우선 순위 기반 GA

```
procedure: Priority-based GA for Supply Chain Network Problem
input: SCN problem data, GA parameters
output: Pareto optimal solution E(t)
begin
    t←0;
    initialize P(t) by priority-based encoding;                    // 인코딩
    calculate z1(C), z2(C) by priority-based decoding;             // 디코딩
    create Pareto E(P);
    evaluate eval (P) by fitness assignment approach;              // 프로시저 1 or 2
    while(not termination condition) do
        create C(t) from P(t) by segment crossover;
        create C(t) from P(t) by segment mutation;
        calculate z1(C), z2(C) by priority-based decoding;   // 디코딩
        update Pareto E(P, C);
        evaluate eval(P, C) by fitness assignment approach;  // 프로시저 1 or 2
        select P(t+1) from P(t) and C(t) by (μ+λ) selection;
        t← t + 1;
    end
    output Pareto optimal solution E(t);
end
```

[그림 5. 21] 다목적 공급 체인망에 있어서의 우선 순위 기반 GA

5.2.3 수치 실험

본 절에서는 B. 평가에서 설명한 접근법 1 : 랜덤 가중치 부가법(rwGA)과 접근법 2: 적응 가중치 부가법(awGA)의 성능을 비교하기 위해, 3가지의 SCN 문제를 이용한다. 이것들은 서로 목적함수에 의해 구별되며 처음 두개의 문제는 2개의 목적 함수를, 마지막 SCN 문제는 3개의 목적함수를 가진 문제이다.

- SCN 문제 1 : min f_1과 max f_2
- SCN 문제 2 : min f_1과 min f_3
- SCN 문제 3 : min f_1, max f_2과 min f_3

수치 실험에는 다음에 기술한 실험데이터를 이용한다. 이때 이용되는 네트워크 모델은 서플라이어수는 5, 플랜트 수는 6, DC수는 6개로 구성되어 있다. 표 5.8에 각각의 용량과 고정비를 나타내었다.

[표 5. 8] 다목적 공급 체인망의 수치 데이터

서플라이어	플랜트		DCs	
용량	용량	고정비	용량	고정비
10000	640000	440000	200000	70000
10000	640000	1100000	160000	60000
10000	640000	720000	80000	40000
10000			120000	50000
7200			80000	40000
			120000	50000

rwGA와 awGA는 10회씩 다음에 기술한 것처럼 파라미터를 설정하여 실행하였다. 또한 이러한 파라미터의 설정값들은 예비 실험들을 통해 결정한 것이다.

[파라미터]

집단 크기	*popSize* = 200;
교차율	P_C = 0.5,
돌연변이율	P_M = 0.7,
최대세대수	*maxGen* = 500.

또한 rwGA와 awGA를 평가하기 위해 2가지 평가 척도를 이용하였다. 이 평가척도들은 10회 실행후 구해 낸 것들이다. 평가 척도는 다음과 같이 나타낸다.

1) Pareto 최적해의 평균개수
2) Pareto 최적해의 평균 비율 : P_1와 P_2를 1회 실행한 후에 구해낸 rwGA, awGA의 Pareto 최적해 집합이라 한다. 여기서 P는 Pareto 최적해의 합집합을 의미한다. P 각각의 Pareto 최적해들 중에서 다른 어떤 해에 의해서도 지배되지 않는 해의 비율은 식 (5.32)을 이용하여 계산한다.

$$R_{POS}(P_i) = \frac{|P_i - \{X \in Pi| \ni Y \in P: Y < X\}|}{|P_i|} \tag{5.32}$$

실험 결과를 표 5.9에 나타낸다. Pareto 최적해의 평균개수는 어느 쪽도 거의 비슷하게 나타난 것에 비해 Pareto 최적해의 평균 비율은 모든 문제에 rwGA가 더 우수하였다. 이것은 문제 1, 2과 3 각각에 대해 rwGA가 awGA보다 질 좋은 해를 잘 발견하는 경향이 있음을 의미한다. 이것은 awGA를 사용하는 GA는 Pareto 경계에 있는 몇몇의 지역에 주목하여 탐색이 진행되는 것에 비해 rwGA는 Pareto 경계에서 아주 많은 Pareto 최적해를 탐색해 나가기 때문이라고 생각할 수 있다. 각각의 문제에 있어서 rwGA와 awGA, 각 1회 실행으로부터 구해낸 Pareto 최적해의 예제는 다음의 그림 5.22, 23, 24에 나타냈었다.

[표 5. 9] rwGA와 awGA의 비교

	Average number of Pareto-optimal solutions		Average ratio of Pareto-optimal solutions	
	rwGA	awGA	rwGA	awGA
Problem 1	2.3	2.5	0.77	0.56
Problem 2	12.6	14.7	0.52	0.51
Problem 3	32.3	33.3	0.78	0.70

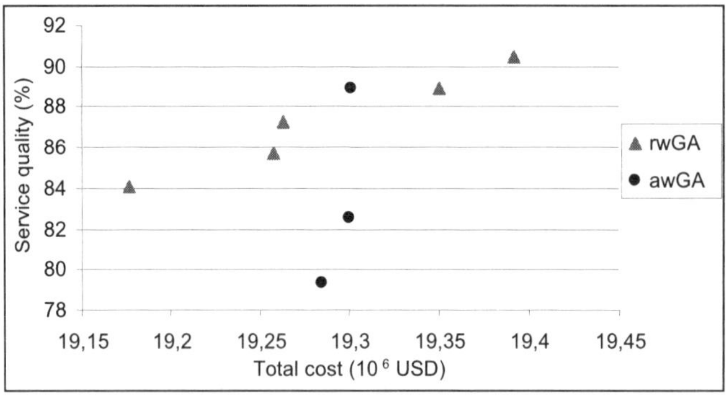

[그림 5. 22] 문제1에 대한 rwGA 및 awGA의 Pareto 최적해

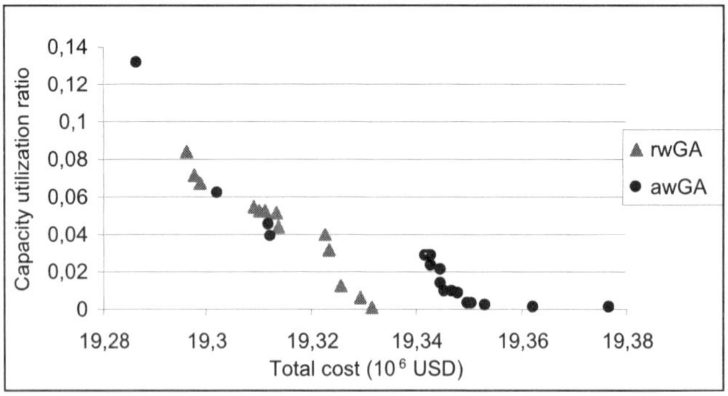

[그림 5. 23] 문제2에 대한 rwGA 및 awGA의 Pareto 최적해

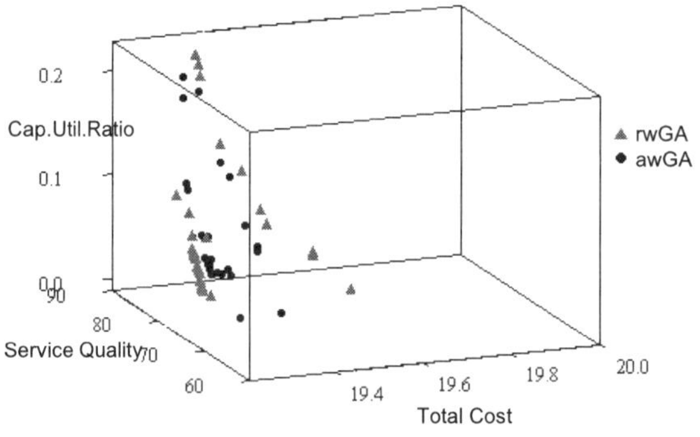

[그림 5. 24] 문제3에 대한 rwGA 및 awGA의 Pareto 최적해

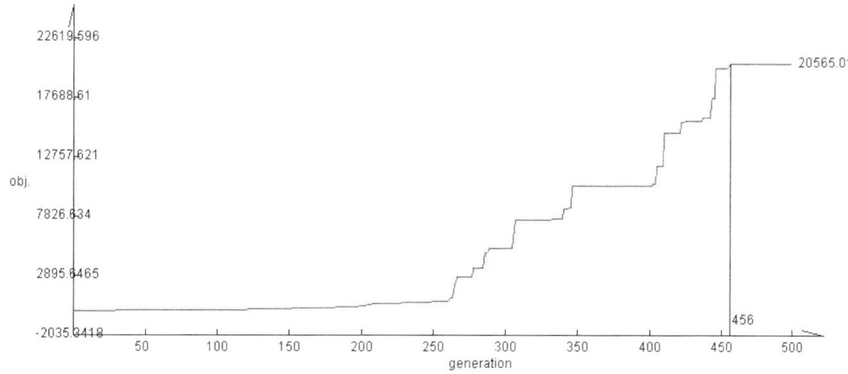

[그림 5.25] rwGA에 의한 실험 1의 해 수렴 과정

5.3 생산 물류 시스템 네트워크

생산 스케줄링 문제는 Job-shop 스케줄링 문제(JSP : job-shop scheduling proble)를 비롯하여 조합 최적화 문제로 정식화된다. 일반적으로는 공장내에서의 스케줄 작성을 목적으로 하는 문제로 자원(기계)을 효율적으로 사용하면서 작업(공정)을 빠르게 끝내기 위해 각 자원에 대한 작업 순서를 할당하는 문제를 의미한다. 또한 물류에 관한 문제로서는 수송 계획 문제나 배송 계획 문제 등이 있으며 최근에는 여러 공장에서 생산이 이뤄지기 때문에 공장들간이나 공장-고객간의 수송 및 배송을 고려한 생산 스케줄링 문제도 제안되고 있다 [4] [5]. 본절에서는 이 생산 물류의 통합 스케줄링 문제에 다목적 GA 를 이용하여 푸는 방법을 소개한다.

예 5.3: 생산 물류 시스템 네트워크 문제의 예

공장 P_1에서 고객 P_2로부터 제품 I_{13}를 고객 P_3로부터 제품 I_{23}를 각각 주문한 경우, 어떠한 순서로 작업을 수행하면 좋을 것인가를 생각해 보자. 여기서 공장 P_1내에서의 생산에 관해서는 이하의 가정을 전제한다. 또한 사용하고 있는 기호에 대해서는 5.3.1절에서 기술한다.

- 제품을 작성하기 위한 공정 순서 정보를 포함한 제조 BOM(그림 5.26)이 미리 주어진다. 이 BOM에 의해 필요한 작업, 작업 순서에 관한 제약이 결정된다.
- 자원(기계) M_m을 이용하여 작업 o_{ki}를 수행할 때 필요한 작업 시간은 P_{kim}로 표시한다.
- 어떤 자원에서 이미 작업 o_{ki}를 수행하고 있는 경우, 그 자원에서는 작업 o_{ki}가 종료될 때까지 다른 작업 o_{lj}를 시작할 수 없다. 또한 작업을 시작할 때에는 자원에 대해 이전 작업과 다른 설정을 하는 등의 준비(setup) 시간 t^u_{klj}가 필요하게 된다(그림 5.27).
- 어떤 자원 M_m을 이용하여 작업 o_{ki}를 수행하여 생성한 품목을 또 다른 자원 M_n에서 수행되는 작업 o_{kj}에서 소비하는 경우 자원간을 운반하기 위한 수송 문제 t^S_{mn}가 필요하게 된다(그림 5.28).

또한 수송과 관련해서는 이하의 가정을 전제로 한다.

- 공장내의 수송은 차량의 할당 등은 필요하지 않고 수송 대상 품목은 생성된 후라면 언제라도 자유로이 수행 가능한 것을 전제한다.
- 공장간이나 공장 -고객간의 수송은 차량을 이용한다. 여기서는 차량을 기계와 동일한 자원으로 보고 수송 작업을 일반적인 작업으로 가정한다. 또 수송이 끝난 후의 차량의 회송을 준비 작업으로 간주한다. 그리고 여러 제품을 동일한 차량으로 동시에 운반하는 것은 불가능한 것으로 가정한다(그림 5.29).

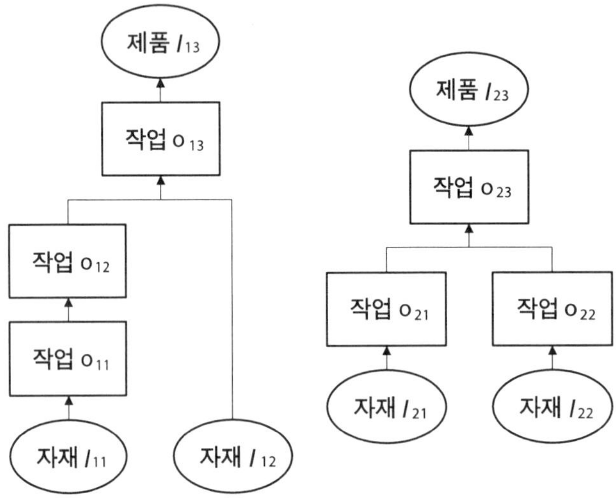

[그림 5. 26] 제조 BOM의 예

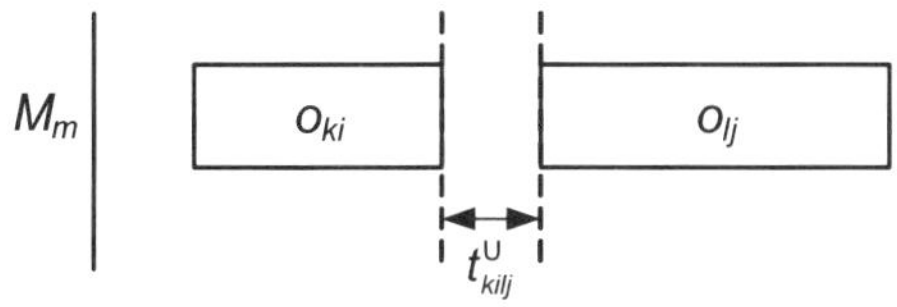

그림 5. 27 준비 시간 t_{kilj}^U의 예

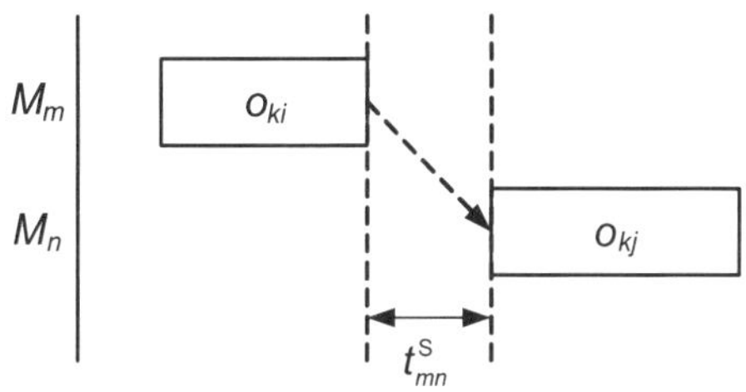

[그림 5. 28] 공장내의 자원간의 수송 시간 t_{mn}^S의 예

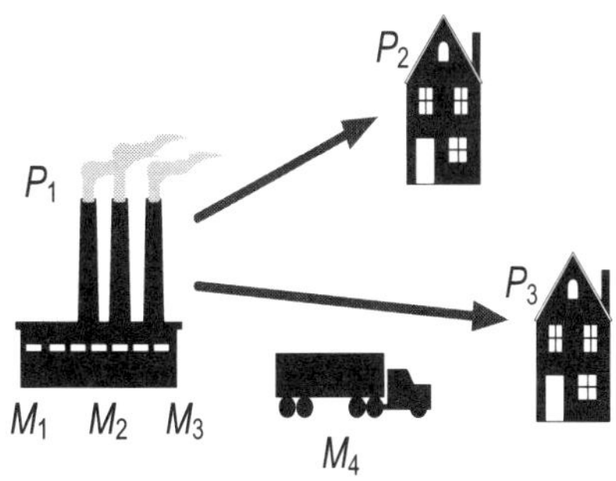

[그림 5. 29] 공장-고객 및 자원의 배치 이미지

여기서 각 공정에 있어서의 작업 시간, 준비시간, 공장내의 자원간의 수송 시간은 표 5.10, 표 5.11, 표 5.12와 같이 미리 주어진 것이라고 가정한다.

우선 물류 시스템의 수송 작업을 정의한다. 그래서 단순하게 「공장 P_1로부터 고객 P_2로 제품 I_{13}를 수송하는 작업」을 o_{14}, 「공장 P_1 로부터 고객 P_3로 제품 I_{23} 를 수송하는 작업」을 o_{24}이라 정의한다. 또 고객으로의 수송을 위해 이용하는 차량을 자원 M_4으로 정의한다. P_1, P_2 간 및 P_1, P_3간의 수송에 필요한 시간을 각각 40, 50로 하고 $p_{144}=40$, $p_{244}=50$으로 정한다. 또 고객으로의 수송후, 차량이 공장에로 회송하기 위해 수송과 동일한 시간이 필요하다고 가정하면 $t^U_{14lj}=40, t^U_{24lj}=50$($o_{lj}$는 임의의 작업)이라 표시할 수 있다. 이처럼 수송을 공정과 동일한 작업, 회송을 준비하는 작업으로 인식함으로써 생산 스케줄링과 마치 동일한 요령으로 생산 스케줄링과 수송 계획을 통합한 스케줄링을 생성할 수가 있다. 다만 이러한 방법으로는 여러 제품을 동시에 운반하는 계획을 작성하는 것은 불가능하다. 여러 제품들이 혼재된 수송을 고려한 종합 스케줄링에 대해서는 참고 문헌[5]을 참조하기 바란다.

그 다음으로 작업의 선행 관계를 명확하게 한다. 제조 BOM으로부터 알아낼 수 있는 작업과 먼저 정의한 수송 작업의 선행 관계를 그림 5.30에 나타내었다. 또 각각의 제품의 납기를 $t_1^D = 300$, $t_2^D = 200$로 가정한다.

[표 5. 10] 작업 시간 p_{kim}

o_{ki} \ M_m	M_1	M_2	M_3
o_{11}	120	200	160
o_{12}	120	120	-
o_{13}	80	-	120
o_{21}	-	90	60
o_{22}	90	120	-
o_{23}	90	60	120

[표 5. 11] 준비 시간 t^U_{kili}

o_{ki} \ o_{lj}	o_{11}	o_{12}	o_{13}	o_{21}	o_{22}	o_{23}
o_{11}	0	5	5	5	5	5
o_{12}	5	0	5	5	5	5
o_{13}	5	5	0	5	5	5
o_{21}	5	5	5	0	5	5
o_{22}	5	5	5	5	0	5
o_{23}	5	5	5	5	5	0

[표 5. 12] 공장내의 이동 시간 t^S_{mn}

M_m \ M_n	M_1	M_2	M_3
M_1	0	5	6
M_2	5	0	7
M_3	6	7	0

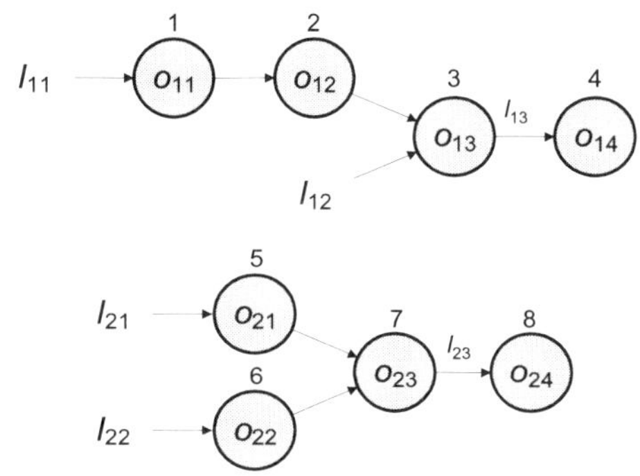

[그림 5. 30] 작업의 선행 관계 그래프

여기서 스케줄을 생성할 때는 일반적인 생산 스케줄과 동일하게 「선행 작업이 없거나 선행 작업이 모두 종료한 작업」을 하나 선택하여 그 작업에 대해 어떤 자원을 할당할 것인가를 선택한다. 그런 다음 선택한 작업이 자원 이용을 시작할 수 있는 시각과 점유할 시간 및 준비 및 수송 시간을 고려하여 그 자원에 대한 이용의 완료 시각을 산출한다. 그러고 나서 다음 작업을 선택하여 앞서 설명한 동작들을 반복한다. 그래서 어떠한 순서로 작업을 선택할 것인가(작업 순서의 결정)와 작업에 대해 어느 작원을 할당할 것인가(자원 선택)를 통해 최종적인 작업 완료 시각이 변화한다. 여기서는 모든 작업이 완료하는 시각을 가능한 빠르게 하는 것과 각각의 납기 지연을 가능한 적게하는 두가지 목적을 가진 문제를 살펴본다.

5.3.1 생산 물류 시스템의 모델과 정식화

생산 물류 시스템 모델에서 사용하는 모든 기호를 다음과 같이 정의한다. 작업이나 자원 등의 인덱스(색인)로서 사용되는 기호는 다음과 같이 나타낼 수 있다.

i, j : 작업 번호 ($i, j = 1, 2, \cdots, J_k$)

k, l : 주문(order) 번호 ($k, l = 1, 2, \cdots, K$)

m, n : 자원 번호 ($m, n = 1, 2, \cdots, N$)

d, e : 위치(location) 번호 ($d, e = 1, 2, \cdots, D$)

시스템에 주어진 파라미터나 각각의 파라미터로부터 계산하여 구해 낼 수 있는 값들을 나타내는 기호들은 다음과 같이 정의한다.

K : 주문의 전체 합계

D : 위치의 전체 수

N : 자원의 전체 수

J_k : 주문 k에 대한 작업 개수

o_{ki} : 주문 k에 대한 i번째 작업의 심벌(symbol)

M_m : 자원 m 의 심벌

P_d : 위치 d의 심벌

q_k : 주문 k에 대한 로트 크기 (lot-size)

A_m : M_m에 할당 가능한 작업의 집합

p_{kim} : o_{ki}의 M_m에 대한 단위 공정시간

L_m : M_m의 능력

u_{kij} : o_{ki}로부터 o_{kj}로의 단위 투입량

B_d : P_d에 있는 자원의 집합

V_d : P_d에서 수송에 이용가능한 차량의 집합

r_{kij} : 작업의 선행 제약

$$r_{kij} = \begin{cases} 1, & o_{ki}\text{가 } o_{kj} \text{ 보다 선행해야하는 경우} \\ 0, & \text{그외의 경우} \end{cases}$$

t^{U}_{kilj} : o_{ki}와 o_{lj}의 준비 시간

t^{S}_{mn} : 한 공장내에서의 M_m으로부터 M_n에로의 수송 시간

t^{T}_{kim} : 수송 o_{ki}를 차량 M_m으로 수행할 경우의 소요 시간

t^{O}_{kim} : o_{ki}의 M_m에 있어서의 소요 시간

$$t_{kim}^{O} = \begin{cases} t_{kim}^{T}, & o_{ki}\text{가 수송작업인 경우} \\ q_k\ p_{kim}, & \text{그외의 경우} \end{cases}$$

t_k^D : 주문 k에 대한 납기

c_{ki} : o_{ki}의 종료시각

$$c_{ki} = s_{ki} + \sum_{m=1}^{N} t_{kim}^{O} x_{kim}$$

c_M : 전체 작업소요시간(makespan)

t_P : 납기 지연에 대한 벌점 (penalty)

또한 결정 변수는 다음과 같이 정의한다.

s_{ki} : o_{ki}의 시작 시각

$$x_{kim} = \begin{cases} 1, & o_{ki}\text{에 있어서 } M_m \text{ 을 할당한 경우} \\ 0, & \text{그외의 경우} \end{cases}$$

$$x_{kilj} = \begin{cases} 1, & o_{ki}\text{ 를 } o_{lj}\text{ 보다 먼저 실행하는 경우} \\ 0, & \text{그외의 경우} \end{cases}$$

본 모델은 두개의 경합하는 목적함수 즉 전체 작업소요시간과 납기 지연을 최소화하는 것을 고려하는 것이다. 다음과 같은 목적 함수 및 제약 조건으로 본 모델을 나타낸다.

$$\min\ c_M = \max_{i,k}\{ck_j\} \tag{5.33}$$

$$\min\ t_P = \sqrt{\sum_{k=1}^{k} \max\left\{0, \max_i\{c_{ki}\} - t_k^D\right\}^2} \tag{5.34}$$

$$\text{s.t.}\quad \{s_{lj}-(c_{ki}+t^{\mathrm{U}}_{kilj})\}x_{kim}x_{ljm}y_{kilj}\geq 0,\quad \forall (k,i),(l,j),m \tag{5.35}$$

$$\{s_{kj}-(s_{ki}+u_{kij}p_{kim}+t^{\mathrm{S}}_{mn})\}r_{kij}x_{kim}x_{kjn}\geq 0,\quad \forall i,j,k,\ \forall m,n\in B_d,\ \forall d \tag{5.36}$$

$$\{c_{kj}-u_{kij}p_{kjn}-(c_{ki}+t^{\mathrm{S}}_{mn})\}r_{kij}x_{kim}x_{kjn}\geq 0,\quad \forall i,j,k,\ \forall m,n\in B_d,\ \forall d \tag{5.37}$$

$$(s_{kj}-c_{ki})r_{kij}x_{kim}x_{kjn}\geq 0,\ \ \forall i,j,k,\ \forall m\in B_d,\ \forall n\in V_d,\ \forall d \tag{5.38}$$

$$(s_{kj}-c_{ki})r_{kij}x_{kim}x_{kjn}\geq 0,\quad \forall i,j,k,\ \forall m\in V_d,\ \forall n\in B_e,\ \forall d,e \tag{5.39}$$

$$\sum_{k=1}^{K}\sum_{i=1}^{J_k}q_k p_{kim}x_{kim}\leq L_m,\quad \forall m \tag{5.40}$$

$$r_{kij}y_{kjki}=0,\quad \forall i,j,k \tag{5.41}$$

$$y_{kiki}=0,\quad \forall i,k \tag{5.42}$$

$$y_{kiki}+y_{ljki}=1,\quad \forall (k,i),(l,j),(k,i)\neq(l,j) \tag{5.43}$$

$$\sum_{m=1}^{N}x_{kim}=1,\quad \forall i,k \tag{5.44}$$

$$x_{kim}=0,\quad \forall (k,i)\notin A_m,\ \forall m \tag{5.45}$$

$$s_{ki}\geq 0,\quad \forall i,k \tag{5.46}$$

$$y_{kilj}\in\{0,1\},\quad \forall (k,i),(l,j) \tag{5.47}$$

$$x_{kim}\in\{0,1\},\quad \forall i,k,m \tag{5.48}$$

전체 작업소요시간을 최소화하는 목적함수를 식(5.33)에, 납기 지연을 최소화하는 목적함수를 식(5.34)에 나타낸다. 식(5.35)는 동일 자원에 할당된 작업의 개시, 종료 시각과 준비 시간에 대한 제약조건이다. 식(5.36), (5.37)은 한 공장내에 있어서의 작업의 개시 및 종료 시각과 이동 시간에 대한 제약이다. 식(5.38), (5.39)은 공장내의 작업 및 수송 작업의 시작 및 종료 시각에 대한 제약이다. 식(5.40)은 자원의 능력에 대한 제약 조건이고 식(5.41)은 선행 관계에 대한 제약조건이다. 식(5.42), (5.43)는 작업 순서에 관한 제약을, 식(5.44), (5.45)는 자원 제약에 관한 제약을 나타낸다. 식(5.46), (5.47), (5.48)는 음수가 아닌 조건 및 의사결정 변수가 가질 수 있는 값의 범위에 관한 제약을 나타낸다.

5.3.2 랜덤키를 이용한 다단계 의사 결정형 유전 알고리즘에 의한 해법

앞서 기술한 것처럼 이 문제에는 작업 순서에 대한 결정과 자원 선택의 두가지 요소를 모두 가지고 있다. 유전 알고리즘을 적용하는 경우, 전자를 위해서는 JSP문제를 위한 해법을 후자를 위해서는 다단계 의사 결정 문제를 위한 해법을 각각 적용할 수 있다. 이처럼 다단계 의사 결정 문제의 개념(concept)을 도입한 해법으로서 다단계 의사 결정형 유전 알고리즘 (Multistage Operation-based Genetic Algorithm)[6]이 있다. 여기서는 작업 순서를 위해서는 Bean에 의해 제안된 랜덤키 기반 인코딩법 [7]을 이용하고 자원 선택을 위해서는 단순한 자원 번호에 의한 인코딩법을 이용한 예를 소개한다.

A.1 작업 순서의 결정을 위한 유전자 표현

[인코딩]

랜덤키 기반 인코딩법에서는 작업에 대한 우선 순위를 0 이상 1 미만의 실수로서 표현하고 그 값이 적은 것을 우선 순위가 높다고 가정한다. 여기서는 작업 o_{11}, o_{12}, ⋯, o_{24}에 1, 2, ⋯, 8의 ID i를 부여하고 대응되는 유전자의 실수 값 $v_1(i)$를 통해 작업의 우선 순위를 나타낸다. 작업의 선행관계를 고려하면서 우선순위가 높은 순으로 선택해 나가는 것으로 작업 순서를 결정한다.

작업 ID i:	1	2	3	4	5	6	7	8
우선순위 $v_1(i)$:	**0.11**	**0.86**	**0.25**	**0.63**	**0.80**	**0.28**	**0.42**	**0.71**

[그림 5. 31] 각 작업의 우선순위를 나타내는 염색체

그림 5.31에 랜덤하게 생성된 염색체의 예를 나타낸다. 그림 5.30에 나타낸 선행관계에 따라 최초로 선택될 수 있는 작업은 1 (0.11), 5 (0.80), 6 (0.28)이다. 이 중에서 가장 우선순위가 높은 (값이 적은) 작업은 1이다. 그래서 작업 1이 선택되었기에 작업 2가 선택가능하게 되어 그 다음으로 선택가능한 작업을 살펴보면 2 (0.86), 5 (0.80), 6 (0.28)이 된다. 이중에서는 작업 6이 선택된다. 그후 2 (0.86), 5 (0.80)로부터 작업 5가 선택된다. 작업 5, 6이 선택됨으로써 작업 7이 선태가능하게 되어 다음으로 선택될 수 있는 작업은 2 (0.86), 7 (0.42)과 같이 된다. 이런 방식으로 모든 작업이 선택되기까지 반복하면 다음과 같은 작업 순서를 얻을 수 있다.

$$Q = \{\ 1,\ 6,\ 5,\ 7,\ 8,\ 2,\ 3,\ 4\ \}$$

즉, 이것은 다음과 같은 실제 작업 순서로 나타낼 수 있다.

$$Q = \left\{o_{11}, o_{22}, o_{21}, o_{23}, o_{24}, o_{12}, o_{13}, o_{14}\right\}$$

프로시저 1 : 랜덤키 기반 염색체 생성 (인코딩 처리) (그림 5.32)

입력 데이터 : 작업의 수 J

출력 데이터 : 염색체 v_1

Step 0 : i = 1에서 J까지 $v_1(i) \leftarrow$ random [0, 1)를 반복한다.

Step 1 : 랜덤키 기반 염색체 $v_k(\ )$를 출력한다.

```
procedure 1: random key-based encoding
input: total number of operations J
output: chromosome v1()
begin
   for i = 1 to J
        v1(i) ← random[0, 1);
   output chromosome v1();
end
```

[그림 5. 32] 작업 순서 결정을 위한 인코딩 알고리즘

[프로시저 1의 수치예]

여기서는 실제로 데이터를 입력하여 염색체 $v_1()$를 생성한다(인코딩 처리).

입력 데이터 : 작업 수 $J = 8$

출력 데이터 : 염색체 v_1

Step 0 : $i = 1$에서 8까지 $v_1(i) \leftarrow$ random [0, 1)를 반복한다.

$v_1(1) \leftarrow$ random [0, 1) = 0.11

$v_1(2) \leftarrow$ random [0, 1) = 0.86

$v_1(3) \leftarrow$ random [0, 1) = 0.25

$v_1(4) \leftarrow$ random [0, 1) = 0.63

$v_1(5) \leftarrow$ random [0, 1) = 0.80

$v_1(6) \leftarrow$ random [0, 1) = 0.28

$v_1(7) \leftarrow$ random [0, 1) = 0.42

$v_1(8) \leftarrow$ random [0, 1) = 0.71

Step 1 : v_1 = [0.11, 0.86, 0.25, 0.63, 0.80, 0.28, 0.57, 0.71]를 출력한다.

표 5.13은 상기의 인코딩 처리를 Trace한 결과이다.

[표 5. 13] 작업 순서에 대한 인코딩 트레이스 테이블

i	$v_1(i)$	v_1
1	0.11	{ 0.11 }
2	0.86	{ 0.11, 0.86 }
3	0.25	{ 0.11, 0.86, 0.25 }
4	0.63	{ 0.11, 0.86, 0.25, 0.63 }
5	0.80	{ 0.11, 0.86, 0.25, 0.63, 0.80 }
6	0.28	{ 0.11, 0.86, 0.25, 0.63, 0.80, 0.28 }
7	0.42	{ 0.11, 0.86, 0.25, 0.63, 0.80, 0.28, 0.42 }
8	0.71	{ 0.11, 0.86, 0.25, 0.63, 0.80, 0.28, 0.42, 0.71 }

[디코딩]

선행 관계 제약을 고려하여 염색체에서의 각 유전자의 값(우선순위)에 기반을 두고 작업 순서를 결정한다.

프로시저 2 : 염색체에 근거하여 작업 순서를 생성(디코딩 처리) (그림 5.33)

입력 데이터 : 염색체 v_1, 선행 작업 R, 작업 수 J

출력 데이터 : 작업 순서 Q

Step 0 : 선택되지 않은 작업 $P \leftarrow \{ 1, 2, \cdots, J \}$

Step 1 : $k = 1$에서 J까지 Step 2, 3, 4을 반복한다.

Step 2 : 높은 우선순위를 갖는 작업의 선택

선택되지 않은 작업들과 선행 작업이 모두 끝난 작업 i들 중에서, 가장 작은 $v_1(i)$ 의 값을 가진 i^*를 선택한다.

$$i^* \leftarrow \text{argmin}\{v_1(i) \mid R(i) \subseteq Q,\ i \in P\};$$

Step 3 : 선택된 작업 i^*을 보존한다. $Q(k) \leftarrow i^*$;

Step 4 : 선택되지 않은 작업 리스트에서 삭제한다. $P \leftarrow P \setminus i^*$;

Step 5 : 작업 순서 Q를 출력한다.

```
procedure 2: random key-based decoding
input: chromosome v1(),
       set of predecessors Ri of operation i,
       total number of operations J
output: operation sequence Q()
begin
  P ← { i | i = 1, ..., J };
  for k = 1 to J do
    i* ← argmin{v1(i)|Ri ⊆Q, i ∈P };
    Q(k) ← i*;
   P ←P \ i*;
  end
  output operation sequence Q();
end
```

[그림 5. 33] 작업 순서 결정을 위한 디코딩 알고리즘

[프로시저 2의 수치 예]

입력 데이터 : 염색체 v_1 = [0.11, 0.86, 0.25, 0.63, 0.80, 0.28, 0.42, 0.71]

선행 작업 $R = \{ \phi, \{ 1 \}, \{ 2 \}, \{ 3 \}, \phi, \phi, \{ 5, 6 \}, \{ 7 \} \}$, 작업 수 $J = 8$

출력 데이터 : 작업 순서 P_k

Step 0 : 선택되지 않은 작업들의 리스트 $P \leftarrow \{1, 2, 3, 4, 5, 6, 7, 8\}$

Step 1 : $k = 1$에서 8까지 Step 2, 3, 4를 반복한다.

[반복 0]

Step 2 : 높은 우선순위를 가진 작업을 선택

$Q = \phi$이기 때문에, $R(i) \subseteq Q$를 만족하는 $R(i)$는 ϕ뿐임.

즉 후보는 $i = 1, 5, 6$.

$v_1(1) = 0.11,\ v_1(5) = 0.80,\ v_1(6) = 0.28$이기 때문에 $i^* = 1$.

Step 3 : $Q(1) \leftarrow 1$; 따라서 작업 순서 $Q = \{1\}$.

Step 4 : $P \leftarrow P \setminus 1$; 따라서 선택되지 않은 작업들의 리스트 $P = \{2, 3, 4, 5, 6, 7, 8\}$.

[반복 1]

Step 2 : 높은 우선순위를 가진 작업을 선택

$Q = \{ 1 \}$이기 때문에, $R(i) \subseteq Q$를 만족하는 $R(i)$는 ϕ 또는 $\{ 1 \}$뿐임.

즉 후보는 $i = 2, 5, 6$.

$v_1(2) = 0.86,\ v_1(5) = 0.80,\ v_1(6) = 0.28$이기에 $i^* = 6$.

Step 3 : $Q(2) \leftarrow 6$; 따라서 작업순서 $Q = \{1, 6\}$.

Step 4 : $P \leftarrow P \setminus 6$; 따라서 선택되지 않은 작업들의 리스트 $P = \{2, 3, 4, 5, 7, 8\}$.

[반복 2]

Step 2 : 높은 우선순위를 가진 작업을 선택

$Q = \{1, 6\}$이기 때문에, $R(i) \subseteq Q$를 만족하는 $R(i)$ 는 ϕ, $\{1\}$ 또는 $\{6\}$뿐임.

즉 후보는 $i = 2, 5$.

$v_1(2) = 0.86,\ v_1(5) = 0.80$ 이기에 $i^* = 5$.

Step 3 : $Q(3) \leftarrow 5$; 따라서 작업순서 $Q = \{ 1, 6, 5 \}$.

Step 4 : $P \leftarrow P \setminus 5$; 따라서 선택되지 않은 작업들의 리스트 $P = \{ 2, 3, 4, 7, 8 \}$.

…

[반복 7]

Step 2 : 높은 우선순위를 가진 작업을 선택

$Q = \{ 1, 6, 5, 7, 8, 2, 3 \}$이기 때문에,

$R(i) \subseteq Q$를 만족하는 $R(i)$는 $\{\phi, \{ 1 \}, \{ 2 \}, \{ 3 \}, \{ 5, 6 \}, \{ 7 \} \}$뿐임.

후보는 $i = 4$뿐임. 따라서 $i^* = 4$.

Step 3 : $Q(8) \leftarrow 4$; 따라서 작업순서 $Q = \{ 1, 6, 5, 7, 8, 2, 3, 4 \}$

Step 4 : $P \leftarrow P \setminus 4$; 따라서 선택되지 않은 작업들의 리스트 $P = \phi$.

표 5.14는 위에서 기술한 디코딩 처리를 트레이스한 것이다.

[표 5. 14] 작업 순서의 디코딩 트레이스 테이블

k	i^*	R_{i*}	$v_1(i^*)$	Q
1	1	ϕ	0.11	{ 1 }
2	6	ϕ	0.28	{ 1, 6 }
3	5	ϕ	0.80	{ 1, 6, 5 }
4	7	{ 5, 6 }	0.97	{ 1, 6, 5, 7 }
5	8	{ 7 }	0.71	{ 1, 6, 5, 7, 8 }
6	2	{ 1 }	0.86	{ 1, 6, 5, 7, 8, 2 }
7	3	{ 2 }	0.25	{ 1, 6, 5, 7, 8, 2, 3 }
8	4	{ 3 }	0.63	{ 1, 6, 5, 7, 8, 2, 3, 4 }

A.2 자원 선택을 위한 유전자 표현

[인코딩]

작업 순서를 결정한 후, 각 작업으로의 자원 할당은 다단계 의사 결정 문제로서 취급할 수 있다 (그림 5.34). 자원 번호에 의한 인코딩은 i에 대응하는 유전자의 정수 값 $v_2(i)$에 할당한 자원 번호를 그대로 이용한다. 이것을 작업 순서와 합쳐서 스케줄을 생성한다.

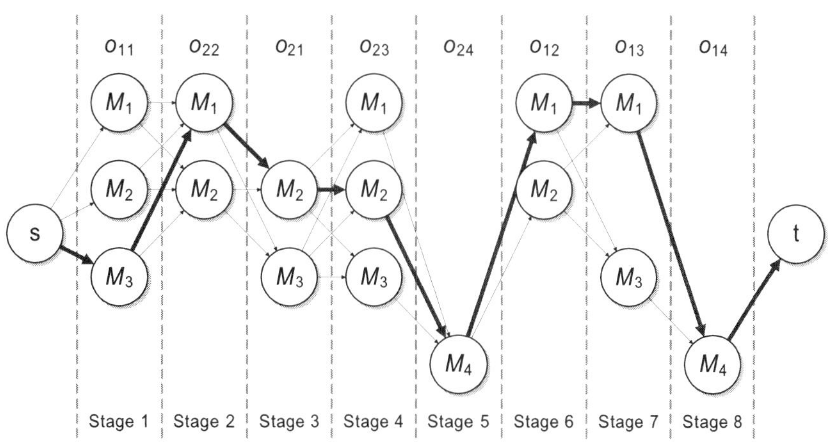

[그림 5.34] 다단계 의사결정 문제로서 표현되는 스케줄 문제

작업 ID i:	1	2	3	4	5	6	7	8
자원 번호 $v_2(i)$:	3	1	1	4	2	1	2	4

[그림 5. 35] 각 작업에 대한 자원 선택을 나타내는 염색체

그림 5. 35에 랜덤하게 생선한 염색체의 예를 나타낸다. 예를 들면 이 값들로부터 작업 1, o_{11}에 대응하는 자원은 M_3임을 의미하나다. 작업 순서와 함께 생성한 스케줄은 다음과 같이 나타낼 수 있다.

$S = \{ (o_{11}, M_3), (o_{22}, M_1), (o_{21}, M_2), (o_{23}, M_2), (o_{24}, M_4), (o_{12}, M_1), (o_{13}, M_1), (o_{14}, M_4) \}$

프로시저 3 : 자원 번호에 의한 염색체 생성(인코딩 처리) (그림 5.36)

입력 데이터 : 작업 수 J , 자원의 수 N, 자원 m을 이용해 수행가능한 작업의 집합 $A(m)$

출력 데이터 : 염색체 $v_2()$

Step 0 : i = 1에서 J까지 Step 1, 2, 3을 반복한다.

Step 1 : 자원 $m \leftarrow$ random[1, N];

Step 2 : $i \in A(m)$가 아닌 경우, 자원 m은 할당할 수 없기 때문에 Step 1로 복귀한다.

Step 3 : 작업 i에 할당할 수 있는 자원을 확정한다. $v_2(i) \leftarrow m$;

Step 4 : 자원 번호에 의한 염색체 $v_2()$를 출력한다.

[프로시저 3의 수치예]

여기서는 실제로 데이터를 입력하여 염색체 v_2를 생성한다(인코딩 처리).

입력 데이터 : 작업 수 J = 8, 자원의 수 N = 4,

$A = \{ \{ 1, 2, 3, 6, 7 \}, \{ 1, 2, 5, 6, 7 \}, \{ 1, 3, 5, 7 \}, \{ 4, 8 \} \}$

출력 데이터 : 염색체 $v_2()$

Step 0 : i = 1 부터 8까지 Step 1, 2, 3을 반복한다.

[반복 0]

Step 1 : 자원 $m \leftarrow$ random[1, N] = 3.

Step 2 : $1 \in A(3)$이기 때문에 다음으로 진행한다.

```
procedure: resource permutation encoding
input: total number of operations J,
       total number of resources N,
       set of operations A_m
             that can be processed on M_m
output: chromosome v_2()
begin
  for i = 1 to J do
       do
            m ←random[1, N];
       until i ∈A_m
       v_2(i) ←m
  end
  output chromosome v_2();
end
```

[그림 5.36] 자원 선택을 위한 인코딩 알고리즘

Step 3 : 작업 1에 할당할 수 있는 자원을 확정한다. $v_2(1) \leftarrow 3$.

[반복 1]

Step 1 : 자원 $m \leftarrow$ random[1, N] = 4.

Step 2 : 2 $\in A(4)$이지 않기 때문에 Step 1로 복귀한다

Step 1 : 자원 $m \leftarrow$ random[1, N] = 1.

Step 2 : 2 $\in A(1)$이기 때문에 다음으로 진행한다.

Step 3 : 작업 2에 할당할 수 있는 자원을 확정한다. $v_2(2) \leftarrow 1$.

[반복 2]

Step 1 : 자원 $m \leftarrow$ random[1, N] = 1.

Step 2 : 3 $\in A(1)$이기 때문에 다음으로 진행한다.

Step 3 : 작업 3에 할당할 수 있는 자원을 확정한다. $v_2(3) \leftarrow 1$.

...

[반복 7]

Step 1 : 자원 $m \leftarrow$ random[1, N] = 4.

Step 2 : 8 $\in A(4)$이기 때문에 다음으로 진행한다.

Step 3 : 작업 8에 할당할 수 있는 자원을 확정한다. $v_2(8) \leftarrow 4$.

Step 4 : v_2 = { 3, 1, 1, 4, 2, 1, 2, 4 }를 출력한다.

[표 5. 15] 자원 선택을 위한 인코딩 트레이스 테이블

i	$O(i)$	m	A_m	v_2
1	o_{11}	3	$\{o_{11}, o_{13}, o_{21}, o_{23}\}$	{ 3 }
2	o_{12}	1	$\{o_{11}, o_{12}, o_{13}, o_{22}, o_{23}\}$	{ 3, 1 }
3	o_{13}	1	$\{o_{11}, o_{12}, o_{13}, o_{22}, o_{23}\}$	{ 3, 1, 1 }
4	o_{14}	4	$\{o_{14}, o_{24}\}$	{ 3, 1, 1, 4 }
5	o_{21}	2	$\{o_{11}, o_{12}, o_{21}, o_{22}, o_{23}\}$	{ 3, 1, 1, 4, 2 }
6	o_{22}	1	$\{o_{11}, o_{12}, o_{13}, o_{22}, o_{23}\}$	{ 3, 1, 1, 4, 2, 1 }
7	o_{23}	2	$\{o_{11}, o_{12}, o_{21}, o_{22}, o_{23}\}$	{ 3, 1, 1, 4, 2, 1, 2 }
8	o_{24}	4	$\{o_{14}, o_{24}\}$	{ 3, 1, 1, 4, 2, 1, 2, 4 }

[디코딩]

프로시저 4 : 염색체에 근거를 둔 자원선택의 생성(디코딩 처리) (그림 5.37)

입력 데이터 : 염색체 v_2, 작업 순서 Q, 작업의 수 J

출력 데이터 : 스케줄 S

Step 0 : k = 1에서 J까지 Step 1, 2, 3을 반복한다.

Step 1 : k번째 작업 i을 선택한다. $i \leftarrow Q(k)$;

Step 2 : 작업 i에 할당된 자원 m을 선택한다. $m \leftarrow v_2(i)$;

Step 3 : 스케줄의 k 번째 요소를 결정한다. $S(k) \leftarrow \{ (i, m) \}$;

Step 4 : 스케줄 S를 출력한다.

```
procedure: resource permutation decoding
input: chromosome v2(),
       operation sequence Q(),
       set of all operations O(),
       total number of operations J
output: schedule S()
begin
  for k = 1 to J do
      i = Q(k);
    m ←v2(i);
    S(k) ← { (O(i), Mm) };
  end
  output schedule S();
end
```

[그림 5.37] 자원 선택에 대한 디코딩 알고리즘

[프로시저 4의 수치예]

입력 데이터 : 염색체 v_2 = { 3, 1, 1, 4, 2, 1, 2, 4 },

작업 순서 Q = { 1, 6, 5, 7, 8, 2, 3, 4 }, 작업 수 J = 8

출력 데이터 : 스케줄 S

Step 0 : k = 1에서 J까지 Step 1, 2, 3을 반복한다.

[반복 0]

Step 1 : 1번째의 작업 1을 선택한다. $i \leftarrow Q(1) = 1$

Step 2 : 작업 1에 할당된 자원 3을 선택한다. $m \leftarrow v_2(1) = 3$

Step 3 : 스케줄의 1번째 요소를 결정한다. $S(1) \leftarrow \{ (1, 3) \}$;

[반복 1]

Step 1 : 2번째의 작업 6을 선택한다. $i \leftarrow Q(2) = 6$

Step 2 : 작업 6에 할당된 자원 1을 선택한다. $m \leftarrow v_2(6) = 1$

Step 3 : 스케줄의 2번째 요소를 결정한다. $S(2) \leftarrow \{ (6, 1) \};$

[반복 2]

Step 1 : 3번째의 작업 5를 선택한다. $i \leftarrow Q(3) = 5$

Step 2 : 작업 5에 할당된 자원 2를 선택한다. $m \leftarrow v_2(5) = 2$

Step 3 : 스케줄의 3번째 요소를 결정한다. $S(3) \leftarrow \{ (5, 2) \};$

...

[반복 7]

Step 1 : 8번째의 작업 4를 선택한다. $i \leftarrow Q(8) = 4$

Step 2 : 작업 4에 할당된 자원 4를 선택한다. $m \leftarrow v_2(4) = 4$

Step 3 : 스케줄의 8번째 요소를 결정한다. $S(8) \leftarrow \{ (4, 4) \};$

Step 4 : 스케줄 $S = \{ (1, 3), (6, 1), (5, 2), (7, 2), (8, 4), (2, 1), (3, 1), (4, 4) \}$를 출력한다.

즉 작업 ID 및 자원 번호를 원래 기호로 나타내면 다음과 같은 스케줄이 된다.

$$S = \{ (o_{11}, M_3), (o_{22}, M_1), (o_{21}, M_1), (o_{23}, M_2), (o_{24}, M_4), (o_{12}, M_1), (o_{13}, M_2), (o_{14}, M_4) \}$$

[표 5. 16] 자원 선택의 디코딩 트레이스 테이블

k	i	$O(i)$	$v_2(i)$	S
1	1	o_{11}	3	$\{ (o_{11}, M_3) \}$
2	6	o_{22}	1	$\{ (o_{11}, M_3), (o_{22}, M_1) \}$
3	5	o_{21}	2	$\{ (o_{11}, M_3), (o_{22}, M_1), (o_{21}, M_2) \}$
4	7	o_{23}	2	$\{ (o_{11}, M_3), (o_{22}, M_1), (o_{21}, M_2), (o_{23}, M_2) \}$
5	8	o_{24}	4	$\{ (o_{11}, M_3), (o_{22}, M_1), (o_{21}, M_2), (o_{23}, M_2), (o_{24}, M_4) \}$
6	2	o_{12}	1	$\{ (o_{11}, M_3), (o_{22}, M_1), (o_{21}, M_2), (o_{23}, M_2), (o_{24}, M_4), (o_{12}, M_1) \}$
7	3	o_{13}	1	$\{ (o_{11}, M_3), (o_{22}, M_1), (o_{21}, M_2), (o_{23}, M_2), (o_{24}, M_4), (o_{12}, M_1), (o_{13}, M_1) \}$
8	4	o_{14}	4	$\{ (o_{11}, M_3), (o_{22}, M_1), (o_{21}, M_2), (o_{23}, M_2), (o_{24}, M_4), (o_{12}, M_1), (o_{13}, M_1), (o_{14}, M_4) \}$

A.3 스케줄의 생성

이 스케줄을 본래의 작업 시간, 준비시간, 수송 시간을 고려하여 작업의 시작 및 종료 시각을 계산하면 다음의 스케줄을 얻을 수 있다. 이 스케줄에 대한 간트 차트(Gantt Chart)

를 그림 5.38에 나타낸다.

$S = \{ (o_{11}, M_3: 0\text{-}160), (o_{22}, M_1: 0\text{-}90), (o_{21}, M_2: 0\text{-}90), (o_{23}, M_2: 95\text{-}155), (o_{24}, M_4: 155\text{-}205), (o_{12}, M_1: 95\text{-}215), (o_{13}, M_1: 220\text{-}300), (o_{14}, M_4: 300\text{-}340) \}$

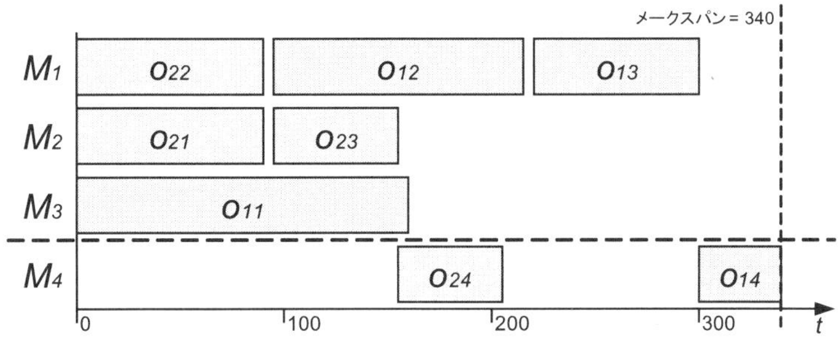

[그림 5.38] 스케줄 예에 대한 간트 차트

B. 평가

첫번째의 평강 함수는 전체 작업소요시간 c_M, 즉 모든 작업이 완료하기까지의 시간을 의미한다. 작업 o_{ki}의 완료시각을 c_{ki}라 하면 c_M은 다음과 같은 식으로 나타낼 수 있다.

$$c_M = \max_{i,k} \{c_{ki}\}$$

여기서 c_M에 대해서 최소화를 목적으로 하고 있기 때문에 큰 값일수록 평가를 높게 할 수 있도록 하기 위해 역수로 평가값을 계산한다.

$$f_1(S) = \frac{1}{c_M}$$

그림 5. 31, 5. 35로부터 생성된 염색체에 의한 평가값은 다음과 같이 나타낼 수 있다.

$$\begin{aligned} f_1(S) &= \frac{1}{\max_{i,k}\{c_{ki}\}} \\ &= \frac{1}{\max\{160, 90, 90, 155, 205, 215, 300, 340\}} \\ &= \frac{1}{340} \end{aligned}$$

두번째의 평가함수는 납기 지연에 대한 벌점 t_P에 대한 것이다. 이것에는 다양한 산출방식이 있지만 여기서는 모든 납기 지연에 대한 제곱합의 제곱근으로 계산해 낸다. 작업 o_{ki}의 완료시각을 c_{ki}이라 하면 t_P는 다음의 식으로 나타낼 수 있다.

$$t_p = \sqrt{\sum_{k=1}^{k} \max\left\{0, \max_i\{c_{ki}\} - t_k^D\right\}^2}$$

여기서 t_P도 최소화를 목적으로 하고 있기 때문에 역수를 평가값으로 나타낸다.

$$f_2(S) = \frac{1}{t_p}$$

동일하게 예제로부터 평가값을 계산해 보면 다음과 같이 나타낼 수 있다.

$$\begin{aligned} f_1(S) &= \frac{1}{\sqrt{\max\left\{0, \max_i\{c_{1i}\} - t_1^D\right\}^2 + \max\left\{0, \max_i\{c_{2i}\} - t_2^D\right\}^2}} \\ &= \frac{1}{\sqrt{\max\{0, \max\{160,215,300,340\} - 300\}^2 + \max\{0, \max\{90,90,155,205\} - 200\}^2}} \\ &= \frac{1}{\sqrt{40^2 + 5^2}} \\ &\simeq 0.0248 \end{aligned}$$

여러 후보해들에 대해 이러한 2가지 평가값을 구해내어 4.3.2절에 기술한 awGA와 같은 가중치 부가에 의하여 하나의 평가값으로 계산해 낸다. 선택에서는 최후에 계산해 낸 가중치 부가된 평가값을 이용한다.

C. 유전 연산

교차 : 여기서 사용되는 교차는 2개의 염색체를 랜덤하게 선택하여 균등교차(uniform crossover)[8]를 사용한다. 그림 5.39과 같이 랜덤하게 교환한다. 여기에서는 난수에 의한 2종류의 값을 동전의 앞면과 뒷면으로 표현하고 있다. 앞면의 경우에는 부모 1의 값이 자식 1에게 전달되고 부모 2의 값이 자식 2로 전달된다. 또 뒷면인 경우 부모 1의 값이 자식2로, 부모 2의 값이 자식 1에게로 각각 전달된다. 일반적인 균등 교차에서는 동전의 앞

면과 뒷면이 나올 확률이 동일한 난수를 사용하지만 여기에서는 앞면을 0.7, 뒷면을 0.3의 비율로 발생하도록 한 파라미터화된 균등 교차(parameterized uniform crossover)[9]를 이용하였다.

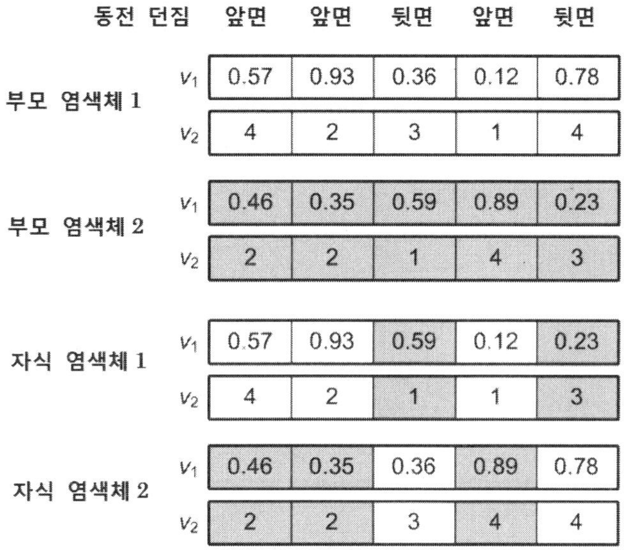

[그림 5. 39] 균등 교차의 사용예

돌연변이 : 여기서 사용하는 돌연변이는 부모 염색체를 랜덤하게 선택하여 그림 5.40와 같이 유전자를 새로운 것으로 바꿔 넣는 방법을 이용한다.

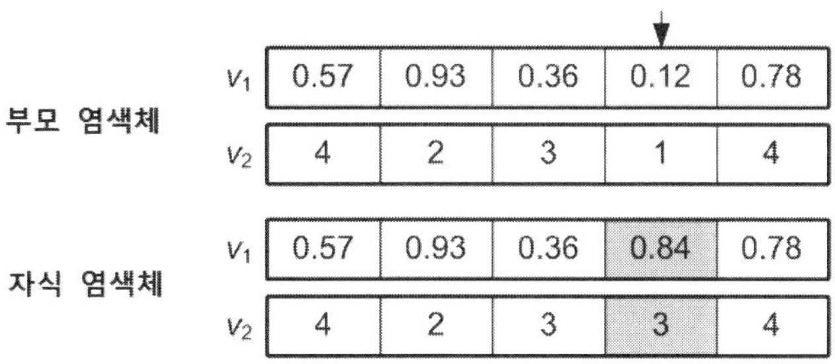

[그림 5.40] 돌연변이의 사용예

선택 : 여기서 사용되는 선택은 평가 함수값이 높은 염색체를 보존하는 엘리트 보존 전략(elitist strategy)과 평가 함수값에 따라 설정된 확률에 근거하여 염색체를 선택하는 룰렛 선택법(roulette wheel selection)[8]을 이용하고 있다.

D. 우선순위 기반 GA

```
procedure: bicriteria moGA using random keys
input: Problem data set, Objective functions, GA parameters
output: Pareto optimal solutions E
begin
    t ← 0;
    initialize P1(t) by random key-based encoding;
    initialize P2(t) by resource permutation encoding;
    objectives fk(P), k = 1, 2
            by random key-based decoding and resource permutation decoding;
    create Pareto E(P);
    evaluate eval(P) by adaptive weight technique;
    while(not terminating condition) do
        create C(t) from P(t) by parameterized uniform crossover;
        create C(t) from P(t) by random key-based mutation;
        create C(t) from P(t) by random resource mutation;
        calculate fk(C), k = 1, 2
            by random key-based decoding and resource permutation decoding;
        update Pareto E(P, C);
        evaluate eval(C) by adaptive weight technique;
        select P(t+1) from P(t) and C(t) by elitist strategy and roulette wheel selection;
        t ← t +1;
    end
    output Pareto optimal solutions E;
end
```

[그림 5.41] 2목적 GA

5.3.3 수치 실험

이절에서 기술한 알고리즘에 의한 GA 스케줄러를 중심으로 하여 스케줄링 시스템의 프로토타입(Prototype)을 작성하는 수치실험을 소개한다. 이 시스템의 구성을 그림 5. 42에서 나타낸다. 수치 실험을 위해 2공장 3 고객 모델에 있어서, 그림 5.43에 나타낸 3가지 제품군에 대한 주문을 다룬다. 수치 실험에서 이용한 데이터를 그림 5. 44 및 표 5. 17부터 표 5. 21에 나타내었다.

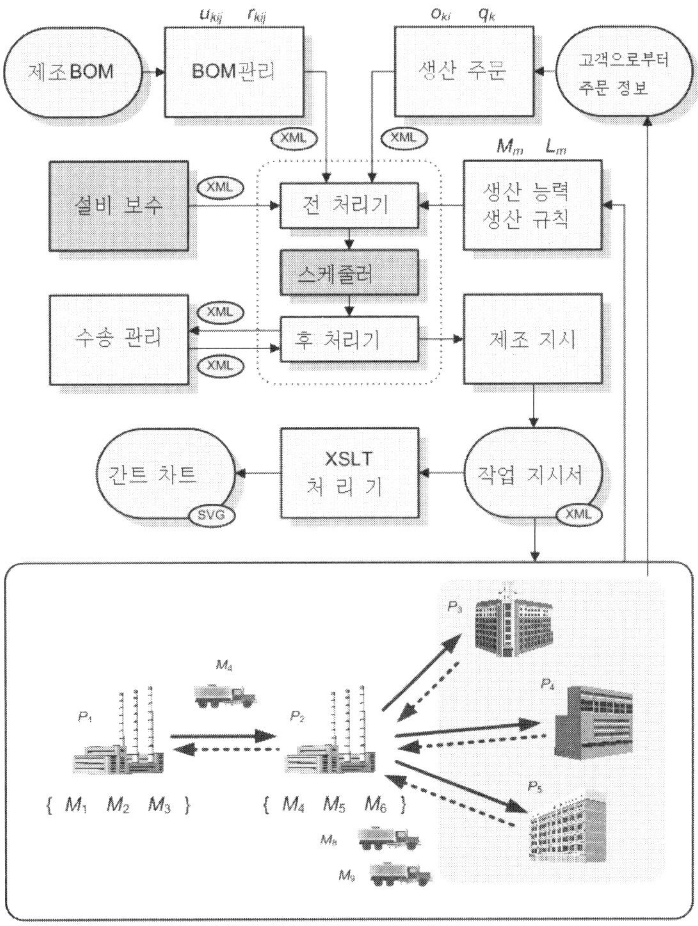

[그림 5.42] GA 스케줄러를 중신으로 한 스케줄링 시스템 ([10]의 내용 일부 수정)

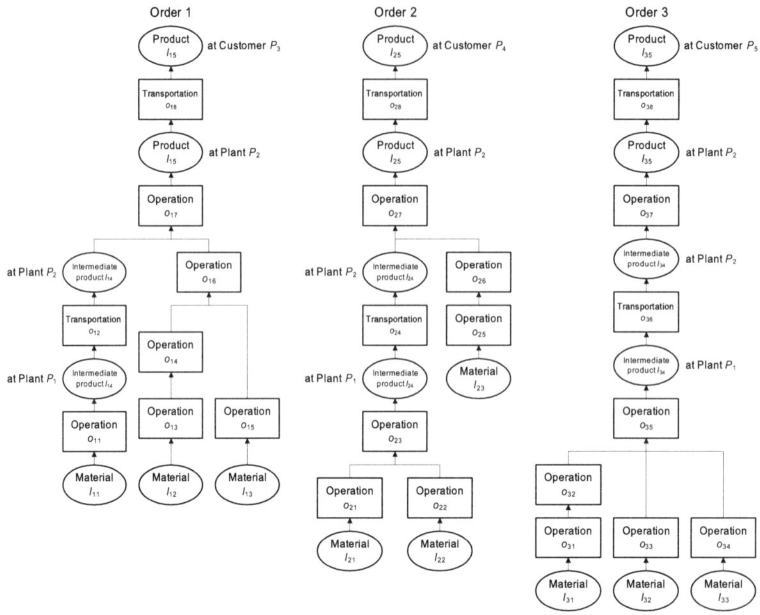

[그림 5.43] 수치 실험에서 이용한 제조 BOM 통합 데이터

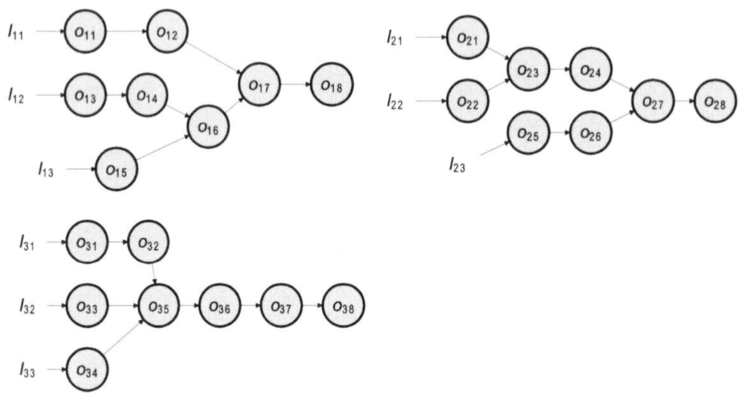

[그림 5.44] 통합 데이터로부터 구해낼 수 있는 선행 관계

[표 5.17] 주문 수량 q_k 와 납기 t_k^D

k	q_k	t_k^D
1	40	1200
2	60	1000
3	50	800

[표 5.18] 단위 공정 시간 p_{kim}

o_{ki} \ M_m	M_1	M_2	M_3	M_4
o_{11}	7	5	4	-
o_{21}	-	5	4	7
o_{22}	4	-	8	-
o_{23}	6	5	-	3
o_{31}	-	6	3	5
o_{32}	4	-	7	6
o_{33}	-	6	-	4
o_{34}	8	3	6	-
o_{35}	-	5	6	8

o_{ki} \ M_m	M_6	M_7	M_8	M_9
o_{13}	6	5	-	3
o_{14}	8	7	3	6
o_{15}	-	8	3	6
o_{16}	3	5	8	7
o_{17}	7	3	-	3
o_{25}	-	4	6	-
o_{26}	6	-	4	5
o_{27}	6	4	5	5
o_{37}	3	-	6	8

[표 5.19] 수송 시간 t^{T}_{kim}

o_{ki} \ M_m	M_4
o_{12}	80
o_{24}	80
o_{36}	80

o_{ki} \ M_m	M_{10}	M_{11}
o_{18}	120	120
o_{28}	150	150
o_{38}	100	100

[표 5.20] 준비 시간 t^{U}_{kilj}

o_{ki} \ o_{lj}	o_{11}	o_{12}	o_{13}	o_{14}	o_{15}	o_{16}	o_{17}	o_{18}	o_{21}	o_{22}	o_{23}	o_{24}	o_{25}	o_{26}	o_{27}	o_{28}	o_{31}	o_{32}	o_{33}	o_{34}	o_{35}	o_{36}	o_{37}	o_{38}
o_{11}	0	-	10	10	10	10	10	-	10	10	10	-	10	10	10	-	10	10	10	10	10	-	10	-
o_{12}	-	80	-	-	-	-	-	-	-	-	-	80	-	-	-	-	-	-	-	-	-	80	-	-
o_{13}	10	-	0	10	10	10	10	-	10	10	10	-	10	10	10	-	10	10	10	10	10	-	10	-
o_{14}	10	-	10	0	10	10	10	-	10	10	10	-	10	10	10	-	10	10	10	10	10	-	10	-
o_{15}	10	-	10	10	0	10	10	-	10	10	10	-	10	10	10	-	10	10	10	10	10	-	10	-
o_{16}	10	-	10	10	10	0	10	-	10	10	10	-	10	10	10	-	10	10	10	10	10	-	10	-
o_{17}	10	-	10	10	10	10	0	-	10	10	10	-	10	10	10	-	10	10	10	10	10	-	10	-
o_{18}	-	-	-	-	-	-	-	120	-	-	-	-	-	-	-	120	-	-	-	-	-	-	-	120
o_{21}	10	-	10	10	10	10	10	-	0	10	10	-	10	10	10	-	10	10	10	10	10	-	10	-
o_{22}	10	-	10	10	10	10	10	-	10	0	10	-	10	10	10	-	10	10	10	10	10	-	10	-
o_{23}	10	-	10	10	10	10	10	-	10	10	0	-	10	10	10	-	10	10	10	10	10	-	10	-
o_{24}	-	80	-	-	-	-	-	-	-	-	-	80	-	-	-	-	-	-	-	-	-	80	-	-
o_{25}	10	-	10	10	10	10	10	-	10	10	10	-	0	10	10	-	10	10	10	10	10	-	10	-
o_{26}	10	-	10	10	10	10	10	-	10	10	10	-	10	0	10	-	10	10	10	10	10	-	10	-
o_{27}	10	-	10	10	10	10	10	-	10	10	10	-	10	10	0	-	10	10	10	10	10	-	10	-
o_{28}	-	-	-	-	-	-	-	150	-	-	-	-	-	-	-	150	-	-	-	-	-	-	-	150
o_{31}	10	-	10	10	10	10	10	-	10	10	10	-	10	10	10	-	0	10	10	10	10	-	10	-
o_{32}	10	-	10	10	10	10	10	-	10	10	10	-	10	10	10	-	10	0	10	10	10	-	10	-
o_{33}	10	-	10	10	10	10	10	-	10	10	10	-	10	10	10	-	10	10	0	10	10	-	10	-
o_{34}	10	-	10	10	10	10	10	-	10	10	10	-	10	10	10	-	10	10	10	0	10	-	10	-
o_{35}	10	-	10	10	10	10	10	-	10	10	10	-	10	10	10	-	10	10	10	10	0	-	10	-
o_{36}	-	80	-	-	-	-	-	-	-	-	-	80	-	-	-	-	-	-	-	-	-	80	-	-
o_{37}	10	-	10	10	10	10	10	-	10	10	10	-	10	10	10	-	10	10	10	10	10	-	0	-
o_{38}	-	-	-	-	-	-	-	100	-	-	-	-	-	-	-	100	-	-	-	-	-	-	-	100

[표 5.21] 공장내의 이동 시간 t_{mn}^S

M_m \ M_n	M_1	M_2	M_3	M_4
M_1	0	5	6	7
M_2	5	0	7	8
M_3	6	7	0	9
M_4	7	8	9	0

M_m \ M_n	M_6	M_7	M_8	M_9
M_6	0	5	6	7
M_7	5	0	7	8
M_8	6	7	0	9
M_9	7	8	9	0

[염색체 표현]

이문제의 실행 가능해를 표현하기 위해 유전자 표현으로서 다음과 같은 작업 순서를 표현하는 실수열(v_1) 및 자원 선택을 표현하는 정수열(v_2)를 이용한다.

v_1 = [0.30, 0.57, 0.17, 0.41, 0.35, 0.62, 0.77, 0.86, 0.36, 0.27, 0.55, 0.66, 0.28, 0.64, 0.83, 0.90, 0.24, 0.47, 0.30, 0.34, 0.60, 0.70, 0.82, 0.91]

v_2 = [2, 5, 6, 9, 8, 6, 7, 10, 3, 1, 4, 5, 7, 9, 7, 10, 3, 1, 4, 2, 2, 5, 6, 11]

[스케줄]

앞서 나타낸 염색체로부터 작업 순서 결정과 자원 선택의 두가지로 디코딩하면 다음의 스케줄을 구해 낼 수 있다.

S = { (o_{13}, M_6: 0-240), (o_{31}, M_3: 0-150), (o_{22}, M_1: 0-240), (o_{25}, M_7: 0-240), (o_{33}, M_4: 39-239), (o_{11}, M_2: 0-200), (o_{34}, M_2: 210-360), (o_{15}, M_8: 156-276), (o_{21}, M_3: 162-402), (o_{14}, M_9: 195-435), (o_{32}, M_1: 251-451), (o_{23}, M_4: 261-441), (o_{12}, M_5: 200-280), (o_{35}, M_2: 370-620), (o_{16}, M_6: 352-472), (o_{26}, M_9: 443-743), (o_{24}, M_5: 441-521), (o_{36}, M_5: 620-700), (o_{17}, M_7: 387-507), (o_{37}, M_6: 700-850), (o_{27}, M_7: 551-791), (o_{18}, M_{10}: 507-627), (o_{28}, M_{10}: 791-941), (o_{38}, M_{11}: 850-950) }

그림 5. 45는 이 스케줄 결과를 바탕으로 간트 차트를 작성한 것이며 첫번째 목적함수에 대한 최적해는 c_M = 950으로 구할 수가 있었다. 그 이외에도 그림 5.46에 나타낸 것처럼 서로 다른 스케줄을 구할 수 있었다. Pareto 최적해와 GA의 진화 과정도를 그림 5.47과 그림 5.48에 각각 나타내었다.

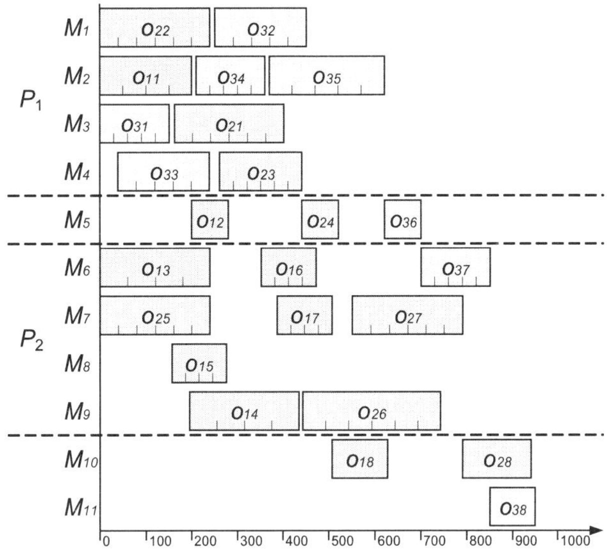

[그림 5.45] 수치 실험 결과에 대한 간트 차트(c_M = 950, t_P = 150)

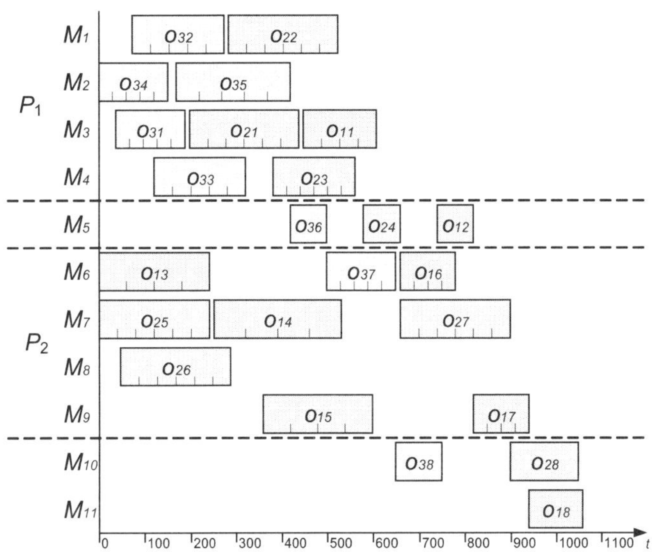

[그림 5.46] 수치실험 결과의 간트 차트($c_M = 1058$, $t_P = 48$)

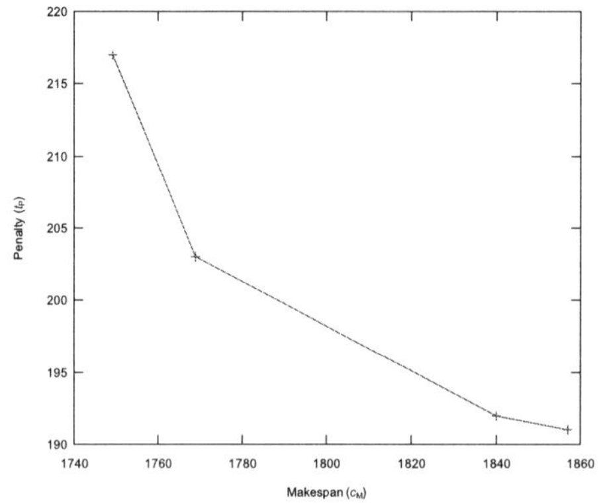

(a) $K = 6$

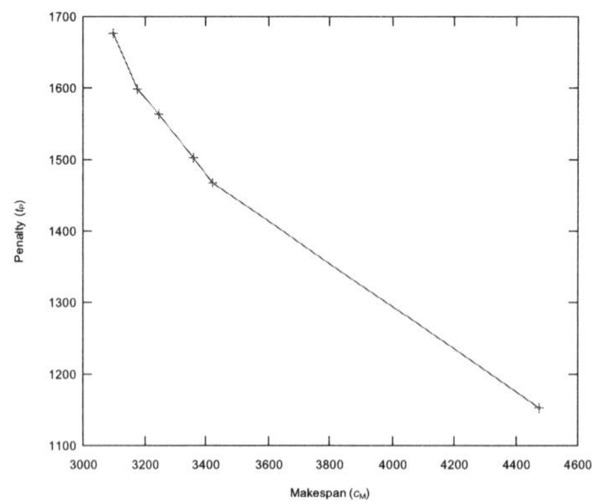

(b) K = 12

[그림 5.47] Pareto 최적해

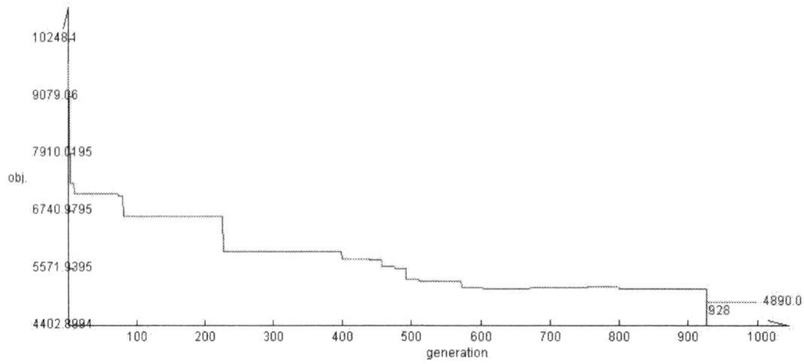

[그림 5.48] 생산 물류 시스템의 네트워크 문제 (k=12)에 의한 수렴 과정

5.4 통신 시스템의 신뢰성 네트워크

정보 통신 시스템은 현대 사회의 기간 인프라로 그에 대한 고신뢰화 설계 문제는 중요한 연구 과제들 중 하나이다. 높은 신뢰성이 요구되는 시스템에 대한 설계에 있어서는 높은 신뢰도와 높은 가동률, 전체 비용의 절감화가 하나의 목표가 될 수 있다. 일반적으로 시스템은 처리 기능으로 구성되기 보다는 여러개의 서브 시스템으로 구성되고 더욱이 서브시스템은 여러 개의 유니트(unit)로 구성되어 있다.

정보통신 시스템의 신뢰성 네트워크는 시스템의 고신뢰화를 고장 허용 방식(fault tolerance)에 근거하여 각 서브 시스템의 유니트들을 대기 중복(redundancy) 구성이나 병렬 중복 구성으로 만들어 평가한다. 이러한 시스템은 서브 시스템이나 유니트의 비용, 용량이나 중량 등 자원의 제약하에 있어서, 시스템의 신뢰도나 가동률을 최대화하는 신뢰성 최적화 설계 문제로서 인식할 수 있다. 또한 통신 시스템의 다목적 신뢰성 최적 설계는 신뢰도와 전체 비용, 가동률과 전체비용과 같이 여러 자원이 경합관계인 최적화 문제로서 정식화된다. 이러한 여러 개의 목적함수를 동반한 다목적 최적화 문제는 다목적 비선형 정수 계획 모델(mo-nIP : multiobjective nIP model)로서 정식화된다.

예 5.4: 브리지 접속형 통신 시스템 모델의 예

네트워크 브리지를 사용하면 저렴하고 편리하면서도 간단하게 LAN 세그먼트에 접속이 가능하다. 브리지 접속형 통신시스템은 브리지를 통해 접속되어 다수의 통신선로가 존재하는 모델이다. 따라서 이 모델은 복잡한 네트워크 형태의 기본적인 모델로 인식될 수 있다.

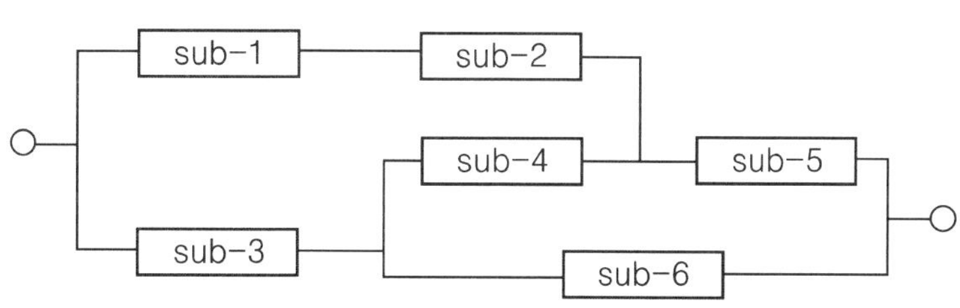

[그림 5.49] 브리지 접속형 통신시스템

통신 시스의 블록도로부터 서브 시스템의 고장이 시스템 전체가 정지되는데 영향을 끼치는 관계를 Fault Tree로 도식화할 수 있다. 그러면 통신 시스템의 Fault Tree 그림으로부터 시스템의 정지가 발생되는 최상위 사상(事象) (T)에 대한 논리식을 작성할 수 있다.

Step 1 : 시스템의 블록도인 그림 5.49로부터 시스템이 정지하게 되는 최상위 사상이 발생할 관계도를 그림 5.50과 같이 FT(Fault Tree)의 그림으로써 나타낸다.

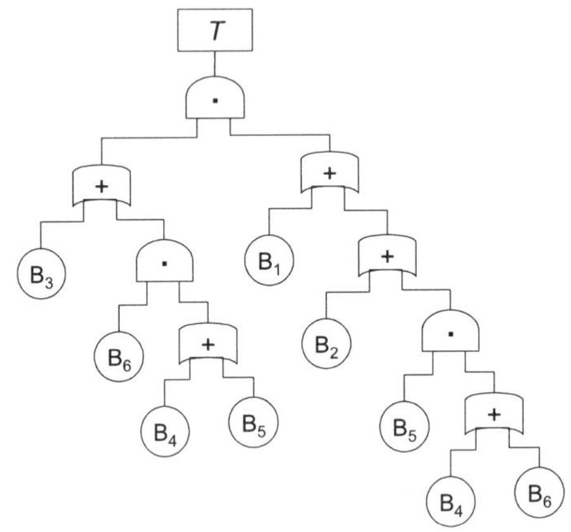

[그림 5.50] 시스템의 Fault Tree (FT)

Step 2 : FT 그림으로부터 시스템이 정지하게 되는 최상위 사상(T)의 논리식을 작성한다.

$$\begin{aligned} T &= (B_3 + (B_6 \cdot (B_4 + B_5))) \cdot (B_1 + B_2 + (B_5 \cdot (B_4 + B_6))) \\ &= B_1 \cdot B_3 + B_2 \cdot B_3 + B_5 \cdot B_6 + B_3 \cdot B_4 \cdot B_5 + B_1 \cdot B_4 \cdot B_6 \\ &\quad + B_2 \cdot B_4 \cdot B_6 \end{aligned}$$

여기서 T : 최상위 사상(시스템 정지), B_j: 서브시스템 sub-j의 기본 사상(고장).

Step 3 : 논리식을 전개하여 AND와 OR 연산식으로만 나타내면 최소 절단 집합(MC : Minimum Cut-set)을 구할 수 있다.

{ S1, S3 }, { S2, S3 }, { S5, S6 }, { S3, S4, S5 }, {S1, S4, S6 }, { S2, S4, S6 }

Step 4 : 이 MC들은 적어도 하나의 MC에서 고장이 발생하면 시스템은 불가동 상태가 된다. 따라서 직렬 연결이라 볼 수 있다. 즉 가동률의 논리적으로 표현할 수 있다.

Step 5 : 서브 시스템의 불가동률이 매우 적은 값(10^{-4})인 경우, 고차항은 극히 적은 값으로 나타나기 때문에 생략할 수 있다. 일반적으로 시스템의 신뢰도는 소수점 이하 첫번째 수(10^{-1} order)까지로 나타내지만, 불가동률은 서브 시스템의 개수곱에 비례하기 때문에 고차항을 생략할 수가 있다.

Step 6 : 시스템의 불가동률 모델은 다음과 같이 표현한다.

$$\begin{aligned} \min \quad & U(m,g) \cong \max\{U_1, U_3\} + \max\{U_2 U_3\} + \max\{U_5 U_6\} \\ & + \max\{U_3, U_4 U_5\} + \max\{U_1 U_4 U_6\} + \max\{U_2 U_4 U_6\} \\ & U_j \equiv U_j(m_j, g_j) \qquad (j = 1, 2, \cdots, q) \end{aligned} \tag{5.49}$$

$$\min \quad C(m,g) = \sum_{j=1}^{q} C_j(m_j, g_j) \tag{5.50}$$

$$\text{s. t.} \quad C_j(m_j, g_j) \le W_j \qquad (j = 1, 2, \cdots, q) \tag{5.51}$$

$$m^{L_j} \le m_j \le m_j^U \qquad g_j^l \le g_j \le g_j^U \tag{5.52}$$

여기서 $U(m,g)$: 시스템의 불가동률, $C(m,g)$: 시스템의 전체 비용, U_j : 서브 시스템 j의 불가동률, $C_j(m_j,g_j)$: 서브 시스템 j에 대한 비용, W_j : 서브 시스템 j의 제한값, m_j : 예비 회선수, g_j : 서브 시스템 j의 케이블 가닥수를 의미한다.

5.4.1 불가동률과 전체 비용에 대한 최적화 모델과 정식화

통신 시스템은 장치의 용량이나 중량 등의 자원에 대한 제약하에서 각 서브 시스템의 컨포넌트(예를 들어 통신회선)를 대기 중복 구성으로 구성함으로써 시스템의 불가동률을 최소화하는 신뢰성 최적화 설계 문제로서 다룬다. 이처럼 불가동률을 최소화하는 문제는 다른 리소스에 대한 것을 제약조건으로 취급하여 단일 목적 비선형 정수 계획(nIP : nonlinear integer programming) 모델로서 정식화된다. 하지만 불가동률과 전체비용을 고려한 시스템처럼, 여러 자원들이 상충관계에 있는 시스템인 경우 다목적 신뢰성 최적화 문제로 다루게 되며 이는 다목적 비선형 정수 계획 (mo-nIP : multi-objective nIP)으로 정식화된다 [12]. 서브 시스템의 불가동률은 식 5.52와 같이 구성된다. 식 5.53은 요구회선의 불가동률을, 식 (5.54)는 예비회선의 불가동률을 의미한다.

$$U_j = U_{aj} \cdot U_{bj} \tag{5.53}$$

$$U_{aj} = 1 - \prod_{i=1}^{n} (1 - U_{ij}) \tag{5.54}$$

$$U_{bj} = \prod_{k=0}^{m_j} (U_{ij} + U_w + U_u)_k \tag{5.55}$$

여기서 U_j는 서브 시스템 j의 불가동률, U_{aj}는 서브 시스템 j의 요구회선의 불가동률, U_{bj}는 서브 시스템 j의 예비회선의 불가동률, U_{ij}는 서브 시스템 j에 대한 회선 i의 불가동률, U_w는 교환장치의 불가동률, U_u는 대기 기기의 불가동률, n은 서브 시스템 j의 요구 회선수, m_j는 서브 시스템 j의 예비회선수를 각각 나타낸다.

우선 통신 시스템의 블록도로부터 서브 시스템의 고장이 시스템을 정지시키는데 영향을 끼치는 정도관계를 Fault Tree에 그림으로 작성한다[13]. 그런 뒤 통신 시스템을 위해 Fault Tree 그림으로부터 시스템의 정지가 발생되는 최상위 사상(T)에 대한 논리식을 작성한다.

$$T = B_1 + B_2 + \cdots + B_q$$

여기서 T는 최상위 사상(통신 시스템의 정지)을, B_j는 서브 시스템 j의 기본 사상(서브 시스템의 고장)을, q는 서브 시스템의 수이다.

다음으로 이 통신시스템의 신뢰성 네트워크 문제에 대한 수학 모델을 다음과 같이 나타낸다. 목적 함수로서 불가동률 모델 $U(m, g)$과 전체비용 모델 $C(m, g)$을 최소화하는 것을 그 목적으로 한다.

$$\min \quad \mathrm{U(m,\ g)} \cong \sum_{j=1}^{q} U_j(m_j, g_j) \tag{5.56}$$

$$\min \quad \mathrm{C(m,\ g)} = \sum_{j=1}^{q} U_j(m_j, g_j) \tag{5.57}$$

$$\text{s. t.} \quad U_j(m_j,\ g_j) \le W_j \qquad (j = 1, 2, \ldots, q) \tag{5.58}$$

$$m_j^L \le m_j \le m_j^U \tag{5.59}$$

$$g_j^L \le g_j \le g_j^U \tag{5.60}$$

여기서

$$U_j(m_j, g_j) = U_{aj}(m_j, g_j) \cdot U_{bj}(m_j, g_j) \tag{5.61}$$

$$U_{aj}(m_j, g_j) = 1 - \prod_{i=1}^{n}(1 - U_{zj}(m_j, g_j)) \tag{5.62}$$

$$U_{bj}(m_j, g_j) = \prod_{k=0}^{m_j}(U_{zj}(m_j, g_j) + U_w + U_u)_k \tag{5.63}$$

$$U_{zj}(m_j, g_j) = U_t + N_r U_r + (N_r + 2)U_s \tag{5.64}$$

$$U_t = U_{tx} + U_{rx} + U_{mux} + U_{dux} \tag{5.65}$$

$$U_s = 1 - (1 - U_p)(1 - U_c) \tag{5.66}$$

$$U_c = 1 - \prod_{v=1}^{g_j}(1 - U_f) \tag{5.67}$$

$$C_j(m_j, g_j) = C_{Tj}(m_j, g_j) + C_{Rj}(m_j, g_j) + C_{Fj}(m_j, g_j) + C_{Oj}(m_j, g_j) \tag{5.68}$$

$$\begin{aligned} C_{Tj}(m_j, g_j) = {} & 2N_3 C_{H3} + 2N_t\left(C_T + 2C_{CS}\right) + 2C_{SE} + 2C_{PORT} \\ & + 2N_{tc}C_{TC} + 2C_{TAUX} + 2C_{TFAC} \end{aligned} \tag{5.69}$$

$$\begin{aligned} C_{Rj}(m_j, g_j) = {} & N_r\left(N_t C_R + N_{rc}C_{RC}\right) + N_r\left(C_{RAUX} + 4N_t C_{CS}\right) \\ & + N_r\left(2C_{SE} + C_{RFAC}\right) \end{aligned} \tag{5.70}$$

여기서 m_j는 서브시스템 j의 요구회선수를, g_j는 서브시스템 j의 케이블 가닥수, U_j는 서브시스템 j의 불가동률, W_j는 서브시스템 j의 불가동률 범위 제한값을 의미한다. 상세한 기호와 제약조건에 대한 설명은 참고 문헌[14]를 참조하기 바란다.

5.4.2 하이브리드 다목적 GA에 의한 해법

일반적으로 GA는 다점 탐색에 의한 광역탐색 능력은 우수하지만 지역 탐색 능력은 좀 뒤떨어진다. 이 때문에 엄밀해법에 비해 최종적으로 얻어낸 해의 정밀도가 뒤떨어질 가능성이 높다는 문제점을 가지고 있다. 또 GA는 집단의 크기, 최대 세대수, 교차율, 돌연변이율 등의 파라미터를 사전에 또는 진화 과정상의 상황에 적응(적응형 스키마(scheme)) 할 필요가 있다. 게다가 다목적 GA에서는 실행가능해가 Pareto 최적해로 나타내기 때문에 목적함수들 사이에서 밸런스(trade-off)있게 분포되는 다수의 해들이 존재한다. Pareto 최적해를 효율적으로 구해 내기 위해서는 다목적 최적화 문제에 적합한 GA 방법이 필요하게 된다. 여기서는 다목적 GA의 기법으로 다음 3종류의 하이브리드 방법들을 소개한다.

- 선택 방법으로 개량 Pareto 보존 전략
- 지역 탐색으로 적응형 스키마에 의한 지향성 유전자법
- Pareto해의 균형 분포를 목적으로 한 배분(sharing)

A. 유전자 표현

[인코딩]

염색체에서 유전자는 통신 시스템의 결정변수으로 정할 수 있기 때문에 서브 시스템의 예비 회선수와 케이블 가닥수로 정할 수 있다. 예비회선수와 가닥수는 모두 정수 값이기 때문에 기본적으로는 하나의 염색체로서 취급할 수 있다. 즉 교차나 돌연변이는 하나의 염색체로서 다뤄진다.

$$
\begin{aligned}
v_k &= [m_k,\ g_k] && (k = 1, 2, \cdots, popsize)\\
m_k &= [m_{kl}, \cdots, m_{kj}, \cdots, m_{kq}] && (j = 1, 2, \cdots, q)\\
g_k &= [g_{kl, \ldots}, g_{kj}, \cdots, g_{kq}]
\end{aligned}
$$

여기서 v_k는 개체 k염색체, m_k는 개체 k의 예비 회선수, g_k는 개체 k의 케이블 가닥수, m_{kj}는 개체 k의 서브 시스템 j의 예비 회선수, g_{kj}는 개체 k 의 서브 시스템 j의 가닥수, $popSize$는 집단의 크기, k는 개체의 번호, q는 서브 시스템의 수를 각각 나타낸다.

프로시저 1 : 염색체 생성(인코딩 처리)

입력 데이터 : 서브 시스템의 수 q, 서브 시스템 j의 요구 회선수의 하한값 m_j^L, 상한값 m_j^U 서브 시스템 j의 가닥수의 하한값 g_j^L, 상한값 g_j^U

출력 데이터 : 염색체 v_k

Step 0 : i = 1에서 q까지 다음의 식을 이용해 유전자 $v_k[i]$를 생성한다.

$$v_k[i] \leftarrow \text{random } [m_j^L,\ m_j^U]$$

Step 1 : i = q+1에서 $2q$까지 다음 식으로 유전자 $v_k[i]$를 생성한다.

$$v_k[i] \leftarrow \text{random } [g_j^L,\ g_j^U]$$

Step 2 : 염색체 v_k를 출력한다.

---

procedure 1: reliability-based encoding
input: number of subsystems q, lower limit m_j^L, g_j^L and upper limit g_j^U, g_j^U
output: chromosome $v_k()$
begin
  for i = 1 **to** q
    $v_k[i] \leftarrow$random $[m_j^L, m_j^U]$;
  for i = q+1 **to** $2q$
    $v_k[i] \leftarrow$random $[g_j^L, g_j^U]$;
  output chromosome $v_k()$;
end

[그림 5. 51] 인코딩 처리에 대한 알고리즘

[디코딩]

여기서 그림 5.52와 같이 염색체 $v_k(\cdot)$에 나타나 있는 예비 회선수 $m_k = [m_{k1}, \cdots, m_{kq}]$와 케이블의 가닥수 $g_k = [g_{k1}, \cdots, g_{kq}]$를 목적함수에 대입하여 직접 목적함수 값을 계산한다.

프로시저 2 : 불가동률과 전체비용의 계산(디코딩 처리)

입력 데이터 : 염색체 $v_k(\cdot)$, 통신 네트워크 데이터

출력 데이터 : 불가동률 모델 $U(m_k, g_k)$, 전체비용 모델 $C(m_k, g_k)$

Step 0 : 예비 회선수 $m_k \leftarrow v_k[1, q]$

Step 1 : 케이블 가닥수 $g_k \leftarrow v_k[q+1, 2q]$

Step 3 : 다음 식에 근거하여 불가동률 모델 $U(m_k, g_k)$를 계산한다.

$$U(m, g) \cong \sum_{j=1}^{q} U_j(m_j, g_j)$$

Step 4 : 다음 식을 이용하여 전체 비용 모델 $C(m_k, g_k)$를 계산한다.

$$C(m, g) = \sum_{j=1}^{q} C_j(m_j, g_j)$$

Step 5 : 불가동률 모델 $U(m_k, g_k)$, 전체비용 모델 $C(m_k, g_k)$를 출력한다.

procedure 2: reliability-based decoding
input: chromosome $v_k()$, Network Data
output: unavailability $U(\boldsymbol{m}_k, \boldsymbol{g}_k)$ and cost of network system $C(\boldsymbol{m}_k, \boldsymbol{g}_k)$
begin
  for j = 1 **to** q
    $m_j \leftarrow v_k(j)$;
  for j = q+1 **to** $2q$
    $g_j \leftarrow v_k(j)$;

$$U(\mathbf{m},\mathbf{g}) \cong \sum_{j=1}^{q} U_j(m_j, g_j)$$

$$C(\mathbf{m},\mathbf{g}) = \sum_{j=1}^{q} C_j(m_j, g_j)$$

    output $U(\boldsymbol{m}_k, \boldsymbol{g}_k)$ and $C(\boldsymbol{m}_k, \boldsymbol{g}_k)$
end

[그림 5.52] 디코딩 처리 순서에 대한 알고리즘

B. 평가

1. 개량 Pareto해 보전 전략

개량 Pareto해 보전 전략이란 다목적 GA의 선택 방법들 중 하나이다. 이 선택법에서는 2단계로 선택이 수행된다. 첫번째 단계는 생성된 자손을 사용하여 Pareto해 후보군을 변경한다. 이때 새로이 1순위의 자손이 등록된다. 두번째 단계는 Pareto해 후보군으로부터 다음 세대의 부모 집단을 다양성을 고려한 평가 값을 선택한다. Pareto해 후보군이란 원칙적으로 각 세대에서의 비우월해들의 누적개체들과 실현 불가능해를 실현가능해로 취급할 때의 비우월해의 누적개체들을 의미한다.

Step 1 : **Pareto해 후보군의 변경**

교차나 돌연변이, 지역 탐색을 통해 생성된 자손 v_n을 Pareto해 후보군으로 등록하는 순서를 설명한다. 등록하는 원칙은 (1) 실현가능해로 순위가 1이면 추가하거나 변경한다. (2) 실현불가능해의 경우, 순위가 1이면 추가한다. 다만 변경 대상이 실현 불가능해이면 변경한다. 구체적인 알고리즘은 그림 5.53과 같이 나타낼 수 있다.

```
procedure: Update candidate Pareto solutions table
begin
    for p = 1 to pcSize
        if V_pc<V_nc and V_pa<V_na then
            return
    for p = 1 to pcSize
        if V_pc<V_nc and V_pa>V_na then
            if V_n is execution possible solution then
                replace V_n in V_p
            else if V_p is execution possible solution then
                register V_n in Table (candidate Pareto solutions table);
            else
                replace V_n in V_p;
        else
        register V_n in Table (candidate Pareto solutions table) ;
end
```

[그림 5.53] 파레토해 후보군의 수정 알고리즘

여기서 V는 Pareto해 후보군, V_p는 p번째의 Pareto해 후보, V_n는 n번째의 피등록해, V_{nc}는 n번째의 피등록해의 비용, V_{na}는 n번째의 피등록해의 불가동률, V_{pc}는 p번째의 Pareto해 후보의 비용, V_{pa}는 p번째의 Pareto해 후보의 불가동률, $pcSize$는 Pareto해 후보의 수를 의미한다.

Step 2 : Pareto해 후보군으로부터의 선택

선택의 기준이 되는 기준값 e_k는 배분 정도를 나타내는 s_k와 가중치 부가 계수법에 의한 평가값 $eval(x_k)$를 조합한 것을 이용한다. 선택 기준이 되는 평가 값 e_k는 다음과 같이 계산하다.

$$e_k = \frac{1 - eval(x_k)}{s_k} \qquad (k = 1, 2, \ldots, pcSize) \tag{5.71}$$

여기서 $eval(x_k)$는 가중치 부가 계수법으로 구한 평가 값, s_k는 유전자 k의 배분 정도를 의미한다. 다목적 GA의 선택은 평가 값 e_k를 기준으로 하는 엘리트 선택법을 이용한다. 평가 값이 높은 순으로 선택하여 집단의 크기만큼 선택되면 종료한다. 다음은 여기서 사용된 선택법의 처리 순서를 나타낸다.

$(pcSize) \geq (popSize)$: Pareto해 후보들 중에서 랜덤하게 집단의 크기만큼 선택한다.

$(pcSize) < (popSize)$: Pareto해 후보들을 모두 선택하고 나머지(즉, *popSize* - *pcSize*)개수의 개체는 현세대의 개체집단과 자식개체 집단에서 평가 값이 높은 순으로 선택한다.

여기서 *pcSize*는 Pareto해(Pareto해 후보)의 개수, *popSize*는 부모 개체의 집단 크기(개체의 개수)를 의미한다.

C. 유전자 연산

교차 : 교차는 일점 교차를 이용한다[6]. 2개의 개체에 대해 염색체 길이의 범위내에서 랜덤하게 선택한 유전자 위치에서 상호 교환시키는 교차방법이다. 교환하는 유전자 위치는 임의로 지정한다.

돌연변이 : 돌연변이는 랜덤하게 선택한 유전자를 지정된 범위내에서 랜덤하게 재설정한다. 변이시키는 유전자의 개수는 임의로 지정한다. 단순(일점) 돌연변이라고도 하는 방법을 이용한다.

적응형 스키마에 의한 지역 탐색 : 지역 탐색법(LS)의 적응형 스키마란 (1) 배분 정도 s_k가 1인 개체들 중에서 랜덤하게 하나의 개체를 선택한다. 이 개체를 바탕으로 LS를 실행한다. (2) s_k가 1인 개체가 없는 경우에는 LS를 실행시키지 않는다. LS의 목적은 Pareto해의 이웃들을 탐색하면서 보다 많은 Pareto해를 찾아내는 것이다. 이 LS는 의사결정변수가 정수의 경우(비선형 정수계획 문제)의 지역 탐색법에 해당한다. 이 LS는 지향성 유전자법이라고 하며 어떤 Pareto해 (개체)를 부모로 하여 이웃들이라고 여겨지는 자식 개체 (해)들을 생성한다. 다목적이면서 여러 개의 의사결정 변수를 가진 경우에 어떤 유전자를 증가 또는 감소시키느냐가 여러 목적에 어떠한 영향을 끼치는지에 대한 것이 불명확하다. 이러한 경우를 고려하여 의사결정 변수를 최소 변화량으로 증가 및 감소하게 하여 의사결정 변수 개수×2 개수만큼 자식 개체를 생성한다. 기본적인 처리는 최소변화량이 1인 경우 여러 유전자들 중에 하나를 선택하여 그 유전자에 +1한 개체와 -1한 개체를 생성한다. 이러한 처리를 의사결정 변수마다 실행한다.

그림 5.54는 의사결정 변수가 2, 유전자의 길이가 3, 최소변화량이 1, 후보해가 1인 예를 나타낸다. LS로 생성되는 염색체는 2×2=4개 이다.

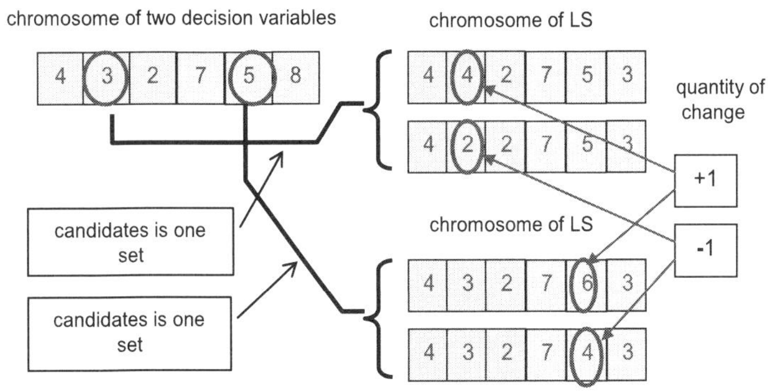

[그림 5.54] 지향성 유전자법의 예

선택 : 선택은 개량 Pareto해 보존 전략을 이용한다. Pareto해 후보들로부터 다음 세대의 부모 집단의 선택은 엘리트 선택을 사용한다.

D. 하이브리드 다목적 GA

```
procedure: Hybrid moGA for Network Reliability Problem
input: Problem data set, Objective functions, GA parameters
output: Pareto optimal solutions E
begin
    t ← 0;
    initialize P(t) by reliability-based encoding;
    objectives U(P) and C(P) by reliability-based decoding;
    create Pareto E(P);
    fitness eval(P) by improved Pareto selection approach;
    while(not termination condition) do
        crossover P(t) to yield C(t) by one cut-point crossover;
        mutation P1(t) to yield C1(t) by unit-based mutation;
        objectives U(P) and C(P) by reliability-based decoding;
        update Pareto E(P, C);
        fitness eval(C) improved Pareto selection approach;
        select P(t+1) from P(t) and C(t) by elitist strategy;
        t ← t +1;
    end
    output Pareto optimal solutions E;
end
```

[그림 5.55] 다목적 통신시스템의 신뢰성 네트워크에 있어서의 우선 순위 기반 GA

5.4.3 수치실험

여기에서는 다목적 GA 방법으로 (1) 선택 방법으로는 개량 Pareto해 보존 전략 (2) 지역 탐색으로는 적응형 스키마에 의한 지향성 유전자법 (3) Pareto해의 균등분포를 목적으로 한 개량 Pareto해 보존 전략에 의한 2종류의 테스트 모델을 구현한다.

[모델1 : 브리지 접속의 통신 시스템 모델]

이 통신 시스템은 브리지를 통해 접속되기 때문에 많은 통신로가 존재하는 모델이고 복잡한 형태의 기본적인 모델이다. 테스트 예제로서 브리지 접속의 통신 시스템의 구조, FT 그림은 예 5.4에 표시되어 있다. 브리지 접속의 서브 시스템 예의 설계 데이터는 다음의 표 5.22에 나타낸다.

[표 5. 22] 서브 시스템 설계 데이터

j	1	2	3	4	5	6	j	1	2	3	4	5	6
n	100	100	100	100	100	100	m_j^L	1	1	1	1	1	1
D_s	100	150	150	100	50	200	m_j^U	8	8	8	8	8	8
U_f	684	684	684	684	684	684	g_j^L	8	8	8	8	8	8
W_j	0.50	0.50	0.50	0.50	0.50	0.50	g_j^U	64	64	64	64	64	64

j : 서브 시스템 번호

n : 요구 회선수 (광섬유선의 수)

D_s : 통신 구간 거리(도시간의 거리), 단위는 *km*

U_f : 통신로의 불가동률(자연재해나 공사사고, 고장 등), 단위는 10^{-6}

실험 조건은 배분 정도의 범위(불가동률 : 0.0에서 0.2, 전체비용 : 80,500,000에서 85,000,000), 평가 범위(불가동률 : 0.0에서 0.1, 전체비용 : 81,250,000에서 84,000,000) 이다.

[모델2: 네트워크 접속의 통신 시스템 모델]

이 통신 시스템은 실제의 광섬유 통신 시스템에 가까운 네트워크에 접속되는 모델이다. 또 설계 대상은 A-B구간이며, 네트워크 접속의 서브 시스템 설계 데이터는 표 5.23에 나타낸다.

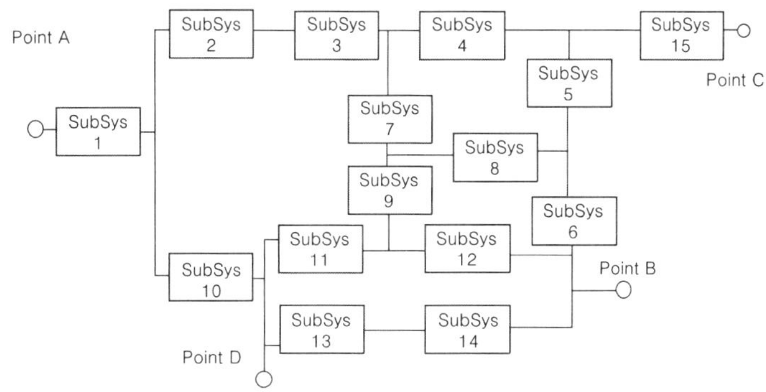

[그림 5.56] 네트워크 접속의 통신 시스템

Step 1 : 시스템의 블록도인 그림 5. 56에서 시스템 정지가 발생할 최상위 사상이 일어나게 되는 관계도를 FT 그림으로서 작성한다(그림 5.57).

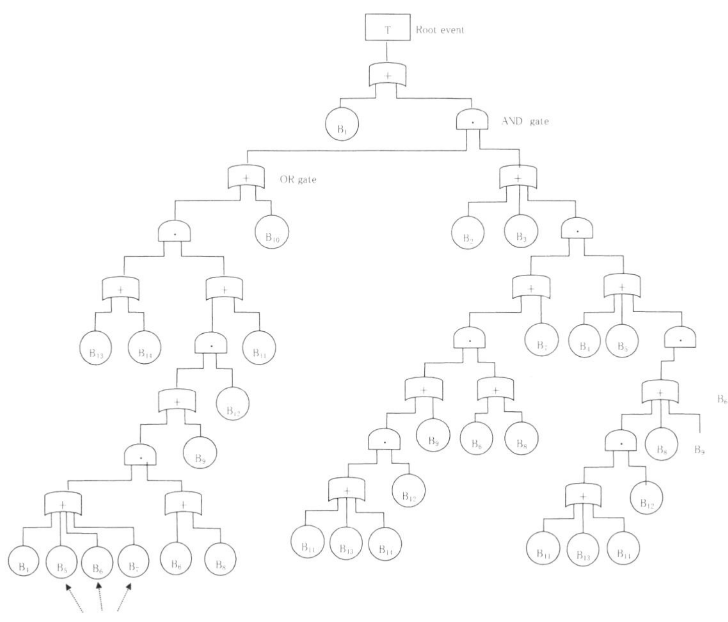

[그림 5.57] 시스템의 FT

Step 2 : FT 그림으로부터 시스템의 정지가 발생할 최상위 사상(T)에 대한 논리식을 작성한다.

$$
\begin{aligned}
T = B_1 + (B_{10} + (B_{13} + B_{14}) \cdot (B_{11} + (B_{12} \cdot (B_9 + (B_6 + B_8) \cdot (B_4 + B_5 + B_6 + B_7)))))\\
\cdot (B_2 + B_3 + (B_7 + (B_6 + B_8) \cdot (B_9 + (B_{12} \cdot (B_{11} + B_{13} + B_{14}))))\\
\cdot (B_4 + B_5 + (B_6 \cdot (B_8 + B_9 + (B_{12} \cdot (B_7 + B_{13} + B_{14})))))
\end{aligned}
$$

여기서 T는 최상위 사상(시스템의 정지), B_j 는 서브 시스템 sub-j의 기본 사상(고장)을 각각 의미한다.

Step 3 : 논리식을 전개하여 AND와 OR 연산자만으로 식을 나타내면 MC를 구할 수 있다.

$$
\begin{aligned}
T = B_1 + B_2B_{10} + B_3B_{10} + B_4B_7B_{10} + B_5B_7B_{10} + B_6B_9B_{10} + B_2B_{11}B_{13}\\
+B_2B_{11}B_{14} + B_3B_{11}B_{13} + B_3B_{11}B_{14} + B_6B_{12}B_{13} + B_6B_{12}B_{14}\\
+B_6B_7B_8B_{10} + B_4B_8B_9B_{10} + B_5B_8B_9B_{10} + B_6B_{10}B_{11}B_{12}\\
+B_2B_9B_{12}B_{13} + B_2B_9B_{12}B_{14} + B_3B_9B_{12}B_{14} + B_4B_7B_{11}B_{13}\\
+B_5B_7B_{11}B_{13} + B_6B_9B_{11}B_{13} + B_4B_8B_{12}B_{13} + B_5B_8B_{12}B_{13}\\
+B_4B_7B_{11}B_{14} + B_5B_7B_{11}B_{14} + B_6B_9B_{11}B_{14} + B_4B_8B_{12}B_{14}\\
+B_5B_8B_{12}B_{14} + B_3B_9B_{12}B_{13}\\
+B_4B_8B_{10}B_{11}B_{12} + B_5B_8B_{10}B_{11}B_{12} + B_2B_7B_8B_{12}B_{13}\\
+B_2B_7B_8B_{12}B_{14} + B_3B_7B_8B_{12}B_{13} + B_3B_7B_8B_{12}B_{14}\\
+B_6B_7B_8B_{11}B_{13} + B_4B_8B_9B_{11}B_{13} + B_5B_8B_9B_{11}B_{13}\\
+B_4B_7B_9B_{12}B_{13} + B_5B_7B_9B_{12}B_{13} + B_6B_7B_8B_{11}B_{14}\\
+B_4B_8B_9B_{11}B_{14} + B_5B_8B_9B_{11}B_{14} + B_4B_7B_9B_{12}B_{14}\\
+B_5B_7B_9B_{12}B_{14}
\end{aligned}
$$

Step 4 : A지점과 B지점간의 통신에 관한 MC(최소 절단 집합)는 46개 존재한다. MC를 구성하는 서브 시스템의 개수는 1개에서 14개가 존재한다. 15번째 서브 시스템은 A-B사이에는 관여하지 않는다. 이 서브 시스템들의 조합 개수는 서브 시스템의 개수가 1개인 경우 1개, 2개인 경우 2개, 3개인 경우 9개, 4개인 경우 18개, 5개인 경우 16개이다. 서브 시스템의 개수가 적은 경우가 고장에 대한 영향이 크게 된다. 이 예에서는 불가동률 식에서 1개~4개까지의 MC를 사용한다. q는 서브 시스템의 개수로 이 모델에서는 15로 설정된다. 시스템의 불가동률 모델은 다음과 같이 표현한다.

$$
\begin{aligned}
\min \quad & U(\boldsymbol{m},\boldsymbol{g}) \cong U_1 + \max\{U_2,U_{10}\} + \max\{U_3,U_{10}\} \\
& + \max\{U_2,U_{11},U_{13}\} + \max\{U_2,U_{11},U_{14}\} + \max\{U_4,U_7,U_{10}\} \\
& + \max\{U_5,U_7,U_{10}\} + \max\{U_6,U_9,U_{10}\} + \max\{U_3,U_{11},U_{13}\} \\
& + \max\{U_3,U_{11},U_{14}\} + \max\{U_6,U_{12},U_{13}\} + \max\{U_6,U_{12},U_{14}\} \\
& + \max\{U_6,U_7,U_8,U_{11}\} + \max\{U_4,U_8,U_9,U_{10}\} \\
& + \max\{U_5,U_8,U_9,U_{10}\} + \max\{U_6,U_{10},U_{11},U_{12}\} \\
& + \max\{U_2,U_9,U_{12},U_{13}\} + \max\{U_2,U_9,U_{12},U_{14}\} \\
& + \max\{U_3,U_9,U_{12},U_{14}\} + \max\{U_4,U_7,U_{11},U_{13}\} \\
& + \max\{U_5,U_7,U_{11},U_{13}\} + \max\{U_6,U_9,U_{11},U_{13}\} \\
& + \max\{U_4,U_8,U_{12},U_{13}\} + \max\{U_5,U_8,U_{12},U_{13}\} \\
& + \max\{U_4,U_7,U_{11},U_{14}\} + \max\{U_5,U_7,U_{11},U_{14}\} \\
& + \max\{U_6,U_9,U_{11},U_{14}\} + \max\{U_4,U_8,U_{12},U_{14}\} \\
& + \max\{U_5,U_8,U_{12},U_{14}\} + \max\{U_3,U_9,U_{12},U_{13}\} \\
& U_j \equiv U_j(m_j,g_j) \qquad (j=1,2,\cdots,q) \\
\min \quad & C(\boldsymbol{m},\boldsymbol{g}) = \sum_{j=1}^{q} C_j(m_j,g_j) \\
\text{s.t.} \quad & U_j(m_j,g_j) \le W_j \qquad (j=1,2,\cdots,q) \\
& m_j^L \le m_j \le m_j^U \qquad g_j^L \le g_j \le g_j^U
\end{aligned}
$$

여기서 $U(\boldsymbol{m},\boldsymbol{g})$는 시스템의 불가동률, $C(\boldsymbol{m},\boldsymbol{g})$는 시스템의 전체 비용, U_j는 서브 시스템 j의 불가동률, $C_j(m_j,g_j)$는 서브 시스템 j를 위한 비용, W_j 는 서브 시스템 j의 범위 제한값, m_j는 예비 회선 수, g_j는 서브 시스템 j의 케이블 가닥수를 각각 의미한다.

[표 5. 23] 네트워크 접속에서의 서브 시스템 설계 데이터

j	1	2	3	4	5	6	7	8	9	10	11	12	13	14	15
n	100	100	100	100	100	100	100	100	100	100	100	100	100	100	100
D_s	131	233	121	67	167	95	91	118	71	59	172	200	189	176	57
U_f	684	684	684	684	684	684	684	684	684	684	684	684	684	684	684
W_j	0.5	0.5	0.5	0.5	0.5	0.5	0.5	0.5	0.5	0.5	0.5	0.5	0.5	0.5	0.5

j	1	2	3	4	5	6	7	8	9	10	11	12	13	14	15
m_j^L	1	1	1	1	1	1	1	1	1	1	1	1	1	1	1
m_j^U	8	8	8	8	8	8	8	8	8	8	8	8	8	8	8
g_j^L	10	10	10	10	10	10	10	10	10	10	10	10	10	10	10
g_j^U	64	64	64	64	64	64	64	64	64	64	64	64	64	64	64

j : 서브 시스템의 번호

n : 요구 회선수(광섬유선의 개수)

D_s : 통신 구간 거리 (도시간의 거리), 단위는 *km*
U_f : 통신로의 불가동률 (자연재해나 공사사고, 고장 등), 단위는 10^{-6}

실험 조건은 배분 정도의 범위(불가동률 : 0.0에서 0.2, 전체 비용 : 212,500,000에서 216,500,000), 평가 범위(불가동률 : 0.0에서 0.1, 전체비용 : 212,900,000에서 216,000,000) 이다.

[통신 시스템의 공통 설계값]

표 5.24-26은 테스트 모델 1, 2에서 사용되는 공통의 설계 데이터들이다. 수치값들은 Hoss : *Fiber Optic Communications Design Handbook* [2]에서 인용해 온 것이다. 다만 표 5.26의 케이블 단가는 모델용으로 새롭게 작성한 것이다.

[표 5. 24] 네트워크를 구성하는 장비들의 불가동률

component	MTBF(yr)	*R*(yr)	*U* :10^{-6}(yr)	component	MTBF(yr)	*R*(yr)	*U* :10^{-6}(yr)
MUX:U_{mux}	9.5	0.8947	48	Repeater:U_r	8.15	0.8773	56
DUX:U_{dux}	16.3	0.9386	28	Protection Switch: U_w	16.30	0.9386	28
Tx:U_{tx}	16.3	0.9386	28	Power supply:U_p	11.40	0.9123	40
Rx:U_{rx}	11.4	0.9123	40				

MTBF : 평균 고장 시간 간격, R : 신뢰도, U : 불가동률, yr : 년

[표 5. 25] 네트워크를 구성하는 장비들의 가격

component	Cost($)	component	Cost($)	component	Cost($)	component	Cost($)
C_{H3}	300	C_{TAUX}	4,000	C_{PROT}	10,000	C_{RAUC}	3,000.0
C_T	36,000	C_{TFAC}	150,000	C_{TC}	5,000	C_{RFAC}	75,000.0
C_S	200	C_R	20,000	C_S	100	C_{IM}	55.6
C_{SE}	1,000	C_{RC}	4,000	C_{SP}	1,000	C_{Test}	200.0

[표 5. 26] 광섬유 케이블의 가격 ($/m)

type	g_j	C_{FM}	*type*	g_j	C_{FM}	*type*	g_j	C_{FM}
Cable-1	8	0.320	*Cable-4*	48	0.270	*Cable-7*	128	0.246
Cable-2	16	0.300	*Cable-5*	64	0.262	*Cable-8*	256	0.230
Cable-3	32	0.280	*Cable-6*	96	0.250	*Cable-9*	512	0.218

g_j : 가닥수, C_{FM} : 케이블의 미터당 단가

[수치실험 결과]

GA 파라미터 설정 :

최대 세대수 : 5000, 교차율 : 0.2, 돌연변이율 : 0.3, 집단의 크기 : 30, 피복율(被覆率)의 분할수 : 50, 지역 탐색: 사용하지 않음, 배분: 사용하지 않음, 배분 반경 : 0.01(배분 범위를 0~1.0으로 정한 경우의 값)의 설정으로 수치실험을 하였다.

실험 1의 Pareto 최적해를 그림 5. 58, 실험 2의 Pareto 최적해를 그림 5. 59에 각각 나타내었다. 실험 2에서는 최대 세대수를 1000, 2000, 3000으로 증가시켜 나가면 Pareto 해는 개선되어 가지만 3000을 넘어서면 세대수에 따른 개선 효과는 거의 없어지게 된다. 그후에 적응형 스키마의 지역 탐색 효과가 나타나 Pareto해의 개선이 이루어 진다. 동시에 돌연변이율을 높게(예: 0.6) 함으로써 LS의 폐해를 억제하는 효과를 얻게 된다. 하이브리드 다목적 GA에 의한 Pareto 최적해를 그림 5.60에 나타낸다. 실험 1과 2에 대한 Pareto 최적해의 수렴 과정은 각각 그림 5.61과 그림 5.62와 같다

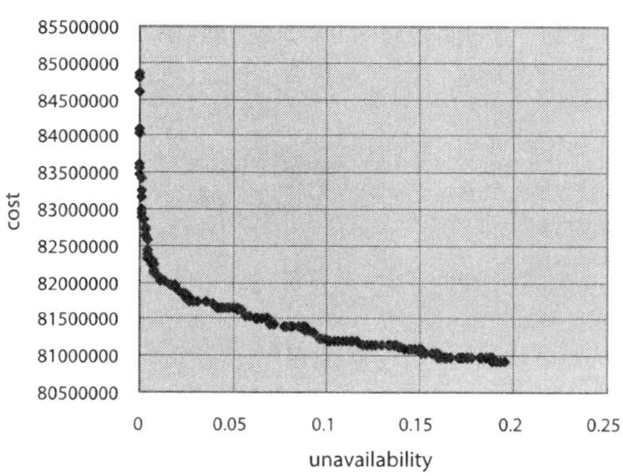

[그림 5.58] 실험 1의 Pareto 최적해

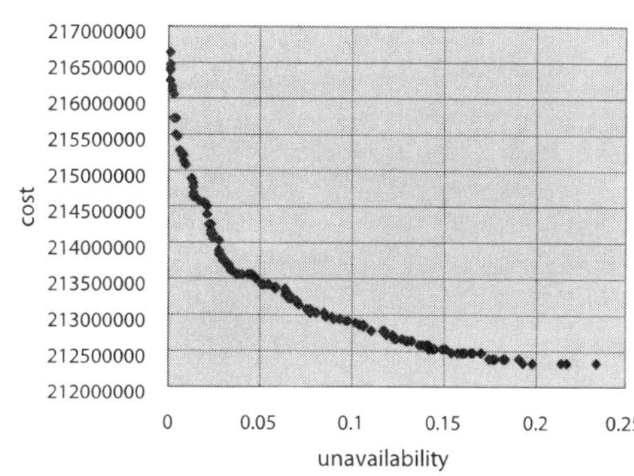

[그림 5.59] 실험 2의 Pareto 최적해

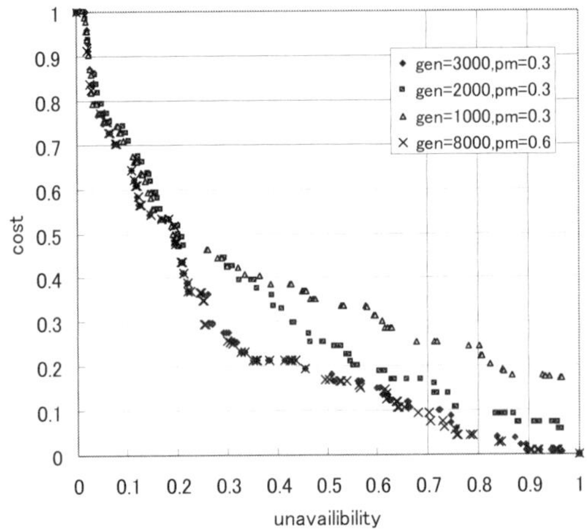

[그림 5.60] 하이브리드 다목적 GA에 의한 Pareto 최적해

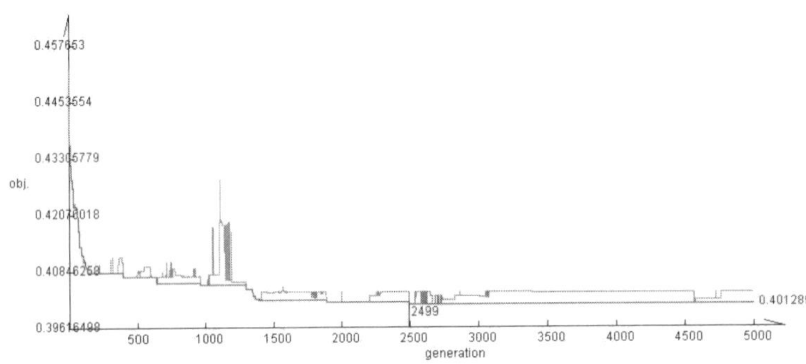

[그림 5.61] 하이브리드 다목적 GA에 의한 실험 1에서의 수렴 과정

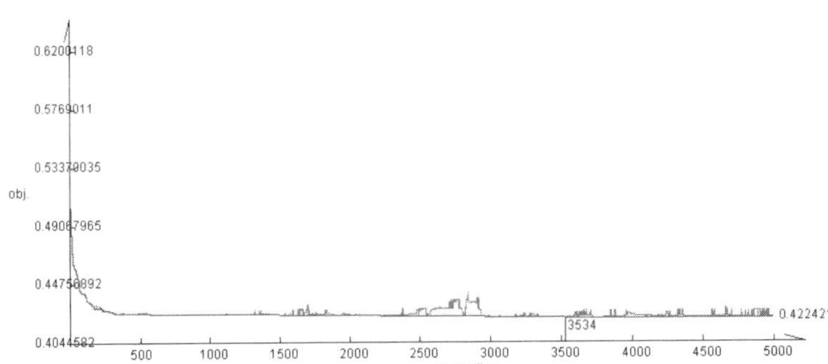

[그림 5.62] 하이브리드 다목적 GA에 의한 실험 2에서의 수렴 과정

참고 문헌

[1] Munakata, T. and D. J. Hashier: "A genetic algorithm applied to the maximum flow problem," in Proc. 5th Int. Conf. Genetic Algorithms, pp. 488-493, 1993.

[2] 玄 光男, 辻村 泰寛, アドミ シャリフ: 多段階生産 流通システムの遺伝的アルゴリズムによる最適設計, 日本設備管理学会誌 vol. 13, no. 2, 2001.

[3] Altiparmak, F., M. Gen, L. Lin and T. Paksoy: "A genetic algorithm approach for multi-objective optimization of supply chain networks" Computers and Industrial Engineering, vol.51, no.1, pp.196-215, 2006.

[4] Okamoto, A., M. Gen and M. Sugawara: "Integrated Data Structure and Scheduling Approach for Manufacturing and Transportation using Hybrid Multistage Operation-based Genetic Algorithm", Journal of Intelligent Manufacturing, vol.17, pp.411-421, 2006.

[5] Okamoto, A., M. Gen and M. Sugawara: "Integrated Scheduling Problem of Manufacturing and Transportation with Pickup and Delivery", International Journal of Logistics and SCM Systems, vol.1, pp.19-27, 2006.

[6] Gen, M. and H. Zhang: "Effective designing chromosome for optimizing advanced planning and scheduling", Dagli, C.H. et al. ed.: Intelligent Engineering Systems Through Artificial Neural Networks, vol.16, ASME Press, pp.61-66, 2006.

[7] Bean, J. C.: "Genetics and random keys for sequencing and optimization," ORSA Journal on Computing 6, pp.154-160, 1994.

[8] Gen, M. and R. Cheng: Genetic Algorithms and Engineering Optimization, John Wiley & Sons, New York, 2000.

[9] Spears, W. M. and K. A. Jong: "On the virtues of parameterized uniform crossover", Proceedings of the 4th International Conference on Genetic Algorithms, pp.230-236, 1991.

[10] 岡本 東: "ハイブリッド型遺伝的アルゴリズムを用いた生産・物流情報システムのための統合スケジューリングに関する研究", 早稲田大学大学院, 博士学位論文, 2007.

[11] 石川宏 : "ネットワークシステムにおける信頼性技術", 情報処理, Vol.28, No.9, pp.1208-1215, 1987

[12] Gen, M.: Genetic Algorithms and Applications to Engineering Design: State-of-th-Art Survey, Research Reports Ashikaga Institute of Technology, Vol.27, 1998

[13] Fonseca, C. M., Tleming, P. J., Zitzler, E., Deb, K. and Thiele, L. Ieds.): Proc. 2nd International Conference on Evolutionary Multi-Criterion Optimization, 2003

[14] 椋田 實: "多目的遺伝的アルゴリズムによるシステム信頼性の最適化設計に関する研究", 早稲田大学大学院, 博士学位論文, 2005.

[15] 井上古樹 玄光男: "優先順位型遺伝的アルゴリズムによる多段階サプライチェーン・ネットワークのシミュレーション設計問題の応用"、日本ロジスティクスシステム学会誌、vol.7, no.1, pp.3-19, 2007.

Genetic Algorithm

부록

프로그램 GAoptima 사용 방법

부록 프로그램 GAoptima 사용방법

A.1 저작권과 동작 환경

A.1.1 저작권

- 「GAoptima-NetModels」은 「와세다대학 소프트 컴퓨팅 연구실」이 개발한 소프트 웨어입니다. 저작권은 「와세다대학 소프트 컴퓨팅 연구실」이 보유하고 있습니다.
- 본 소프트웨어의 전재(転載), 배포(配布)시에는 반드시 사전에 사용 목적·전재 허가·연락처 등을 부탁합니다.
- 저작자의 연락 방법은 「A.4 개발 환경과 버전 정보」에서 확인하여 주십시오.
- 본 소프트웨어를 사용해서 발생되는 손해에도 저작자는 어떠한 책임을 지지 않습니다.
- 본 소프트웨어에 버그 등의 불편함이 발견되는 경우에는, 저작자에게 연락해 주시기를 부탁드립니다. 버전업의 경우에는 그 취지를 연락을 하겠습니다.

A.1.2 동작환경

「GAoptima-NetModels」은 아래의 시스템에서 동작합니다. 특히, Java†가 설치되어 있지 않으면 동작하지 않으므로 Java의 JDK나 JRE에 관해서는, 아래의 URL을 참조하여 주십시오.

http://java.sun.com/ko/downloads/

- 대응 시스템

  OS : Windows XP Professional/Home Edition, Windows98(SE, ME), Windows 95

  Java : Java2, JDK 1.2.x, JRE 1.2.x, JDK1.3.x, JRE 1.3.x이상

- 추천 시스템(동작 확인 끝냄)

  OS : Windows XP Professional / Home Edition 한글판

  Java : Java2, JDK1.5.0, JRE 1.5.0

- 디스플레이

  800×600픽셀 이상(1,024×768픽셀 이상을 추천), High Color(16bit) 이상

A.2 기본 사용 방법

A.2.1 「GAoptima-NetModels」의 시작

- 기동 파일

  먼저 CD-ROM의 내용을 출력이 가능한 HDD(hard disk drive)에 저장한다.
  GAoptima-NetModels.exe를 실행한다(커맨드 화면(도스창)에서 GA 해 수렴과정이 표시하기 위해 사용한다).

- 기동 상태

  GAoptima-NetModels.exe를 실행하면 아래와 같은 메인 화면이 표시된다.

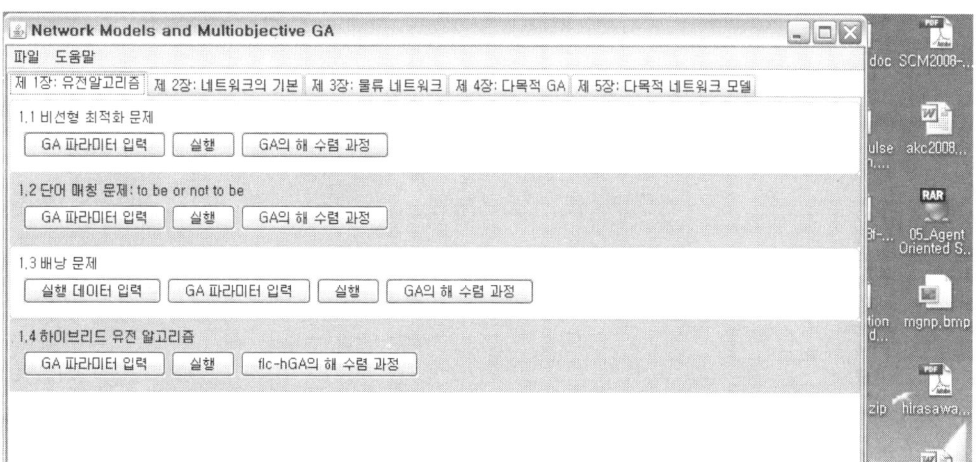

- 메인 화면의 배치도

  「GAoptima-NetModels」에 있어서 실행 예는 각 장마다 실행 예를 나눌 수 있다.

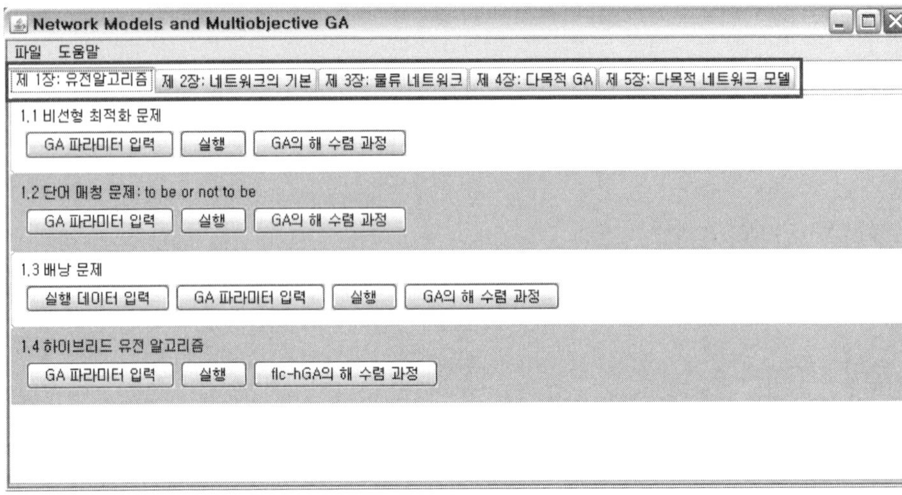

각 장에 있어서 각 절의 실행 예는 아래와 같이 표시된다.

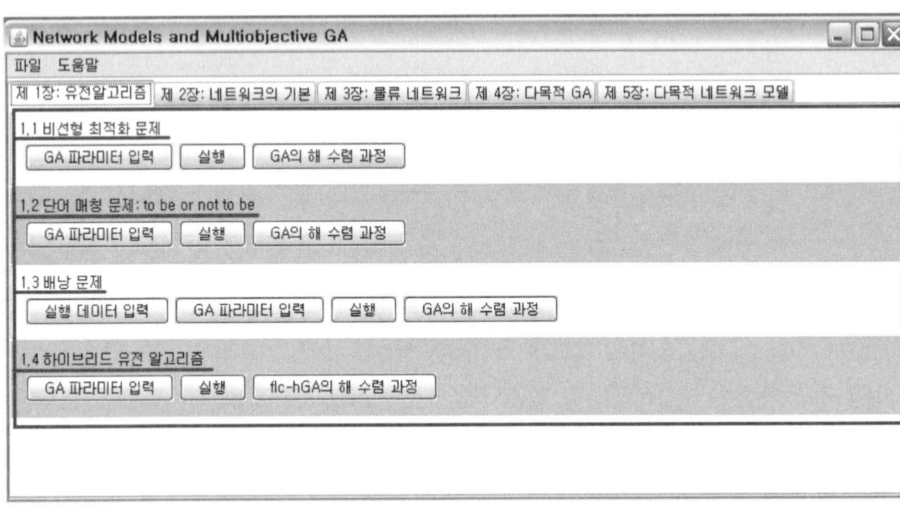

A.2.2 각종 대화 화면

- 메뉴

「파일」 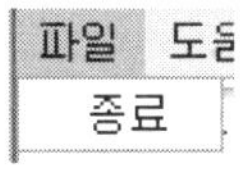

「도움말」 

- 실행 메뉴(버튼)

각 실행 예(예1.1, 예1.2, 예1.4제외)는 4개의 실행 메뉴(버튼)로 구성되어 있다.

「GA 파라미터 입력」 버튼을 누르면 각 실험에 대한 GA 파라미터 입력 파일이 「메모장」에서 열린다.

「실행 데이터 입력」 버튼을 누르면 실험용의 실행 데이터 파일이 「메모장」에서 열린다.

「실행」 버튼을 누르면 이 책의 각 절에서 설명한 GA가 실행되어 시뮬레이션이 끝나면 실험 결과가 「메모장」에서 열린다.

「GA의 해 수렴 과정」

실행이 끝난(「실행」 종료)후, 이 버튼을 누르면 실험에 대한 GA의 해 수렴과정 이 표시된다.

「Pareto 최적해」

다목적 실험을 끝난(「실행」 종료)후, 아래 버튼을 누르면 다목적 실험에 대한 Pareto 최적해의 그림이 표시된다.

[Pareto 최적해]

A.3 각 실행 예의 설명

1.1 비선형 최적화 문제(1.1.5절)

$$\max \quad f(x_1, x_2) = 21.5 + x_1 \cdot \sin(4\pi x_1) = x_2 \cdot \sin(20\pi x_2)$$

$$s.t. \quad -3.0 \leq x_1 \leq 12.1$$

$$4.1 \leq x_2 \leq 5.8$$

- [GA 파라미터 입력]

다봉성 비선형 최적화 문제 예에 대한 GA 파라미터 입력 파일이 「메모장」 에서 열린다.

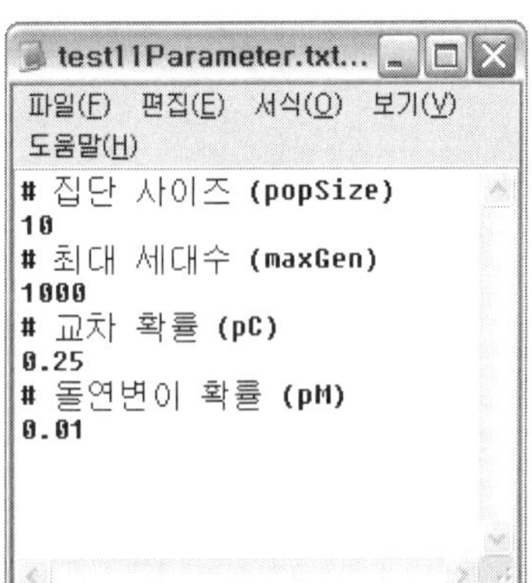

- 실행

1.1절에 설명한 GA수법에 의해 실행을 행하여 시뮬레이션이 종료하면, 다음과 같은 실험 결과가 「메모장」에서 열린다.

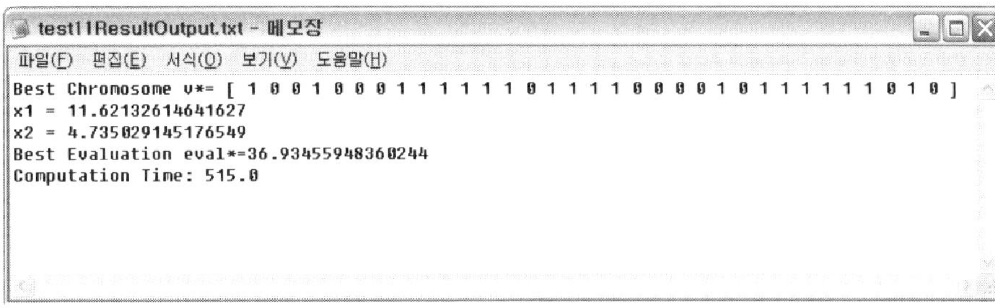

test11ResultOutput.txt - 메모장

파일(F) 편집(E) 서식(O) 보기(V) 도움말(H)

```
Best Chromosome v*= [ 1 0 0 1 0 0 0 1 1 1 1 1 1 0 1 1 1 1 0 0 0 0 1 0 1 1 1 1 1 1 0 1 0 ]
x1 = 11.62132614641627
x2 = 4.735029145176549
Best Evaluation eval*=36.93455948360244
Computation Time: 515.0
```

- GA의 해 수렴 과정

실행이 끝난(「실행」 종료)후, 이 버튼을 누르면, 이 실험에 대한 GA의 해 수렴 과정이 표시된다.

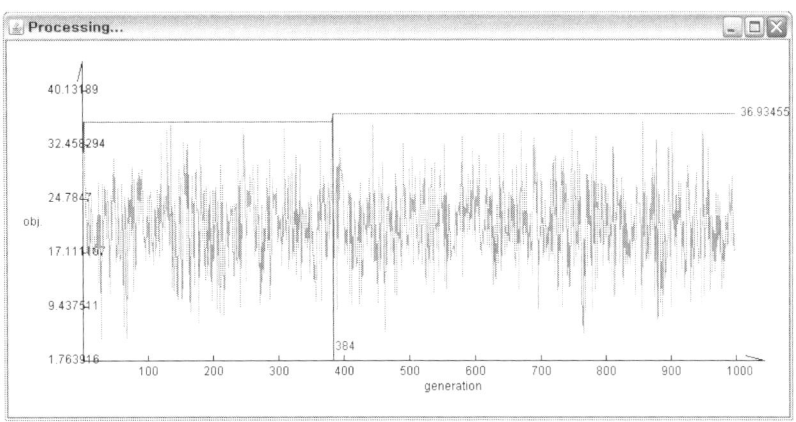

1.2 단어 매칭 문제(1.2.1절)

단어 매칭 문제란, 어떤 문자열이 주어졌을 때, 이 문자열과 같은 것을 생성하는 것을 목적으로 하는 문제이다. 여기서, 문자열 "**to be or not to be**"을 생성하는 문제를 실행한다.

표 A.1 : ASCII 코드표

문자	a	**b**	c	D	**e**	f	g	h	i	J	k	l	m
코드	97	**98**	99	100	**101**	102	103	104	105	106	107	108	109
문자	**n**	**o**	p	q	**r**	s	**t**	u	v	W	x	y	z
코드	**110**	**111**	112	113	**114**	115	**116**	117	118	119	120	121	122

- 실행

1.2.1절에 설명한 GA수법에 의해 실행을 하여 시뮬레이션이 종료하면, 다음과 같은 실험 결과가 「메모장」으로 열린다.

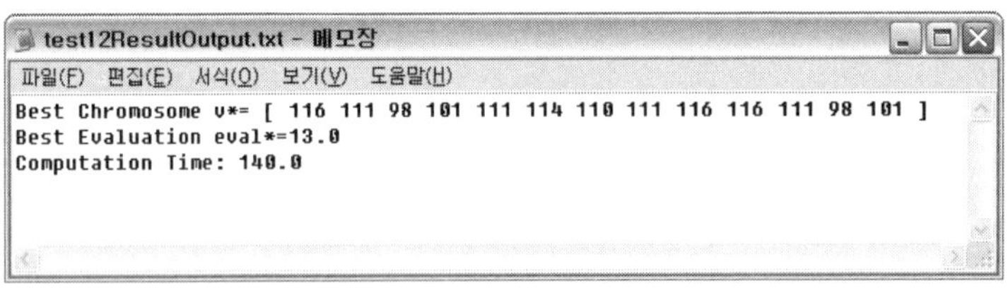

- GA의 해 수렴 과정

실행이 끝난(「실행」 종료)후, 이 버튼을 누르면 이 실험에 대한 GA의 해 수렴 과정이 표시된다.

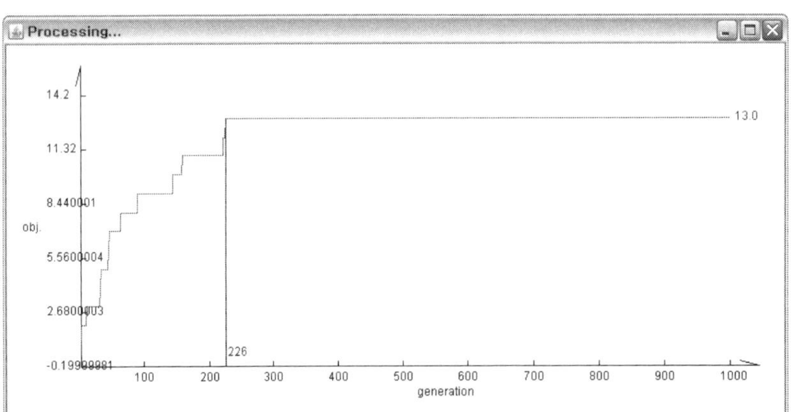

1.3 배낭 문제(1.2.2절)

배낭 문제(knapsack problem)란, 품목 j의 무게 w_j 와 이익 c_j을 갖는 n개의 품목이 주어지는 경우, 무게 제약 W내에서 어떤 품목들을 선택해야만이 이익이 최대가 되는가 하는 문제이다.

- 실행 데이터 입력

  배낭 문제의 실행 데이터 파일이 「메모장」으로 열린다.

```
test13TestData.txt - 메모장
파일(F) 편집(E) 서식(O) 보기(V) 도움말(H)
# 품목의 수 n
20
# 무게의 제약 W
40
# 각 품목 무게와 가치
2	5
5	10
18	12
3	4
2	3
5	11
10	13
4	10
8	7
12	15
5	8
10	19
7	1
15	17
11	12
2	9
8	15
10	20
5	2
9	6
```

- 실행

  1.2.2절에 설명한 GA수법에 의해 실행을 행하여 시뮬레이션이 종료하면 아래와 같은 실험 결과가 「메모장」으로 열린다.

```
test13ResultOutput.txt - 메모장
파일(F) 편집(E) 서식(O) 보기(V) 도움말(H)
Best Chromosome v*= [ 1 1 0 0 0 1 0 1 0 0 0 1 0 0 0 1 0 1 1 0 ]
Selected Item:
1  2  6  8  12  16  18
Best Evaluation eval*=84.0
Computation Time: 1906.0
```

- GA의 해 수렴 과정

  실행이 끝난 (「실행」 종료)후, 이 버튼을 누르면 이 실험에 대한 GA의 해 수렴 과정이 표시된다.

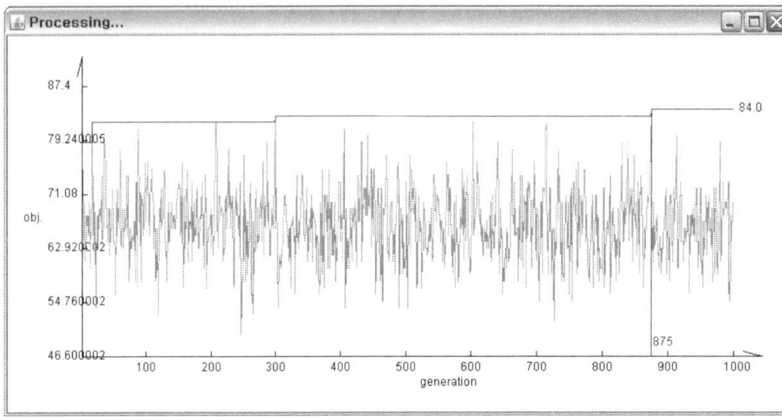

1.4 하이브리드 유전 알고리즘(1.3절)

실험1.1에서 기본 GA로 실행된 비선형 최적화 문제를 사용하여, 퍼지 논리 제어에 의한 하이브리드 유전 알고리즘(flc-hGA)을 적용한 알고리즘을 실행한다.

- 실행

  1.3절에 설명한 flc-hGA수법에 의해 실행하여 시뮬레이션을 종료하면 다음과 같은 실험 결과가 「메모장」에서 열린다.

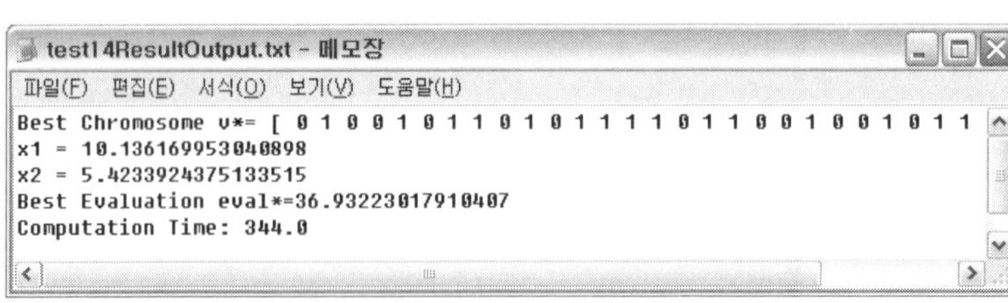
test14ResultOutput.txt - 메모장

파일(F) 편집(E) 서식(O) 보기(V) 도움말(H)

```
Best Chromosome v*= [ 0 1 0 0 1 0 1 1 0 1 0 1 1 1 1 0 1 1 0 0 1 0 0 1 0 1 1
x1 = 10.136169953040898
x2 = 5.4233924375133515
Best Evaluation eval*=36.93223017910407
Computation Time: 344.0
```

- GA의 해 수렴 과정

  실행이 끝난(「실행」 종료)후, 이 버튼을 누르면 이 실험에 대한 GA의 해 수렴 과정이 표시된다.

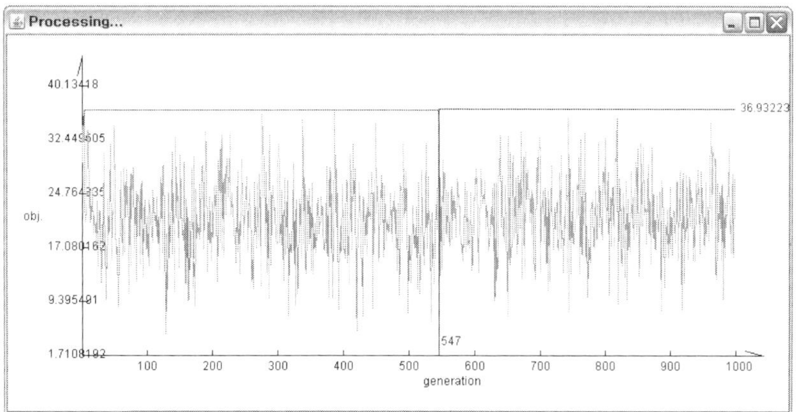

2.1 최단 경로 모델(2.1절)

최단경로 문제란, 거리나 시간 혹은 비용이 주어져 있는 아크 (i, j)의 값 $c(i, j)$가 붙은 네트워크에 있어서, 최소값을 갖는 경로를 찾는 문제이다.

- 실행 데이터 입력

  실행 데이터는 2.1절의 수치예 데이터를 참조한다.

- 실행

  2.1절에 설명한 GA수법에 의해 실행을 행하여 시뮬레이션을 종료하면 다음과 같은 실험 결과가 「메모장」에서 열린다.

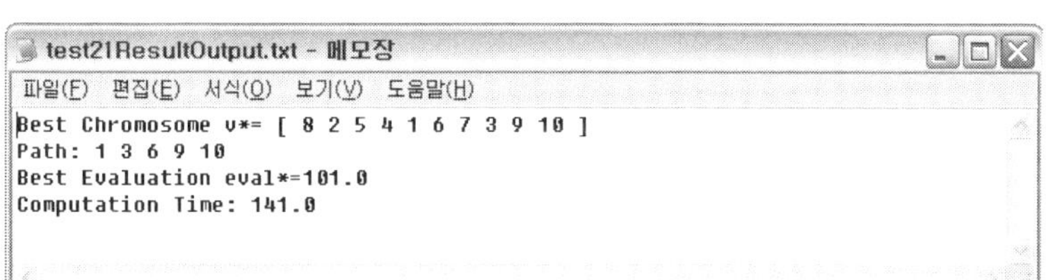
test21ResultOutput.txt - 메모장

파일(F) 편집(E) 서식(O) 보기(V) 도움말(H)

```
Best Chromosome v*= [ 8 2 5 4 1 6 7 3 9 10 ]
Path: 1 3 6 9 10
Best Evaluation eval*=101.0
Computation Time: 141.0
```

- GA의 해 수렴 과정

  실행이 끝난(「실행」 종료)후, 이 버튼을 누르면 이 실험에 대한 GA의 해 수렴 과정이 표시된다.

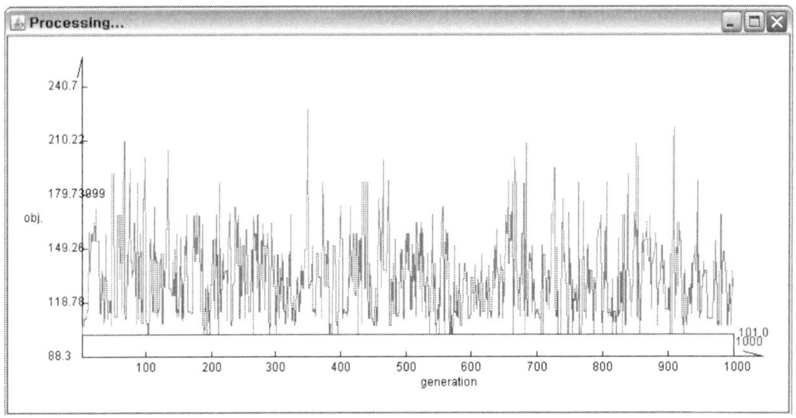

2.2 최대 흐름 모델(2.2절)

네트워크의 각 아크 (i, j)에 용량 $u(i, j)$가 주어져 있는 경우 출발지에서 목적지까지 배송 가능한 양(총 흐름 양)의 최대값을 구하는 문제이다.

- 실행 데이터 입력

  실행 데이터는 2.2절의 수치예 데이터를 참조한다.

- 실행

  2.2절에 설명한 GA수법에 의해 실행을 행하여 시뮬레이션을 종료하면 다음과 같은 실험 결과가 「메모장」에서 열린다.

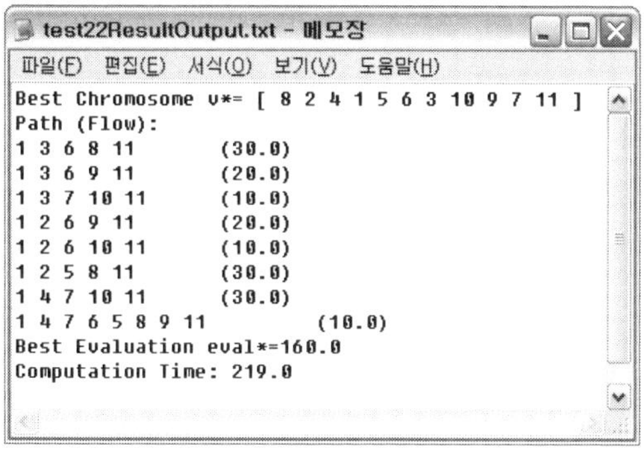

test22ResultOutput.txt - 메모장

파일(F) 편집(E) 서식(O) 보기(V) 도움말(H)

```
Best Chromosome v*= [ 8 2 4 1 5 6 3 10 9 7 11 ]
Path (Flow):
1 3 6 8 11       (30.0)
1 3 6 9 11       (20.0)
1 3 7 10 11      (10.0)
1 2 6 9 11       (20.0)
1 2 6 10 11      (10.0)
1 2 5 8 11       (30.0)
1 4 7 10 11      (30.0)
1 4 7 6 5 8 9 11         (10.0)
Best Evaluation eval*=160.0
Computation Time: 219.0
```

- GA의 해 수렴 과정

실행이 끝난(「실행」 종료)후 이 버튼을 누르면 이 실험에 대한 GA의 해 수렴 과정이 표시된다.

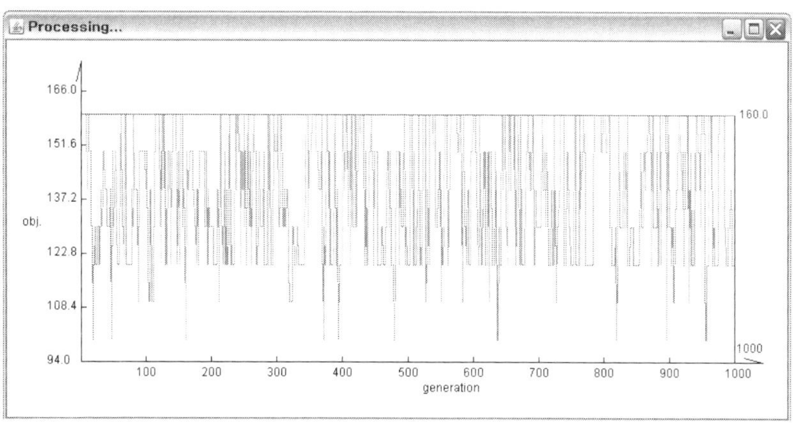

2.3 최소 비용 흐름 모델(2.3절)

네트워크상에서 많은 「물건」을 배달할 때에는 아크 (i, j)의 비용 $c(i, j)$나 그 네트워크의 상한 용량 $u(i, j)$가 제약이 된다. 이 경우에 굵기는 그 아크에 흐르는 량의 상한 용량값을 표시한다. 최소 비용 흐름 문제는 각 노드에 수요와 공급이 주어져 있을 때, 이들 조건을 만족하는 최소 비용을 구하는 문제이다.

- 실행 데이터 입력

실행 데이터는 2.3절의 수치예 데이터를 참조한다.

- 실행

2.3절에 설명한 GA수법에 의해 실행을 행하여 시뮬레이션을 종료하면, 다음과 같은 실험 결과가 「메모장」에서 열린다.

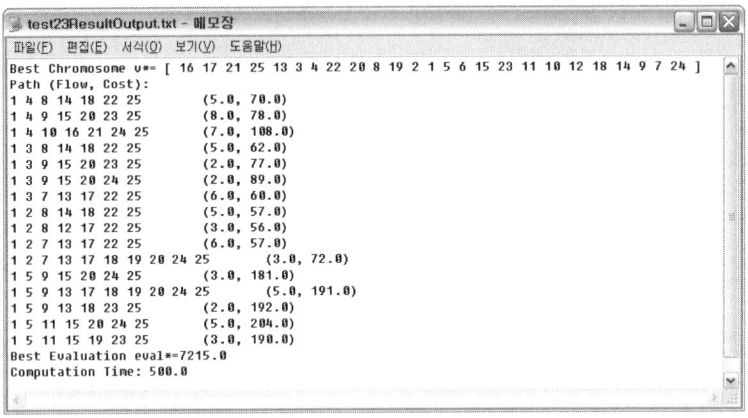

test23ResultOutput.txt - 메모장

파일(F) 편집(E) 서식(O) 보기(V) 도움말(H)

```
Best Chromosome v*= [ 16 17 21 25 13 3 4 22 20 8 19 2 1 5 6 15 23 11 10 12 18 14 9 7 24 ]
Path (Flow, Cost):
1 4 8 14 18 22 25        (5.0, 70.0)
1 4 9 15 20 23 25        (8.0, 78.0)
1 4 10 16 21 24 25       (7.0, 108.0)
1 3 8 14 18 22 25        (5.0, 62.0)
1 3 9 15 20 23 25        (2.0, 77.0)
1 3 9 15 20 24 25        (2.0, 89.0)
1 3 7 13 17 22 25        (6.0, 60.0)
1 2 8 14 18 22 25        (5.0, 57.0)
1 2 8 12 17 22 25        (3.0, 56.0)
1 2 7 13 17 22 25        (6.0, 57.0)
1 2 7 13 17 18 19 20 24 25        (3.0, 72.0)
1 5 9 15 20 24 25        (3.0, 181.0)
1 5 9 13 17 18 19 20 24 25        (5.0, 191.0)
1 5 9 13 18 23 25        (2.0, 192.0)
1 5 11 15 20 24 25       (5.0, 204.0)
1 5 11 15 19 23 25       (3.0, 190.0)
Best Evaluation eval*=7215.0
Computation Time: 500.0
```

- GA의 해 수렴 과정

실행이 끝난(「실행」 종료)후 이 버튼을 누르면 이 실험에 대한 GA의 해 수렴 과정이 표시된다.

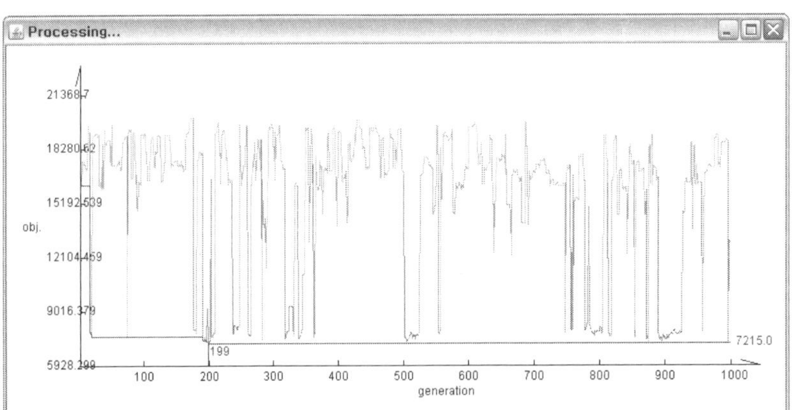

2.4 최소 신장 트리 모델(2.4절)

최소 신장 트리 문제란 *n*개의 노드와 *m*개의 아크로 이루어지는 네트워크가 주어져 있을 때, 각 노드를 모두 연결하면서 사이클을 형성하지 않는 네트워크가 신장 트리로 되며, 여러 가지 신장 트리내의 모든 아크 비용 $c(i, j)$의 총합이 최소가 되는 트리를 구하는 문제이다.

- 실행 데이터 입력

  실행 데이터는 2.4절의 수치예 데이터를 참조한다.

- 실행

  2.4절에 설명한 GA수법에 의해 행하여 시뮬레이션을 종료하면 다음과 같은 실험 결과가 「메모장」에서 열린다.

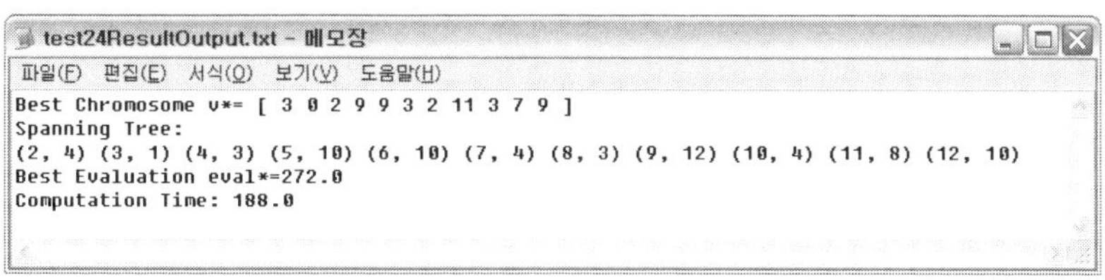
test24ResultOutput.txt - 메모장
파일(F) 편집(E) 서식(O) 보기(V) 도움말(H)

```
Best Chromosome v*= [ 3 0 2 9 9 3 2 11 3 7 9 ]
Spanning Tree:
(2, 4) (3, 1) (4, 3) (5, 10) (6, 10) (7, 4) (8, 3) (9, 12) (10, 4) (11, 8) (12, 10)
Best Evaluation eval*=272.0
Computation Time: 188.0
```

- GA의 해 수렴 과정

  실행이 끝난(「실행」 종료)후 이 버튼을 누르면 이 실험에 대한 GA의 해 수렴 과정이 표시된다.

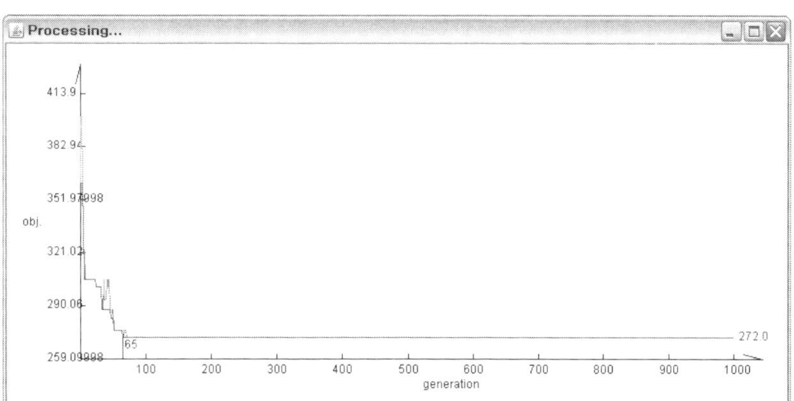

3.1 물류 모델(3.1절)

일반적으로 배송 계획 문제란 생산지 i의 공급량 $a(i)$, 소비지 j의 수요량 $b(j)$, 아크 (i, j)의 비용 $c(i, j)$가 주어져 있을 때 공급처에서 수요지까지 어떤 종류의 상품을 최소 비용으로 배송하는 최적화 문제이다.

- 실행 데이터 입력

  실행 데이터는 3.1절의 수치에 데이터를 참조한다.

- 실행

  3.1.3절에 설명한 GA수법에 의해 실행을 행하여 시뮬레이션을 종료하면, 다음과 같은 실험 결과가 「메모장」에서 열린다.

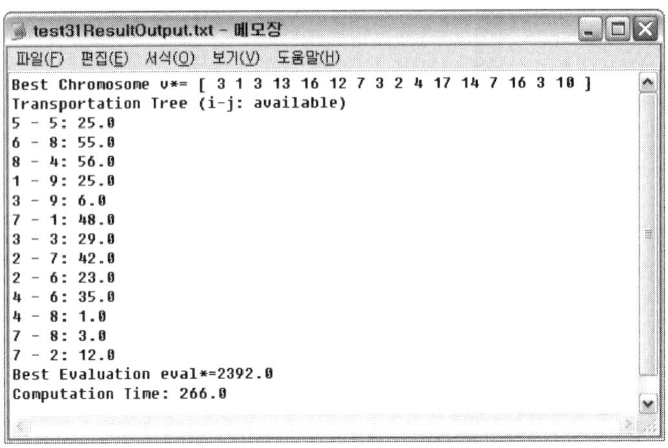

test31ResultOutput.txt - 메모장

파일(F) 편집(E) 서식(O) 보기(V) 도움말(H)

```
Best Chromosome v*= [ 3 1 3 13 16 12 7 3 2 4 17 14 7 16 3 10 ]
Transportation Tree (i-j: available)
5 - 5: 25.0
6 - 8: 55.0
8 - 4: 56.0
1 - 9: 25.0
3 - 9: 6.0
7 - 1: 48.0
3 - 3: 29.0
2 - 7: 42.0
2 - 6: 23.0
4 - 6: 35.0
4 - 8: 1.0
7 - 8: 3.0
7 - 2: 12.0
Best Evaluation eval*=2392.0
Computation Time: 266.0
```

- GA의 해 수렴 과정

  실행이 끝난(「실행」 종료)후, 이 버튼을 누르면 이 실험에 대한 GA의 해 수렴 과정이 표시된다.

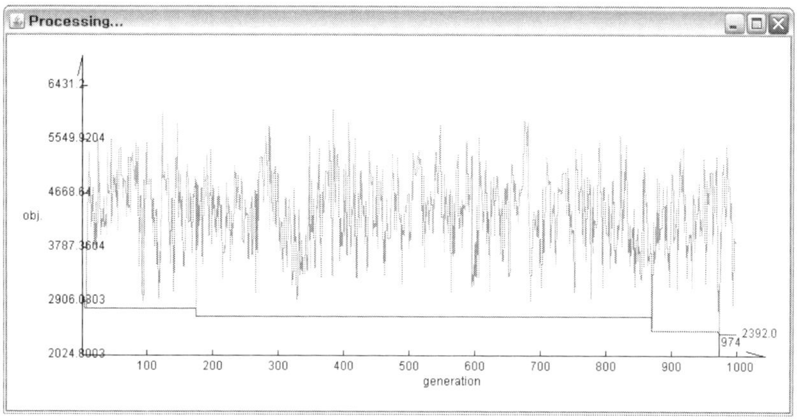

3.2 2단계 물류 모델(3.2절)

물류 문제는 발생 지점에서 소비 지점까지 효율적이고 발전적으로 「물건」의 흐름과 보관, 서비스 및 관련되는 정보를 계획, 실행 및 관리하는 전과정의 최적화이다. 2단계 물류 문제란, 플랜트와 배송 센터(DC)간을 제1단계, DC와 고객간을 제2단계로 생각하는 모델이다.

- 실행 데이터 입력

  실행 데이터는 3.2절의 수치예 데이터를 참조한다.

- 실행

  3.2절에 설명한 GA수법에 의해 실행을 행하여 시뮬레이션을 종료하면, 다음과 같은 실험 결과가 「메모장」에서 열린다.

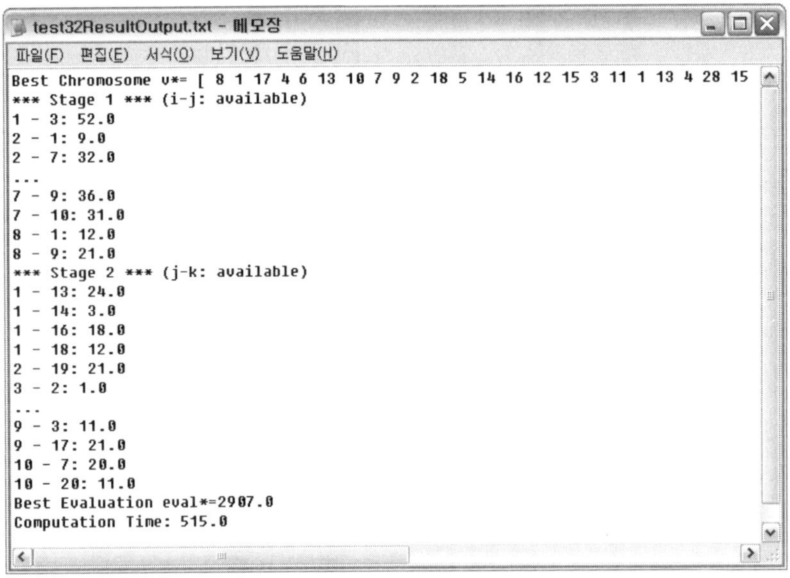

test32ResultOutput.txt - 메모장

파일(F) 편집(E) 서식(O) 보기(V) 도움말(H)

```
Best Chromosome v*= [ 8 1 17 4 6 13 10 7 9 2 18 5 14 16 12 15 3 11 1 13 4 28 15
*** Stage 1 *** (i-j: available)
1 - 3: 52.0
2 - 1: 9.0
2 - 7: 32.0
...
7 - 9: 36.0
7 - 10: 31.0
8 - 1: 12.0
8 - 9: 21.0
*** Stage 2 *** (j-k: available)
1 - 13: 24.0
1 - 14: 3.0
1 - 16: 18.0
1 - 18: 12.0
2 - 19: 21.0
3 - 2: 1.0
...
9 - 3: 11.0
9 - 17: 21.0
10 - 7: 20.0
10 - 20: 11.0
Best Evaluation eval*=2907.0
Computation Time: 515.0
```

- GA의 해 수렴 과정

  실행이 끝난(「실행」 종료)후 이 버튼을 누르면 이 실험에 대한 GA의 해 수렴 과정이 표시된다.

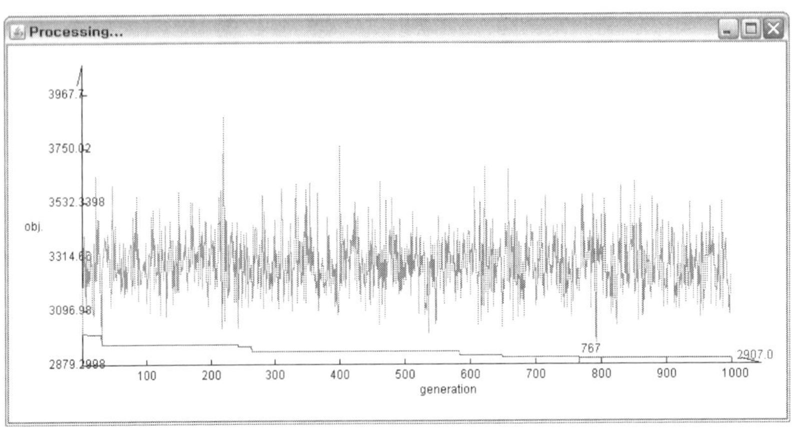

3.3 차량 배송 모델(3.3절)

차량 배송 문제란, 배송 센터에서 각 고객에게 차량을 이용하여 물자를 배송하는 경우에 어느 차량이 어떤 순서로 고객에게 돌면 좋은가를 계획하는 문제이다. 여기서는 고객으로 부터 요구되는 시간 내에 물자를 배송하기 위해 총 배송 거리의 최소화를 목적으로 한다.

- 실행 데이터 입력

  실행 데이터는 3.3절의 수치에 데이터를 참조한다.

- 실행

  3.3절에 설명한 GA수법에 의해 실행을 행하여 시뮬레이션을 종료하면 다음과 같은 실험 결과가 「메모장」에서 열린다.

```
test33ResultOutput.txt - 메모장
파일(F)  편집(E)  서식(O)  보기(V)  도움말(H)
Best Chromosome v*= [ 60 77 56 69 4 78 95 74 57 20 54 98 22 90 99 18 101 14 26 7
e0:  0  58  1  91  52  47  21
e1:  0  48  38  99  2  75  68  66  69
e2:  0  19  8  57  73  88  14  16  26  23  49
e3:  0  54  28  45  9  51  36  22  34
e4:  0  31  76  70  27  10  56  11  50  64  4
e5:  0  98  63  46  44  72  92  84  100  79  80
e6:  0  30  40  60  89  6  59
e7:  0  86  78  12  93  97
e8:  0  77  39  61  85
e9:  0  29  32  53  82
e10:  0  95  18  74  15  37  35
e11:  0  90  71  81  83  94
e12:  0  25  62  55  96  87
e13:  0  33  17  7  13
e14:  0  3  41  42  43
e15:  0  5  24  67  65
e16:  0  20
Best Evaluation eval*=2172.0
Computation Time: 2610.0
```

- GA의 해 수렴 과정

실행이 끝난(「실행」 종료)후, 이 버튼을 누르면 이 실험에 대한 GA의 해 수렴 과정이 표시된다.

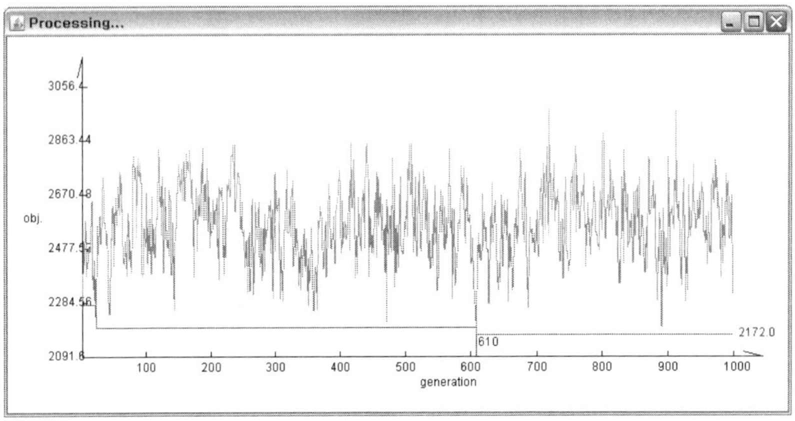

4.1 다목적 GA의 수치 실험1(4.5.1절)

다목적 최적화 문제의 수치 실험 예로서, 아래와 같이 2목적 비선형 문제에 GA을 이용해서 푼다.

$$
\begin{aligned}
\min \quad & f_1(\boldsymbol{x}) = -25(x_1-2)^2-(x_2-2)^2-(x_3-1)^2-(x_4-4)^2-(x_5-1)^2 \\
\min \quad & f_2(\boldsymbol{x}) = (x_1-1)^2+(x_2-1)^2+(x_3-1)^2+(x_4-1)^2+(x_5-1)^2 \\
\text{s. t.} \quad & g_1(\boldsymbol{x}) = x_1+x_2-2 \geq 0 \\
& g_2(\boldsymbol{x}) = 6-x_1-x_2 \geq 0 \\
& g_3(\boldsymbol{x}) = 2+x_1-x_2 \geq 0 \\
& g_4(\boldsymbol{x}) = 2-x_1+3x_2 \geq 0 \\
& g_5(\boldsymbol{x}) = 4-(x_3-3)^2-x_4 \geq 0 \\
& g_6(\boldsymbol{x}) = (x_5-3)^2+x_4-4 \geq 0 \\
& 0 \leq x_i \leq 10, \qquad i=1,\ldots,5
\end{aligned}
$$

- 실행

4.5.1절에 설명한 다목적 GA수법에 의해 실행을 행하여 종료하면 실험 결과가 「메모장」에서 열린다.

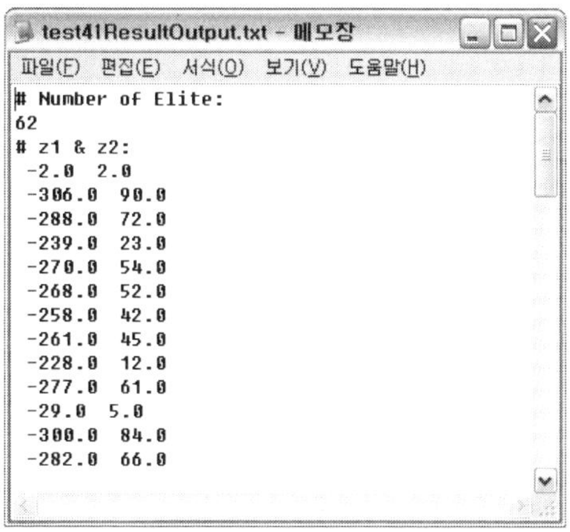
test41ResultOutput.txt - 메모장
파일(F) 편집(E) 서식(O) 보기(V) 도움말(H)

```
# Number of Elite:
62
# z1 & z2:
 -2.0  2.0
 -306.0  90.0
 -288.0  72.0
 -239.0  23.0
 -270.0  54.0
 -268.0  52.0
 -258.0  42.0
 -261.0  45.0
 -228.0  12.0
 -277.0  61.0
 -29.0  5.0
 -300.0  84.0
 -282.0  66.0
```

- GA의 해 수렴 과정

실행이 끝난(「실행」 종료)후 이 버튼을 누르면 이 실험에 대한 GA의 해 수렴 과정이 표시된다.

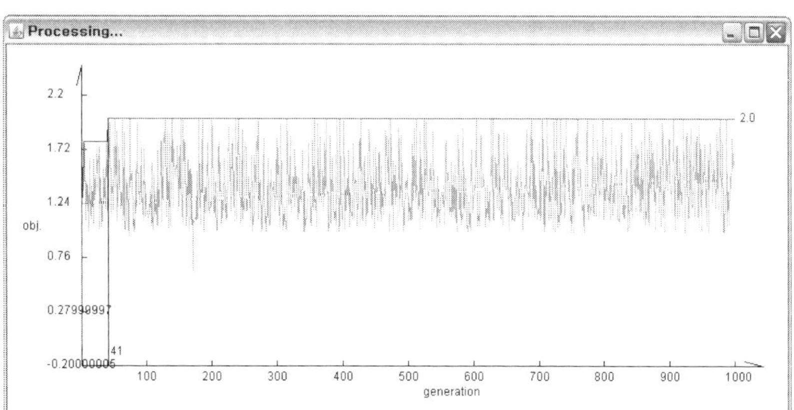

- Pareto 최적해

  실행이 끝난(「실행」 종료)후 이 버튼을 누르면 이 다목적 GA에 의하여 구해진 Pareto 최적해가 표시된다.

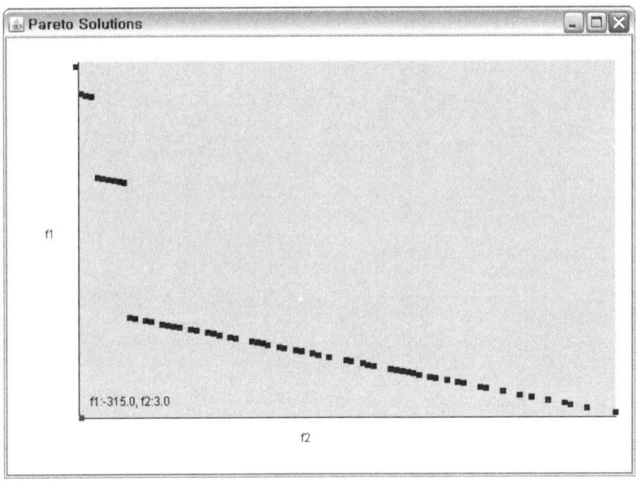

4.2 다목적 GA의 수치 실험2(4.5.2절)

최대 흐름과 최소 비용 흐름의 2개의 목적 함수를 만족하는 2목적 네트워크 모델을 생각 한다. 즉, 총 비용을 최소로 하고 동시에 흐름(Flow)을 최대로 하는 문제이다. 여기서 적응 무게 부가 기반의 다목적 GA에 의한 수치 실험을 행한다.

- 실행 데이터 입력

  실행 데이터는 4.2절의 수치예 데이터를 참조한다.

- 실행

  4.5.2절에 설명한 다목적 GA수법에 의해 실행을 행하여 시뮬레이션을 종료하면 다음과 같은 실험 결과가 「메모장」에서 열린다.

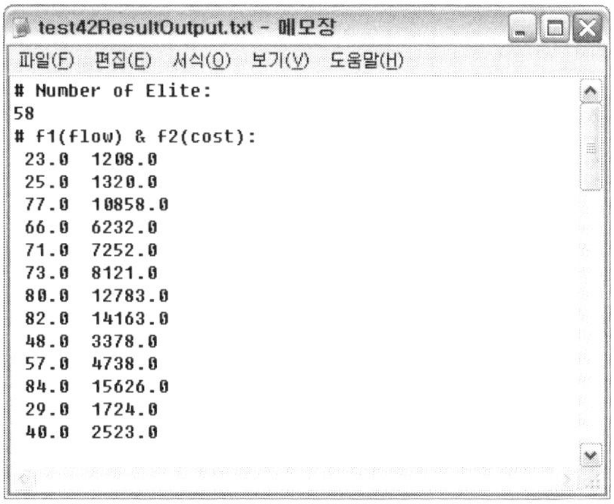

test42ResultOutput.txt - 메모장

파일(F) 편집(E) 서식(O) 보기(V) 도움말(H)

```
# Number of Elite:
58
# f1(flow) & f2(cost):
 23.0  1208.0
 25.0  1320.0
 77.0  10858.0
 66.0  6232.0
 71.0  7252.0
 73.0  8121.0
 80.0  12783.0
 82.0  14163.0
 48.0  3378.0
 57.0  4738.0
 84.0  15626.0
 29.0  1724.0
 40.0  2523.0
```

- GA의 해 수렴 과정

실행이 끝난(｢실행｣ 종료)후 이 버튼을 누르면 이 실험에 대한 GA의 해 수렴 과정이 표시된다.

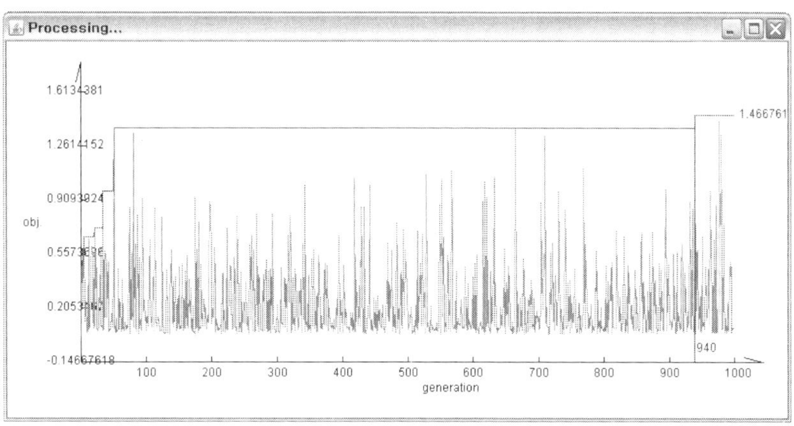

- Pareto 최적해

실험이 끝난(｢실행｣ 종료)후 이 버튼을 누르면 이 2목적 네트워크 문제 실험에 대해서 다목적 GA에 의하여 구해진 Pareto최적해가 표시된다.

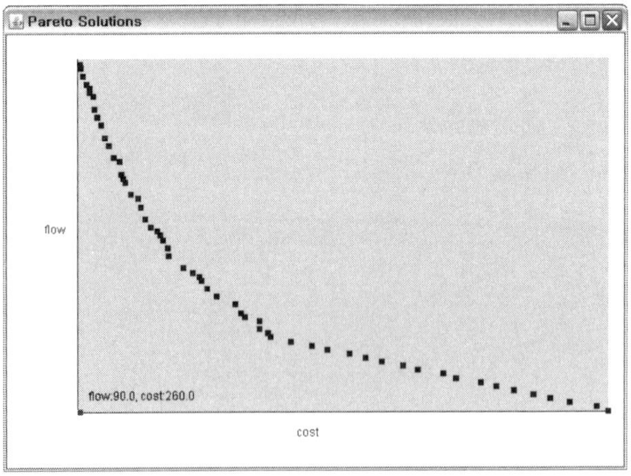

5.1 최대 흐름/최소 비용 네트워크(5.1절)

여기서는 5.1절의 최대 흐름/최소 비용 네트워크 문제에 대해서, 아래의 4종류의 다목적 평가 수법을 조합한 GA수법을 이용하여 실험을 행한다.

- 실행 데이터 입력

  실행 데이터는 5.1절의 수치예 데이터를 참조한다.

5.1.1 랜덤 가중치 부가 GA(Random-weight GA : rwGA)

- 실행

  4.3절에 설명한 랜덤 가중치 부가 GA수법에 의해 실행을 행하여 시뮬레이션을 종료하면, 다음과 같은 실험 결과가 「메모장」에서 열린다.

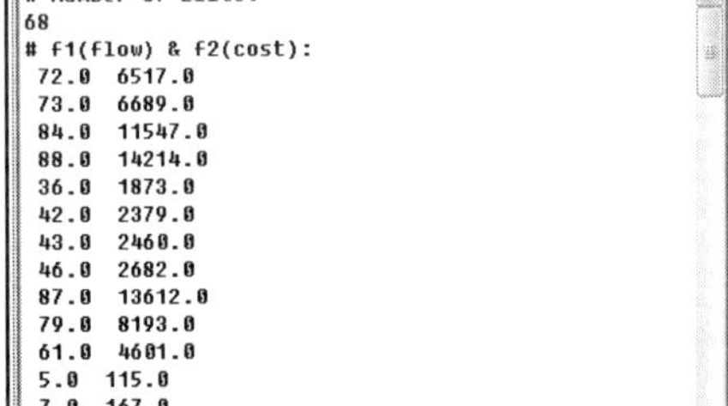
test51ResultOutput.txt - 메모장

파일(F) 편집(E) 서식(O) 보기(V) 도움말(H)

```
# Number of Elite:
68
# f1(flow) & f2(cost):
 72.0  6517.0
 73.0  6689.0
 84.0  11547.0
 88.0  14214.0
 36.0  1873.0
 42.0  2379.0
 43.0  2460.0
 46.0  2682.0
 87.0  13612.0
 79.0  8193.0
 61.0  4601.0
 5.0  115.0
 7.0  167.0
```

- GA의 해 수렴 과정

실행이 끝난(「실행」 종료)후 이 버튼을 누르면 이 실험에 대한 GA의 해 수렴 과정이 표시된다.

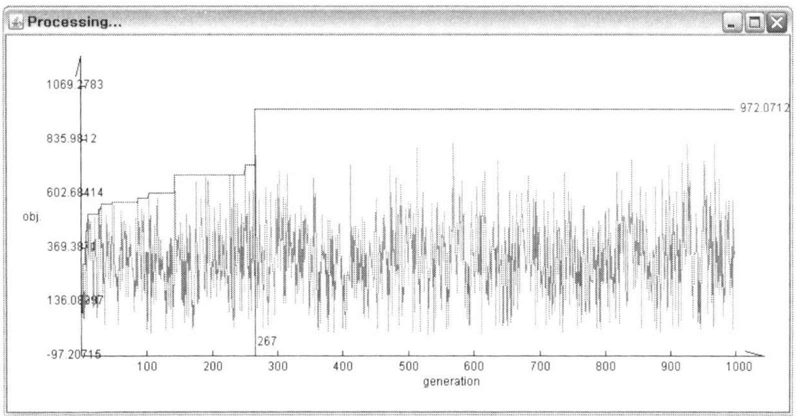

- Pareto 최적해

실행이 끝난(「실행」 종료)후 이 버튼을 누르면 이 다목적 네트워크 문제 실험에 대해서 다목적 GA에 의하여 구해진 Pareto 최적해가 표시된다.

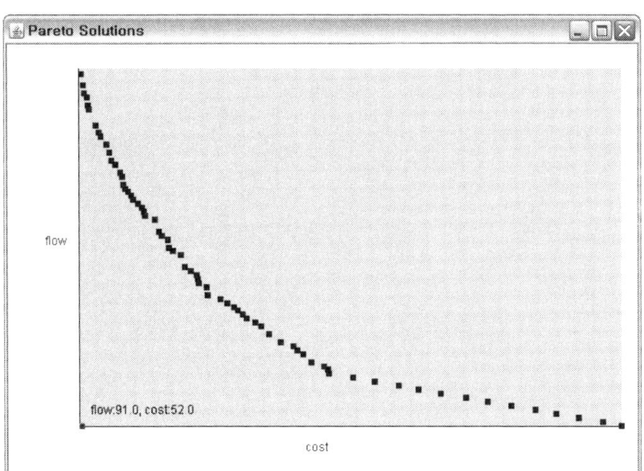

5.1.2 강제 Pareto EA(spEA : Strength Pareto Evolutionary Algorithm)

- 실행

4.3절에 설명한 강제 Pareto EA수법에 의해 실행을 행하여 시뮬레이션을 종료하면 다음과 같은 실험 결과가 「메모장」에서 열린다.

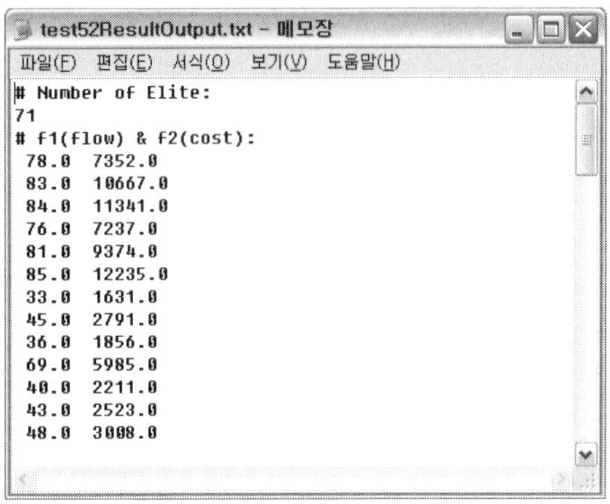
test52ResultOutput.txt - 메모장
파일(F) 편집(E) 서식(O) 보기(V) 도움말(H)

```
# Number of Elite:
71
# f1(flow) & f2(cost):
 78.0  7352.0
 83.0  10667.0
 84.0  11341.0
 76.0  7237.0
 81.0  9374.0
 85.0  12235.0
 33.0  1631.0
 45.0  2791.0
 36.0  1856.0
 69.0  5985.0
 40.0  2211.0
 43.0  2523.0
 48.0  3008.0
```

- GA의 해 수렴 과정

실행이 끝난(「실행」 종료)후 이 버튼을 누르면 이 실험에 대한 GA의 해 수렴 과정이 표시된다.

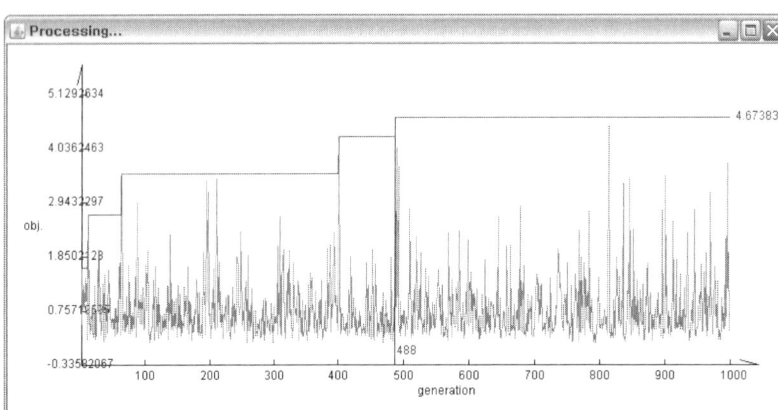

- Pareto 최적해

실행이 끝난(「실행」 종료)후 이 버튼을 누르면 이 다목적 네트워크 문제에 대해서 다목적 GA에 의하여 구해진 Pareto최적해가 표시된다.

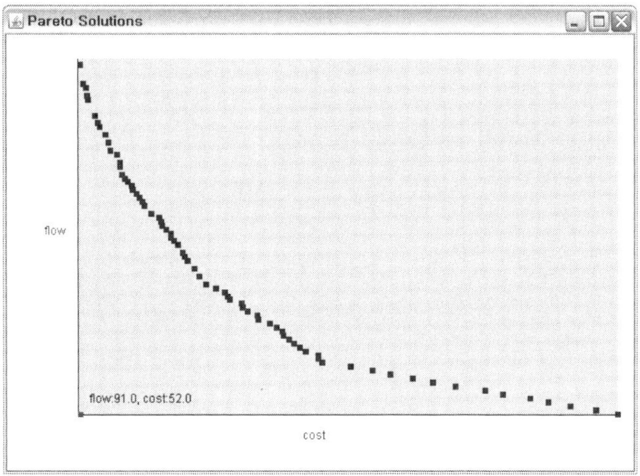

5.1.3 비우월 정렬 GAII(nsGA II: Non-dominated Sorting Genetic Algorithm II)

- 실행

4.3절에 설명한 비우월 정렬 GAII수법에 의한 실행을 행하여 시뮬레이션을 종료하면 다음과 같은 실험 결과가 「메모장」에서 열린다.

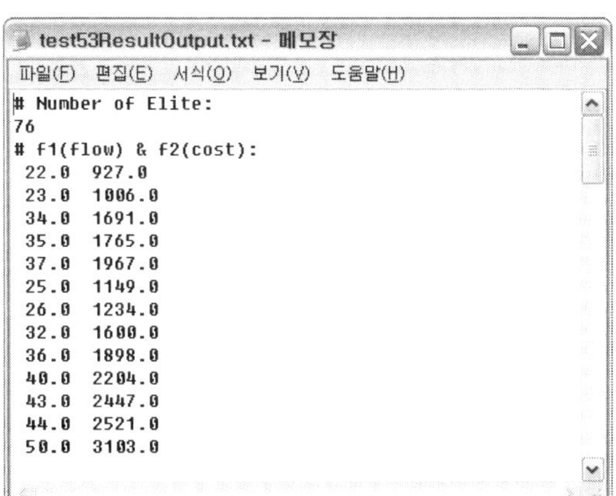
test53ResultOutput.txt - 메모장

파일(F) 편집(E) 서식(O) 보기(V) 도움말(H)

```
# Number of Elite:
76
# f1(flow) & f2(cost):
 22.0  927.0
 23.0  1006.0
 34.0  1691.0
 35.0  1765.0
 37.0  1967.0
 25.0  1149.0
 26.0  1234.0
 32.0  1600.0
 36.0  1898.0
 40.0  2204.0
 43.0  2447.0
 44.0  2521.0
 50.0  3103.0
```

- GA의 해 수렴 과정

실행이 끝난(「실행」 종료)후 이 버튼을 누르면 이 실험에 대한 GA의 해 수렴 과정이 표시된다.

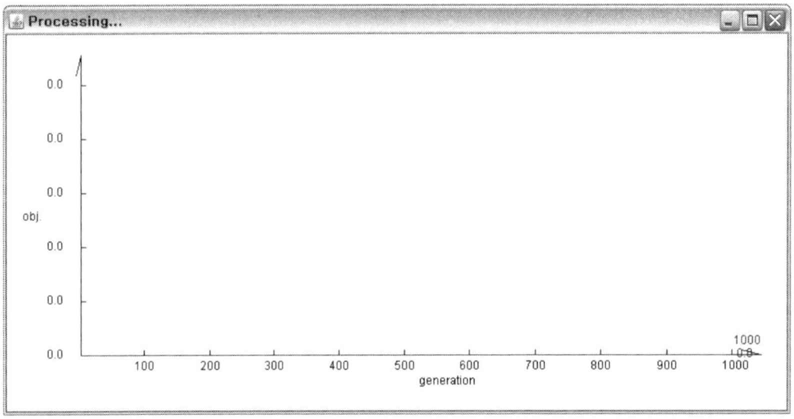

- Pareto 최적해

실행이 끝난(「실행」 종료)후 이 버튼을 누르면 다목적 네트워크 문제 실험에 대해서 다목적 GA에 의하여 구해진 Pareto 최적해가 표시된다.

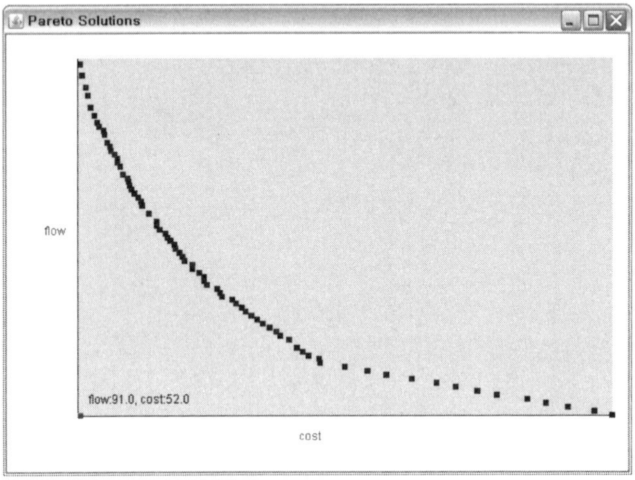

5.1.4 대화형 적응 가중치 부가 GA(i-awGA : Interactive Adaptive-weight Genetic Algorithm)

- 실행

4.3절에 설명한 대화형 적응 무게 부가 GA법에 의해 실행을 하여 시뮬레이션을 종료하면, 다음과 같은 실험 결과가 「메모장」에서 열린다.

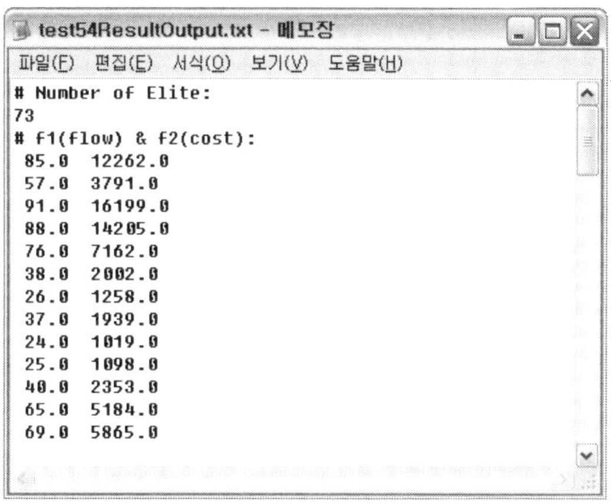

test54ResultOutput.txt - 메모장

파일(F) 편집(E) 서식(O) 보기(V) 도움말(H)

```
# Number of Elite:
73
# f1(flow) & f2(cost):
 85.0  12262.0
 57.0  3791.0
 91.0  16199.0
 88.0  14205.0
 76.0  7162.0
 38.0  2002.0
 26.0  1258.0
 37.0  1939.0
 24.0  1019.0
 25.0  1098.0
 40.0  2353.0
 65.0  5184.0
 69.0  5865.0
```

- GA의 해 수렴 과정

실행이 끝난(「실행」 종료)후 이 버튼을 누르면 이 실험에 대한 GA의 해 수렴 과정이 표시된다.

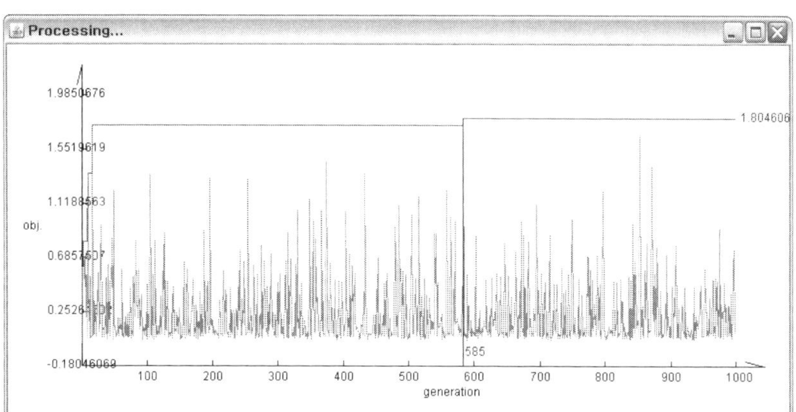

- Pareto 최적해

  실행이 끝난(「실행」 종료)후 이 버튼을 누르면 이 다목적 네트워크 문제에 대해서 다목적 GA에 의해 구해진 Pareto최적해가 표시된다.

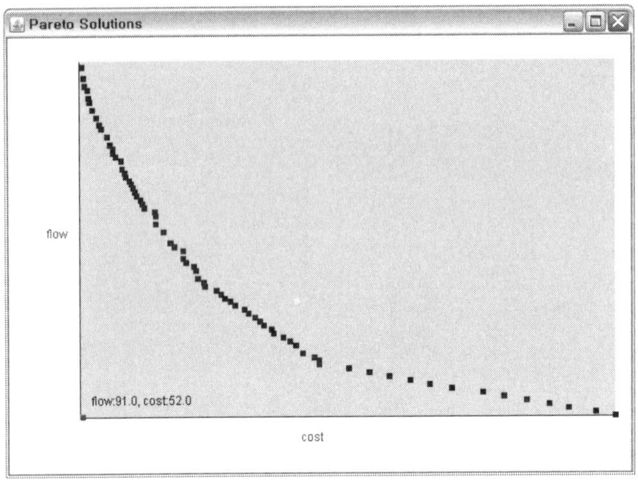

5.2 생산 물류 시스템 네트워크(5.3절)

여러 공장에서 생산을 실시하여 공장간이나 공장과 고객간의 수송과 배송까지를 고려한 종합 스케줄링 문제에 적응 무게 부가 기반의 다목적 GA을 적용한 수치 실험을 행한다.

- 실행 데이터 입력

  실행 데이터는 5.3절의 수치예 데이터를 참조한다.

- 실행

  5.3절에 설명한 적응 무게 부가법 기반의 다목적 GA수법에 의해 실행하여 시뮬레이션을 종료하면 다음과 같은 실험 결과가 「메모장」에서 열린다.

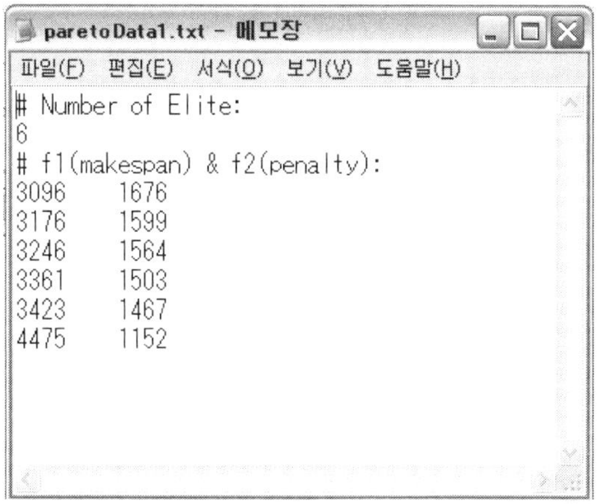


```
# Number of Elite:
6
# f1(makespan) & f2(penalty):
3096	1676
3176	1599
3246	1564
3361	1503
3423	1467
4475	1152
```

- GA의 해 수렴 과정

실행이 끝난(「실행」 종료)후 이 버튼을 누르면 이 실험에 대한 GA의 해 수렴 과정이 표시된다.

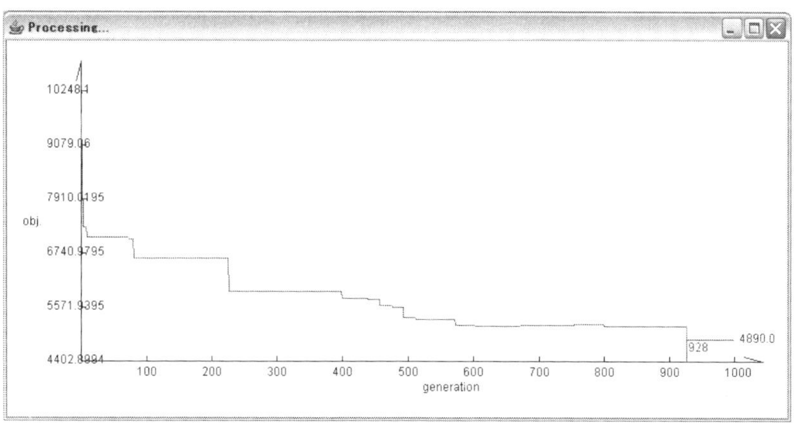

- Pareto 최적해

실행이 끝난(「실행」)후 이 버튼을 누르면 이 종합 스케줄링 문제에 대해서 적응 무게 부가법 기반의 다목적 GA에 의해서 구해진 Pareto최적해가 표시된다.

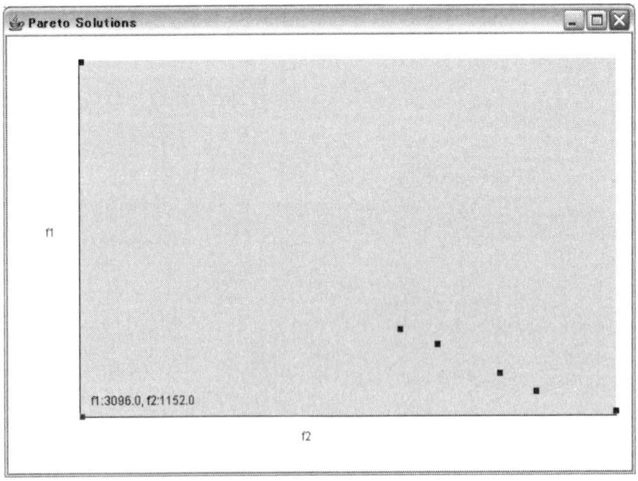

A.4 개발 환경과 Version 정보

A.4.1 개발 환경

- 개발 머신

MacBook Intel(R) Core (TM) 2 CPU T7200 @ 2.00GHz

메모리 997MHz, 1GB RAM

OS Windows XP Professional

JAVA Java2, JDK1.5.0, JRE 1.5.0

- 사용언어 및 개발 툴

JAVA언어, JBuilder X

• 동작 테스트 머신

MacBook Intel(R) Core (TM) 2 CPU T7200 @ 2.00GHz

메모리 997MHz, 1GB RAM

OS Windows XP Professional

Java Java2, JDK1.5.0, JRE 1.5.0

HP Compaq d330 ST Pentium (R) 4 CPU 2.60GHz

메모리 2.59GHz, 1GB RAM

OS Windows XP Professional

Java Java2, JDK1.5.0, JRE 1.5.0

Dell XPS GEN 4 Pentium (R) 4 CPU 3.40GHz

메모리 3.39GHz, 4GB RAM

OS Windows XP Professional

Java Java2, JDK1.5.0, JRE 1.5.0

A.4.2 Version 정보

• GAoptima-NetModels Version 1.0

Title : Network Models and Multiobjective GA

Copyright : Copyright (c) 2007

Affiliation : Waseda University

@Authors : Mitsuo Gen and Lin Lin

@Email : mitsuogen@gmail.com

@Version 1.0

찾아보기

역자 소개

김갑환 교수

서울대학교 산업공학과 학사

KAIST 석사, 박사

현재 부산대학교 공과대학 산업공학과

E-mail : kapkim@pusan.ac.kr

조정복 교수

경북대학교 전자계산기공학과 학사

영남대학교 석사

일본 수도대학동경 박사

현재 동서대학교 컴퓨터정보공학부

E-mail : jobok@gdsu.dongseo.ac.kr

고창성 교수

서울대학교 산업공학과 학사

KAIST 석사, 박사

현재 경성대학교 공과대학 산업경영공학과

E-mail : csko@ks.ac.kr

김종율 교수

동서대학교 컴퓨터공학과 학사

일본 아시카가공업대학 석사, 박사

현재 영진전문대학 컴퓨터정보계열

E-mail : xmaskjr@yjc.ac.kr

네트워크 모델과 다목적 GA

2010년 2월 25일 초판 인쇄
2010년 3월 2일 인쇄 발행

저 자 김갑환, 조정복, 고창성, 김종율
발 행 인 김기영
발 행 처 도서출판 **한산**
편 집 처 선우문화사(2272-1882)
등록번호 제10-1745호
I S B N 978-89-89215-50-9

주 소 서울특별시 은평구 응암1동 97-28 2층
전 화 02-304-3504
팩 스 02-737-0664
E-mail kgb@ajin.to

정 가 **23,000원**